통계학 입문

제2판

통계학 입문

강석복 · 오창혁 · 이제영 · 이지연 지음

KM 경문사

머리말

현대사회에서 통계학은 자연과학뿐 아니라 인문, 사회과학, 공학, 의학, 교육학 등 거의 모든 학문분야에서 전공 영역에 관계없이 필요로 하고 있다. 즉, 통계학은 미지의 결과를 예측하고 복잡한 사회현상을 설명하는 중요한 과학도구로 이용되고 있는 것이다.

이 책은 통계학의 기본 개념을 소개하고 통계분석의 기초가 되는 통계적 추론의 기본 개념을 수학적인 증명과 전개는 가급적 피하고 누구나 쉽게 이해할 수 있도록 구성했다. 이 책에서 다루는 내용은 교양 통계학이나 통계학 입문서에서 일반적으로 다루는 내용으로 제1장과 제2장에서 통계학의 이해와 데이터를 정리하고 요약하는 방법을 소개하며, 제3장과 제4장에서는 통계학 이론의 기본 바탕을 이루는 확률의 개념과 확률변수를 소개하였다. 제5장에서는 중심극한정리와 표집분포에 관해 설명하고, 제6장은 모평균과 모비율 그리고 모분산 등의 점추정과 구간추정에 대해 설명하며, 제7장에서는 가설검정에 대해 소개하고 있다. 제8장에서는 2표본에 의한 두 모집단 비교분석을 다루었다. 그리고 제9장에서 제11장까지는 분산분석, 회귀분석, 범주형자료분석에 관해 소개하였다. 마지막으로 제12장에서는 지금껏 소개한 방법과는 다른 비모수적 추론에 관한 내용을 설명하였다. 각 장에서는 실생활에 관련된 많은 예제를 소개하고 분석방법을 직접 적용함으로서 개념과 방법을 이해하도록 하였으며 중요한 정의나 결과는 상자 속에 넣어 강조하여 쉽게 이해할 수 있도록 하였다.

이 책은 전공에 관계없이 많이 사용하고 있는 통계패키지 SPSS에 대하여 간략한 사용법을 부록에 소개하고, 각 장에서 소개한 통계적 분석 방법에 해당되는 문제를 통계패키지를 이용하여 어떻게 결과를 유도할 수 있는지 마지막 절에 「SPSS를 이용한 실습」으로 소개하여 쉽게 이해될 수 있도록 하였다. 그리고 이 책에 사용되는 통계용어는 한국통계학회에서 발행한 「통계용어사전」을 이용하였다.

이 책이 출판되기까지 교정과 정리를 도와준 김진광 박사와 이화정 박사 그리고 영남대학교 통계학과 대학원생들에게 감사를 표하며 출판에 여러 가지로 힘써 주신 도서출판 경문사 사장님과 편집부 여러분들께 감사를 드린다.

2017년 12월 압량벌 연구실에서

저자일동

차례

제1장 | 통계학의 기본개념

제2장 | 자료의 정리와 요약

제3장 | 확률

제4장 | 확률변수

제5장 | 표집분포

제6장 | 추정

제7장 | 가설검정

제8장 | 두 모집단의 처리에 대한 비교 분석

제9장 | 분산분석

제10장 | 상관분석과 회귀분석

제11장 | 범주형 자료 분석

제12장 | 비모수통계학의 기초

부록 | SPSS 소개

제 1 장

통계학의 기본개념

1.1 | 통계학의 기본

통계학(statistics)은 인구, 경제, 문화 등과 관계되는 자료를 수집하고 요약하여 국가의 상태를 알아보기 위해 시작되었다. 따라서 오랫동안 자료의 수집, 도표 작성, 합의 계산 등의 일을 하는 것이 통계학의 영역으로 인식되었다. 오늘 날에도 자료를 수집하고 도표를 그리는 일을 '통계를 낸다.'라는 말로 표현하고 있고, 일반인들은 통계학이라고 하면 이러한 일을 하는 학문분야로 인식하고 있다.

기본적으로 자료를 수집하여 도표를 만드는 일의 목적은 정보를 얻으려고 하는 것이다. 어떤 집단을 조사하여 자료를 얻고자 할 때는 일반적으로 그 집단의 특성을 파악하고자 하는 목적이 있다. 조사한 자료를 단순히 나열 하는 것으로는 관심 집단의 특성을 파악하기가 쉽지 않다. 1000 가구의 가족 수를 조사하여 나열한 자료를 상상해 보라. 합계 혹은 평균을 구하거나 막대그래프와 같은 그래프를 그려 자료를 요약하여 이로부터 정보를 파악하게 된다. 그러나 자료의 요약에서 얻은 정보만으로는 객관성을 보장할 수 없다. 해석하는 사람에 따라서 다른 결론을 내릴 수도 있으며 요약된 자료를 바탕으로 내린 주장에 대한 객관성이 없다.

통계학은 20세기에 들어와서 획기적인 발전을 이루었으며, 이 발전의 기본은 객관성에 관한 것이다. 관심 있는 집단의 특성에 대해 객관적인 주장을 할 수 있는 이론과 방법이 개발되었다. 이후 통계학에서는 객관적인 판단을 내릴 수 있는 자료 수집 방법과 자료를 분석하는 방법이 주된 과제이다. 따라서 현대 통계학은 객관적 판단을 내리기 위해 자료를 수집하고 분석하는 모든 과정을 다루는 학문으로 정의되고 있다.

> 통계학은 객관적 판단을 위한 자료의 수집과 분석이론 및 방법을 다루는 학문이다.

즉, 통계학의 주된 과제는 다음과 같다.

"자료를 수집하는 방법"

"자료를 분석하는 방법"

"내린 결론에 대한 객관성을 보장하는 방법"

1.2 | 통계학의 활용

통계학은 일상생활과 과학적 연구에서 폭넓게 사용되고 있다. 이 절에서는 이러한 예를 살펴본다.

일상생활에서 자료를 수집하고 분석하는 일은 흔히 일어나는 일이다. 예를 들면,

- 인터넷 상점 간의 가격 비교
- 신문에서의 주식시세
- 프로 야구팀 투수의 방어율

등을 알아보기 위하여 자료를 수집하고 분석하는 일이다. 이러한 일에서는 자료의 평균, 표준편차, 비율, 최댓값 등의 필요한 정보를 얻고자 하는 경우가 많다. 이러한 이유로 신문이나 방송에서는 다양한 통계를 제시하여 독자나 시청자의 관심을 끌려고 한다.

과학에서도 통계학은 많이 이용된다. 과학에서는 새로운 사실을 입증하는 데 통계학을 이용한다. 과학에서 통계학이 적용되는 과정은 가설설정, 자료수집, 검정의 단계이다. 다음은 이에 관한 예이다.

돼지와 사료 양돈업자는 돼지에게 주는 사료의 양과 돼지 무게의 증가율에 관심이 있다. 돼지를 여러 그룹으로 나누어 다양한 양의 사료를 주고 무게의 증가에 관한 자료를 얻어 이를 분석하여 사료의 양과 돼지 무게 증가에 관한 관계를 알아본다.

교육 방법의 비교 두 가지 교육 방법의 효과를 비교하기 위해 80명의 학생을 임의로 각각 40명씩 두 반으로 나누어 두 가지 교육 방법으로 교육을 한다. 일정기간의 교육 후에 평가하여 교육의 효과를 비교한다.

광고의 진위 파악 신문과 텔레비전 등의 매체에서는 수많은 광고가 전달되고 있다. 어떤 광고의 주장이 옳은 것이라면 소비자에게는 정보의 전달이 되지만, 그렇지 않다면 소비자를 속이는 일이 된다. 충분하지 않은 실험, 잘못된 자료의 해석, 또는 실험 결과의 조작 등과 같은 것을 바탕으로 한 허위 광고인지 알아보는 일이 필요할 때가 있다. 이때는 해당 제품의 표본에 관한 자료를 얻고 분석하여 진위 여부를 밝힌다.

종자 개량 인류는 오랫동안 보다 나은 품종을 만들기 위해 서로 다른 종자를 교잡하여 새로운 품종을 만들어 왔다. 생산량이 많고 맛도 좋은 벼 품종을 얻으려고 노력한 일이 그 좋은 예가 될 것이다. 새로운 품종의 생산량이 많은지를 알아보기 위하여 두 품종을 재배하고 수확량을 조사한 자료를 분석한다.

앞의 네 가지 예에서 자료의 역할은 매우 중요하므로 올바른 자료를 얻는 일이 무엇보다 중요한 일이다. 실험을 하여 자료를 수집하는 경우에는 실험을 어떻게 할 것인지의 계획이 중요하며 기존의 집단에서 표본을 뽑아 자료를 수집하는 경우라면 표본을 추출하는 방법이 중요하게 된다. 따라서 자료를 얻기 위한 실험계획법(experimental design)과 표본추출법(sampling)은 통계학의 중요한 분야가 된다.

자료를 얻으면 이로부터 정보를 추출하고 판정을 하는 일을 하게 된다. 정보 파악의 첫 단계는 자료의 평균이나 표준편차와 같은 값을 구하고 막대그림과 같은 그림을 그려 자료의 특징을 파악하는 기술 평가의 단계이다. 이러한 일을 하는 분야를 기술통계학(descriptive statistics)이라고 한다.

기술 평가 단계에서 자료에 담긴 기초적 정보를 파악한 다음에는 확률을 바탕으로 정보의 객관화 과정을 거치게 된다. 객관화 과정에서 받아들여진 정보는 새로운 사실로 인정되게 된다. 객관화 단계를 다루는 통계학의 분야를 추론통계학(inferential statistics)이라고 하며 현대 통계학의 핵심 분야이다.

1.3 | 모집단과 표본

추론통계학은 자료를 수집하고 분석하여 새로운 사실을 얻어내는 방법을 다루는 학문이라고 하였다. 여기서는 자료 수집에 대한 주요 개념인 모집단과 표본에 대하여 알아본다.

자료를 수집할 때 일반적으로 관측할 수 있는 현상은 여러 가지가 있다. 예를 들면,

- 같은 조건의 실험에서 얻은 자료라도 값이 같지 않다.

• 완벽한 자료의 수집은 불가능하다.

첫 번째 경우의 예를 든다면, 같은 종류의 독감에 대해 똑같은 감기약을 복용하더라도 회복 기간은 사람마다 다를 수 있다. 두 번째 경우의 예로는 파괴시험에 의한 자료수집이 있다. 자동차의 충돌 시 충격의 정도를 알아보기 위해 충돌시험을 한다. 이 경우 충돌에 대한 모든 자료를 얻는 것은 불가능하다. 모든 자료를 얻기 위해서는 생산되는 모든 자동차를 충돌시켜 파괴해야 하는데 이는 현실적으로 불가능한 일이다. 여론조사의 경우에도 전 국민을 조사하면 완벽한 자료를 얻을 수는 있지만, 이는 거의 불가능한 일이다.

감기약의 치료기간을 알아보기 위해서는 감기가 걸렸던 사람, 걸린 사람, 걸릴 사람 모두에게 감기약을 먹여 봐야 한다. 자동차 충돌시험에서는 생산되는 모든 자동차를 조사해야 한다. 또한 여론조사에서는 모든 국민을 다 조사해야 한다. 이들 예에서 모든 감기 환자, 생산되는 모든 자동차, 모든 국민은 관심의 대상이 되며 통계학에서는 모집단(population)이라고 한다.

모집단은 관심의 대상이 되는 전체 집단이다.

모집단 전체를 조사하면 정확한 사실을 파악할 수 있으나, 불가능하거나 비현실적인 경우가 대부분이다. 이러한 경우에는 모집단의 일부분을 조사하여 얻은 자료를 분석해 사실에 대해 추측하게 된다. 이러한 목적으로 모집단의 일부분을 조사하여 얻은 자료를 표본(sample)이라 한다.

조사나 실험에서 자료를 얻기 위한 측정의 대상을 표본단위(sampling unit) 혹은 단위라고 한다. 표본은 표본단위를 관측하여 얻은 값이다.

표본은 모집단의 일부를 측정하여 얻은 값의 모임이다.

1.4 | 통계학의 목적

통계학에서는 어떤 집단이나 현상에 대한 정보를 얻기 위해 표본을 추출하고 분석하는 방법을 마련하는 일을 한다. 또한 통계학은 모집단의 일부분인 표본으로부터 전체인 모집단에 관한 결론을 내릴 때 생겨나는 오류의 정도를 파악하는 방법을 제시한다.

통계학의 목적

(a) 표본의 정보를 분석하여 모집단에 관한 결론을 내린다.
(b) 객관적인 결론을 내릴 수 있는 표본추출 방법을 제시한다.

표본추출 과정은 매우 중요하며 어떻게 설계하는가에 따라 결론의 신뢰성이 달라진다. 아무리 좋은 분석방법을 사용한다고 할지라도, 제대로 된 자료가 없다면 무용지물이 된다. 따라서 자료를 수집하는 단계에서부터 통계학의 원리와 방법을 적용하여 타당한 자료를 얻도록 하여야 한다.

제 2 장

자료의 정리와 요약

2.1 | 서론

실험이나 조사를 통해 수집한 자료로부터 새로운 사실이 있는지 알아보는 첫 번째 단계는 자료를 요약 정리하는 것이다. 이 장에서는 자료를 요약하고 정리하는 방법에 대해 알아본다. 평균과 같은 수치 측도의 계산법과 표 작성법, 그리고 그래프를 그리는 법 등에 대해서도 알아본다. 먼저 자료를 특성에 따라 구분하는 것에 대해 살펴보자.

2.2 | 자료의 구분

자료는 범주형과 수치형으로 구분할 수 있다. 즉,

범주형 자료 (categorical data)

수치형 자료 (numerical data)

범주형 자료는 성질형 자료 (qualitative data), 수치형 자료는 측정형 자료 (measurement data)라고도 한다.

범주형 자료는 대상의 범주적 특성을 조사한 값이다. 예를 들어, 결혼상태 (결혼, 미혼), 혈액형 (O, A, B, AB) 등은 범주형 자료에 해당한다.

수치형 자료는 대상의 특성을 숫자 값으로 조사하여 얻은 자료이다. 수치형 자료의 예로는 사람의 키, 보험회사에서 지급하는 보험금, 자외선 수치, 꽃잎의 개수, 가구당 자녀의 수 등이 있다.

수치형 자료에서 연속적인 값으로 간주될 수 있는 것에 대해서는 연속형 자료 (continuous data)라 하고, 이산적인 값으로 해석하는 것이 타당한 경우에는 이산형 자료 (discrete data)라 한다.

수치형 자료 – 연속형 자료
　　　　　　　이산형 자료

몸무게를 kg단위로, 생존기간을 년 단위로 측정하면 이산적인 값을 얻게 되지만 이들의 실제 값은 연속적인 값으로 간주하는 것이 보다 합리적이므로, 이들 자료는 연속형이다. 한 가정의 자녀수나 택시에 타고 있는 승객의 수와 같이 하나씩 셀 수 있는 것은 이산형으로 간주된다. 그러나 하나씩 셀 수 있는 것이라고 하더라도 범위가 넓어지면 연속형으로 간주하는 경우가 흔히 있다. 그 이유는 연속형으로 간주할 때, 계산이 편리해지고 특징 파악이 용이한 경우가 많기 때문이다. 예를 들면, 혈액 1 cc 당 적혈구의 수, 어느 섬에 살고 있는 개구리의 수, 주식시세 등은 이산형이지만 분석을 편리하게 하기 위해서는 연속형으로 간주하는 것이 일반적이다.

2.3 | 자료의 요약 방법

자료를 요약할 때는 먼저 도표를 작성하고 그래프를 그려보고 그 다음에 평균과 같은 수치적 값을 계산하게 된다. 또한 자료의 형태에 따라서 그래프를 그리는 방법이 달라진다.

◇ 자료의 요약 순서

1. 도표 작성
2. 그래프 그리기
3. 그래프의 특징 파악
4. 자료의 중심위치에 관한 수치 계산
5. 자료의 흩어짐에 관한 수치 계산

이 절에서는 자료의 요약방법에 대하여 자료의 형태별로 설명한다.

2.3.1 범주형 자료

앞서 언급했듯이 어느 범주에 속하는지를 조사하여 수집한 자료를 범주형 자료라고 하며 범주에 속하는 개체의 개수를 파악하여 자료를 요약한다. 각 범주에 속하는 개체 수를 도수(frequency)라 하고 이를 전체 개체 수로 나눈 값을 상대도수(relative frequency)라 한다.

$$\text{범주의 도수} = \text{해당 범주에 속하는 자료의 수}$$

$$\text{범주의 상대도수} = \frac{\text{해당 범주의 도수}}{\text{총 자료수}}$$

예제 2.1

어느 지역에서 조례의 개정안에 대해 300명 주민들의 의견을 조사하였다. 응답자는 찬성, 반대, 중립의 세 가지 중에서 하나를 선택한다. 다음 표 2.1은 조사결과의 요약이다. 이 표에서 두 번째 열은 도수, 세 번째 열은 상대도수를 나타낸다. 상대도수 열에서 응답자 중 53.3%가 찬성, 21.7%가 반대, 25%가 중립임을 알 수 있다.

| 표 2.1 | 조례 개정안에 대한 조사 결과 요약

응 답	도 수	상대도수
찬 성	160	160/300=0.533
중 립	75	75/300=0.250
반 대	65	65/300=0.217
합 계	300	1.000

2.3.2 수치형 자료

앞서 언급했듯이 수치형 자료는 이산형과 연속형으로 또 다시 구분할 수 있다. 이산형과 연속형 자료의 요약 방법은 약간 다른 부분이 있으므로 이를 나누어 소개한다.

2.3.2.1 이산형 자료

이산형 자료에서 서로 다른 값들이 그렇게 많지 않을 때는 도수분포표를 이용하면 특징 파악이 쉽다. 다음 예제는 이에 관한 것이다.

예제 2.2

어느 가게 앞에 설치해 둔 커피 자판기의 고장횟수를 25일간 조사하여 다음 자료를 얻었다.

| 표 2.2 | 일 별 자판기 고장 횟수

2	1	3	0	1	1	0	2	1	0
2	1	0	2	0	1	0	1	0	2
4	5	1	0	3					

이 자료의 도수분포표가 표 2.3이다. 마지막 열은 상대도수이다.

| 표 2.3 | 자판기 고장 횟수의 도수분포표

값 (x)	도 수	상대도수
0	8	0.32
1	8	0.32
2	5	0.20
3	2	0.08
4	1	0.04
5	1	0.04
합계	25	1.000

이산형 자료의 도수분포표를 **직선그림** (line diagram)이나 **히스토그램** (histogram)을 그려 표의 특징을 시각화하는 방법이 많이 이용된다. 직선그림은 관측값과 상대도수를 직선으로, 히스토그램은 사각기둥으로 그린 그림이다.

직선그림에서는 각 값에 대한 직선의 길이로, 히스토그램에서는 사각기둥의 넓이로 상대도수를 나타낸다. 따라서 직선그림에서는 직선의 길이의 합은 1이 되고, 히스토그램에서는 사각기둥의 넓이의 합이 1이 되게 그려야 한다. 히스토그램에서는 사각기둥의 밑변의 길이에 따라 히스토그램의 모양이 달라진다. 따라서 히스토그램을 그릴 때는 사각기둥의 밑변의 길이를 얼마로 할지를 미리 정해야 한다. 그림 2.1은 표 2.3 자료에 대한 직선그림과 히스토그램의 예이다.

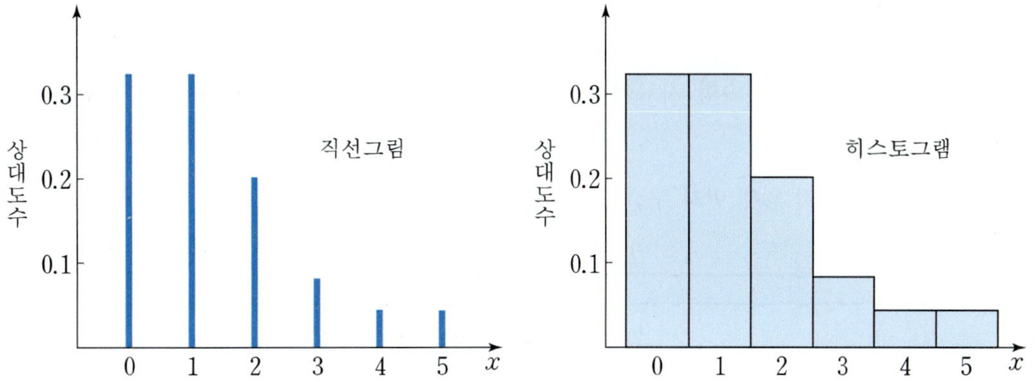

| 그림 2.1 | 표 2.3 자료의 직선그림과 히스토그램

2.3.2.2 연속형 자료

연속형 자료의 경우에는 직선그림은 부적절한 경우가 많다. 따라서 연속형 자료에 대해서는 **점도표**(dot diagram)와 히스토그램을 사용하는 데, 자료의 개수가 적을 때는 점도표를, 자료의 개수가 많을 때는 히스토그램을 그려 자료의 특징을 파악하는 것이 일반적이다.

■ 점도표

점도표를 그리기 위해서는 먼저 가로로 직선을 긋고 단위를 적어 넣는다. 이때 모든 측정값을 포함하도록 단위를 정해야 한다. 그런 후 각 측정값을 직선 위에 굵은 점으로 나타낸다.

예제 2.3

어느 영어 학원에서 입학을 위해 실시한 레벨 테스트의 영어 회화 성적은 5, 12, 7, 19, 13, 94였다. 이 자료를 점도표로 그린 것이 그림 2.2이다. 점도표를 보면 한 명의 특출한 학생이 있고 나머지는 모두 20점 미만 임을 금방 파악할 수 있다.

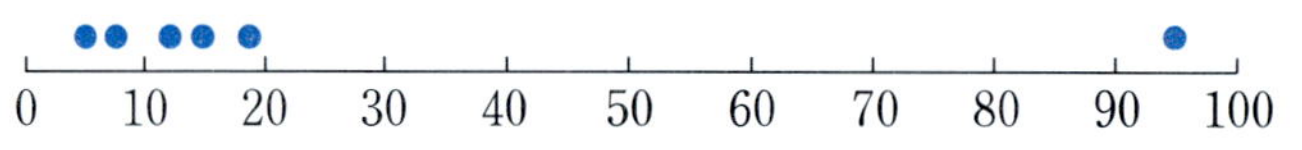

| 그림 2.2 | 레벨 테스트 성적

■ 구간 도수분포

자료의 수가 많으면 점도표를 그리는 것은 번거로운 일이 된다. 이 경우에는 히스토그램을 그리는 것이 좋다. 연속형 자료에 대한 히스토그램을 그리기 위해서는 먼저 자료를 구간자료로 요약해야 된다.

구간자료를 만들기 위해 먼저 구간을 설정한 후 해당 구간에 몇 개의 자료가 포함되는지 조사하면 된다. 즉, 구간도수를 구하면 된다. 구간도수를 구하는 일반적인 방법은 다음과 같다.

구간도수를 구하는 법

(1) 자료의 최솟값과 최댓값을 구한다.

(2) 최솟값과 최댓값을 포함하는 구간을 몇 개의 구간으로 나눈다.

(3) 각 구간에 속하는 자료의 개수, 즉 구간도수를 구한다.

(4) 구간도수를 총 자료 수로 나누어 상대도수를 구한다.

여기서 구간을 계급구간(class interval)이라고도 하며, 구간의 양끝 점을 구간의 경곗값 혹은 계급의 경곗값이라 한다. 한편 구간도수를 칸도수(cell frequency) 혹은 계급도수(class frequency)라고도 한다. 한편 구간도수를 모아 표로 만든 것을 구간도수분포표라 한다.

일반적으로 구간의 개수는 5~15개 사이로 하는 것이 좋은 결과를 얻는 것으로 알려져 있다. 구간의 개수를 정할 때는 히스토그램의 도움을 받으면 좋다. 처음에는 많은 개수의 구간으로 하여 히스토그램을 그려 보고 모양이 매끄럽지 않다면 구간의 개수를 줄여나가면서 매끄러운 히스토그램이 되는 구간의 개수를 선택하면 된다. 히스토그램의 모양이 매끄럽다고 하는 것은 주관적 판단에 의존하므로 사람에 따라 최적의 구간 개수는 달라질 수 있다.

예제 2.4

구간도수분포표의 작성

다음은 어느 시장의 옷가게에서 고객이 구입한 옷값을 조사한 자료이다. 모두 40명을 조사하였다. 자료는 편의상 크기 순서로 정렬하였다. 자료의 최솟값과 최댓값은 각각 14,000원과 102,000원이다. 편의상 길이가 20인 계급구간을 택해 보자.

| 표 2.4 | 40명이 구입한 옷값 (단위: 1,000원)

14	19	20	21	23	25	29	33
39	40	41	45	47	50	50	52
53	53	55	56	57	58	60	62
65	68	69	71	72	75	76	77
79	82	85	91	96	99	100	102

처음 구간은 2개의 관측값을 포함하고 있으므로 도수는 2이고 상대도수는 $2/40=0.05$이다.

| 표 2.5 | 옷값 자료의 도수분포표 (단위: 1,000원)

계급구간*	도수	상대도수
0～20	2	2/40=0.05
20～40	7	7/40=0.175
40～60	13	13/40=0.325
60～80	11	11/40=0.275
80～100	5	5/40=0.125
100～120	2	2/40=0.05
합 계	40	1.000

* 좌측 경곗값은 포함하고 우측 경곗값은 불포함.

■ 히스토그램

상대도수분포표를 얻고 나면 히스토그램을 그리는 일은 쉽다. 각 계급구간 위에 사각기둥을 그리면 되는 데, 각 사각기둥의 높이는 사각기둥의 면적이 상대도수가 되도록 한다. 주의할 점은 모든 사각기둥의 면적의 합은 1이 되어야 한다는 것이다.

> 히스토그램의 전체 면적은 1이다.

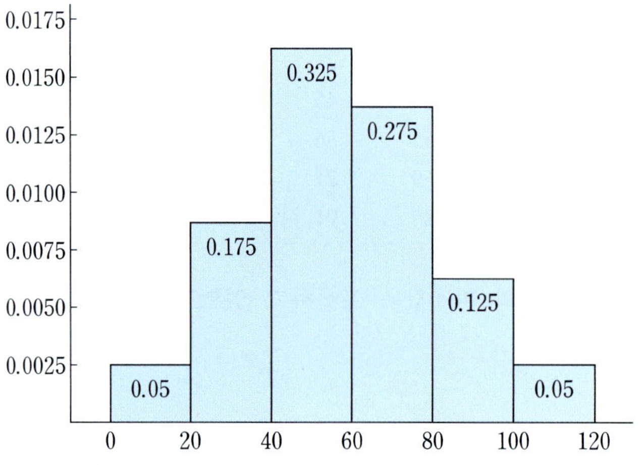

| 그림 2.3 | 옷값 히스토그램

히스토그램에서 사각기둥의 밑변의 길이가 모두 같으면, 사각기둥의 높이가 높은 구간의 상대도수가 크다.

■ 줄기-잎 그림

줄기-잎 그림(stem and leaf display)은 히스토그램의 한 종류로 볼 수 있는 그림이다. 줄기-잎 그림은 자료의 값이 두 자리 수의 값일 때 특히 유용하게 사용된다. 자료가 두 자리 수인 경우 10의 자릿수 값은 줄기로, 1의 자릿수 값은 잎으로 그린다.

예제 2.5

줄기-잎 그림 작성

어느 대학교의 통계학 중간고사 성적이 표 2.6과 같다고 하자. 이 표의 자료를 이용하여 줄기-잎 그림을 그려보자.

| 표 2.6 | 60명 학생의 시험성적

88	80	75	74	67	54	66	77	62
99	74	45	75	73	91	56	81	75
84	76	91	59	72	87	53	62	78
84	78	94	54	83	87	58	63	79
48	87	67	72	78	88	82	77	57
97	71	98	74	81	68	36	91	85
62	64	62	48	93	55			

이 표의 자료에 대한 줄기-잎 그림은 그림 2.4이다. 이 그림을 그리는 절차는 다음과 같다.

1. 세로 수직선을 그린다.
2. 세로 수직선 왼쪽에 숫자 0~9까지 차례대로 적는다.
3. 각 자료의 1의 자릿수를 대응되는 10의 자릿수 옆에 적는다.
4. 1의 자릿수를 크기 순으로 정렬한다.

줄기-잎 그림에서 10의 자릿수에 해당하는 값들을 줄기라고 하며 1의 자릿수에 해당하는 값들은 잎이라고 한다. 세워서 보면 구간의 넓이가 10인 히스토그램인 것처럼 보인다. 이러한 이유로 줄기-잎 그림을 히스토그램의 한 종류로

0	
1	
2	
3	6
4	588
5	34456789
6	2222346778
7	12234445556778889
8	0112344577788
9	11134789

| 그림 2.4 | 시험성적의 줄기-잎 그림

간주한다. 한편 히스토그램에서는 원래의 자료를 알아낼 수 없지만, 줄기-잎 그림에서는 원래의 자료를 정확하게 복원해 낼 수 있다.

2.4 | 중심측도

자료에 대하여 히스토그램이나 점도표 등을 이용하면 시각화에 큰 도움이 되는데, 시각화에서 파악된 특징을 수치로 나타내는 것 또한 필요한 일이다. 자료의 특징을 나타내는 수치로는 평균과 표준편차 등이 있다. 자료의 중심위치를 나타내는 값을 중심측도라 하는데, 평균은 중심측도의 하나이다. 한편 자료의 흩어짐을 나타내는 값을 변이측도라 하며 표준편차는 변이측도의 하나이다.

중심측도와 변이측도를 효율적으로 설명하기 위해 기호를 사용한다. 모집단에서 추출된 n개의 자료를 $x_1,\ x_2, \ldots,\ x_n$으로 나타내기로 한다. 예를 들면, 다섯 개의 측정값 2.3, 3.7, 4.5, 5.1, 3.3을 $x_1,\ x_2,\ x_3,\ x_4,\ x_5$로 나타낸다.

중심측도의 하나인 평균은 측정값을 모두 더하여 자료의 개수로 나누어 얻는다. 예를 들면 2.3, 3.7, 4.5, 5.1, 3.3의 평균은

$$\frac{2.3+3.7+4.5+5.1+3.3}{5}=\frac{18.9}{5}=3.78$$

이다. 이를 기호를 이용하여 나타내면 자료가 $x_1, x_2, \ldots, x_n$인 경우 **표본평균**(sample mean)은

$$\bar{x} = \frac{x_1 + x_2 + \cdots + x_n}{n} = \frac{1}{n}\sum_{i=1}^{n} x_i$$

로 표시된다. 평균은 무게중심의 의미로 해석될 수 있다.

예제 2.6

병원에서는 아이가 출생하면 먼저 몸무게를 측정한다. 어느 병원에서 조사한 출생 시 아이의 몸무게는 3.1, 2.9, 4.0, 3.3, 3.0(kg)이었다. 따라서 출생 시 몸무게의 표본 평균은

$$\bar{x} = \frac{3.1 + 2.9 + 4.0 + 3.3 + 3.0}{5} = \frac{16.3}{5} = 3.26$$

이다. 그림 2.5는 자료의 점도표에 표본평균을 Δ로 나타낸 것이며, 표본평균이 무게중심임을 알 수 있다.

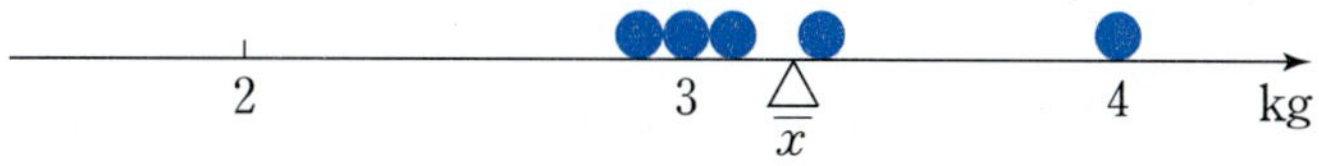

| 그림 2.5 | 출생시 몸무게의 점도표와 표본평균

한편 **표본중앙값**(sample median)은 자료를 크기순으로 나열했을 때 가운데의 값이다. 따라서 표본중앙값보다 큰 자료의 개수와 작은 자료의 개수는 같게 된다. 자료의 개수가 홀수인 경우는 가운데 값이 한 개인 반면, 짝수인 경우는 가운데 값은 두 개가 된다. 따라서 이들의 평균을 표본중앙값으로 사용한다. 예를 들어 2, 5, 7, 11 자료에 대해 표본중앙값은 $\frac{(5+7)}{2} = 6$이 된다.

예제 2.7

예제 2.6에서 출생 시 몸무게의 표본중앙값을 구해 보자. 먼저 자료를 크기 순으로 나열하면,

2.9 3.0 3.1 3.3 4.0

이 된다. 따라서 가운데 값 3.1이 표본중앙값이 된다.

예제 2.8 어느 대학 병원의 심장병 수술 후 생존 일수를 크기순으로 정렬하면

$$3,\ 15,\ 46,\ 64,\ 126,\ 623$$

이다. 가운데 값이 두 개 있으므로 이들의 표본중앙값을 구하면

$$\frac{46+64}{2}=55$$

를 얻는다. 한편 표본평균은 $\bar{x}=146.2$일 이었다. 여기서 표본평균이 표본중앙값에 비해 매우 큼을 알 수 있다. 이는 표본평균의 경우 6명의 환자 중 623일을 생존한 환자의 영향을 많이 받았기 때문이다. 그러나 표본중앙값은 특별히 큰 한 값의 영향을 받지 않음을 알 수 있다.

예제 2.8에서 보면 표본중앙값은 자료 중에서 매우 큰 값과 매우 작은 값의 영향을 받지 않지만, 표본평균은 큰 영향을 받음을 알 수 있다. 이러한 현상은 표본평균의 일반적인 성질이다. 따라서 자료 중에 특별히 큰 값이 있거나 특별히 작은 값이 있는 경우에는 표본평균보다 표본중앙값을 사용하는 것이 좋다.

■ 표본사분위수

한편, 자료의 개수가 큰 경우에는 자료를 크기순으로 4분의 1씩 나누는 값을 구하여 이로부터 자료의 특징을 파악하기도 한다. 자료의 4분의 1씩 나누는 점을 **표본사분위수**(sample quartile)라고 한다. 표본사분위수는 3개가 있으며 작은 것부터 차례대로 제1사분위수, 제2사분위수, 제3사분위수라 하며 흔히 Q_1, Q_2, Q_3로 나타낸다. 제2사분위수는 표본중앙값과 같음을 알 수 있다. 한편 자료의 개수가 오백 개 이상 되는 경우에는 자료를 크기순으로 100분의 1씩 나누어 자료의 특징을 파악하기도 한다. 이렇게 100분의 1씩 나눈 점을 **표본백분위수**(sample percentile)라고 한다. 백분위수도 작은 것부터 차례대로 제1백분위수, …, 제99백분위수라고 한다. 백분위수에 대한 정의는 다음과 같다.

표본의 제$100p$ 백분위수

자료를 작은 값부터 크기순으로 나열할 때 이 값보다 작거나 같은 자료가 $100p$% 이상이고 이 값보다 크거나 같은 자료가 $100(1-p)$% 이상이 되는 자료의 값을 표본의 $100p$ **백분위수**(sample $100p$th percentile)이라 한다.

한편, 사분위수는 다음과 같이 백분위수로 나타낼 수 있다.

표본사분위수

제 1 사분위수	Q_1 =제 25 백분위수
제 2 사분위수 (중앙값)	Q_2 =제 50 백분위수
제 3 사분위수	Q_3 =제 75 백분위수

표본백분위수를 구할 때, 조건을 만족하는 값이 두 개 있으면 두 자료의 평균을 표본백분위수로 한다.

예제 2.9 어느 사거리에서 아침 시간의 교통소음을 10분 단위로 측정하여 다음의 자료를 얻었다.

| 표 2.7 | 사거리 교통소음 (단위: db)

62.1	64.5	67.8	68.3	71.4	72.2	73.3	73.8	74.7	76.8
65.2	66.5	67.7	69.8	71.2	72.3	73.7	75.2	75.3	79.7
66.3	67.4	69.9	71.0	71.8	72.3	73.7	76.3	85.2	88.3

이 자료의 제1사분위수를 구해 보자. 제1사분위수는 제25백분위수와 같다. 먼저 자료를 크기순으로 나열하면 다음과 같다.

62.1	64.5	65.2	66.3	66.5	67.4	67.7	67.8	68.3	69.8
69.9	71.0	71.2	71.4	71.8	72.2	72.3	72.3	73.3	73.7
73.7	73.8	74.7	75.2	75.3	76.3	76.8	79.7	85.2	88.3

자료의 수가 30개이므로 자료의 25%는 7.5개이고 75%는 22.5개이다. 따라서 8번째의 값 67.8보다 작거나 같은 값은 8개이고 크거나 같은 값은 23개이므로 제1사분위수는 67.8이다.

2.5 변이측도

자료의 중심측도와 더불어 자료의 중요한 특징은 자료가 흩어져 있는 정도이다. 두 자료 집합의 중심측도가 같더라도 흩어짐의 정도는 상당히 다를 수 있다. 예를 들면, 그림 2.6(b)에서의 점들은 그림 2.6(a)에서의 점들보다 널리 흩어져 있다.

두 종류의 자료가 표본평균이 같은 경우에도 자료의 흩어진 정도인 변이측도는 다를 수 있다. 변이측도로 많이 사용되는 것은 표본분산과 표본표준편차이다.

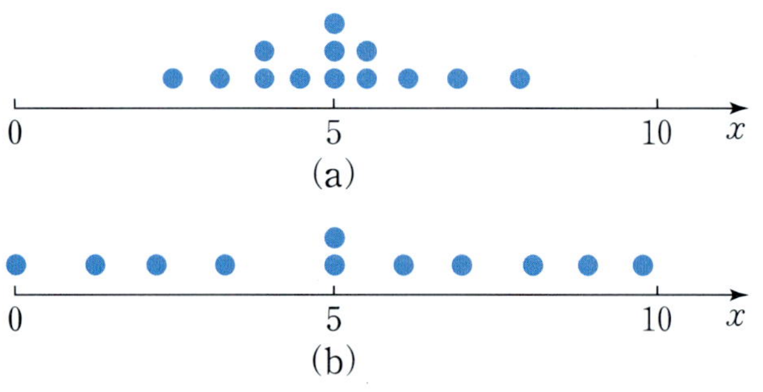

| 그림 2.6 | 중심값은 같고 변이가 다른 점도표

표본분산을 구하기 위하여 먼저 자료값과 표본평균과의 편차(deviation)를 생각한다.

$$\begin{aligned} \text{편차} &= \text{자료값} - \text{표본평균} \\ &= x_i - \bar{x} \end{aligned}$$

만약 자료가 3, 5, 7이면 표본평균은= $(3+5+7)/3 = 5$가 되며, 편차는 -2, 0, 2가 된다. 편차의 제곱을 합하여 (관측값의 개수-1)로 나눈 값을 표본분산(sample variance)이라 한다.

$$\text{표본분산 : } s^2 = \frac{\sum_{i=1}^{n}(x_i - \bar{x})^2}{n-1} = \frac{\sum_{i=1}^{n} x_i^2 - n\bar{x}^2}{n-1}$$

예제 2.10 자료 2, 5, 6, 8, 9의 표본분산을 구하라.

풀이 이 자료에서 자료의 개수는 $n=5$이다. 표본평균과 편차, 편차제곱을 구하는 표 2.8을 이용하여 표본분산을 구한다.

| 표 2.8 | 표본분산 계산표

	관측값 x	편차 $(x_i - \bar{x})$	(편차)^2 $(x_i - \bar{x})^2$
	2	-4	16
	5	-1	1
	6	0	0
	8	2	4
	9	3	9
합계	$\sum x_i = 30$	$\sum (x_i - \bar{x}) = 0$	$\sum (x_i - \bar{x})^2 = 30$
	$\bar{x} = \frac{30}{5} = 6$	표본분산	$s^2 = \frac{30}{5-1} = 7.5$

표본분산을 구할 때 나누는 수 $n-1$을 자유도(degree of freedom)라 한다.

분산은 편차를 제곱하여 합하므로, 단위가 원래 자료 단위의 제곱이다. 단위를 맞추기 위하여, 분산의 제곱근을 변이측도로 사용하기도 한다. 분산의 제곱근을 표준편차(standard deviation)라 한다. 표준편차는 원자료와 단위가 같기 때문에 분산보다 해석하기 좋아 많이 사용된다.

$$\text{표본표준편차 : } s = \sqrt{s^2}$$

예제 2.11 예제 2.10의 표본표준편차는 표본분산 7.5의 양의 제곱근 $\sqrt{s^2} = 2.74$이다.

예제 2.12 자료 1, 2, 6, 10, 12의 표본표준편차를 구하면 $s = \sqrt{23.2} = 4.82$이다.

그림 2.7은 예제 2.10의 자료와 예제 2.12의 자료에 대한 점도표이다. 그림 2.7에서 예제 2.12의 자료가 예제 2.10의 자료보다 넓게 퍼져 있음을 한 눈에 알 수 있는데, 각각의 표본표준편차는 2.74와 4.82로 넓게 퍼진 자료에 대한 표본표준편차가 더 큰 값임을 알 수 있다.

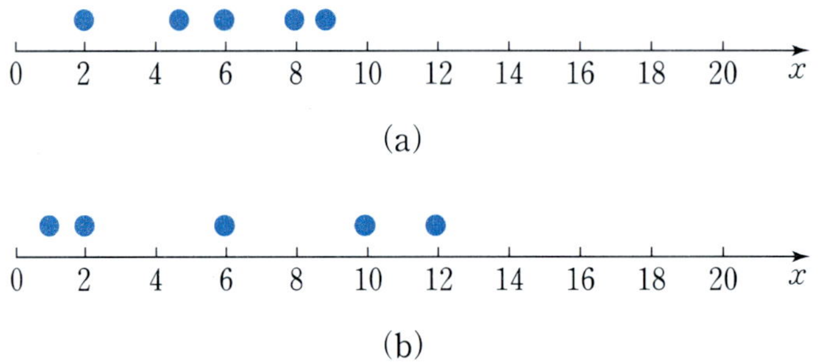

| 그림 2.7 | 두 자료의 점도표

표본표준편차 s를 이용하여 자료가 중심으로 밀집되어 있는 모양을 나타낼 수 있다. 자료의 개수가 많을 때에는 표본평균 근처에 있는 자료의 비율은 다음과 같음이 알려져 있다. 이 규칙은 경험으로부터 얻은 것이다.

자료의 개수에 대한 경험적 규칙

자료의 개수가 충분히 많을 때는 근사적으로

자료의 68%가 구간 $(\bar{x}-s,\ \bar{x}+s)$ 안에 있다.

자료의 95%가 구간 $(\bar{x}-2s,\ \bar{x}+2s)$ 안에 있다.

자료의 99%가 구간 $(\bar{x}-3s,\ \bar{x}+3s)$ 안에 있다.

예제 2.13 자료의 개수에 대한 경험적 규칙을 적용하여 표 2.6의 성적에 관한 자료의 범위를 조사하여 보자. 자료의 표본평균과 표본표준편차는

$$\bar{x} = 73.25$$
$$s = 14.42,\ 2s = 2 \times 14.42 = 28.84$$

이다. 한편 자료에서 $(\bar{x} - 2s,\ \bar{x} + 2s) = (73.25 - 28.84,\ 73.25 + 28.84) = (44.41,\ 102.09)$ 사이에 있는 자료의 개수는 59개이므로 $59/60 \times 100 =$ 98.33%가 된다. 한편, $(\bar{x} - 3s,\ \bar{x} + 3s) = (29.99,\ 116.51)$ 사이에 있는 자료의 수는 100%가 됨을 알 수 있다. 이는 경험의 법칙과 유사한 결과임을 알 수 있다.

■ **표본범위, 표본사분위범위**

자료의 흩어짐을 나타내는 변이측도로 **표본범위**(sample range)가 사용되기도 한다.

표본범위 = 가장 큰 관측값 − 가장 작은 관측값

표본범위는 자료가 흩어져 있는 구간 전체의 길이이다.

예제 2.14 예제 2.9 교통소음 자료에서

$$\text{가장 작은 관측값} = 62.1$$
$$\text{가장 큰 관측값} = 88.3$$

이므로, 표본범위는

$$\text{표본범위} = 88.3 - 62.1 = 26.2$$

이다.

표본범위는 계산이 간단하고 해석하기가 쉬운 반면 자료에서 매우 큰 값이 있거나 매우 작은 값이 있는 경우는 값이 너무 커지는 경향을 가지고 있다. 그리고 중간에 있는 값들의

흩어짐에 관한 성질을 전혀 나타내지 못하는 단점이 있다. 표본범위의 이러한 단점을 극복하고 장점을 활용하는 변이의 측도는 **표본사분위범위** (sample interquartile range)이다. 사분위범위는 제3사분위수와 제1사분위수의 차이로 정의한다.

$$\text{표본사분위범위} = \text{제 3 사분위수} - \text{제 1 사분위수}$$

표본사분위범위는 자료 중에 매우 큰 값이 있거나 매우 작은 값이 있더라도 영향을 받지 않는다. 표본사분위범위는 히스토그램을 그렸을 때 좌우대칭이 아니거나 긴 꼬리를 가지고 있는 경우에 표본표준편차 대신에 사용된다. 긴 꼬리를 가진 자료는 흔히 소득에 관한 자료에서 나타난다.

예제 2.15

예제 2.9 교통소음 자료에서

$$\text{제3사분위수} = 74.7$$
$$\text{제1사분위수} = 67.8$$

이므로, 표본사분위범위는 다음과 같다.

$$\text{표본사분위범위} = 74.7 - 67.8 = 6.9$$

■ 상자그림

자료에 대해 그림을 그려 보면 한 눈에 자료의 특징을 파악할 수 있다. 자료의 표본범위와 표본사분위범위를 시각적으로 보여주는 그림은 **상자그림** (box plot)이다. 이 그림은 제1사분위수와 제2사분위수, 제3사분위수를 상자에 표시하고 제일 큰 값과 제일 작은 값을 선으로 연결한 그림이다. 예제 2.9의 교통소음 자료에 대한 상자그림을 작성하면 다음과 같다.

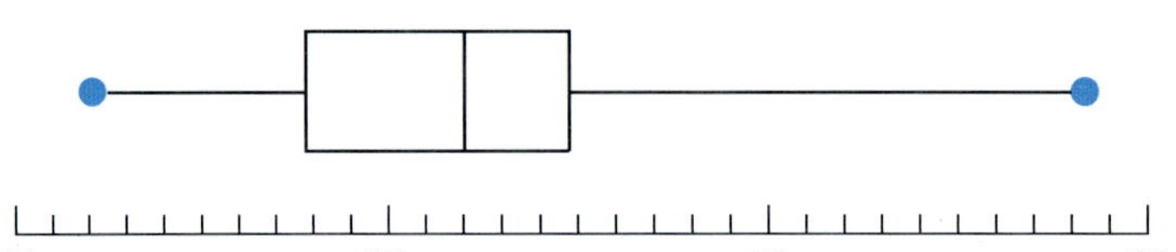

| 그림 2.8 | 표 2.7의 소음자료에 대한 상자그림

2.6 | 이변량 자료

주어진 표본단위에 대해 두 가지 특징값을 기록하여 얻은 자료를 이변량 자료라 한다. **이변량 자료**(bivariate data)의 경우 각 변수의 중심위치, 변이도뿐만 아니라 변수들 사이의 관계도 중요한 특징이다. 또한 한 변수의 값으로부터 나머지 변수의 값을 예측할 수 있는지의 여부도 중요하다. 이러한 이변량 자료의 예로는 다음과 같은 것이 있다.

성별과 직업 유형

직업과 흡연 습관

나이와 키

월급액과 저축액

2.6.1 이변량 범주형 자료

표본단위에 대해 두 가지 특성을 범주로 구분하여 각 범주에 속하는 단위의 도수를 얻을 수 있다. 이렇게 하여 얻은 자료는 **이원 도수분포표**(two way frequency table)로 요약된다. 이원도수분포표에서는 두 개의 특성에 대한 범주를 각각 상단과 왼쪽에 적고 해당 칸에 도수를 적는다. 이러한 표를 **분할표**(contingency table)라 한다. 분할표로 정리된 자료를 **교차분류**(cross-classified)된 자료라고도 한다. 분할표에서는 각 칸의 도수뿐만 아니라 각 행에 대한 도수의 합을 계산하여 오른쪽에 기록하거나 각 열에 대한 도수의 합을 아래에 표시하는데 이를 **주변합**(marginal total)이라 한다.

예제 2.16

선거 여론 조사

어느 지역에서 400명을 뽑아 성별과 선거 관심도를 조사하여 다음 분할표를 작성하였다.

| 표 2.9 | 선거 관심도에 관한 분할표

	높음	중간	낮음	합계
여성	82	26	72	180
남성	62	54	104	220
합계	144	80	176	400

표 2.9를 보면 여자이면서 선거에 대한 관심이 높은 사람은 82명이고, 남자이면서 선거에 관심이 낮은 사람은 104명이다. 이 표는 성별과 선거 관심도에 대한 분포표이다.

한편 전체도수로 각 칸의 도수를 나누면 상대도수를 얻는다. 즉, 상대도수는 각 칸의 도수를 표본크기 400으로 나누어서 얻는다. 표 2.10은 상대도수분포표이다.

| 표 2.10 | 상대도수 분포표

	높음	중간	낮음	합계
여성	0.205	0.065	0.180	0.45
남성	0.155	0.135	0.260	0.55
합계	0.360	0.200	0.440	1.00

경우에 따라서는 주변합에 대한 칸의 상대도수가 필요할 때도 있다. 여자의 태도와 남자의 태도를 비교하기 위해서는 표 2.11과 같이 두 집단에 대한 각 칸의 상대도수를 구하면 된다(예를 들어 $\frac{72}{180} = 0.4$).

| 표 2.11 | 주변합에 대한 칸 상대도수분포표

	높음	중간	낮음	합계
여성	0.456	0.144	0.400	1.000
남성	0.282	0.245	0.473	1.000

표 2.11의 값들을 보면 두 집단의 태도가 다름을 알 수 있다. 즉 여자들보다 남자들이 관심도가 낮은 사람이 많은 것 같다. 이러한 관측이 우연인가 아니면 남자들이 정말 관심이 낮아서 그러한가를 알아보아야 한다.

2.6.2 이변량 수치형 자료 – 산점도

이 절에서는 이변량 수치형 변수에 대한 자료의 요약 방법을 설명한다. 먼저 설명을 간편히 하기 위하여 두 변수를 문자 x와 y로 나타내자. n개의 표본단위를 관측하면 n개의 이변량 자료가 얻어지며 이를 $(x_1, y_1), \cdots, (x_n, y_n)$으로 나타내기로 하자.

이변량 측정값에서 x의 값만 택하면 하나의 변수에 대한 자료가 된다. 따라서 측정값 x의 히스토그램을 그리거나, 표본평균, 표본표준편차, 기타 여러 가지 통계 값을 계산할 수

있다. 마찬가지 방법으로 y 측정값만을 택해 특성을 조사할 수도 있다. 그러나 이변량 자료에서는

> 두 변수 사이의 관련성과 형태
> 두 변수 사이의 관계 정도에 관한 수치화
> 한 변수로부터 다른 변수의 예측

에도 관심이 있다.

두 변수 사이의 관계는 **산점도**(scatter diagrams)를 그려 시각적으로 파악할 수 있다. 산점도는 변수 x를 수평선에 변수 y는 수직선에 나타내고 관측된 값 (x, y)를 점으로 표시한 그림이다.

예제 2.17 사람이 나이에 따라 근력이 어떻게 변화되는지를 연구하기 위해 9명의 남성들을 대상으로 나이와 근력을 측정하여 다음의 결과를 얻었다.

| 표 2.12 | 나이에 따른 근력

나이	20	27	31	38	43	49	50	54	56
근력(kg)	29	28	26	24	25	20	19	19	14

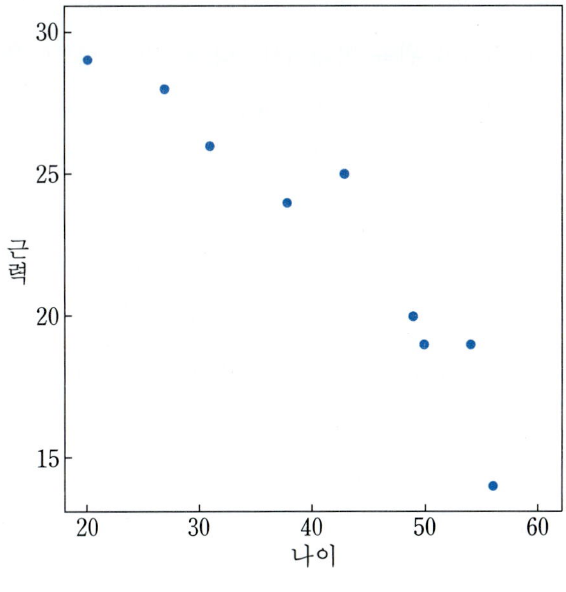

| 그림 2.9 | 나이와 근력에 대한 산점도

사람의 나이와 근력이 선형관계가 있다고 할 수 있을까? 표 2.12의 데이터에 대한 산점도를 그려보면 그림 2.9와 같다.

2.6.3 이변량 수치형 자료 – 상관계수

산점도는 이변량 자료의 관계를 시각화하는 도구이다. 산점도에서 점들의 모양은 다양하게 나타날 수 있다. 직선 둘레에 띠 모양을 이룰 수도 있고, 특별한 형태 없이 흩어져 있을 수도 있다. 띠 모양을 이루는 경우에도 직선에 보다 더 밀집할 수도 있고 그렇지 않을 수도 있다. 점들이 직선에 밀집한 정도를 수치로 나타낸 것이 표본상관계수(sample correlation coefficient)이다. 표본상관계수는 두 변수 사이의 선형관계의 정도를 나타내는 값이다. 다음은 표본상관계수 r의 특징이다.

(a) $-1 \le r \le 1$

(b) r의 절댓값은 선형관계의 강도를 나타낸다.

(c) r의 부호는 방향을 나타낸다.

표본상관계수 r에 대해 좀 더 자세히 설명해 보면

(1) r의 절댓값이 커지면, 직선 둘레에 더 밀집하게 된다.

(2) $r = +1$ 혹은 -1이면 모든 점들이 직선 위에 놓여 있다.

(3) $r = 0$은 두 변수사이에 상관관계가 없음(무상관)을 나타낸다.

(4) $r > 0$이면 (x, y)점들이 왼쪽 아래에서 오른쪽 위로 띠모양을 이룬다.

(5) $r < 0$이면 (x, y)점들이 왼쪽 위에서 오른쪽 아래로 띠모양을 이룬다.

앞서 설명했듯이 표본상관계수 r은 두 변수 x와 y사이의 선형관계를 나타내는 측도이다. 그러나 표본상관계수가 1에 가까운 값이라고 하더라도 두 변수 사이에 강한 관계가 있다고 말할 수 없는 경우도 있다. 산점도가 그림 2.10과 같은 경우에는 표본상관계수의 값이 클 수는 있지만 두 변수 사이에 상관이 높다고 하기는 어렵다. 이는 서로 다른 두 개의 집단에서 자료가 얻어져서 생겨나는 현상일 수 있기 때문이다. 예를 들어, 체육 실기점수와 음악 실기점수에 대해, 10명은 중학교 1학년 학생에서 뽑고, 10명은 고등학교 1학년 학생에서 뽑은 경우에 해당될 수 있다.

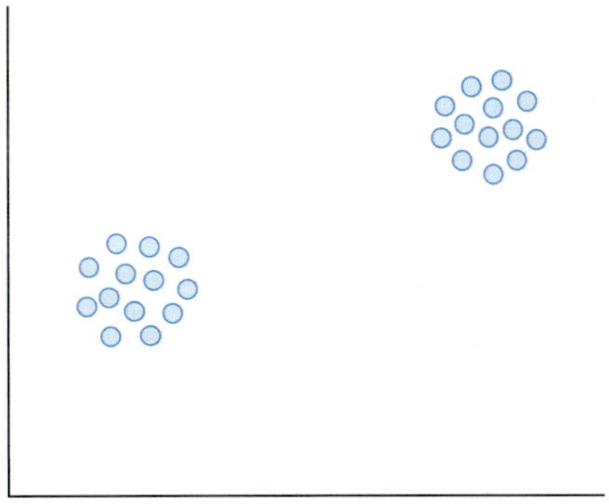

| 그림 2. 10 | 두 집단에서의 표본

또한 표본상관계수를 해석할 때는 주의해야 할 부분이 있다. 첫째는 자료에서 나타난 표본상관계수가 높다고 해서 두 변수 사이에 인과관계가 있는 것으로 해석해서는 안 된다는 것이다. 예를 들어, 도시에서 발생하는 살인사건의 수와 그 도시 교회의 수에 관한 것이다. 자료에서 살인사건의 수와 교회의 수에 대한 표본상관계수가 높게 나오더라도 이 두 변수 사이에 상관이 있다고 해석해서는 안 된다. 왜냐하면 살인사건의 수나 교회의 수는 모두 도시의 인구에 영향을 받기 때문이다. 이러한 경우에 도시의 인구는 살인사건의 수와 교회의 수에 영향을 미치는 변수이며 잠복성 변수라고 한다. 상관계수를 관계의 측도로 사용하는 경우에는 항상 잠복변수가 있는지를 살펴보아야 한다.

얻어진 표본상관계수에 대한 해석은 통계의 문제라기보다는 상식에 속하는 문제이므로 해석에 앞서 상황을 잘 살펴 볼 필요가 있다. 표본상관계수에 대한 자세한 내용은 제10장에서 다시 소개할 것이다.

2.7 | SPSS를 이용한 실습

이 절에서는 SPSS를 이용하여 그래프를 작성하고 통계량을 구해 보자. SPSS에 관한 기본적인 소개는 부록 A SPSS소개를 참조 바란다.

예제 2.18

예제 2.2의 커피 자판기 고장횟수 자료를 SPSS를 이용하여 상대도수분포표와 막대도표를 작성해 보자.

풀이 커피 자판기 고장횟수 자료를 그림 2.11과 같이 입력한다.

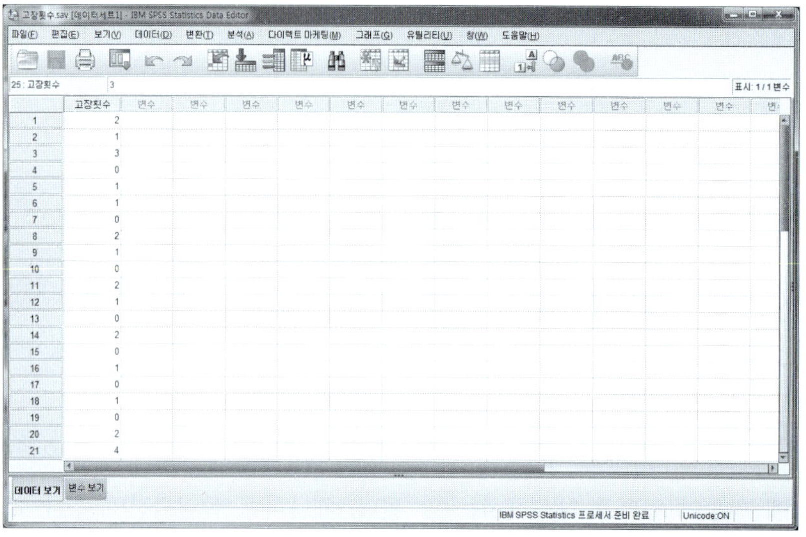

| 그림 2. 11 | 커피 자판기 고장횟수 자료 입력

실행순서

커피자판기의 고장횟수에 대한 상대도수분포표와 막대도표를 작성하기 위해서는 다음과 같은 순서로 선택하면 그림 2.12와 같은 화면이 나타난다.

분석(A) ▶
기술통계량(E) ▶
빈도분석(F)

그림 2.12와 같이 각각의 변수와 옵션을 선택하면 그림 2.13과 같은 결과를 얻게 된다.

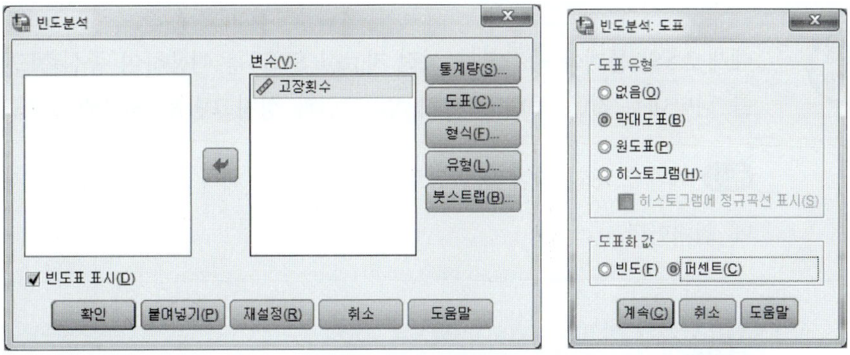

| 그림 2. 12 | 빈도분석

빈도분석

고장횟수

		빈도	퍼센트	유효 퍼센트	누적 퍼센트
유효	0	8	32.0	32.0	32.0
	1	8	32.0	32.0	64.0
	2	5	20.0	20.0	84.0
	3	2	8.0	8.0	92.0
	4	1	4.0	4.0	96.0
	5	1	4.0	4.0	100.0
	전체	25	100.0	100.0	

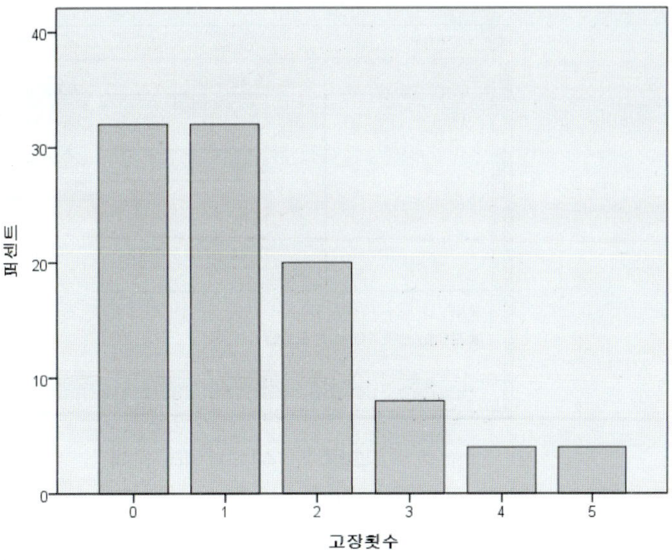

| 그림 2. 13 | 빈도분석 결과

예제 2.19

예제 2.5의 통계학 중간고사 성적 자료를 SPSS를 이용하여 중심측도와 변이측도를 나타내는 값을 구하고 줄기-잎 그림과 상자그림을 작성해 보자.

풀이 예제 2.18과 같은 방법으로 예제 2.5의 통계학 중간고사 성적 자료를 SPSS에 입력한다.

실행순서

중심측도와 변이측도를 나타내는 값과 도표를 작성하기 위해서는 다음과 같은 순서로 선택하면 그림 2.14와 같은 선택화면이 나타난다.

> 분석(A) ▶
> 기술통계량(E) ▶
> 데이터 탐색(E)

그림 2.14와 같이 종속변수에 '통계학 성적'을 이동하고 통계량과 도표를 선택한 후 추가로 아래와 같이 선택하면 그림 2.15와 같은 결과를 얻게 된다.

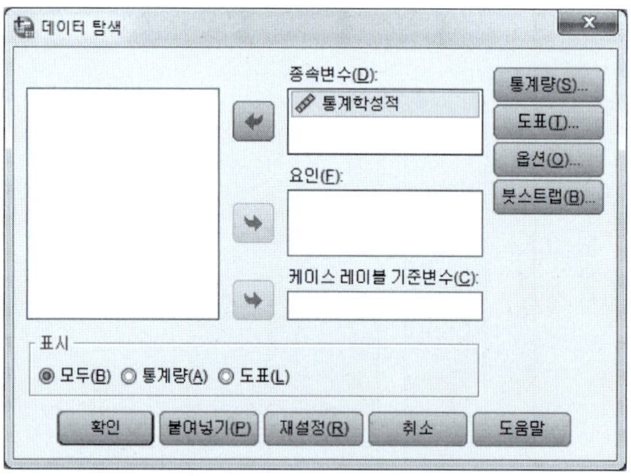

| 그림 2. 14 | 데이터 탐색

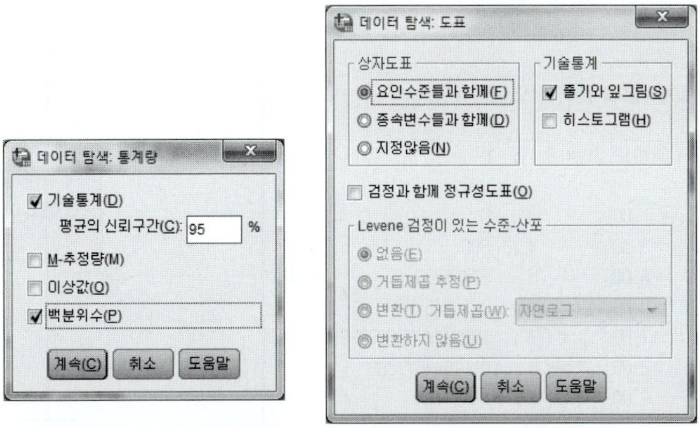

| 그림 2.14 | 데이터 탐색(계속)

기술통계

			통계량	표준오차
통계학성적	평균		73.25	1.862
	평균의 95% 신뢰구간	하한	69.53	
		상한	76.97	
	5% 절사평균		73.56	
	중위수		75.00	
	분산		207.919	
	표준편차		14.419	
	최소값		36	
	최대값		99	
	범위		63	
	사분위수 범위		22	
	왜도		-.343	.309
	첨도		-.418	.608

백분위수

		백분위수						
		5	10	25	50	75	90	95
가중평균(정의 1)	통계학성적	48.00	54.00	62.00	75.00	84.00	91.00	96.85
Tukey의 Hinges	통계학성적			62.00	75.00	84.00		

```
통계학성적 줄기와 잎그림 도표

 구매빈도 Stem &  잎

     1.00        3 .  6
     3.00        4 .  588
     8.00        5 .  34456789
    10.00        6 .  2222346778
    17.00        7 .  12234445556778889
    13.00        8 .  0112344577788
     8.00        9 .  11134789

 줄기 너비:         10
 각 잎:          1 케이스
```

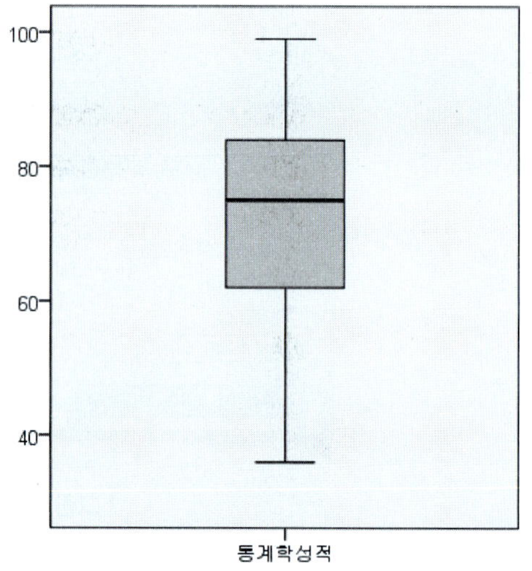

| 그림 2. 15 | 데이터 탐색 결과

EXERCISES

연습문제

01 어느 유치원 학생의 띠를 조사하여 다음 자료를 얻었다. 이 자료에 대해 도수분포표를 작성하라. 상대도수도 함께 구하라.

돼지	쥐	돼지	쥐	쥐	소	소	쥐	쥐	쥐
쥐	쥐	소	쥐	쥐	돼지	쥐	쥐	소	쥐

02 혈액버스에서 채혈한 혈액의 혈액형을 기록하여 다음 자료를 얻었다. 이 자료에 대해 도수분포표를 작성하라. 상대도수도 함께 계산하라.

O	A	O	B	O	O	A	A	A	A
A	O	A	O	A	O	B	O	O	A
A	A	O	B	A	A	AB	B	O	A
O	O	AB	A	A	O	A	A	B	O

03 어느 강낭콩 농장에서는 수확하기 전에 수확량을 짐작하기 위해 밭에서 60개의 강낭콩 깍지를 따서 그 안에 들어있는 강낭콩의 개수를 조사해 다음 자료를 얻었다.

7	3	5	6	3	4	3	4	3	4	4	3
4	5	5	3	5	3	4	3	5	3	5	2
6	4	5	3	4	3	5	4	2	4	2	4
5	4	5	5	3	4	4	3	4	6	3	3
4	5	5	3	5	3	3	3	5	3	5	2

(a) 도수분포표를 작성하라.
(b) 히스토그램을 그려라.

04 어느 해 아파트 건설현장에서 인체 사고의 원인 유형을 조사하였다. 높은 곳에서 물체가 떨어져서 생긴 사고는 170건, 불에 의한 사고는 123건, 폭발에 의한 사고는 99건, 기타 65건이었다. 이 자료를 도수분포표로 나타내라. 상대도수도 함께 표시하라.

05 하수 종말 처리장에서 방류되는 물의 표본에서 부유물의 양을 조사하였더니 232, 222, 211, 225, 234, 229, 217이었다. 이 자료의 점도표를 그려라.

06 실험을 위해 구입한 흰 쥐 60마리의 몸무게를 조사하였다.

98	114	124	112	122	116	110	120	84	116
122	112	128	108	120	124	110	118	106	106
102	102	112	110	130	140	112	122	114	106
110	110	126	114	98	102	116	120	100	108
160	120	112	106	102	94	118	112	112	120
112	110	118	98	104	116	120	112	106	122

(a) 상대도수분포표를 작성하라. 계급구간은 적절히 설정하라.
(b) 히스토그램을 그려라.

07 다음은 어느 학과에 입학한 학생 40명의 성적이다. 줄기-잎 그림을 그려라.

29	36	38	33	36	33	36	33	35	34
37	33	34	33	34	36	36	37	34	37
36	31	29	39	31	34	38	37	31	33
34	36	37	36	33	30	29	35	35	35

08 다음 각각에 대해 표본평균과 표본중앙값을 구하라.
(a) 5, 8, 4, 7, 6
(b) 12, 18, 16, 23, 17, 19
(c) -3, 2, -1, 1, 0, 4, -4, -2

09 100 m 달리기 기록의 다음 자료에 대해 표본평균과 표본중앙값을 구하라.
11, 12, 16, 13, 12, 14, 15, 14, 18, 19

10 어느 회사 직원의 월급은 250, 223, 833, 198, 315, 217, 180(만원)이다.
(a) 표본평균과 표본중앙값을 구하라.
(b) 표본평균과 표본중앙값 중 중심측도로 어느 것이 더 적합한가? 이유는 무엇인가?

11 연습문제 7번의 성적에 대하여

(a) 표본평균과 표본중앙값을 구하라.

(b) Q_1과 Q_3를 구하라.

12 대학생 40명을 뽑아 월별 용돈을 조사하였다 (단위 : 만원).

50	52	53	55	55	58	60	60	60	61
62	65	65	65	67	67	68	68	68	68
69	69	70	70	70	70	71	72	73	75
80	80	80	82	85	90	95	95	98	99

(a) 표본중앙값과 표본사분위수를 구하라.

(b) 표본의 제 10 백분위수와 제 90 백분위수를 구하라.

13 다음은 갑과 을 두 선박회사 기능공 월급의 평균과 중앙값이다 (단위: 만원).

	회사	
	갑	을
평균	562	490
중앙값	521	533

월급은 기능공의 기능 수준에 의해서만 결정되며 두 회사의 기능공 수준은 비슷하다고 가정하자.

(a) 능력이 뛰어난 기능공에게 월급을 더 많이 주는 회사는 어느 회사인가?

(b) 평균 능력을 가진 기능공에게 월급을 더 많이 주는 회사는 어느 회사인가?

14 자료 7, 9, 15, 13에 대해, 다음을 구하라.

(a) 편차 $(x - \overline{x})$들과 이들의 합

(b) 표본분산과 표본표준편차

15 자료 3.7, 5.4, 2.4, 1.9, 2.0, 1.6에 대해 다음을 구하라.

(a) 편차 $(x - \overline{x})$들과 이들의 합

(b) 표본분산과 표본표준편차

16 다음 각 자료에 대해 표본분산과 표본표준편차를 구하라.

(a) 1, 4, 5, 4

(b) -2, 1, -1, -3, 0, -1

(c) 7, 8, 9, 8, 8, 7, 9, 8

17 연습문제 8번에 주어진 자료의 표본표준편차를 구하라.

18 연습문제 9번의 자료에서 표본사분위범위를 구하라.

19 연습문제 6번 흰 쥐 몸무게의 자료를 생각해 보자.

(a) $\bar{x}$와 s를 구하라.

(b) 구간 $\bar{x} \pm s$, $\bar{x} \pm 2s$, $\bar{x} \pm 3s$ 내에 있는 관측값의 비율을 구하라.

(c) 경험적규칙과 (b)의 결과를 비교하라.

20 다음 표는 두 사설 공무원 학원의 강사 월급에 관한 자료이다 (단위: 십만원).

	최솟값	Q_1	중앙값	Q_3	최댓값
학원 A	20	28	31	38	45
학원 B	21	25	35	36	41

(a) 두 학원 자료에 대해 각각 상자그림을 그려라.

(b) 두 상자그림을 보고, 두 학원의 강사 월급 구조에 대해 비교 설명하라.

21 표 2.4의 옷값 자료에 대해 상자그림을 그려라.

22 어느 물리학 과목을 등록한 학생에 대해 성별, 학년, 전공, 중간고사 성적을 조사하여 다음 자료를 얻었다. 전공은 P는 물리학, E는 전자학, B는 생물학, C는 화학이다.

물리학 수강 학생 자료

번호	성별	학년	전공	중간	번호	성별	학년	전공	중간
1	M	3	B	97	26	F	4	E	77
2	F	3	C	72	27	F	3	P	78
3	M	2	E	80	28	M	2	E	82
4	M	4	P	80	29	M	4	B	88
5	M	3	P	71	30	M	2	P	76
6	M	4	E	96	31	F	3	B	75
7	F	1	B	81	32	M	2	B	84
8	M	4	P	77	33	M	3	C	92
9	M	3	B	75	34	M	1	B	87
10	F	3	E	77	35	M	1	E	83
11	M	1	B	84	36	F	4	P	81
12	M	4	B	78	37	M	3	E	81
13	M	4	E	84	38	M	1	B	99
14	M	3	P	74	39	F	3	C	79
15	M	2	B	79	40	M	4	B	84
16	F	2	E	74	41	M	2	E	73
17	F	2	E	72	42	M	4	C	88
18	M	4	B	81	43	F	3	C	76
19	F	1	P	67	44	F	2	E	83
20	M	4	B	80	45	F	3	B	83
21	M	3	P	76	46	M	1	E	77
22	M	3	B	77	47	F	2	E	72
23	F	2	E	68	48	M	4	B	68
24	M	3	C	81	49	F	3	E	71
25	M	1	E	85					

(a) 전공에 대한 도수분포표를 작성하라. 각 전공별로 몇 명의 학생이 있는가?

(b) 학년에 대한 도수분포표를 작성하라. 히스토그램을 그려라.

(c) 전공별로 중간고사 점수를 점도표로 그리고 비교하라.

23 다음은 1990년~2006년 동안 어느 도시에서 결혼한 신부의 연령에 대한 도수분포이다. 구간에서 왼쪽 경곗값은 포함되고, 오른쪽 경곗값은 포함되지 않는다.

나이구간	신부의 수
15 미만	0
15~20	46
20~25	474
25~30	1,608
30~35	580
35~40	99
40~45	34
45~50	15
50~55	4
55~65	7
65 이상	5
합 계	2,872

(a) 각 계급구간의 상대도수를 구하라.

(b) 상대도수의 히스토그램을 그려라.

(c) 25세 이전에 결혼한 신부와 30세 이후에 결혼한 신부의 비율을 구하라.

24 다음은 어느 교양통계학 과목의 기말성적에 대한 줄기-잎 그림이다.

(a) 표본중앙값을 구하라.

(b) 제 1사분위수 Q_1과 제 3사분위수 Q_3를 구하라.

(c) 80점 미만인 학생의 비율을 구하라. 90점 이상인 학생의 비율은 얼마인가?

점수의 줄기-잎 그림	
4	469
5	000238
6	00114589
7	23455678899
8	0112347
9	01579

25 다음 자료에 대해 표본평균, 표본분산, 그리고 표본표준편차를 구하라.

(a) 7, 8, 9, 6, 5

(b) 34, 35, 33, 37

(c) 0.2, 0.2, 3.2, 3.3, 1.8, 1.3, 2.7

26 연습문제 22번 물리학 과목 자료에 대해 다음을 구하라.

(a) 남학생 성적에 대한 $\overline{x}$와 s

(b) 여학생 성적에 대한 $\overline{x}$와 s

(c) 남학생 성적에 대한 표본중앙값과 표본사분위수

(d) 여학생 성적에 대한 표본중앙값과 표본사분위수

27 초등학교 1학년 학생 17명에게 수학 문제를 준 후 어떻게 시간을 활용하는지를 관측하였다. 주어진 15분 동안에 학생들이 문제에 집중하는 시간을 조사하여 다음 자료를 얻었다.

12	15	9	8	10	11	5	8	9
13	12	7	15	14	8	3	10	

이 자료에 대해 다음을 구하라.

(a) 표본평균과 표본표준편차

(b) 표본중앙값

(c) 표본범위

28 어떤 비만 치료 연구에서 실험 대상자 36명을 선택하여 혈중 콜레스테롤 수준을 조사하여 다음 자료를 얻었다.

213	227	218	223	330	226	233	195	281
299	301	196	258	195	227	244	210	205
234	179	357	282	286	286	176	195	265
163	355	200	238	248	245	311	297	195

(a) 도수분포표를 작성하라.

(b) 히스토그램을 그리고 분포의 특징을 설명하라.

29 연습문제 28번의 혈중 콜레스테롤 자료에 대해 다음을 구하라.

(a) $\overline{x}$와 s

(b) 표본중앙값과 표본사분위수

(c) 표본범위와 표본사분위범위

30 연습문제 28번과 29번을 이용하여 다음을 구하라.

(a) 구간 $\bar{x} \pm s$, $\bar{x} \pm 2s$, $\bar{x} \pm 3s$

(b) 이들 각 구간에 포함되는 관측값의 비율

(c) 구간에 포함되는 관측값의 비율을 구간에 대한 경험적 규칙과 비교하라.

31 표본에서 얻은 자료의 평균은 $\bar{x} = 42.3$이고 표준편차는 $s = 8.7$이다. 경험적 규칙을 이용하여 다음 각 구간에 포함될 관측값의 근사적 비율을 구하라.

(a) 33.6 미만

(b) (33.6, 51.0)

(c) (24.9, 59.7)

(d) (16.2, 68.4)

32 다음은 2005년 우리나라 전국 32개 지역에서 측정한 비의 산성도 자료이다.

4.4	5.3	4.5	5.5	4.1	5.2	4.4	5.4
4.4	5.4	5.3	4.8	4.5	4.8	5.5	4.8
5.3	5.4	5.3	5.2	4.8	5.9	5.4	5.8
5.4	4.8	4.6	4.8	4.6	4.8	4.6	4.5

(a) 표본평균과 표본표준편차를 구하라.

(b) 표본중앙값과 표본사분위수를 구하라.

(c) 표본의 제 90백분위수를 구하라.

(d) 상자그림을 그려라.

33 연습문제 32번에 대해

(a) 구간 $\bar{x} \pm s$, $\bar{x} \pm 2s$, $\bar{x} \pm 3s$를 구하라.

(b) 이들 구간에 속하는 관측값의 비율을 구하라.

(c) 이 결과를 경험규칙과 비교하라.

34 표준점수 z: 두 개의 자료에 대해 어떤 자료 값의 상대적 위치를 알고자 한다면 평균과 표준편차를 이용한 표준점수를 구해 알아 볼 수 있다. 표준점수를 흔히 z 값이라 한다. 표준점수를 구하는 공식은 다음과 같다.

$$z\text{값} = (\text{측정값} - \bar{x})\ /s$$

어느 학급은 영어 성적의 평균이 85, 표준편차가 10이며 수학성적의 평균은 70이고 표준편차가 8이라 한다. 어떤 학생이 영어는 80점, 수학은 75점을 받았을 때, 이 학생의 과목별 상대 위치는 표준점수를 구하여 파악할 수 있다.

$$영어\ z\text{-}점수 = (80-85)/10 = -0.5$$
$$수학\ z\text{-}점수 = (75-70)/10 = 0.5$$

이다. 따라서 이 학생은 영어 성적은 학급에서 평균에서부터 아래로 -0.5 위치에 있고, 수학은 평균에서 위로 0.5 위치에 있다. 영어점수 80점보다는 수학 점수 75점이 상대적으로 더 좋은 점수임을 알 수 있다.

(a) 평균이 300이고 표준편차가 90인 경우 값 320의 z-값을 구하라.

(b) 평균이 300이고 표준편차가 90인 경우 z-값 1.9에 대한 원래 자료의 값을 구하라.

35 올림픽에서 1912년~2004년 사이 여자 100 m 자유형에서의 우승기록은 다음과 같다.

1:22.20	1:13.60	1:12.40	1:11.00	1:06.80	1:05.90	1:06.30
1:06.80	1:02.00	1:01.20	59.50	1:00.00	58.59	55.65
54.79	55.92	54.93	54.65	54.50	53.83	53.84

(a) 우승 시간을 크기 순서로 정렬하라. 우승 시간의 점도표를 그려라. 자료의 특징을 설명하라.

(b) 자료의 도수분포표를 작성하라. 의미 있는 특징을 발견할 수 있는가?

36 표본최빈값은 자료에서 최대 상대도수를 갖는 값이며 이는 자료에서 가장 빈번하게 나타나는 값이다. 표본최빈값은 흔히 표본평균이나 표본중앙값 대신에 사용되기도 한다. 다음 산성비 자료에서 표본최빈값을 구하라.

4.4	5.3	4.5	5.5	4.1	5.2	4.4	5.4
4.4	5.4	5.3	4.8	4.5	4.8	5.5	4.8
5.3	5.4	5.3	5.2	4.8	5.9	5.4	5.8
5.4	4.8	4.6	4.8	4.6	4.8	4.6	4.5

37 어느 회사에서는 관리처에서 제시한 절전 방안에 대한 정규직, 임시직, 파트타임 직원의 의견을 물어 다음 분할표를 얻었다.

	찬성	무관심	반대	합계
정규직	37	40	123	200
임시직	43	79	132	254
파트타임	100	184	116	400

이 분할표에 대해 상대도수분포표를 작성하고 이를 이용하여 집단 간의 차이에 대해 설명하라.

38 어느 초등학교 학생과 부모의 비만상태에 대한 조사에서 다음 분할표를 얻었다.

부모	초등학생	
	비만	비만 아님
둘 다 비만 아님	10	19
한 쪽만 비만	16	17
둘 다 비만	24	8

(a) 부모에 대한 주변합을 구하라.
(b) 상대도수분포표를 구하라.

39 눈 충혈에 관한 새로운 치료약을 개발한 회사에서는 100명에게는 치료약을 또 다른 100명에게는 증류수를 처방한 후 치료의 정도를 조사하여 다음 분할표를 얻었다.

	치료정도				합계
	매우양호	양호	보통	약함	
치료약	40	38	17	5	100
증류수	18	35	36	11	100
합 계					

(a) 분할표를 완성하라.
(b) 치료약과 증류수에 대한 상대도수를 구하라.
(c) 치료약과 증류수 사이에 효과의 차이가 있어 보이는가?

40 어느 지역에서 운전자의 질병이 운전습관에 어떤 영향을 끼치는지 알아보기 위해 당뇨

병을 가진 사람 중에서 150명, 심장병을 가진 사람 중에서 150명, 건강한 사람 중에서 200명을 뽑아 조사하였다.

	교통 규칙 위반		합계
	없음	있음	
당　뇨	120	30	150
심 장 병	118	32	150
건　강	153	47	200

상대도수분포표를 작성한 후 세 집단 간의 운전습관에 대해 비교하여라.

41 어떤 힘든 직업에 종사하는 사람 100명을 면담하였더니, 알코올중독자 40명, 우울증 45명, 알코올 중독자이며 우울증인 사람이 35명이었다.

(a) 이 조사결과를 분할표로 나타내어라.

(b) 분할표에 대해 상대도수분포표를 작성하라.

42 다음 중에서 양의 상관관계를 가지는 것은 어느 것인가? 또한 0의 상관관계를 가지는 것은 어느 것인가? 왜 그런지를 설명하라.

(a) 할인점의 점원 수와 판매액

(b) 학교까지의 통학 시간과 성적

(c) 성인의 나이와 키

(d) 운동기능에서 순발력과 지구력

43 미국의 어느 주에서 연령대별로 두 정당에 대한 선호도를 조사하였다.

연 령	정당	
	공화당	민주당
20~40대	42	107
50대 이상	125	63

(a) 주변합을 구하라.

(b) 각 행에 대한 상대도수를 계산하라.

(c) 상대도수표를 보고 연령대에 따른 정당 선호도를 비교하라.

44 어느 자동차 상사에서 최근 판매한 60대의 자동차에 대해 변속기와 엔진의 종류에 따라 분류하여 다음 자료를 얻었다.

엔진 종류	변속기 종류	
	수동	자동
디젤	8	12
휘발유	10	30

(a) 주변합을 구하라.
(b) 엔진 종류에 대한 상대도수를 구하라.
(c) 변속기 종류에 대한 상대도수를 구하라.
(d) 엔진 종류에 따라 변속기 종류의 선택이 차이가 있어 보이는가?

45 다음은 어느 도시에서의 고용자 현황 조사 자료이며, 성별과 직업별로 분류되어 있다.

	남성	여성
사무직	32,127	35,345
노동	35,523	7,349
서비스업	6,987	9,452
농업	4,324	791

(a) 여성의 경우에 대해 각 직업군의 상대도수를 구하라.
(b) 각 직업에 대해 남성과 여성의 상대도수를 구하라. 그리고 특징을 파악하라.

46 새로 개발한 장미 품종에 대해 토양 조건의 효과를 알아보려고 한다. 세 가지 형태의 토양에 각각 50 그루씩 묘목을 심은 후 성장의 정도에 따라 다음의 이원도수분포표를 얻었다. 토양 형태에 대한 상대도수분포표를 작성하고, 이를 바탕으로 토양 조건에 따른 묘목 성장 정도를 비교하라.

성장정도	토양형태		
	진흙	모래	중간 흙
나쁨	11	7	11
보통	26	12	17
좋음	13	31	22
합계	50	50	50

47 새로운 간염 백신의 효능을 조사하기 위해 1,000명의 20대 성인 남성 집단에 대해 임상 실험을 하였다. 이 집단에서 임의로 뽑은 500명에게는 백신을 접종하고 나머지 500명에게는 포도당 주사를 접종하였다. 적당한 기간이 지난 후에 조사하였더니, 백신 접종자 중에서는 10명이 포도당 주사 접종자 중에서는 55명이 간염에 걸렸음이 확인됐다.

(a) 이 자료를 이원도수분포표로 작성하라.

(b) 두 집단 간의 간염 발생률을 비교하라.

	감염	비감염	합계
백신 포도당			
합계			

48 다음의 각 경우 양의 상관, 음의 상관, 무상관 중 어느 것이 기대되는가? 각 경우에서 그렇게 되는 이유가 무엇인가?

(a) 축구게임에서 기온과 관중의 수

(b) 자동차의 무게와 휘발유 1l당 주행할 수 있는 거리

(c) 선박의 나이와 연간 수리 시간

(d) 삼성전자와 포항제철의 주식가격

(e) 남편과 아내의 지능지수

49 여러 도시에서 간암 발병률과 1인당 소주 소비량과의 상관관계가 높게 나타날 것 같은가? 그렇다면 왜 그런지 설명하라. 의심되는 잠복변수는 무엇인가?

제 3 장

확률

3.1 | 서론

우리의 일상생활은 불확실성의 연속으로 가까운 미래조차도 예측할 수 없는 경우가 많다. 동전을 던졌을 때 앞면이 나올지 뒷면이 나올지 미리 단정할 수 없으며 오늘 잔뜩 흐린 날씨에 비가 올지 안 올지도 미지수이다. 다만 우리는 "이번 학기는 장학금을 받을 가능성이 높아.", "아마 이번에는 우리 팀이 이길거야.", "왠지 좋은 일이 생길 것 같군." 등과 같이 "가능성", "아마", "그럴 것 같다." 등의 표현을 통해 확실한 결과를 예측할 수 없을 때, 어떤 일이 발생할 가능성을 나타낸다. 그러나 이런 말들은 그 가능성에 대한 일상 표현이지 가능성의 정도까지는 나타내지 못한다. 어떤 일이 일어날 가능성의 정도를 수치로 나타낸 것이 바로 확률이다. 즉, 확률(probability)이란 관심이 있는 어떤 사건이 어느 정도로 일어날 수 있는가 하는 그 '가능성'을 수량적인 값으로 나타낸 것이라고 할 수 있다. 확률은 0 이상 1 이하의 값으로서 0에 가까운 값은 어떤 사건이 거의 일어나지 않음을 의미하고 1에 가까운 값은 거의 확실히 일어남을 의미한다.

구체적인 확률의 개념을 알아보기 위해 그 준비과정으로 확률실험과 표본공간에 대한 개념부터 살펴보자.

3.2 | 표본공간과 사건

옛날에는 설과 같은 명절에 가족들이 모여 윷놀이를 즐겼다. 윷을 던질 때 나오는 결과는 도, 개, 걸, 윷, 모의 다섯 가지 중 하나이고 이들 각각이 출현할 가능성은 서로 다르다는 사실을 경험으로부터 알고 있다. 그렇다면 이들 각각이 나타날 확률은 과연 얼마가 될 것인가? 이러한 문제를 해결하기 위해서는 먼저 확률실험이란 개념부터 알아야 한다.

일반적으로 모든 실험은 크게 결정적 실험과 확률적 실험으로 나누어진다. 실험실에서 학생들은 물이 섭씨 0도에서 언다는 사실을 실험을 통해서 알고 있다. 우리가 실험실 환경의 조건을 달리하면 약간의 변이가 일어날 수는 있지만, 실험조건을 똑같이 만들면 이 사실은 변할 수 없는 결과이다. 또한 $E=mc^2$이라는 에너지 공식도 변함없이 필연적으로 일어나는 결정적 실험이다. 그러나 실험의 조건을 똑같이 하여도 나타나는 결과가 매번 달라지는 실험이 존재한다. 주사위를 던지는 실험이나 동전을 던지는 실험은 이러한 종류의 실험에 속하는데, 이처럼 결과가 임의적으로 서로 다르게 나오는 실험을 **확률실험**(random experiment)이라고 한다. 우리는 이러한 확률실험에서 얻어지는 각 결과들에 대해 그 가능성을 확률을 통해 설명하고자 한다.

먼저 확률실험과 관련한 몇 개의 통계 용어를 정의한다. **표본공간**(sample space)이란 확률실험을 통해 얻어질 수 있는 모든 가능한 결과들을 모아놓은 집합으로 보통 S로 나타낸다. 이 표본공간에 속하는 각각의 결과를 표본공간의 **기본결과**(elementary outcome) 혹은 **원소**(element)라고 한다. 이때, **사건**(event)은 특정한 성질을 지닌 기본결과들로 이루어진 모임으로서 표본공간의 부분집합에 해당된다. 확률실험을 행했을 때, 사건 A에 속하는 기본결과들 중 어느 하나가 얻어지면 사건 A가 발생했다고 한다.

예제 3.1

한 개의 동전을 던져 어느 면이 나타나는지를 관찰하는 실험을 생각하자.
이 확률실험을 통해 얻어지는 표본공간 S는 동전의 앞면을 H, 뒷면을 T로 표시하면,

$$S=\{H, T\}$$

가 된다. 한편 사건 A를 동전의 앞면이 나오는 사건이라고 하면, 사건 A는

$$A=\{H\}$$

으로 나타낼 수 있다.

일반적으로 사건 한 개에 대한 것보다는 여러 개의 사건들을 서로 연관 지어 나타내는 경우가 더 많으므로 여러 사건들의 기본 관계인 **여사건, 합사건, 교사건** 등을 이용하면 편

리할 때가 있다. 이러한 사건들의 상호 관계 등은 다음 그림과 같은 벤다이어그램(Venn diagram)을 이용하면 쉽게 이해할 수 있다.

사건 A의 여사건(complement)은 사건 A에 포함되지 않는 표본공간에 속하는 모든 기본결과의 모임으로 A^c로 나타낸다. 여사건 A^c가 일어난다는 것은 사건 A가 일어나지 않는 것을 의미한다.

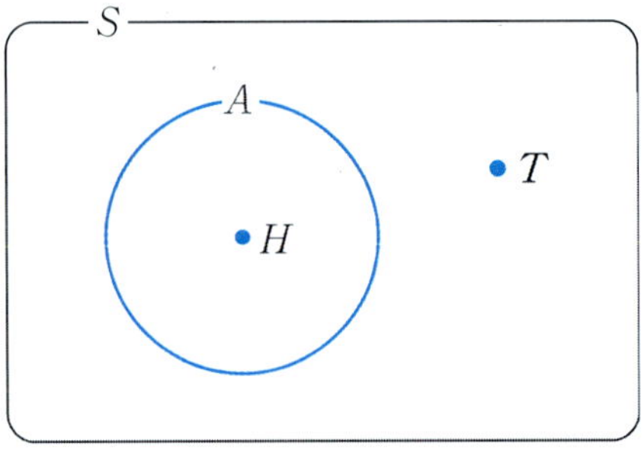

| 그림 3.1 | 벤다이어그램

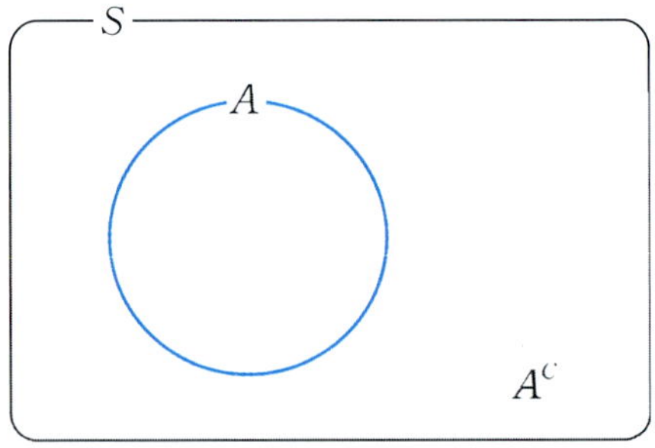

| 그림 3.2 | 여사건의 벤다이어그램

두 사건 A와 B의 합사건(union)은 기호 $A \cup B$로 나타내며 사건 A나 B 둘 중 하나에 속하거나 동시에 속하는 기본결과들의 모임으로 합사건 $A \cup B$가 일어난다는 것은 사건 A 또는 B가 발생함을 의미한다.

두 사건 A와 B의 교사건(intersection)은 기호 $A \cap B$로 표시하며, 사건 A와 B에 동시에 속하는 기본결과들의 모임이다. 교사건 $A \cap B$가 일어난다는 것은 사건 A와 B가 동시에 발생함을 의미한다.

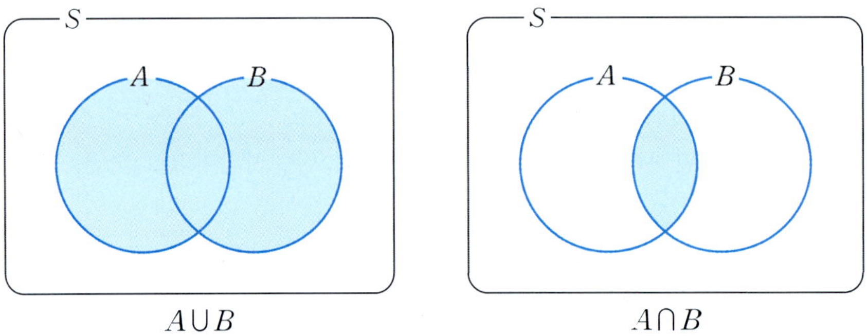

| 그림 3.3 | 합사건과 교사건의 벤다이어그램

이러한 합사건, 교사건의 연산은 세 개 이상의 사건들의 연산으로 확장될 수 있다. 예를 들면 세 사건 A, B, C의 합사건 $A \cup B \cup C$는 세 사건 A, B, C 중 적어도 어느 한 사

건에 포함되는 모든 기본결과들의 모임을 나타내며, 교사건 $A \cap B \cap C$는 세 사건 모두 동시에 속하는 기본결과들로 구성된 모임으로서 세 사건이 동시에 일어나는 것을 의미한다.

기본결과를 하나도 포함하지 않는 사건을 특별히 **공사건**(null event) 혹은 **영사건**이라고 하며 기호 ϕ로 표기한다.

만약 두 사건 A와 B에 대해 교사건 $A \cap B$가 공사건, 즉 $A \cap B = \phi$이면 두 사건 A와 B는 **상호배반**(mutually exclusive)인 사건이라고 한다. 상호배반인 두 사건은 두 사건에 동시에 속하는 기본결과가 없으므로 동시에 발생할 수 없는 사건들이다.

예제 3.2

주사위 1개를 던져서 맨 윗면에 나타나는 눈의 수를 관찰한다고 하자.
이때 주사위를 던지는 실험은 확률실험이 되며, 이 실험에서 얻어지는 표본공간 S는 주사위 윗면의 눈의 수가 어떻게 얻어졌느냐에 따라

$$S = \{1, 2, 3, 4, 5, 6\}$$

으로 나타난다. 특별히 짝수의 눈이 나오는 경우에 관심이 있어 이 사건을 A로 나타내면, 사건 A는

$$A = \{2, 4, 6\}$$

이 되며, 주사위를 던져서 2, 4 또는 6의 눈 중에 하나가 얻어지면 사건 A가 발생했다고 한다. 한편 3의 배수의 눈이 나오는 사건을 B라 하면,
사건 B는

$$B = \{3, 6\}$$

으로 나타내진다.
두 사건 A와 B의 합사건과 교사건은 각각 $A \cup B = \{2, 3, 4, 6\}$과 $A \cap B = \{6\}$이 된다. 따라서 주사위를 던져서 6의 눈이 나오면 사건 A와 사건 B가 동시에 발생한 것이 된다.
주사위를 던져서 1의 눈이 나오는 사건을 C라고 하면 $C = \{1\}$이 되고 사건 A와 C는 $A \cap C = \phi$이기 때문에 상호배반인 사건이 된다.

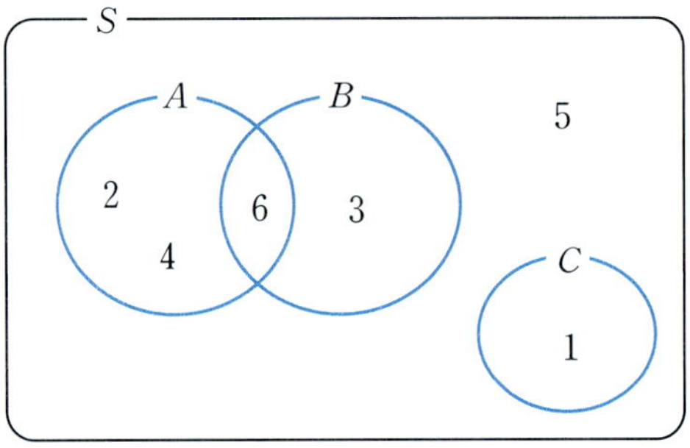

예제 3.3

어느 공장에서 생산되는 변압기의 수명을 관측하는 실험을 생각하자. 실험의 결과로 얻을 수 있는 가능한 수명시간은 0 이상의 모든 실수 값으로서, 이 실험에서 얻어지는 표본공간 S는

$$S = \{x\text{는 실수} \mid x \geq 0\}$$

이 된다. 변압기의 수명이 5시간 이상 10시간 이하인 사건을 A라고 하면

$$A = \{x\text{는 실수} \mid 5 \leq x \leq 10\}$$

으로 나타낼 수 있다.

3.3 | 확률의 정의

확률이란 확률실험에서 특정한 기본결과들이 나올 가능성의 수치적 측도라고 할 수 있다. 어떤 사건의 발생 확률은 이 사건이 전체 가능한 모든 기본결과들에 비해 상대적으로 얼마만큼 일어날 수 있는가를 표현한 것이다. 사건 A의 확률이 0.4이고, 사건 B의 확률이 0.3이면 사건 A가 사건 B보다 일어날 가능성이 더 높다는 것을 의미한다. 그러나 실제로는 사건 B는 일어나고 사건 A는 일어나지 않을 수도 있다. 그렇다면 확률이란 정확히 어떻게 계산되는 값일까?

확률은 다음과 같이 여러 가지 방법으로 정의될 수 있다.

3.3.1 고전적 확률 (classical probability)

예를 들어, 공정한 주사위를 던지는 확률실험을 생각해 보자. 주사위 6개의 면이 나타날 가능성이 동일한 주사위를 "공정한" 주사위라고 한다. 이러한 공정한 주사위를 던져서 홀수의 눈이 나올 확률을 구해 보자. 주사위를 던져서 얻을 수 있는 전체 가능한 결과들은 $\{1, 2, 3, 4, 5, 6\}$이고 이 중에 홀수의 눈에 해당하는 결과들은 $\{1, 3, 5\}$이다. 각 결과들의 발생 가능성은 동일하기 때문에 홀수의 눈이 나올 확률 값은 $\frac{3}{6}$으로써 $\frac{1}{2}$로 계산될 것이다. 이것은 주사위를 던졌을 때 나올 수 있는 전체 눈의 수에 대한 홀수에 해당하는 눈의 수의 비율로 얻어진 것이다. 이렇게 계산되는 확률을 고전적 의미의 확률이라고 한다.

고전적 확률은 어떤 확률실험에서 나타나는 모든 기본결과들의 개수에 대한 특정한 사건에 해당하는 기본결과들의 개수의 비율로 정의된다. 이러한 정의는 확률실험에서 얻어지는 모든 기본결과들의 발생 가능성이 동일한 경우에만 적용될 수 있다. 모든 기본결과들의 발생 가능성이 동일한 표본공간을 균일표본공간(uniform sample space)이라고 하며, 고전적 확률의 정의는 이런 균일표본공간을 구성하는 확률실험에서 발생하는 사건에 대한 확률의 정의로 사용될 수 있다.

균일표본공간에서의 확률

표본공간에 속하는 모든 기본결과들의 발생 가능성이 동일한 경우 사건 A가 발생할 확률 $P(A)$는 다음과 같다.

$$P(A) = \frac{\text{사건 } A\text{에 속하는 기본결과들의 수}}{\text{표본공간 } S\text{에 속하는 기본결과들의 수}}$$

균일하지 않는 표본공간을 구성하는 확률실험에서는 어떻게 확률 값을 배정할까? 예를 들어 윷을 던졌을 때 나오는 도, 개, 걸, 윷, 모 다섯 가지 기본결과는 나타날 가능성이 동일하지 않다. 따라서 이 방법을 적용할 수가 없다. 그렇다면 윷놀이에서 "도"가 나올 확률 값은 어떻게 얻을 수 있을까?

3.3.2 경험적 확률 (empirical probability) 또는 상대도수적 확률

윷놀이에서처럼 기본결과들이 같은 정도로 나온다고 가정할 수 없을 때는 실험을 직접 여러 번 반복해서 실행한 후, 그 중에 그 사건이 발생하는 횟수를 관측하여 그 비율로 확률을 정할 수밖에 없다.

N을 실험을 반복 시행한 횟수라 하고, $N(A)$를 N번의 시행에서 사건 A가 일어난 횟수라 하면

$$r_N(A) = \frac{N(A)}{N}$$

는 N번의 시행에서 사건 A가 발생하는 상대도수가 된다. 그림 3.4에서처럼 이 상대도수 $r_N(A)$는 N이 변함에 따라 처음에는 들쑥날쑥하게 변하지만 N이 증가하면 점점 평평하게 되고 N이 매우 크면 안정되어 어떤 값 p에 수렴하게 된다. 이 수렴값 p를 사건 A의 확률로 정하는 것이 경험적 확률 또는 상대도수적 확률의 입장이다.

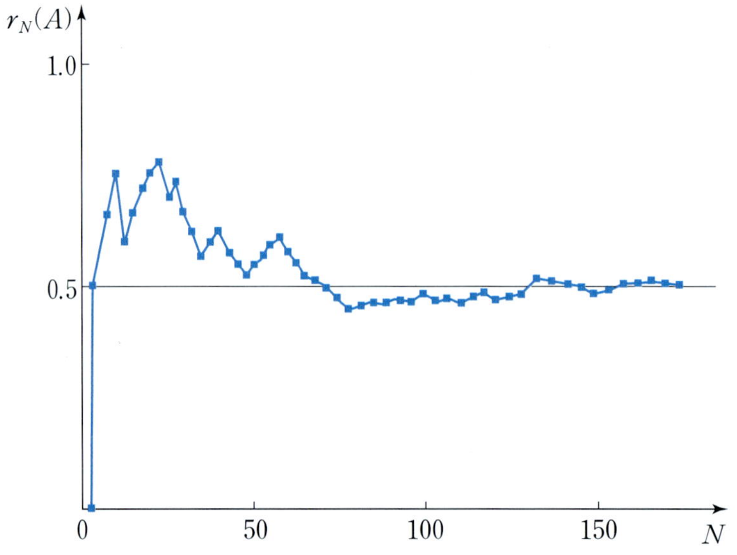

| 그림 3. 4 | 상대도수적 확률

경험적 확률은 직관적으로 상당히 합리적임을 알 수 있다. 예를 들어, 앞에서 언급한 윷의 경우도 그렇고, 주사위가 바르게 만들어져 있지 않은 경우에 각 눈이 나타날 가능성이

같지 않기 때문에 고전적 확률의 방법으로 확률 값을 찾는 것에는 문제가 있다. 또한, 공장에서 계속적으로 물건이 생산되어 나올 때 물건의 불량률은 고전적 확률로서는 계산할 수가 없다. 이러한 불량률 계산은 부분적으로나마 검사하는 물건의 개수에 대한 불량품 개수의 상대도수 개념으로 추정할 수 있을 것이다. 윷놀이에서 “도”가 나올 확률은 동일한 조건 하에서 윷을 계속해서 반복적으로 던져 “도”가 나오는 상대도수의 근삿값으로 찾을 수 있다.

그러나 경험적 확률의 정의도 여전히 문제점을 안고 있다. 상대도수가 실험의 일련의 반복시행들 각각에 대해 동일한 극한값으로 수렴할 수 있는지에 대한 의문을 증명할 수 없다는 것이다. 이 문제에 대해서는 적절한 공리를 사용하여 해결할 수 있다. 그래서 다음과 같은 확률의 정의가 요구된다.

3.3.3 공리적 확률 (probability defined by axioms)

공리적 확률이란 사건의 발생 확률 값을 아래의 세 가지 공리를 만족하게끔 배정한다는 것이다. 공리란 증명이 필요 없는 자명한 진리로써 그것을 출발점으로 하여 다른 명제를 증명하는 기본 명제를 뜻한다. 즉 사건의 확률 값은 다음 세 가지 내용을 무조건으로 만족한다고 정의한다.

공리적 확률

사건의 발생 확률 $P(A)$는 다음의 공리를 만족하도록 각 사건 A에 대해 정의된 실수 값을 갖는 함수이다.

[공리 1] $0 \le P(A) \le 1$

[공리 2] 표본공간 S에 대해 $P(S) = 1$

[공리 3] 사건들 A_1, A_2, $\cdots$ 가 상호배반인 사건들일 때, 다음을 만족한다.

$$P\left(\bigcup_{n=1}^{\infty} A_n\right) = \sum_{n=1}^{\infty} P(A_n)$$

공리 1은 실험의 결과가 사건 A에 속할 확률은 0과 1사이의 어떤 값임을 의미한다. 공리

2는 확률 1로 실험의 결과는 표본공간 S에 속함을 의미한다. 공리 3은 상호배반인 사건들에 대해 이 사건들 중 적어도 한 사건이 발생할 확률은 그들 각 확률을 합한 것과 같음을 의미한다.

사실 위의 세 가지 공리들은 타당하고 우연성과 무작위성에 관련된 확률의 직관적인 개념과도 잘 부합함을 알 수 있다. 더구나 만일 실험을 계속 반복한다면 어떤 특정한 사건 A의 발생 횟수의 비율, 즉 경험적 확률은 위에서 정의하는 공리적 확률과 같음을 이 공리들을 이용하여 증명할 수 있다. 또한 균일표본공간의 경우도 위의 공리를 만족하는 확률이 다름이 아니라 모든 기본결과들의 개수에 대한 사건에 속하는 기본결과들의 개수의 비율과 같아서 고전적 확률과 같아진다. 따라서 동일한 사건에 대해서는 고전적 확률, 경험적 확률 그리고 공리적 확률 모두 같은 확률 값을 제공한다.

콜모고로프(A. N. Kolmogorov)가 제안한 위의 공리적 확률은 기존 확률의 정의가 가지는 단점을 해결하면서 측도론(measure theory)과 결합하여 현대 확률론의 기초가 되었다.

3.4 | 사건의 관계와 확률

앞서 살펴보았던 확률의 정의에 의해 사건 A의 확률은 사건 A에 포함되는 모든 기본결과에 대한 확률의 합이다. 즉,

$$P(A) = \sum_{\text{사건 } A\text{의 원소 } e} P(e)$$

이다.

그러나 대체로 관심의 대상이 되는 사건은 복잡한 구조를 가지고 있어서, 그 사건에 속하는 기본결과를 일일이 확인한다는 것이 매우 귀찮을 때가 많다. 이 경우에는 앞에서 살펴보았던 사건들의 관계를 이용하여 확률을 계산하는 것이 훨씬 수월하다.

여사건, 합사건, 교사건의 연산에 대해 확률이 어떻게 작용되는지 알아보자.

먼저 $P(A^c)$와 $P(A)$의 연관성을 살펴보자. 합 $P(A)+P(A^c)$는 사건 A에 속하는 모

든 기본결과의 확률과 사건 A에 속하지 않는 모든 기본결과의 확률의 합이다. 두 사건 A와 A^c을 합하면 표본공간 S가 되고 $P(S)=1$이므로 $P(A)+P(A^c)=1$이어야 한다. 따라서

$$P(A)=1-P(A^c)$$

가 된다. 이 법칙은 $P(A^c)$가 계산하기 편할 때 $P(A)$를 구하는 데 유용하게 이용될 수 있는 성질이다.

합사건의 연산에서 $P(A\cup B)$는 사건 A 또는 사건 B에 속하는 기본결과에 할당된 확률이다. 한편, $P(A)+P(B)$의 값은 두 사건의 발생 확률을 더한 것으로, 영역 $A\cap B$에 속하는 기본결과들의 확률을 두 번 더한 꼴이 되므로 합사건의 확률 $P(A\cup B)$은 $P(A)+P(B)$에서 $P(A\cap B)$를 빼서 구한다. 즉,

$$P(A\cup B)=P(A)+P(B)-P(A\cap B)$$

이다. 만약, 사건 A와 B가 상호배반 사건들이면, 교사건 $A\cap B$는 공사건이므로 $P(A\cap B)=0$이다. 따라서 상호배반인 사건들 A, B에 대해

$$P(A\cup B)=P(A)+P(B)$$

이다.

예제 3.4

앞면과 뒷면이 나올 가능성이 동일한 공정한 동전을 두 번 던지는 확률실험의 결과에 대한 벤다이어그램을 그려라. 그리고 다음 사건들을 표시하여 합사건 $A\cup B$의 확률을 구하라.

A : 첫 번째 동전이 앞면인 사건

B : 두 번째 동전이 뒷면인 사건

풀이 동전의 앞면을 H, 뒷면을 T로 표시하면, 이 확률실험의 표본공간은 $S=\{HH, HT, TH, TT\}$가 되고, 두 사건은

$$A=\{HT, HH\},\ B=\{HT, TT\}$$

로 구성된다. 따라서

$$A \cap B = \{HT\}, \quad A \cup B = \{HH, HT, TT\}$$

이고 공정한 동전이므로, $P(A) = 1/2$이고 $P(B) = 1/2$이며 $P(A \cap B) = 1/4$이므로 합사건의 확률은 $P(A \cup B) = \frac{1}{2} + \frac{1}{2} - \frac{1}{4} = \frac{3}{4}$이다.

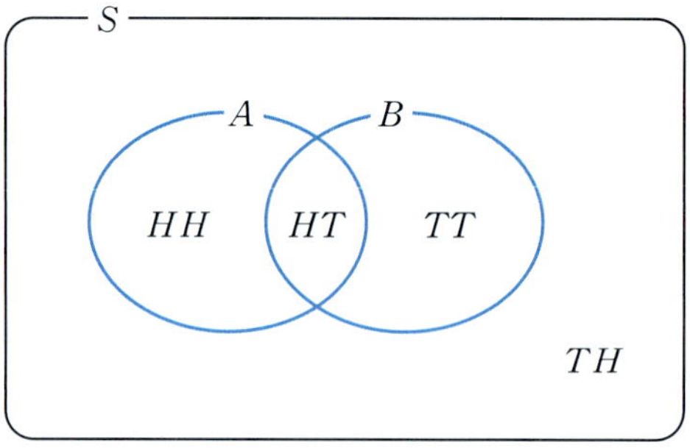

3.5 | 조건부 확률과 독립

지금까지는 표본공간 전체에서 일어나는 사건의 확률에 대한 정의를 살펴보았다. 간혹 관련된 다른 사건이 이미 발생했다는 정보가 주어지면 기존 사건의 발생 확률을 재조정해야하는 경우가 있는데 이것은 조건부 확률이라는 개념을 통해 설명되어진다.

조건부 확률을 알아보기 위해 다음의 문제를 생각해 보자. 지난 학기에 공과대학의 모든 신입생들이 기초통계학과 미적분학을 수강했다고 하자. 이 중 80%의 학생들이 기초통계학 학점을 취득했고 70%의 학생들이 미적분학 학점을 취득했으며 60%의 학생들은 두 과목 모두 학점을 취득했다고 한다. 임의로 선택된 공과대학의 한 신입생이 지난 학기에 기초통계학 학점을 취득했다는 사실을 안다면 그 학생이 미적분학도 학점을 취득했을 확률은 얼마일까? 이 질문에 답하기 위해 사건 A와 B를 임의로 추출된 공과대학 신입생이 지난 학기에 각각 미적분학과 기초통계학 학점을 취득했을 사건이라고 하자. 여기서 우리가 구하

고자 하는 확률은 단순히 $P(A)$는 아니다. 기초통계학 학점을 취득했다는 사실을 알고 있기 때문에 사건 A의 확률은 관련된 사건 B의 발생으로 어떤 영향을 받을 수 있다. 즉, 사건 B가 일어났음을 알았을 때 사건 A의 조정된 확률을 사건 B가 주어졌을 때 사건 A의 **조건부 확률**(conditional probability)이라고 하며 $P(A|B)$로 나타낸다. 만약 공과대학 전체 신입생의 수가 n명이라고 한다면 기초통계학 학점을 취득한 학생들은 $0.8n$명이 되고, 기초통계학과 미적분학 모두 학점을 취득한 학생 수는 $0.6n$명이 된다. 그러므로 임의로 선택된 학생이 기초통계학 학점을 취득한 학생이기 위해서는 $0.8n$명 중의 한 명이어야 하고 이 학생이 미적분학 학점도 취득한 학생이기 위해서는 $0.6n$명 중의 한 명이 되어야 하므로

$$P(A|B) = \frac{0.6n}{0.8n} = \frac{0.6}{0.8}$$

이 된다. 이때 0.6은 $P(A \cap B)$이고 0.8은 $P(B)$이므로 조건부 확률 $P(A|B)$는

$$P(A|B) = \frac{P(A \cap B)}{P(B)}$$

로 얻어짐을 알 수 있다. 또 다른 예제를 보자.

예제 3.5 어느 지역에 거주하는 학생들의 주사 접종에 대한 태도를 조사하여 다음과 같이 여러 범주에 따른 비율을 얻었다.

	초등학생	중학생	고등학생	합계
두려워 함	0.12	0.08	0.05	0.25
두려워하지 않음	0.28	0.25	0.22	0.75
합 계	0.4	0.33	0.27	1.00

(a) 이 지역의 학생들 중에서 임의로 뽑힌 학생이 주사 접종을 두려워하는 학생일 확률은 얼마인가?

(b) 이 지역의 학생들 중에서 임의로 뽑힌 학생이 중학생임을 알았다. 이 중학생이 주사 접종을 두려워하는 학생일 확률은 얼마인가?

풀이 사건 A를 임의로 뽑힌 학생이 주사 접종을 두려워하는 학생일 사건이라고

하고, 사건 B를 임의로 뽑힌 학생이 중학생일 사건이라고 하자.

(a) 전체의 25%에 해당하는 학생들이 주사 접종을 두려워하는 학생들이다. 임의로 뽑힌 학생이 주사 접종을 두려워하는 학생일 확률은 $P(A)=0.25$이다. 이 확률은 사건 A의 무조건적인 확률이다.

(b) 뽑힌 학생이 중학생임을 알게 되면, 표에서 첫째 열과 셋째 열은 이 학생과 상관이 없다. 두 번째 열의 중학생인 사람만 모은 집단에서 주사 접종을 두려워하는 학생들의 비율은 $\frac{0.08}{0.33}$임을 알 수 있다. 따라서 이 학생이 중학생이라는 정보가 주어지면, 그 학생이 주사 접종을 두려워할 확률은

$$P(A|B)=\frac{0.08}{0.33}=0.24$$

가 된다. 여기서 $P(A\cap B)=0.08$이고 $P(B)=0.33$이므로 비율 $\frac{P(A\cap B)}{P(B)}$를 계산하여 조건부 확률 $P(A|B)$을 얻는다. 바꾸어 말하면 $P(A|B)$는 특성 B를 가지는 사람 중에서 특성 A도 가지는 사람의 비율이 되는 것이다.

위의 예제에서 살펴보았듯이 사건 B가 발생하였다는 사실을 알고 있을 때, 이 조건하에서 또 다른 사건 A가 발생할 조건부 확률 $P(A|B)$은 다음과 같이 정의된다.

$$P(A|B)=\frac{P(A\cap B)}{P(B)}$$

단, $P(B)>0$이어야 한다. 한편, 위의 조건부 확률의 정의에서 우변의 분모를 양변에 곱하면

$$P(A\cap B)=P(B)P(A|B)$$

의 관계식을 유도할 수 있다. 이 공식을 **확률의 곱셈법칙**(multiplication law of probability)이라고 한다. 곱셈법칙은 편의에 따라 두 가지 방법 중 하나로 사용된다. $P(B)$와 $P(A\cap B)$를 구하기 쉬우면 이들 값을 이용하여 $P(A|B)$를 구하거나 또는 $P(B)$와 $P(A|B)$를 쉽게 구하면, 이들 값을 이용하여 $P(A\cap B)$를 구한다.

마찬가지로 사건 A가 주어졌을 때, 사건 B의 조건부 확률은

$$P(B|A) = \frac{P(A \cap B)}{P(A)}$$

단, $P(A) > 0$로 표현되고, $P(A \cap B) = P(A)P(B|A)$의 관계가 성립한다.

예제 3.6 CD를 생산하는 업체에서는 한 상자에 CD 20장을 넣어 포장한다. 판매에 앞서 20장의 CD 중에 임의로 2개를 추출하여 불량여부를 면밀히 검사한다고 하자. 이 상자 안에 불량 CD가 원래 3장 포함되어 있다면 임의로 추출한 CD 2개 모두 정상으로 나올 확률은 얼마인가?

풀이 사건 G_1을 첫 번째 추출한 CD가 정상 제품일 사건이라 하고, 사건 G_2를 두 번째 추출한 CD가 정상 제품일 사건이라 하자. 그러면 2개 모두 정상으로 나올 사건은 두 사건 G_1과 G_2가 동시에 발생하는 교사건 $G_1 \cap G_2$이다. 따라서 그 확률은

$$P(G_1 \cap G_2) = P(G_1)P(G_2|G_1)$$

으로 얻어진다. 여기서 $P(G_1) = \frac{17}{20}$이고 $P(G_2|G_1)$은 이미 사건 G_1이 발생했으므로 상자 안에는 정상인 CD 16장과 불량인 CD 3장이 남아 있으므로 이 중에 임의로 한 개를 추출했을 때 정상일 확률은 $\frac{16}{19}$이 된다. 따라서 구하고자 하는 확률은

$$\begin{aligned} P(G_1 \cap G_2) &= P(G_1)P(G_2|G_1) \\ &= \frac{17}{20} \times \frac{16}{19} \\ &= 0.72 \end{aligned}$$

이다.

특별한 경우로 조건부 확률 $P(A|B)$와 확률 $P(A)$가 같게 될 때가 있다. 이것은 사건 B의 발생이 사건 A가 발생할 확률에 전혀 영향을 미치지 않음을 의미하는 것으로, 이때 우리는 사건 A와 B는 **상호독립**(mutually independent)이라고 한다. 그러므로 두 사건 A와 B가

$$P(A \cap B) = P(A)P(B)$$

을 만족하면 상호독립 또는 간단히 독립이라 한다.

예제 3.7 예제 3.5에서 두 사건 A = [주사 접종을 두려워하는 사건]과 B = [중학생인 사건]은 서로 독립인가?

풀이 예제 3.5에서

$$P(A) = 0.25$$

이고

$$P(A|B) = \frac{P(A \cap B)}{P(B)} = \frac{0.08}{0.33} = 0.24$$

로 두 확률 값이 같지 않다. 따라서 두 사건 A와 B는 독립이 아니다.

예제 3.8 두 개의 공정한 주사위를 던지는 실험에서 사건 A를 두 주사위 눈의 합이 7인 사건이라고 하고 B를 첫 번째 주사위 눈이 2인 사건이라고 하자. 이 두 사건은 독립인가? 그리고 두 주사위 눈의 합이 5가 되는 사건을 C라고 할 때, 사건 B와 C는 독립인가?

풀이 2개의 주사위를 던지는 실험에서 얻을 수 있는 가능한 기본결과들은

$$\begin{array}{cccccc} (1,1), & (1,2), & (1,3), & (1,4), & (1,5), & (1,6) \\ (2,1), & (2,2), & & \cdots & & (2,6) \\ (3,1), & (3,2), & & \cdots & & (3,6) \end{array}$$

$$\begin{matrix} \vdots & \vdots & & \vdots \\ (6,1), & (6,2), & \cdots & (6,6) \end{matrix}$$

으로 총 36개이며 모두 동일한 가능성을 갖는다. 이 중 사건 A에 해당하는 결과들은 {(1,6), (2,5), (3,4), (4,3), (5,2), (6,1)}로 6개이므로 $P(A)=6/36=1/6$이다. 한편 사건 B에 해당하는 결과들은 {(2,1), (2,2), (2,3), (2,4), (2,5), (2,6)}으로 확률은 $P(B)=6/36=1/6$이다. 또한 $A\cap B=\{(2,5)\}$로 그 확률은 $P(A\cap B)=1/36$이 된다. 따라서

$$P(A\cap B)=\frac{1}{36}=\frac{1}{6}\times\frac{1}{6}=P(A)P(B)$$

을 만족하여 두 사건은 상호독립인 사건이 된다.

사건 C는 $C=\{(1,4), (2,3), (3,2), (4,1)\}$이고 $P(C)=4/36=1/9$로서 사건 B와 독립이 아니다. 왜냐하면

$$P(C\cap B)=\frac{1}{36}\neq\frac{1}{9}\times\frac{1}{6}=P(C)P(B)$$

이기 때문이다. 두 주사위 눈의 합이 5라는 사건은 첫 번째 주사위의 눈이 결코 5나 6이 될 수 없음을 의미한다. 그러므로 첫 번째 주사위의 눈이 2가 되는 사건의 발생 확률에 영향을 미치지만 두 주사위의 눈의 합이 7인 사건은 여전히 첫 번째 주사위의 눈으로 1, 2, 3, 4, 5, 6의 눈들이 가능하기 때문에 첫 번째 주사위의 눈의 결과에 어떠한 영향도 미치지 않는 서로 독립인 사건이 된다.

예제 3.9 서로 독립적으로 작동하는 두 개의 부품으로 구성된 기계가 있다. 각 부품이 성공적으로 작동할 확률이 0.9일 때, 다음과 같이 구성된 각 기계가 성공적으로 작동할 확률은 얼마인가?

(a) 두 개의 부품이 모두 작동할 때만 작동하는 구조의 기계

(b) 두 개의 부품 중 적어도 한 개가 작동할 때 작동하는 구조의 기계

풀이 두 개의 부품에 대해

A_1: 부품 1이 작동하는 사건

A_2: 부품 2가 작동하는 사건

이라고 하자.

(a) 두 개의 부품이 모두 작동할 때만 작동하는 구조의 기계에 대해

A: 기계가 작동하는 사건

이라고 하면, 이 세 사건은 $A = A_1 \cap A_2$의 관계를 만족한다. 두 부품들이 서로 독립적으로 작동하므로, 사건 A_1과 A_2는 독립이다. 따라서 곱셈법칙에 따라

$$\begin{aligned} P(A) &= P(A_1 \cap A_2) \\ &= P(A_1)P(A_2) \\ &= 0.9 \times 0.9 = 0.81 \end{aligned}$$

이다. 따라서 기계가 성공적으로 작동할 확률은 0.81이다.

(b) 두 개의 부품 중 적어도 한 개가 작동할 때 작동하는 구조의 기계에 대해서

B : 기계가 작동하는 사건

이라고 하면, $B = A_1 \cup A_2$의 관계가 된다. 따라서

$$\begin{aligned} P(B) &= P(A_1 \cup A_2) \\ &= P(A_1) + P(A_2) - P(A_1 \cap A_2) \end{aligned}$$

가 되고, 두 부품들이 서로 독립적으로 작동하므로 $P(A_1 \cap A_2) = P(A_1) \times P(A_2)$을 위 식에 대입하면

$$\begin{aligned} P(B) &= P(A_1) + P(A_2) - P(A_1)P(A_2) \\ &= 0.9 + 0.9 - 0.81 \\ &= 0.99 \end{aligned}$$

가 된다. 따라서 두 개의 부품 중 적어도 한 개가 작동할 때 작동하는 구조의 기계가 성공적으로 작동할 확률은 0.99이다.

3.6 | 베이즈 법칙

예제 3.10 어느 지역 인구의 1% 정도가 특정 질병에 감염되어 있다고 한다. 이 질병은 혈액검사를 통해 찾을 수 있는데 혈액검사는 감염된 사람의 97%를 정확하게 진단하는 반면에 건강한 사람들의 6%에 대해서는 잘못 진단할 수 있다고 한다. 이 지역에서 임의로 한 사람을 선택하여 이 혈액검사를 했을 때 결과가 양성일 확률은 얼마인가?

풀이 사건 A를 혈액검사에서 양성인 결과가 나오는 사건이라 하자. 그리고 사건 B는 이 질병에 실제로 감염된 사건이라 하자. 그러면 B^c는 이 질병에 감염되지 않은 사건이다. 사건 B와 여사건 B^c는 상호배반이기 때문에 사건 A에 대해 항상

$$A = (B \cap A) \cup (B^c \cap A)$$

로 나타낼 수 있다. 따라서 확률을 계산하면,

$$\begin{aligned} P(A) &= P((B \cap A) \cup (B^c \cap A)) \\ &= P(B \cap A) + P(B^c \cap A) \\ &= P(B)P(A|B) + P(B^c)P(A|B^c) \end{aligned}$$

가 된다. $P(A|B)$는 질병에 감염된 사람에 대해서 양성인 결과가 나올 확률로서 0.97이 된다. 한편 $P(A|B^c)$는 건강한 사람에 대해서 검사결과가 양성으로 잘못 나올 확률이므로 0.06이다. 전체 인구의 약 1%가 감염되어 있다고 했으므로 $P(B) = 0.01$이고 $P(B^c) = 0.99$이다. 따라서 각 확률 값을 대입해 보면

$$\begin{aligned} P(A) &= P(B)P(A|B) + P(B^c)P(A|B^c) \\ &= 0.01 \times 0.97 + 0.99 \times 0.06 \\ &= 0.0691 \end{aligned}$$

임을 알 수 있다.

위의 예제는 사건 A가 발생할 확률을 상호배반인 두 개의 사건들 B와 B^c의 부분으로 구별하여 각각의 확률을 구한 뒤 더해서 해결한 것이다. 위의 식을 n개의 사건들로 확장을 하면 다음과 같은 총확률 법칙(law of total probability)을 얻을 수 있다.

총확률 법칙(law of total probability)

사건 $B_1, B_2, \cdots, B_n$이 상호배반이고 표본공간 S에 대해 $S = B_1 \cup B_2 \cup \cdots \cup B_n$으로 나타낼 수 있을 때, 임의의 사건 A의 확률은

$$P(A) = \sum_{i=1}^{n} P(A|B_i)P(B_i)$$

으로 구할 수 있다.

예제 3.11 볼트를 생산하는 회사에는 3개의 생산 공장이 있다. 전체 생산량의 30%는 제 1공장에서 만들어지고, 50%는 제 2공장에서 생산되며 나머지 20%는 제 3공장에서 생산되고 있다. 제 1공장에서 생산되는 볼트의 불량률은 4%, 제 2공장은 5%, 제 3공장은 3%라고 한다면 이 회사에서 생산되는 볼트를 임의로 한 개 추출했을 때, 이 볼트가 불량품일 확률은 얼마인가?

풀이 임의로 선택된 볼트가 불량품일 사건을 A라고 하자. 그리고 볼트를 생산한 공장에 대해서

B_1 : 제 1공장에서 생산될 사건

B_2 : 제 2공장에서 생산될 사건

B_3 : 제 3공장에서 생산될 사건

이라 하면, 이 세 사건 B_1, B_2, B_3은 상호배반이며 $B_1 \cup B_2 \cup B_3$은 표본공간 S가 된다. 또한 각 공장에서 생산된 볼트가 불량품이 될 확률이 각각 0.04, 0.05 그리고 0.03이므로 $P(A|B_1) = 0.04$, $P(A|B_2) = 0.05$ 그리고 $P(A|B_3) = 0.03$이 된다. 따라서 총확률 법칙을 적용하면,

$$P(A) = P(A|B_1)P(B_1) + P(A|B_2)P(B_2) + P(A|B_3)P(B_3)$$
$$= 0.04 \times 0.3 + 0.05 \times 0.5 + 0.03 \times 0.2$$
$$= 0.043$$

이다.

한편, 예제 3.10에서 만일 어떤 사람이 혈액검사에서 양성결과가 나왔다고 할 때, 실제로 그 사람이 그 질병에 걸렸을 확률 $P(B|A)$를 구해 보자. 먼저 조건부 확률의 정의에 따라

$$P(B|A) = \frac{P(B \cap A)}{P(A)}$$

가 되며, 분모에 총확률 법칙을 적용하고 분자를 조건부 확률로 바꾸면

$$P(B|A) = \frac{P(B)P(A|B)}{P(B)P(A|B) + P(B^c)P(A|B^c)}$$

를 얻을 수 있다. 따라서

$$P(B|A) = \frac{0.01 \times 0.97}{0.01 \times 0.97 + 0.99 \times 0.06}$$
$$= 0.14$$

가 된다. 이 결과를 일반적인 경우로 확장하여 설명한 것이 다음의 **베이즈 법칙**이다.

베이즈 법칙 (Bayes' Rule)

사건 $B_1, B_2, \cdots, B_n$이 상호배반이고 표본공간 S에 대해 $S = B_1 \cup B_2 \cup \cdots \cup B_n$으로 나타낼 수 있을 때 모든 $i = 1, 2, \cdots, n$에 대해 $P(B_i) > 0$이고 $P(A) > 0$이면

$$P(B_k|A) = \frac{P(B_k)P(A|B_k)}{\sum_{i=1}^{n} P(B_i)P(A|B_i)}, \quad k = 1, 2, \cdots, n$$

이다.

위의 베이즈 법칙에서 $B_1, B_2, \cdots, B_n$을 n개의 "원인"이라고 한다면 $P(B_k)$는 "원인"의 가능성을 나타내는 확률로서 사건 A가 발생하기 전의 사전확률(prior probability)이라 하고 $P(A|B_k)$는 "원인"이 B_k일 때 "결과" A가 관측될 확률을 나타내며, $P(B_k|A)$는 "결과" A가 발생한 후 수정되어진 사후확률(posterior probability)이라고 한다. 베이즈 법칙은 사전확률을 바탕으로 어떤 결과에 대한 원인이 되는 사건 B_k의 사후확률을 계산하는 방법을 제시한다.

예제 3.12 예제 3.11에서 임의로 추출한 볼트가 불량품으로 확인되었다. 이 불량품이 제 2공장에서 생산되었을 확률은 얼마인가?

풀이 이 문제는 예제 3.11의 풀이에서 정의했던 사건들로 표현하면 $P(B_2|A)$를 구하는 문제이다. 따라서 베이즈 법칙에 의해

$$P(B_2|A) = \frac{P(B_2)P(A|B_2)}{P(B_1)P(A|B_1) + P(B_2)P(A|B_2) + P(B_3)P(A|B_3)}$$

가 되고, 각 확률을 대입하면

$$\begin{aligned} P(B_2|A) &= \frac{0.05 \times 0.5}{0.04 \times 0.3 + 0.05 \times 0.5 + 0.03 \times 0.2} \\ &= \frac{0.025}{0.043} \\ &= 0.581 \end{aligned}$$

로 구해진다.

EXERCISES

연습문제

01 각각의 확률값 $P(A)$를 가장 잘 설명하는 문장을 오른편에서 골라라.

(a) $P(A) = 0.03$ (i) $P(A)$는 잘못된 값이다.

(b) $P(A) = 0.30$ (ii) 사건 A는 거의 일어나지 않는다.

(c) $P(A) = 3.0$ (iii) 사건 A는 어느 정도 일어난다.

02 식물 유전학자가 유전 인자쌍 aA를 가진 두 식물을 교잡시켰다. 자녀 식물은 각 부모 식물로부터 한 개의 유전인자를 물려받는다.

(a) 자녀 식물의 유전인자 형태에 대한 표본공간을 작성하라.

(b) 유전인자의 선택이 임의적이라면, (a)의 표본공간의 각 기본결과에 대한 확률을 구하라.

(c) 만약 인자 A가 우세하여 aa 인자쌍을 가진 자녀 식물이 키가 작다고 할 때, 확률 P[키가 작은 자녀 식물]을 구하라.

03 아래 벤다이어그램의 확률로부터, $P(A^c)$, $P(A \cap B)$, $P(A \cup B)$, $P(B \cap C)$를 구하라.

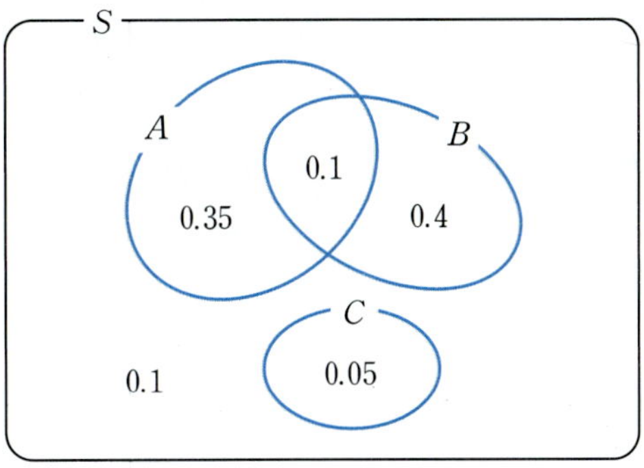

04 공정한 주사위를 한 번 던질 때 1의 눈이 나올 확률은 $P(1) = \frac{1}{6}$이고, 두 번 던질 때 1의 눈이 적어도 한 번 나올 확률은 P(1이 적어도 한 번 나온다)$= \frac{1}{6} + \frac{1}{6} = \frac{1}{3}$이라고

계산하였다. 위의 계산에서 잘못된 점은 무엇인가?

05 지난 3년간 어느 병원에 입원한 당뇨병 환자의 기록에 따라 다음의 표를 만들었다.

환자의 나이	가벼운 증상		심한 증상	
	부모가 당뇨병 환자인가?		부모가 당뇨병 환자인가?	
	예	아니오	예	아니오
40세 미만	15%	10%	8%	2%
40세 이상	15%	20%	20%	10%

1명의 환자를 이 병원에서 임의로 뽑는다고 가정하고 사건 A, B, C를 다음과 같이 정의하자.

A : 심한 증상이다

B : 40세 미만이다.

C : 부모가 당뇨병 환자이다.

(a) $P(A)$, $P(B)$, $P(B\cap C)$, $P(A\cap B\cap C)$를 구하라.

(b) 다음 사건을 서술하고 이들의 확률을 각각 구하라.

(ⅰ) $A^c\cap B^c$ (ⅱ) $A^c\cup B^c$ (ⅲ) $A^c\cap B\cap C^c$

06 다음은 어느 지역의 운전자 모집단에서의 비율을 나타낸 것이다.

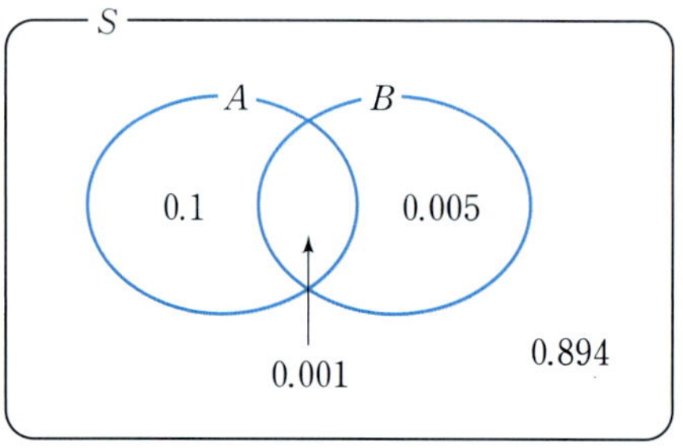

$A=$ [작년에 특별 운전교육을 받은 자]

$B=$ [올해에 사고를 낸 운전자]

확률은 옆의 벤다이어그램에 표시되어 있다.

(a) $P(B|A)$를 구하라.

(b) A와 B는 독립인가?

07 $P(A\cap B)=0.4$이고 $P(B)=0.8$일 때, $P(A|B)$를 구하라. 만약 $P(A)=0.5$라면 A와 B는 독립인가?

08 두 사건 A와 B에 대해 다음 확률이 주어졌다.

$$P(A)=\frac{1}{2},\ P(B)=\frac{1}{4},\ P(A|B)=\frac{3}{4}$$

(a) 적당한 확률의 법칙을 이용하여 $P(A^c)$, $P(A\cap B)$, $P(A\cup B)$를 구하라.

(b) 벤다이어그램을 그려 $P(A^c\cap B)$를 구하라.

09 다음 중 어느 경우에 두 사건 A와 B가 독립인가?

	$P(A)$	$P(B)$	$P(A\cup B)$
경우 1	0.1	0.9	0.91
경우 2	0.4	0.6	0.76
경우 3	0.5	0.3	0.73

10 교실 안에 1, 2학년 남녀 학생들이 있다. 1학년 남학생들이 4명, 1학년 여학생들이 6명, 그리고 2학년 남학생들이 6명 있다. 이 교실에서 임의로 한 학생을 뽑을 때 남녀의 성별과 학년이 서로 독립이 되려면, 교실 안에 2학년 여학생이 몇 명 있어야 하는가?

11 한밤중에 택시 한 대가 사람을 다치게 하고 뺑소니를 친 사건이 발생했다. 이 도시에는 두 가지 색상의 택시가 운행되고 있는데, 청색이 전체의 15%이고 녹색이 85%를 차지한다. 법정은 신뢰성 있는 실험을 통해 동일한 상황에서 정상 시력을 가진 사람이 차의 색상을 제대로 판단할 확률이 80%라는 사실을 알아냈다. 즉, 20%의 사람들은 차의 색상을 잘못 판단한다는 것이다. 다음 물음에 답하라.

(a) 법정에 나온 목격자가 사고를 낸 택시가 청색이라고 증언할 확률은 얼마인가?

(b) 목격자가 법정에서 청색이라고 증언했을 때, 당일 현장에서 뺑소니친 택시가 청색일 조건부 확률은 얼마인가?

12 3명이 참가한 어느 모임에서 각자의 이름표를 바구니 속에 담고 잘 섞은 다음, 각자 임의로 한 개를 선택했을 때 자신의 이름표를 선택한 사람에게 상품을 준다고 하자.

(a) 이 게임에서 얻어지는 표본공간을 나타내어라.

(b) 3명 모두 상품을 탈 확률은 얼마인가?

(c) 상품을 탄 사람이 한 명도 없을 확률은 얼마인가?

13 어느 전자 검사기는 결함이 있는 물건의 70%를 가려낸다. 결함을 가진 세 개의 샘플을 전자 검사기로 검사한다. 검사는 독립적으로 이루어진다고 가정하자.

(a) 표본공간을 구하고 각 기본결과에 확률을 할당하라.

(b) 전자 검사기가 세 개 중 두 개를 가려낼 확률은 얼마인가?

14 광학 반응실험에서 물체는 빠른 반응(F), 느린 반응(D), 무반응(N) 중의 하나를 나타낸다. 두 가지 물체에 대해 반응실험을 하였다.

(a) 이 실험의 표본공간을 구하라.

(b) 각 물체에 대해 $P(F)=0.4$, $P(D)=0.3$, $P(N)=0.3$이고, 물체에 대한 반응은 서로 독립이라고 하자. 기본결과에 확률을 할당하라.

(c) 적어도 하나의 물체가 빠른 반응을 보일 확률을 구하라.

(d) 두 물체 모두 반응할 확률을 구하라.

15 2명의 아이를 가진 가정에 대해 다음과 같은 확률이 주어져있다면 다음의 표를 완성하라.

$$P(B_1)=P(\text{첫째 아이가 아들})=\frac{13}{25}$$

$$P(B_2|B_1)=P(\text{둘째 아이가 아들}\,|\,\text{첫째 아이가 아들})=\frac{7}{13}$$

$$P(B_2|G_1)=P(\text{둘째 아이가 아들}\,|\,\text{첫째 아이가 딸})=\frac{1}{2}$$

		둘째 아이		
		B_2	G_2	
첫째 아이	B_1			
	G_1			
				1.00

16 남자의 5%, 여자의 0.25%가 적록색맹이라 할 때, 적록색맹인 사람을 1명 무작위로 선택한다. 다음의 경우에 그 사람이 남자일 확률은 얼마인가?

(a) 인구의 구성이 남자와 여자의 수가 똑같다.

(b) 인구의 구성이 남자가 여자의 2배이다.

17 상자 A에는 검은 공 3개와 흰 공 7개, 상자 B에는 검은 공 6개와 흰 공 2개가 들어있다. 공정한 주사위를 던져 1, 2 중 어느 하나가 나오면 상자 A에서 공 하나를 임의로 추출하고, 만약 3, 4, 5, 6 중 어느 하나가 나오면 상자 B에서 공 하나를 임의로 추출한다. 앞서 꺼낸 공을 다시 넣지 않을 때,

(a) 첫 번째 추출에서 검은 공이 나올 확률을 구하라.

(b) 첫 번째 추출에서 흰 공이 나온다는 조건 하에서 두 번째 추출에는 검은 공이 나올 확률을 구하라. 단, 첫 번째 추출과 동일한 상자에서 두 번째 추출을 실시한다.

18 상자 속에 3개의 동전이 있는데 하나는 양면 모두 앞면으로 된 동전, 다른 하나는 정상적인 동전, 또 다른 하나는 동전을 던졌을 때 앞면이 나올 확률이 0.75인 동전이다. 3개의 동전 중에서 무작위로 하나를 골라 던졌을 때 앞면이 나왔다면 그 동전이 모두 앞면으로 된 동전일 확률은 얼마인가?

19 어떤 대학의 1학년 학생 가운데 70%는 재수경험이 없고 나머지 30%는 재수경험이 있다고 한다. 전자의 20%, 후자의 30%가 학년말 고사 성적이 A이다. 어떤 학생이 성적이 A였다면 그 학생이 재수 경험자일 확률을 구하라.

20 어느 TV 방송사에서 일기예보 방송의 정확성을 알아보려고 과거의 자료를 정리해보니 다음과 같았다.

(1) 실제로 맑은 날에 맑다고 예보한 비율이 0.8
(2) 실제로 비온 날에 맑다고 예보한 비율이 0.4
(3) 전체적으로 맑은 날의 비율이 0.6

다음 확률을 구하라.

(a) 예보관이 맑다고 예보했을 때 날씨가 실제로 맑을 확률은 얼마인가?

(b) 예보관이 맑음을 예보할 확률은 얼마인가?

21 올림픽 경기에 나가는 개인 종목 선수 중 70%는 합숙훈련을 하였다. 합숙훈련을 한 사람의 3%와 합숙훈련을 안 한 사람의 2%가 금메달을 받았다. 어떤 사람이 금메달을 받았다면 그 사람이 합숙 훈련을 하였을 확률은 어떻게 되는가?

22 어느 대학교에 재학 중인 4학년의 80%, 3학년의 70%, 2학년의 50% 그리고 1학년의 30%가 대학 도서관을 자주 이용한다고 한다. 전체 재학생의 30%가 1학년, 20%가 2학년, 20%가 3학년 그리고 30%가 4학년이라면 전체 재학생의 몇 %가 도서관을 자주 이용하고 있는가?

23 어느 학생이 버스나 지하철을 이용하여 등교한다고 한다. 버스를 탈 확률은 60%이고, 버스를 이용하는 경우에는 교통 체증으로 인해 30% 정도의 확률로 지각을 하고 지하철을 이용할 때에는 10% 정도의 확률로 지각을 한다. 어느 날 이 학생이 지각을 하였다면 버스로 등교했을 확률은 얼마인가?

24 홍길동을 포함한 5명의 지원자가 채용 면접을 위해 대기하고 있으며, 면접의 순서는 임의적으로 결정된다고 한다. 홍길동은 맨 처음 면접을 보게 되면 채용될 확률이 0.2이고, 맨 마지막에 면접을 보는 경우에는 채용 확률이 0.7이다. 그 외의 면접 순서에서는 채용될 확률이 0.4이다.

(a) 홍길동이 채용될 확률은 얼마인가?

(b) 홍길동이 채용되었다고 할 때, 맨 처음 면접을 보았을 조건부 확률은 얼마인가?

제 4 장

확률변수

4.1 | 서론

대부분의 확률문제에서 우리들은 가능한 실험결과의 수치적 측면에 관심을 갖는 경우가 많다. 예를 들어 20개 문제의 참 거짓을 가리는 시험을 치른 학생은 몇 번 문제가 맞고 틀렸는지 보다는 20개 중 맞춘 문제의 수가 몇 개인지에 더 관심이 많다. 또한 모니터의 성능을 평가하는 사람은 모니터의 밝기, 명암비, 응답시간 등의 값들을 측정하여 이 값들을 통해 성능을 평가할 것이다. 물론 모니터마다 관측되는 값들은 서로 다를 것이며 학생들이 맞춘 문제의 수도 서로 다르고, 그 값들은 사전에 정확하게 예측할 수 없기 때문에 확률실험에 해당된다. 이처럼 우리는 확률실험의 기본결과에 대응되는 숫자를 통해 그 특성을 파악하려는 경우가 많다.

한편 실험의 결과가 성질로 표현되는 경우에도 수치를 구할 필요가 있다. 새 제품에 대한 만족도의 정도를 다섯 개의 범주—아주 만족한다, 만족한다, 보통이다, 불만족이다, 아주 불만족이다—로 구별하는 경우에 각 범주에 해당하는 응답자의 수가 몇 명인지를 조사하여 기록한다. 이처럼 각각의 관측값이 숫자는 아니지만 이들로부터 얻은 수치를 이용하여 분석하게 된다.

이 장에서는 확률실험에서 얻어지는 기본결과들에 대한 산술적인 계산이나 해석을 쉽게 할 수 있도록 실험결과에 수치를 대응시키는 확률변수의 개념을 살펴보자.

4.2 | 확률변수

확률변수(random variable)란 확률실험을 통해 얻어지는 기본결과 각각에 수치를 대응시킨 것이다. 수학용어로서 확률변수는 표본공간에서 정의되는 실수 값의 함수이다. "확률"이라는 말은 실험의 결과 혹은 이에 관련된 확률변수의 값을 미리 알 수 없음을 암시한다.

확률변수는 주로 알파벳 대문자 X, Y, Z 등으로 나타내고 확률변수가 취하는 실수 값은 알파벳 소문자 x, y, z 등으로 나타낸다. 다음의 예제를 보자.

예제 4.1

앞면과 뒷면이 나올 가능성이 동일한 공정한 동전을 세 번 던졌을 때 나오는 앞면의 개수를 생각하자. 앞면의 수는 매번의 실험 때마다 다르게 얻어질 것이다. 즉, 동전을 세 번 던질 때 나오는 앞면의 수는 0, 1, 2 혹은 3이 될 수 있으므로 이 실험에서 얻어지는 앞면의 수 X는 변수이고 각각의 값은 사전에 미리 정할 수 없고 확률적이기 때문에 확률변수라고 볼 수 있다.

다음은 이 실험에서 얻어지는 기본결과와 이에 대응되는 확률변수 X의 값을 나타낸 것이다.

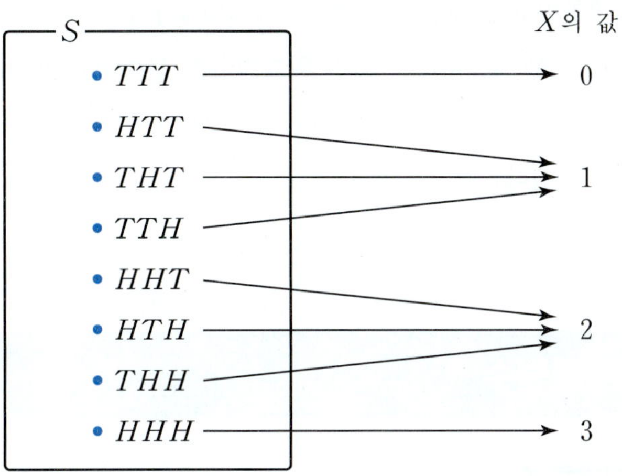

| 그림 4.1 |

위의 그림에서 보는 바와 같이, 각각의 기본결과에는 단 하나의 X의 값이 대응된다. 물론 여러 개의 기본결과가 같은 X의 값을 가질 수는 있다.

예제 4.2

어느 회사의 고객 상담 센터에서는 그날 상담을 받은 15명의 고객들을 대상으로 만족도 조사를 실시하여 15명의 고객 중 상담에 만족하지 않는 고객이 몇 명인지를 조사한다고 한다. 이때 상담에 불만족인 고객의 수 X는 확률변수로서 0, 1, 2, $\cdots$, 15 중에서 어느 값이 될 수 있다.

예제 4.3

어느 자동차 정비공장에서 하루 동안 수리를 받은 자동차 수 X를 센다. X의 가능한 값은 0, 1, 2, $\cdots$ 로 0 이상의 정수가 된다.

예제 4.4

어느 전자회사에서 생산되는 휴대폰의 수명시간을 관측한다고 하자. 무작위로 추출된 휴대폰을 사용해서 처음으로 고장이 날 때까지의 시간을 측정하면 이 수명시간은 사전에 정확하게 예측할 수 없는 확률변수이다. 이 확률변수는 구간 $[0, \infty)$의 어느 값도 취할 수 있다.

확률변수가 취할 수 있는 가능한 값이 유한개이거나 무한개이더라도 수열로 나열할 수 있는 만큼의 값을 갖는 확률변수를 **이산**(discrete) **확률변수**라고 한다. 앞의 예제 4.1, 4.2, 4.3은 모두 이산확률변수에 해당된다. 한편, 예제 4.4와 같이 확률변수가 연속적인 구간의 모든 값을 가질 수 있을 때, 우리는 이런 확률변수를 **연속**(continuous) **확률변수**라고 한다. 연속확률변수의 예로는 이 외에도 신생아의 몸무게, 태풍에 의해 내린 강우량, 심장발작 이후 생존기간 등이 있다.

4.3 | 이산확률변수

4.3.1 이산확률분포

확률변수 X의 모든 가능한 값을 적어두면 실험의 모든 가능한 결과를 알 수 있으며, 확률의 개념을 도입하면 X의 여러 가지 값을 관측할 가능성의 정도를 알 수 있다. 이를 위해 확률분포를 도입하는데 확률분포도 확률변수의 종류에 따라 이산확률분포와 연속확률분포로 나누어진다. 이 장에서는 먼저 이산확률분포에 대해 알아보자.

이산확률변수 X의 **확률분포**(probability distribution) 혹은 **분포**(distribution)는 X가 취할 수 있는 서로 다른 수치를 그것에 대응되는 확률과 함께 적어 놓은 것이다. 일일이 나열하여 표의 형태로 표현하거나 아니면 식을 사용하기도 한다.

예제 4.5

예제 4.1에서처럼 공정한 동전을 세 번 던질 때 나타난 앞면의 개수를 확률변수 X라고 하자. X의 확률분포를 구하라.

풀이 예제 4.1에서 실험의 결과로 얻어지는 8개의 기본결과들과 이에 대응되는 X의 값을 구하였다. X의 가능한 값은 0, 1, 2, 3으로 이 값들이 얻어질 확률을 계산해 보자.

정상적인 동전을 던졌으므로 8개의 기본결과들은 나타날 가능성이 모두 같다. 즉, 각각의 기본결과의 발생 확률은 모두 1/8로 동일하다. 사건 $[X=0]$에는 단 하나의 기본결과 TTT만 있으므로 그 확률은 1/8이다. 사건 $[X=1]$은 {HTT, THT, TTH}와 같이 세 개의 기본결과가 해당되고 각 기본결과의 확률이 1/8이므로 $[X=1]$가 발생할 확률은 3/8이 된다. 마찬가지로 $[X=2]$, $[X=3]$의 확률은 각각 3/8과 1/8로 얻어진다. 이런 결과를 모아 X의 확률분포를 표로 정리하면 표 4.1과 같이 얻어진다.

| 표 4.1 | 공정한 동전을 세 번 던질 때 나타난 앞면의 수 X의 확률분포

X의 값	0	1	2	3	합 계
확률	$\frac{1}{8}$	$\frac{3}{8}$	$\frac{3}{8}$	$\frac{1}{8}$	1

이제는 일반적인 경우의 확률분포를 다루기 위해 확률변수 X의 서로 다른 값을 기호 $x_1, x_2, \cdots$ 로 나타내기로 하자. 확률변수 X가 x_i의 값을 가질 확률 즉, $P[X=x_i]$을 $f(x_i)$로 나타낸다. 예제 4.5에서와 같이 확률변수 X가 k개의 값 $x_1, \cdots, x_k$을 가지고 이들에게 대응되는 확률이 각각 $f(x_1), \cdots, f(x_k)$이면 X의 확률분포는 표 4.2와 같이 나타낼 수 있다. 여기서 $f(x_i)$는 확률을 나타내므로 0 이상 1 이하의 값이 되어야 하고, 또한 X의 가능한 모든 값에 대해 그 확률들을 합하면 반드시 1이 되어야 한다.

| 표 4.2 | 이산확률분포

X의 값	x_1	x_2	$\cdots$	x_k	합계
확률 $f(x)$	$f(x_1)$	$f(x_2)$	$\cdots$	$f(x_k)$	1

이산확률변수 X의 확률분포는 함수

$$f(x_i) = P[X = x_i]$$

로 나타내며, 이 함수는 다음을 만족한다.

(a) X의 모든 값 x_i에 대해 $f(x_i) \geq 0$

(b) $\sum_i f(x_i) = 1$

확률분포함수는 총 확률 1을 이산확률변수의 각 값에 적당히 배분한 것이다. 확률분포를 그림으로 나타낸 확률 히스토그램은 확률의 배분 형태를 한 눈에 알아볼 수 있게 한다. 확률 히스토그램은 일반 히스토그램과 비슷한 모양으로서 확률분포를 나타내는 그림이다. 수평축에 X의 모든 가능한 값 x_i를 표시하고, x_i가 중앙에 위치하고 그 면적이 확률 $f(x_i)$와 같게 되는 사각형을 그려 히스토그램을 나타낸다. 그림 4.2는 예제 4.5에 대한 확률 히스토그램을 그린 것이다.

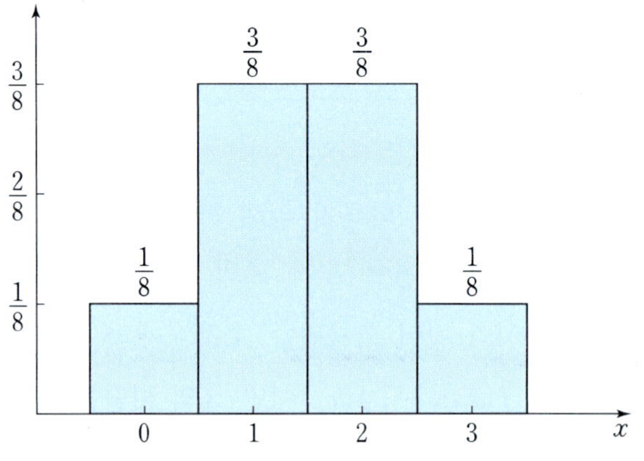

| 그림 4.2 | 공정한 동전을 세 번 던질 때 나타난 앞면의 수 X의 확률 히스토그램

예제 4.6 2개의 공정한 주사위를 던졌을 때 두 주사위 눈의 수 중 작거나 같은 수를 확률변수 X로 나타내자. X의 확률분포를 구하라.

풀이 2개의 공정한 주사위를 던지는 실험에서 얻을 수 있는 가능한 기본결과들은 $\{(1, 1), (1, 2), (1, 3), \cdots, (6, 6)\}$로 총 36개이며 모두 동일한 가능성을 갖는다. 이때, 두 주사위의 눈의 수 중 작거나 같은 수를 나타내는 확률변수 X의 가능한 값은 1, 2, 3, 4, 5, 6이다. 사건 $[X=1]$에 해당하는 기본결과들이 (1, 1),

(1, 2), (1, 3), (1, 4), (1, 5), (1, 6), (2, 1), (3, 1), (4, 1), (5, 1)(6, 1)로서 그 확률은 11/36이 된다. 마찬가지로 $[X=2]$에 해당되는 기본결과들은 모두 9개이므로 확률은 9/36이며, $[X=3]$에는 모두 7개의 기본결과가 있으므로 확률은 7/36이다. $[X=4]$, $[X=5]$, $[X=6]$은 각각 5/36, 3/36 그리고 1/36이 된다. 따라서 확률분포는 다음과 같이 얻어진다.

X의 확률분포

X의 값	1	2	3	4	5	6	합계
확률	$\frac{11}{36}$	$\frac{9}{36}$	$\frac{7}{36}$	$\frac{5}{36}$	$\frac{3}{36}$	$\frac{1}{36}$	1

4.3.2 기댓값과 분산

앞서 2장에서는 수집한 관측값들로부터 계산되는 표본평균과 표본분산에 대해 알아보았다. 표본평균과 표본분산은 관측값들 즉, 표본의 중심과 변이에 대한 측도로 이용되는 통계량이었다. 이 절에서는 확률분포 즉, 모집단에 대한 중심과 변이에 관한 측도로서의 기댓값(평균)과 분산에 대해 알아본다. 먼저 기댓값의 개념을 이해하기 위해 다음과 같은 게임을 생각해 보자.

게임의 결과에 따라 돈을 잃거나 얻는 게임을 하는데, 한 게임이 끝난 후에 1원을 잃게 될 확률이 0.5, 1원을 얻게 될 확률이 0.3 그리고 2원을 얻게 될 확률이 0.2라고 한다. 게임하는 사람은 한 게임에서 2원을 얻을 수도 있지만 1원을 잃을 가능성도 0.5만큼이나 있다. 처음 몇 번의 게임에는 본인의 운에 따라 돈을 얻게 될 수도 혹은 잃게 될 수도 있겠지만 이런 게임을 무척 많이 반복한다고 가정해 보자. 만약 충분히 큰 수 N번의 게임을 한다고 하면 확률이란 오랜 시행에서의 상대도수로 간주할 수 있기 때문에, 이 중 약 $0.5N$번의 게임에서는 1원을 잃을 것이고 $0.3N$번의 게임에서는 1원을 얻고 나머지 $0.2N$번의 게임에서 2원을 얻는다고 볼 수 있다. 따라서 게임자가 N번의 게임 후에 가지게 되는 총 금액은

$$(-1)\times 0.5N + 1\times 0.3N + 2\times 0.2N = 0.2N$$

이 된다. 이 금액을 게임 수 N으로 나누면 한 게임당 평균적으로 얻게 되는 금액이 0.2원임을 알 수 있다. 여기서 확률변수 X가 한 게임 후에 얻게 되는 금액을 나타낸다고 하면 이 X의 평균값이 0.2가 되는 것이다.

이 내용을 다시 살펴보면, 확률변수 X의 확률분포는 다음과 같다.

X의 값	-1	1	2	합계
확률	0.5	0.3	0.2	1

그리고 확률변수 X의 평균은 앞의 식에서 양변을 N으로 나누어

$$(-1)\times 0.5 + 1\times 0.3 + 2\times 0.2 = 0.2$$

로 계산된다. 즉, 이산확률변수 X의 평균이

$$\sum(\text{값}\times\text{확률}) \text{ 혹은 } \sum x_i f(x_i)$$

로 얻어지는 것이 아주 자연스럽다. 여기에서 x_i는 확률변수 X의 서로 다른 값이다. 확률분포의 평균은 보통 그리스 문자 μ로 나타낸다.

확률변수 X의 평균을 X의 **기댓값**(expected value)이라고도 하며 기호 $E(X)$로 나타낸다. 즉, 평균 μ와 기댓값 $E(X)$는 같은 말이며 서로 혼용해서 사용한다.

> 이산확률변수 X의 **평균** 혹은 기댓값은
>
> $$E(X) = \mu = \sum x_i f(x_i)$$
>
> 이다. 이때, 합은 X의 모든 값 x_i에 대해 더해진다.

예제 4.7 예제 4.1에서처럼 공정한 동전을 세 번 던질 때 나오는 앞면의 개수를 확률변수 X라고 할 때, X의 평균을 구하라.

풀이 $\mu = E(X)$

$$= 0 \times \frac{1}{8} + 1 \times \frac{3}{8} + 2 \times \frac{3}{8} + 3 \times \frac{1}{8}$$

$$= 1.5$$

확률분포의 평균은 물리적 의미를 갖는데, 철판을 확률 히스토그램의 모양으로 자르면 평균 μ는 히스토그램 철판의 무게 중심이 된다. 예를 들면, 예제 4.7에서 계산된 평균 $\mu = 1.5$는 그림 4.2에서 보는 바와 같이 정확하게 확률 히스토그램의 무게 중심이다. 확률은 히스토그램의 직사각형의 무게에 대응되므로 무게의 균형점인 평균값 μ를 확률분포의 중심이라고 한다.

확률의 여러 개념들이 도박에서 유래된 것처럼 "기댓값"의 개념도 도박에서 유래되었다. 확률변수 X를 도박, 복권, 경마 등의 게임에서 따는 상금이라고 하면 기대되는 상금이라는 말이 평균 상금이라는 말보다 더 잘 어울리기 때문이다.

예제 4.8 어느 자동차 보험은 차를 도난당했을 때 400만원을 지급한다고 한다. 만약 도난당할 확률이 0.05이면 기대되는 보험 지급액은 얼마인가? 만약 보험회사가 가입자에게서 25만원의 보험료를 받는다면 이 보험회사가 벌어들이는 이 보험 상품의 기대이익은 얼마인가?

풀이 보험회사가 고객에게 지급하는 보험 지급액을 확률변수 X로 나타내면 X의 확률분포는 다음과 같다.

X의 값	0	400만원	합계
확률	0.95	0.05	1

따라서 기대되는 보험 지급액은

$$E(X) = 0 \times 0.95 + 400(\text{만원}) \times 0.05$$

$$= 20(\text{만원})$$

이 된다. 만약 가입자로부터 25만원의 보험료를 받는다면 보험회사의 기대이익은 5만원이 된다.

기댓값은 확률변수가 어떤 값을 중심으로 하여 분포되어 있는가를 나타내는 측도인 반면에 분산은 확률변수의 분포가 얼마나 흩어져 있는가를 측정한다. 기댓값의 개념을 이용하면 확률분포의 산포도의 수치적 측도인 분산을 구할 수 있다.

평균 μ는 확률변수 X의 분포의 중심이므로, 확률변수 X의 중심에 대한 편차는 $(X-\mu)$로 나타낼 수 있다. 따라서 확률변수 X의 분산은 이 편차의 제곱 즉, $(X-\mu)^2$의 기댓값으로 정의한다. 좀 더 자세히 살펴보면, 확률변수 X의 분포함수 $f(x)$를 이용하면, 편차제곱 $(X-\mu)^2$의 확률분포는 다음의 표와 같이 얻어진다.

$(X-\mu)^2$의 값	$(x_1-\mu)^2$	$(x_2-\mu)^2$	$\cdots$	$(x_k-\mu)^2$	합 계
확률	$f(x_1)$	$f(x_2)$	$\cdots$	$f(x_k)$	1

그러므로 기댓값 $E[(X-\mu)^2]$은 확률변수 $(X-\mu)^2$의 각 값 $(x_i-\mu)^2$과 확률 $f(x_i)$를 곱한 후 이를 모두 더하여 구한다. 즉, 이산확률변수 X의 분산은

$$\begin{aligned} X\text{의 분산} &= \sum(\text{편차})^2(\text{확률}) \\ &= \sum(x_i-\mu)^2 f(x_i) \end{aligned}$$

으로 계산된다.

일반적으로 확률변수 X의 분산(variance)은 $Var(X)$ 혹은 그리스 문자 σ^2으로 나타낸다. 한편 확률변수 X의 표준편차(standard deviation)는 분산의 양의 제곱근으로 정의되며 $sd(X)$ 혹은 σ로 나타낸다.

이산확률변수 X의 분산과 표준편차

$$\sigma^2 = Var(X) = \sum(x_i-\mu)^2 f(x_i)$$

$$\sigma = sd(X) = \sqrt{Var(X)}$$

한편, 분산 σ^2을 직접 계산할 때는 다음 공식을 사용하면 매우 간편하다.

분산의 간편한 공식

$$\begin{aligned}\sigma^2 &= E(X^2) - [E(X)]^2 \\ &= \sum x_i^2 f(x_i) - \mu^2 \\ &= \sum x_i^2 f(x_i) - \left(\sum x_i f(x_i)\right)^2\end{aligned}$$

예제 4.9

예제 4.6에서처럼 2개의 공정한 주사위를 던졌을 때 나타난 두 주사위 눈의 수 중 작은 수를 확률변수 X라고 할 때, X의 평균과 분산을 구하라.

풀이 예제 4.6에서 얻어진 확률분포를 이용하면 기댓값은

$$\begin{aligned}E(X) &= 1\times\frac{11}{36}+2\times\frac{9}{36}+3\times\frac{7}{36}+4\times\frac{5}{36}+5\times\frac{3}{36}+6\times\frac{1}{36} \\ &= \frac{91}{36}\end{aligned}$$

이고 분산은 위의 간편한 공식을 이용하면,

$$\begin{aligned}Var(X) &= 1^2\times\frac{11}{36}+2^2\times\frac{9}{36}+3^2\times\frac{7}{36}+4^2\times\frac{5}{36}+5^2\times\frac{3}{36}+6^2\times\frac{1}{36}-\left(\frac{91}{36}\right)^2 \\ &= 1.97\end{aligned}$$

으로 계산된다.

4.3.3 이항확률변수

이 절에서는 이산확률변수의 한 종류인 이항확률변수에 대해 알아본다.

계속적으로 반복되어 진행되는 실험을 생각해 보자. 이때, 각각의 반복을 단순히 **시행**(trial)이라 한다. 만약 각 시행에서 얻어질 수 있는 기본결과가 단 두 개이면 이러한 시행을 **베르누이 시행**(Bernoulli trial)이라 한다. 예를 들어, 동전 한 개를 던지는 시행은 "앞

면” 또는 “뒷면”의 두 결과 중의 하나가 얻어지는 베르누이 시행이 된다. 베르누이 시행에서 얻어지는 관심 있는 기본결과를 편의상 “성공”으로 명하고 나머지 기본결과를 “실패”라고 한다. 이들의 이름에는 실생활에서의 성공 혹은 실패라는 의미는 포함되어 있지 않다. 다만 관례적으로 연구의 관심이 되는 결과를 “성공”으로 보고 나머지를 “실패”로 간주할 뿐이다. 즉, 실업률을 연구하는 문제에서는 고용되지 않는 상태가 “성공”이라는 통계적 이름을 가질 수 있고, 불량률을 조사하는 경우에는 불량 상태를 “성공”으로 볼 수 있다.

이항확률변수 (binomial random variable)는 일련의 반복적인 베르누이 시행의 결과에 의해 얻어지는 이산확률변수로서 특히 비율의 추정에 널리 이용되는 확률변수이다. 한 시행에서 “성공”의 결과를 얻게 될 확률이 p인 베르누이 시행을 고려해 보자. 이 시행을 동일한 환경에서 독립적으로 n번을 반복했을 때, 전체 n번의 시행에서 “성공”이 몇 번 나왔는지를 관측하고 이를 근거로 성공할 확률 p에 대한 통계적 추론을 하게 한다.

기본적으로 이항확률변수가 되기 위해서는 다음의 세 가지 요건을 충족하여야 한다.

(1) 동일한 베르누이 시행을 n번 반복한다.
(2) 각 시행마다 성공할 확률 p는 일정하다.
(3) 각 시행은 독립적으로 진행되어 한 시행의 결과가 다른 시행의 결과에 아무런 영향을 미치지 않는다.

다음의 예제를 보자.

예제 4.10

평면이 위로 나오는 확률이 p이고 곡면이 위로 나오는 확률이 $1-p$인 윷가락이 있다. 이런 윷가락 4개를 던졌을 때, 도 (평면이 한 개 곡면이 세 개), 개 (평면이 2개 곡면이 2개), 걸 (평면이 3개 곡면이 1개), 윷 (4개 모두 평면), 모 (4개 모두 곡면)가 나올 확률을 각각 구하라.

풀이 확률변수 X를 $n=4$개의 윷가락 중에서 평면이 위로 나오는 윷가락의 수라고 하자. 그리고 “평면”과 “곡면”을 각각 성공(S)과 실패(F)로 명명하자. 그러면 4개의 윷가락의 상태에 대한 기본결과는 아래와 같이 16개가 된다. 이때, 각 윷가락의 결과는 서로 독립적으로 결정되며, 각 윷가락에서 평면이 얻어질 확률

즉, 성공할 확률은 $P(\mathrm{S}) = p$로 일정하기 때문에 X는 이항확률변수로서의 세 가지 요건을 모두 충족한다.

FFFF	SFFF	SSFF	SSSF	SSSS
	FSFF	SFSF	SSFS	
	FFSF	SFFS	SFSS	
	FFFS	FSSF	FSSS	
		FSFS		
		FFSS		

X의 값	0 (모)	1 (도)	2 (개)	3 (걸)	4 (윷)
기본결과에 대한 확률	$(1-p)^4$	$p(1-p)^3$	$p^2(1-p)^2$	$p^3(1-p)^1$	p^4
기본결과의 수	$1=\binom{4}{0}$	$4=\binom{4}{1}$	$6=\binom{4}{2}$	$4=\binom{4}{3}$	$1=\binom{4}{4}$

위의 나열된 기본결과들을 보면, 사건 $[X=0]$는 평면이 하나도 나오지 않는 경우로서 "모"에 해당되는 사건이다. 이 사건에 해당되는 기본결과는 FFFF 하나뿐이므로 그 확률은

$$P[X=0] = P(\mathrm{FFFF}) = (1-p)\times(1-p)\times(1-p)\times(1-p) = (1-p)^4$$

으로 계산된다. $P[X=1]$ 즉, "도"가 얻어지는 확률을 계산하기 위해서는 위에 나열된 기본결과의 두 번째 열을 고려해야 된다. 일단 SFFF의 확률은 다음과 같이 계산된다.

$$P(\mathrm{SFFF}) = p\times(1-p)\times(1-p)\times(1-p) = p(1-p)^3$$

그리고 두 번째 열에 속하는 다른 모든 기본결과들의 확률도 똑같이 얻어진다. 따라서 사건 $[X=1]$은 4개의 기본결과를 가지므로 $P[X=1] = \; = 4p(1-p)^3$이 된다. 여기서 4는 하나의 S와 3개의 F를 가지는 기본결과의 수를 나타낸다.

이것은 각 기본결과가 4개의 자리를 가진다고 생각할 때, 1개의 자리에 S가 나타나고 나머지 3개의 자리에 F가 나타날 수 있는 방법의 수가 $\binom{4}{1} = 4$인 사실로부터도 알 수 있다. 마찬가지로 "개"인 $[X=2]$는 $\binom{4}{2} = 6$개의 기본결과

를 가지며 각각의 확률은 모두 $p^2(1-p)^2$이 된다. 그러므로 P[개]$= P[X=2] = \binom{4}{2}p^2(1-p)^2$이다. 나머지 사건에 대해서도 이와 같이 계산하면 도, 개, 걸, 윷, 모가 얻어질 확률이자 $n=4$인 이항확률분포는 표 4.3과 같이 정리된다.

| 표 4.3 | $n=4$인 이항확률분포

x의 값	0 (모)	1 (도)	2 (개)	3 (걸)	4 (윷)
확률 $f(x)$	$\binom{4}{0}p^0(1-p)^4$	$\binom{4}{1}p^1(1-p)^3$	$\binom{4}{2}p^2(1-p)^2$	$\binom{4}{3}p^3(1-p)^1$	$\binom{4}{4}p^4(1-p)^0$

이제 예제 4.10의 내용을 베르누이 시행의 일반적인 반복수 n의 경우로 확장해 보자. 확률변수 X를 n번의 베르누이 시행 중 성공의 횟수라 하면, 사건 $[X=x]$는 성공 S가 x번 나타나고 실패 F가 $(n-x)$번 나타나는 기본결과들을 포함한다. 그러한 결과의 수는 총 n개의 자리에 x개의 S와 $(n-x)$개의 F를 배치하는 방법의 수 $\binom{n}{x}$*개 만큼 존재함을 알 수 있다. 또한 그러한 기본결과의 확률은 모두 $p^x(1-p)^{n-x}$로 동일하다.

그러므로 이항확률변수의 확률은

$$f(x) = P[X=x] = \binom{n}{x}p^x(1-p)^{n-x}, \quad x = 0, 1, 2, \dots, n$$

이 된다.

> 각 시행에서 성공할 확률이 p인 베르누이 시행을 총 n번 독립적으로 반복할 때 얻어지는 성공의 횟수 X는 **이항확률변수**이고
>
> $$f(x) = P[X=x] = \binom{n}{x}p^x(1-p)^{n-x}, \; x = 0, 1, \dots, n$$
>
> 의 확률분포를 갖는다. 기호 $B(n,\ p)$로 표시한다.

---

* n개의 원소로 구성된 집단에서 x개의 원소를 선택하는 방법의 수는 기호 $\binom{n}{x}$로 나타내며 "n 조합 x"로 읽는다. 값은 $\binom{n}{x} = \dfrac{n\times(n-1)\times\cdots\times(n-x+1)}{x\times(x-1)\times\cdots\times2\times1}$로 주어진다.

예제 4.11

과거의 지하수 개발 자료에 따르면, 어느 특정한 지질구조를 갖는 지역을 개발하였을 때 그 곳에서 지하수가 발견될 확률이 25%라고 한다. 어느 지하수 개발회사가 그런 특정한 지질구조를 갖는 서로 멀리 떨어진 5개의 지역을 후보로 개발한다고 할 때, 다음 각각의 확률을 구하라.

(a) 5개 지역 모두에서 지하수가 발견되지 않을 확률

(b) 4지역 이상에서 지하수가 발견될 확률

풀이 서로 멀리 떨어진 5개의 지역이므로 각 지역에서 지하수가 발견될 가능성은 서로 독립이라고 할 수 있다. 확률변수 X를 5개의 지역 중에서 지하수가 발견되는 지역의 수라 하자. 지하수가 발견되는 것을 성공(S)으로 표시하기로 하면, $P(\mathrm{S})=p=0.25$이다. 그러므로 X는 $n=5$이고 $p=0.25$인 이항분포를 따른다. 따라서 이항분포의 공식에 의하여 필요한 확률을 다음과 같이 구할 수 있다.

(a) $P[X=0]=f(0)=(0.75)^5=0.237$

(b) $P[X\geq 4]=f(4)+f(5)=\binom{5}{4}(0.25)^4(0.75)^1+\binom{5}{5}(0.25)^5(0.75)^0$

$$=0.015+0.001=0.016$$

각 시행에서 성공할 확률 p의 값이 이항확률분포의 모양에 어떤 영향을 미치는지 알아보자. $n=10$이고 $p=0.5$, 0.3 그리고 0.6인 3개의 이항확률분포에 대한 확률 히스토그램을 그림 4.3에 나타냈다.

$p=0.5$이면 즉, 각 시행에서 성공할 확률과 실패할 확률이 같으면, 이항확률분포는 중앙에서 가장 큰 확률을 갖는 대칭형태가 된다(그림 4.3(a) 참조). p의 값이 0.5보다 작으면, 성공할 확률이 적기 때문에 전체 시행 중에 성공의 수는 작게 얻어져서 그 확률분포도 그림 4.3(b)에서 보듯이 x의 작은 값 방향으로 더 많은 확률이 이동되고 오른쪽으로 긴 꼬리를 가진다. 한편 그림 4.3(c)는 $p=0.6$일 때의 분포로서 이와 반대되는 경향을 나타내고 있다. 즉 p의 값이 크면, 각 시행에서 성공할 가능성이 높기 때문에 전체 시행에서 성공이 많이 얻어질 것이고 따라서 x의 큰 값 방향으로 더 많은 확률이 이동되며 왼쪽으로는 긴 꼬리를 갖는 분포 형태가 된다.

이항분포의 확률 값은 컴퓨터나 계산기로 쉽게 계산할 수 있지만 편의상 부록 B의 표

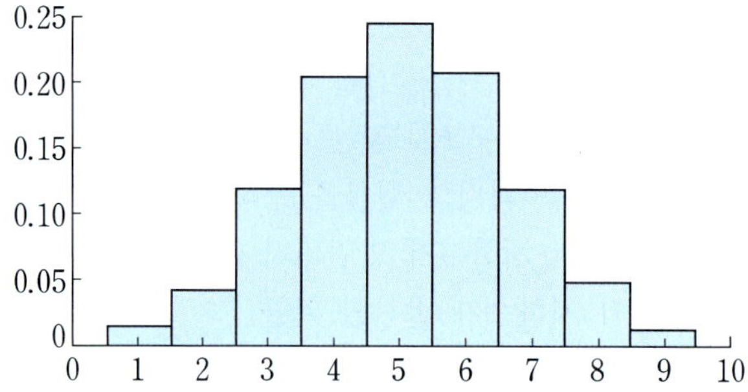

(a) $p = 0.5$

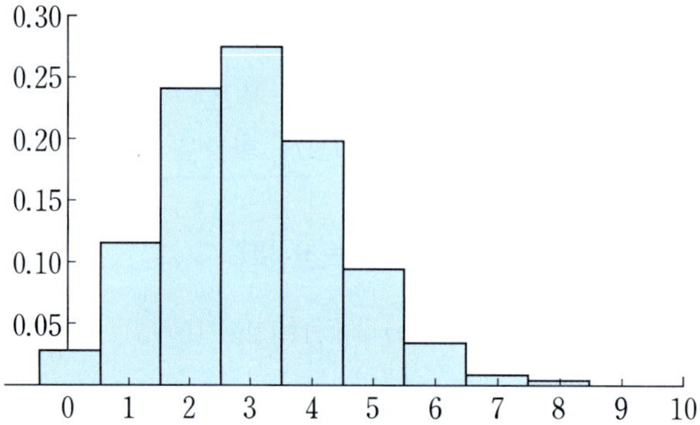

(b) $p = 0.3$

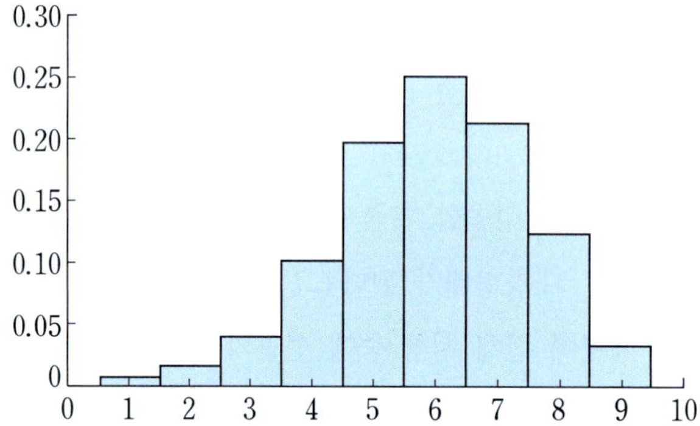

(c) $p = 0.6$

| 그림 4.3 | n이 10인 이항확률분포

1에 $n = 1, 2, \cdots, 20, 25$와 여러 가지 p값에 대한 이항분포의 누적확률이 주어져 있다. 이 표는 주어진 (n, p)에 대해 c에 대응되는 누적확률 $P[X \le c] = \sum_{x=0}^{c} f(x)$을 나타낸 것

이다. 이 표를 이용하면 각각의 x값에 대한 확률 $f(x)=P[X=x]$도 계산할 수 있다. 예를 들어 $n=10$, $p=0.4$에서 $f(4)$의 값은

$$\begin{aligned} f(4) &= P[X=4] \\ &= P[X \le 4] - P[X \le 3] \\ &= [\text{표에서 } c=4\text{인 행에 있는 값}] - [\text{표에서 } c=3\text{인 행에 있는 값}] \\ &= 0.633 - 0.382 \\ &= 0.251 \end{aligned}$$

이 된다.

예제 4.12 어느 회사는 전체 주문량의 40%를 인터넷으로 주문받고 있다고 한다. 임의로 추출된 15건의 주문에 대해 주문 방법을 조사한다고 할 때, 다음의 확률을 구하라.

(a) 인터넷 주문이 5번 이하일 확률
(b) 11건이 인터넷으로 주문되었을 확률

풀이 확률변수 X를 전체 주문 15건 중 인터넷으로 주문이 들어온 건수라 하자. 그러면 X는 $n=15$이고 $p=0.4$인 이항분포를 따른다. 따라서 부록의 표를 이용하면 다음과 같다.

(a) $P[X \le 5] = 0.403$

(b) $$\begin{aligned} P[X=11] &= P[X \le 11] - P[X \le 10] \\ &= 0.998 - 0.991 \\ &= 0.007 \end{aligned}$$

■ 이항확률분포의 평균과 분산

앞면이 나올 확률이 $\frac{1}{2}$인 공정한 동전을 100번 던진다면 기대되어지는 앞면의 수는 $100 \times \frac{1}{2} = 50$으로 추측할 수 있다. 이처럼 어떤 사건이 일어날 확률이 p이면 총 n번을 독립적으로 시행했을 때 그 사건은 평균적으로 np번 일어날 것으로 기대된다. 이러한 내용

은 이항확률변수의 기댓값을 구하는 공식으로도 확인할 수 있다. 즉,

$$E(X) = \sum_{x=0}^{n} xf(x)$$

$$= \sum_{x=0}^{n} x\binom{n}{x} p^x (1-p)^{n-x}$$

$$= np$$

로 얻어진다.

분산은 $Var(X) = np(1-p)$인데 다소 복잡한 수학적 유도과정이 필요하므로 여기서는 유도 과정을 생략한다.

> 각 시행에서 성공할 확률이 p인 베르누이 시행을 총 n번 독립적으로 반복할 때 얻어지는 성공의 횟수인 이항확률변수 X의 평균과 분산은 다음과 같다.
>
> 평균 $= np$
>
> 분산 $= np(1-p)$

4.3.4 기하확률변수

이번에는 각 시행에서 성공할 확률이 p인 베르누이 시행을 고정된 수만큼 시행하는 것이 아니라 첫 성공이 얻어질 때까지 시행을 계속하는 경우를 생각해 보자. 이때 첫 시행에서 성공이 바로 얻어질 수도 있고 또는 첫 시행은 실패가 되고 두 번째 시행에서 처음으로 성공이 나올 수가 있으며 아니면, 첫 번째, 두 번째 시행에서 모두 실패가 되고 세 번째 시행에서 처음으로 성공이 얻어질 수도 있을 것이다. 이와 같이 몇 번째 시행에서 처음으로 성공이 나타나느냐를 살펴볼 때 첫 성공을 얻기까지 행하는 총 베르누이 시행횟수는 하나의 확률변수가 되는데 이것을 **기하확률변수**(geometric random variable)라고 한다. 기하확률분포는 베르누이 시행의 성공 확률 p에 의해 결정된다.

> 성공할 확률이 p인 베르누이 시행에서 처음으로 성공할 때까지 시행한 총 횟수는 확률변수이며 이 확률변수를 **기하확률변수**라 하고 그것의 분포를 기하확률분포라 한다.

기하확률분포 $f(x)=P[X=x]$를 구해 보자. 사건 $[X=x]$란 x번째 시행에서 처음으로 성공이 얻어진 사건이므로 첫 시행부터 $(x-1)$번째 시행까지는 계속해서 실패(F)가 되고 x번째 시행에서 비로소 처음으로 성공(S)이 나타나는 결과이다. 따라서 그 확률은

$$\begin{aligned} P[X=x] &= P[\underbrace{\text{FFFFF}\cdots\text{F}}_{x-1}\underbrace{\text{S}}_{1}] \\ &= \underbrace{(1-p)(1-p)\cdots(1-p)}_{x-1}\underbrace{p}_{1} \\ &= (1-p)^{x-1}p, \quad x=1,\ 2,\ \cdots \end{aligned}$$

로 얻을 수 있다.

예제 4.13

어느 숲 속의 나무 중 30%가 해충에 감염되어 있다. 숲에서 임의로 나무를 선정해서 병든 나무가 발견될 때까지 조사를 계속한다고 할 때, 추출된 총 나무의 수를 확률변수 X라 하면 X는 p가 0.3인 기하확률분포를 따른다.

예제 4.14

어느 카드회사에서는 매달 추첨을 통해 경품을 제공한다고 한다. 매번 경품에 당첨될 확률은 0.02이라 한다. 어느 사람이 3번째 시도에서 처음으로 경품에 당첨될 확률은 얼마인가?

풀이 확률변수 X를 경품에 당첨될 때까지 시도한 총 횟수라고 하면 X는 p가 0.02인 기하확률변수가 된다. 따라서 구하는 확률은

$$P[X=3] = (1-0.02)^2 0.02 = 0.019$$

이다.

이처럼 기하확률분포는 성공이 발생할 때까지는 시행을 계속하기 때문에 성공이 일어나기 매우 드문 경우의 발생 비율을 추정할 때 주로 사용한다. 예를 들어 어느 집단에서 어떤 병의 발생 비율에 관심이 있다고 하자. 그러면 일정한 수의 사람을 임의로 추출하여 그 중 병에 걸린 사람 수를 관측하여 그 발생 비율을 추정할 것이다. 그런데 만약 이 병이 아

주 희귀해서 추출한 사람 중에 그 병에 걸린 사람이 없다고 하면 이 방법은 비율 추정에 아무 도움이 되지 않을 것이다. 따라서 이런 경우에는 차라리 병에 걸린 사람이 발견될 때까지 검사를 계속하여 총 몇 명의 사람을 조사했을 때 비로소 병에 걸린 사람이 발견되는지를 파악하여 추정하는 것이 바람직하다. 전자는 이항확률분포를 이용한 비율 추론이고 후자는 기하확률분포를 활용한 비율 추론이다.

▪ 기하확률분포의 평균과 분산

앞의 이항확률분포와 마찬가지로 직관적인 방법으로 기하확률분포의 평균을 알아보자. 앞면이 나올 확률이 1/2인 동전을 평균적으로 몇 번 던져야 앞면을 얻을 수 있을까? 한 번 던지면 앞면이 $\frac{1}{2}$회 나오리라고 기대되고 두 번 던지면 1회 나오리라고 기대되어진다. 즉 앞면을 얻기까지 평균 2회의 베르누이 시행을 해야 한다. 일반적으로 성공할 확률이 p인 베르누이 시행에서 한 번의 성공을 얻기 위해서는 평균 $\frac{1}{p}$회의 베르누이 시행을 해야 함을 추측할 수 있다. 실제 기댓값을 구하는 공식을 통해서도 기하확률분포의 평균은 $\frac{1}{p}$로 얻어진다. 기하확률분포의 분산 $\frac{1-p}{p^2}$의 유도과정은 생략하기로 한다.

> 성공할 확률이 p인 기하확률분포의 평균과 분산은
>
> $$\text{평균} = \frac{1}{p}$$
> $$\text{분산} = \frac{1-p}{p^2}$$
>
> 이다.

4.4 | 연속확률변수

이산확률변수는 자연수나 정수와 같이 따로 떨어진 셀 수 있는 값들을 취하는 확률변수이다. 반면에 몸무게, 힘, 수명, 온도 등은 어떤 구간에 있는 임의의 값을 연속적으로 취할

수 있는데 이 절에서는 이런 특징을 갖는 연속확률변수에 대해 살펴보도록 하자.

3장에서 확률을 오랜 시행에서의 상대도수로 생각했던 것처럼 연속확률분포의 개념은 많은 측정값들의 상대도수 히스토그램으로부터 얻을 수 있다. 연속확률분포에 대한 구체적 의미를 살펴보기 위해 다음의 예를 보자. 어느 대학에 입학하는 남자 신입생의 몸무게를 나타내는 확률변수 X에 관심이 있다고 하자. 몸무게는 연속적인 값을 취할 수 있는 연속확률변수이다. X의 확률분포를 알아보기 위해 처음에는 100명의 남학생에 대한 몸무게가 측정 기록되었다고 하자. 수집된 데이터를 10㎏의 간격으로 분류하여 그림 4.4(a)의 상대도수 히스토그램을 얻었다. 이때, 상대도수 히스토그램은 다음과 같은 두 가지 중요한 성질을 가진다.

(i) 히스토그램으로 나타나는 전체의 면적은 1이다.
(ii) 어느 구간에 포함되는 측정값들의 상대도수는 이 구간에서의 사각형의 면적이다.

이번에는 측정대상의 수를 500명으로 늘려서 그 몸무게를 측정하고 측정값들을 2kg의 간격으로 분류했다고 하자. 그 결과의 상대도수 히스토그램이 그림 4.4(b)이다. 이것은 히스토그램 (a)를 좀 더 세분화한 것으로 볼 수 있으며, 그림 4.4(a)와 4.4(b)의 히스토그램은 모두 전체 면적이 1이며 각 구간에서의 사각형 면적이 그 구간에서의 상대도수가 된다.

이와 같이 측정대상의 수를 점점 증가시키고 간격을 줄임으로써 더욱 상세한 분포상태를 나타내는 히스토그램을 구할 수 있다. 히스토그램을 점점 세분화하면 히스토그램의 형태는 결국 그림 4.4(c)에 예시한 것과 같이 완만한 곡선의 모양에 가까워진다. 이러한 곡선을 연속확률변수 X의 **확률밀도곡선**(probability density curve)이라 한다. 그리고 이 곡선을 나타내는 수학적인 함수 $f(x)$를 연속확률변수 X의 **확률밀도함수**(probability density function)라 한다. 전체 면적이 1이고 구간에서의 면적이 확률로 사용되며 상대도수가 음수가 될 수 없는 것처럼 히스토그램의 극한 형태로 얻어진 확률밀도곡선에서도 확률밀도함수 $f(x)$는 모든 x에 대해 음의 값을 가질 수 없다. 이상의 내용을 정리하면 확률밀도함수 $f(x)$에 대해 다음 성질을 확인할 수 있다.

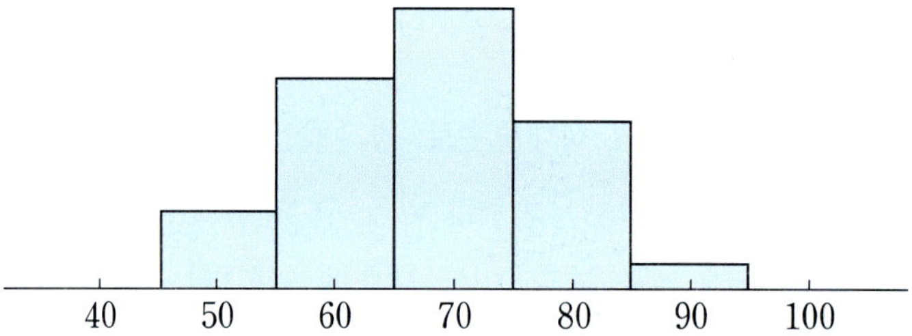

(a) 10kg 간격의 히스토그램(100명)

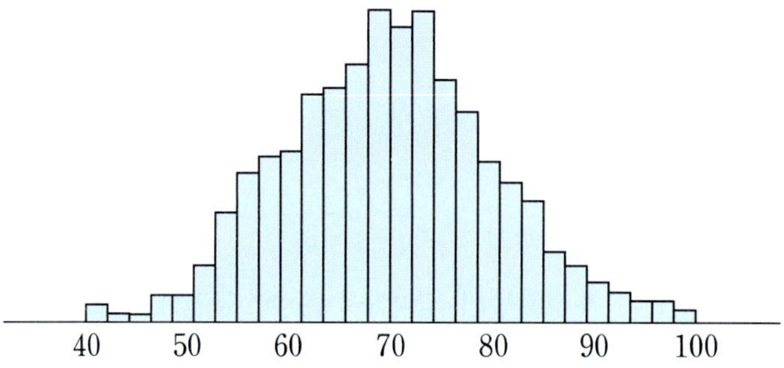

(b) 2kg 간격의 히스토그램(500명)

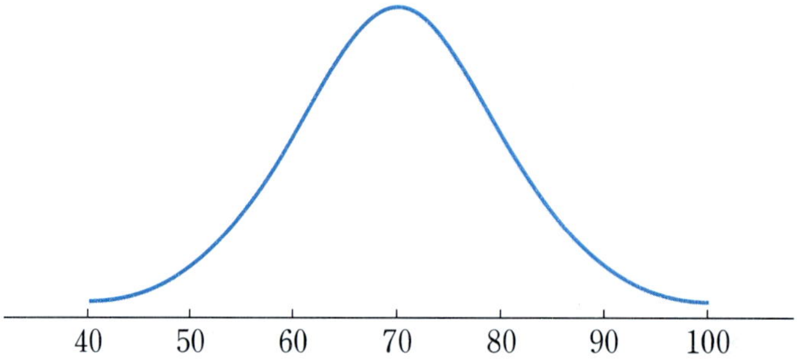

(c) 히스토그램의 극한형태

| 그림 4.4 | 상대도수 히스토그램의 극한 형태인 확률밀도곡선

확률밀도함수 $f(x)$는 연속확률변수 X에 대한 확률의 분포를 나타내며 다음 성질을 만족한다.

(a) 모든 x에 대해 $f(x) \geq 0$이다.

(b) 확률밀도곡선 아래의 전체 면적은 1이다.

(c) 확률 $P[a \le X \le b]$는 a 이상 b 이하의 구간에서 확률밀도곡선 아래의 면적으로 $P[a \le X \le b] = \int_a^b f(x)dx$로 계산된다(그림 4.5).

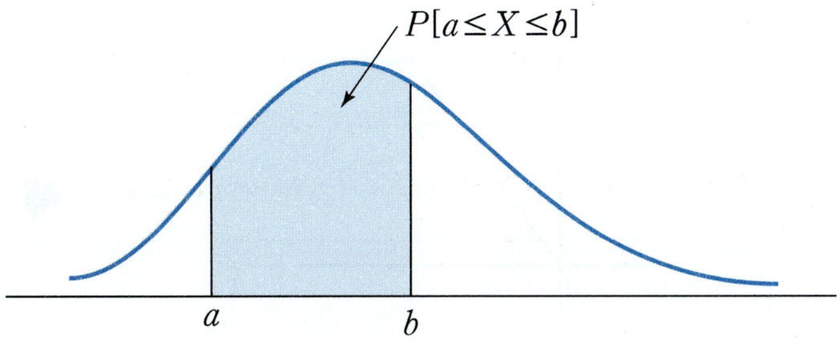

| 그림 4.5 | 연속확률변수의 확률과 연속확률밀도곡선의 면적

여기서 주의할 점은 이산확률분포에서와 달리 연속확률변수의 확률밀도함수 $f(x)$는 사건 $[X=x]$의 확률을 나타내는 것이 아니라는 것이다. 연속확률변수는 구간 $[a, b]$에 속할 확률이 이 구간의 곡선 아래의 면적과 일치하기 때문에 구간의 길이가 0인 한 점 x에서의 면적은 항상 0이 된다. 따라서 그 확률에 대해서도 항상 $P[X=x]=0$이 성립한다. 즉,

연속확률변수 X는 모든 x에 대해 $[X=x]$일 확률이 항상 0이다.

그러므로 구간 a에서 b까지의 확률을 결정할 때, 양 끝점이나 한 끝점이 구간에 포함되는지 안 되는지에 대해서는 관심을 가질 필요가 없다. 어차피 $X=a$와 $X=b$의 확률은 둘 다 0이기 때문에,

$$P[a \le X \le b] = P[a < X \le b] = P[a \le X < b] = P[a < X < b]$$

로 모두 동일하다. 하지만 이산확률분포에 대해서는 위의 확률들이 차이가 있을 수 있음으로 유의하여야 한다.

연속확률변수의 평균 즉 기댓값은 어떻게 구할까? 다음과 같은 확률밀도함수를 갖는 연속확률변수 X를 생각해 보자.

$$f(x)=\begin{cases} 2x, & 0 \le x \le 1 \\ 0, & \text{그 이외} \end{cases}$$

이 확률변수 X의 확률밀도곡선은 다음 그림과 같이 얻어진다.

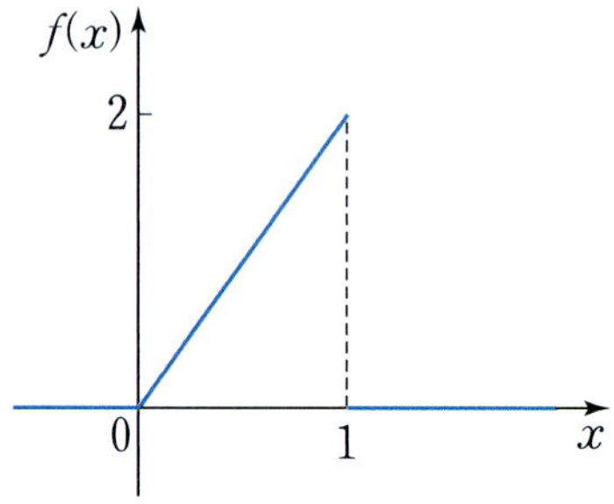

| 그림 4.6 | 확률밀도곡선

앞에서 설명했듯이, 연속확률변수는 어떤 한 값을 가질 확률이 0이므로 평균을 구할 때 이산확률변수와 같은 방법을 그대로 사용할 수는 없다. 그러나 X가 취하는 값의 구간을 아주 짧게 나누어 생각하면 이산확률변수에서의 방법을 적당히 변형해 적용시킬 수가 있다.

그림 4.6에서 0부터 1까지의 구간을 임의의 큰 수 N개로 나누어 N개의 구간 $\left(\frac{i-1}{N}, \frac{i}{N}\right)$을 얻는다. 단, $i=1, 2, \cdots, N$이다. 각 구간 $\left(\frac{i-1}{N}, \frac{i}{N}\right)$에서 X가 취하는 값의 변화는 아주 작으므로 X가 취하는 값을 구간의 경계점 중 하나인 $\frac{i}{N}$로 생각할 수 있다. 또한 이 구간에서의 확률은 이 구간에서의 확률밀도곡선 아래의 면적이 되므로 이 구간에서 얻는 사각형의 면적인 높이×밑변$=f\left(\frac{i}{N}\right)\times\frac{1}{N}$으로 확률 $P\left[\frac{i-1}{N} \le X \le \frac{i}{N}\right]$을 근사시킬 수 있다. 따라서 X의 평균의 근삿값은 다음과 같이 구해진다.

$$\begin{aligned} E(X) &\approx \sum_{i=1}^{N} \frac{i}{N} P\left[\frac{i-1}{N} \le X \le \frac{i}{N}\right] \\ &\approx \sum_{i=1}^{N} \frac{i}{N} f\left(\frac{i}{N}\right)\frac{1}{N} \end{aligned}$$

여기서 구간의 수 N을 무한히 크게 하면 위의 값은 다음과 같은 적분에 가까워진다.

$$\sum_{i=1}^{N} \frac{i}{N} f\left(\frac{i}{N}\right)\frac{1}{N} \approx \int_0^1 x f(x)dx$$

그러므로 연속확률변수의 평균은 연속확률변수의 값 x에 확률밀도함수 $f(x)$를 곱한 다음 확률밀도함수가 정의된 전체 영역에 대해 적분을 하면 얻을 수 있다. 이는 이산확률변수의 평균을 구하는 식에서 합의 기호가 적분 기호로 바뀌는 것으로 여길 수 있다.

연속확률변수 X의 **평균**(또는 **기댓값**)은

$$E(X) = \mu = \int x f(x) dx$$

이다. 이때 적분은 확률변수 X가 정의된 모든 영역의 x에 대해 적분한다.

연속확률변수의 분산과 표준편차도 이산확률변수의 분산과 표준편차 식에서 합의 기호 대신 적분 기호로 바꾸어 다음과 같이 계산한다.

연속확률변수 X의 **분산**과 **표준편차** :

$$\sigma^2 = Var(X) = \int (x-\mu)^2 f(x) dx = \int x^2 f(x) dx - \mu^2$$

$$\sigma = sd(X) = \sqrt{Var(X)}$$

예제 4.15 다음과 같은 확률밀도함수를 갖는 연속확률변수 X의 평균과 분산을 구하라.

$$f(x) = \begin{cases} 2x, & 0 \le x \le 1 \\ 0, & \text{그 이외} \end{cases}$$

풀이 평균은 위의 공식을 적용하여

$$E(X) = \int x f(x) dx$$

$$= \int_0^1 2x^2 dx$$

$$= \frac{2}{3}$$

로 얻을 수 있다. 한편 분산은

$$\begin{aligned} Var(X) &= \int x^2 f(x)dx - \mu^2 \\ &= \int_0^1 2x^3 dx - \left(\frac{2}{3}\right)^2 \\ &= \frac{1}{2} - \frac{4}{9} \\ &= \frac{1}{18} \end{aligned}$$

이다.

4.4.1 정규확률변수

이 절에서는 통계적 추론의 핵심이 되는 정규분포에 관해 살펴본다. 정규분포는 연속확률분포의 한 종류로서 가우스(Gauss)가 천문 관측에서 발생하는 측정값들의 오차에 대한 확률분포로 처음 사용하였다. 그런 이유로 정규분포를 때때로 가우스 분포(Gaussian distribution)라고도 한다. 그 후에 천문학자, 물리학자, 그리고 얼마 후에는 거의 모든 분야에서 자료를 수집한 사람들은 관측값들의 히스토그램이 점차적으로 상승하여 최댓값에 이르고 최댓값을 지나면 대칭적인 형태로 감소하는 종 모양의 형태를 나타낸다는 것을 발견했다. 비록 정규곡선만이 이런 형태를 나타내는 것은 아니지만 대부분의 상황에서 적절한 근사를 제공하는 것으로 알려져 있다. 이러한 믿음은 결국 통계학의 초기 발전 단계에서 모든 실생활 자료는 종모양의 정규곡선을 따라야만 하고 그렇지 않은 경우에는 자료의 수집 과정에 잘못이 있다고 믿기에 이르렀다. 그래서 이 분포를 정규분포(normal distribution)라고 부르게 되었다. 그러나 자료를 자세히 살펴보면 정규분포가 부적절한 경우가 더러 있음을 알 수 있다. 예를 들어 개인 소득의 분포를 보자. 대다수의 사람들은 소득이 적은 반면에 극소수의 사람들이 높은 소득을 갖는 형태로서 소득의 분포가 대체로 왼쪽으로 치우쳐 있고 오른쪽으로는 긴 꼬리를 갖는 비대칭적인 양상을 보이는 것이 일반적이다. 그럼에도 여전히 정규분포는 통계학에서 중추적인 역할을 하고 있으며 그것으로부터 유도된 추론방법은 폭넓게 사용되고 있기 때문에 자세히 살펴볼 필요가 있다.

평균이 μ이고 표준편차가 σ인 정규분포를 일반적으로 기호 $N(\mu, \sigma^2)$으로 표시하며 그 확률밀도함수는 다음과 같다.

$$f(x) = \frac{1}{\sqrt{2\pi}\,\sigma}\exp\left\{-\frac{1}{2}\left(\frac{x-\mu}{\sigma}\right)^2\right\},\ -\infty < x < \infty$$

먼저 이 함수의 그래프에 대한 몇 가지 유의한 성질부터 살펴보자 (그림 4.7 참조).

그림에서 보듯이 정규확률밀도 곡선은 종 모양의 형태로서 최고값을 갖는 평균 μ를 중심으로 좌우 대칭이다. 평균 μ로부터 양 방향으로 각각 표준편차 σ만큼 떨어진 구간 즉, $\mu-\sigma$에서 $\mu+\sigma$까지의 면적이 0.683으로 정규확률변수가 이 구간에 속할 확률이 0.683이다. $\mu-2\sigma$로부터 $\mu+2\sigma$까지의 구간은 0.954의 확률을 가지며 $\mu-3\sigma$로부터 $\mu+3\sigma$까지의 구간은 0.997의 확률을 가진다. 밀도곡선은 x의 어떠한 값에 대해서도 결코 0에 도달할 수는 없지만 사실 구간 $(\mu-3\sigma, \mu+3\sigma)$ 밖의 꼬리 부분의 면적은 0.003밖에 되지 않기 때문에 보통 이 구간까지 그래프를 그린다.

그림 4.8과 4.9는 μ와 σ의 변화에 따라 정규확률밀도곡선이 어떻게 달라지는지를 보여준다. 평균 μ는 곡선의 대칭점으로써 그래프의 전체 모양에는 영향을 미치지 않고 μ가 변함에 따라 전체 곡선이 좌우로 평행 이동하는 차이만 보인다. 반면에 표준편차 σ는 곡선의 모양에 영향을 주는 것으로, σ가 클수록 곡선의 최고점이 낮아지면서 곡선의 폭은 넓어진다. 표준편차가 크다는 것은 확률변수의 산포 정도가 넓어지는 것으로 중심인 평균을 기점

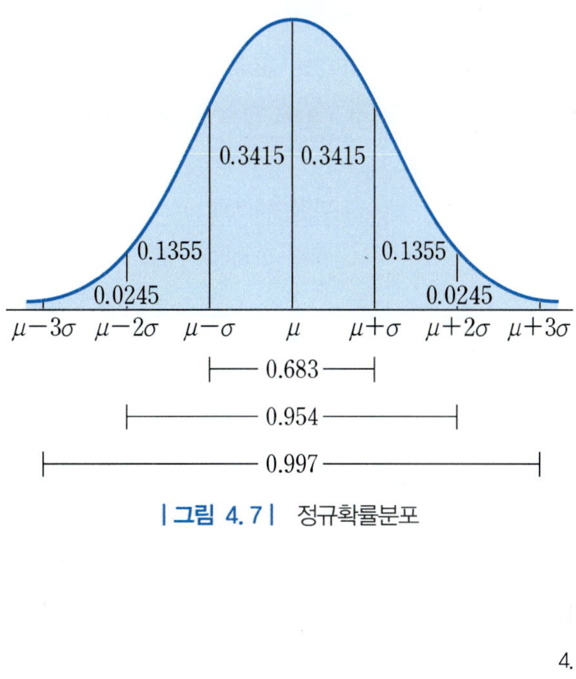

| 그림 4.7 | 정규확률분포

으로 넓게 분포되어 있음을 나타내어 곡선의 폭도 따라서 넓어지는 것으로 이해할 수 있다.

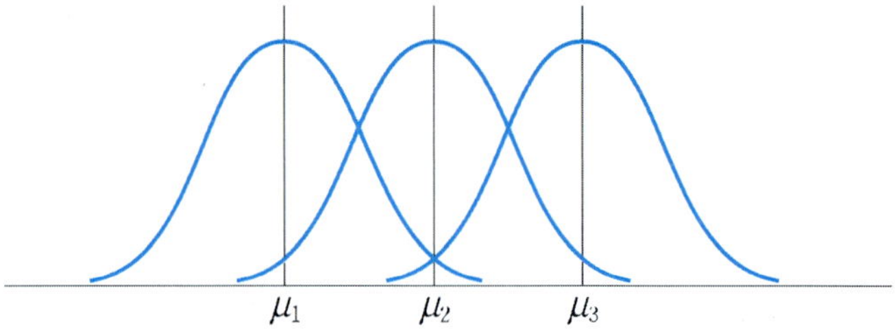

| 그림 4.8 | 정규확률분포의 μ (표준편차는 같고 평균이 다를 때)

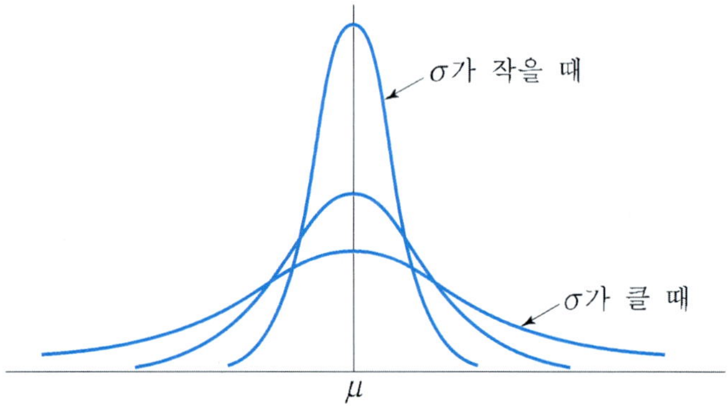

| 그림 4.9 | 정규확률분포의 σ (평균은 같고 표준편차가 다를 때)

■ **표준정규분포**

정규분포 중에서 특별히 평균이 0이고 표준편차가 1인 정규분포를 **표준정규분포**(standard normal distribution)라고 하고, 보통 대문자 Z로 표시한다. 표준정규확률밀도곡선은 그림 4.10에 예시되어 있다.

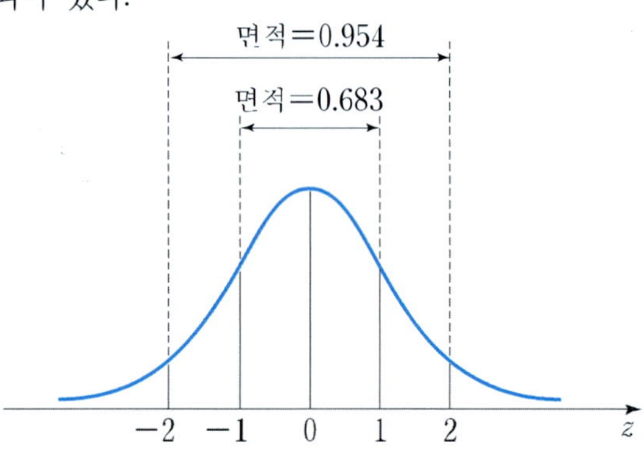

| 그림 4.10 | 표준정규확률밀도곡선

표준정규분포의 확률 값은 부록의 표준정규분포표를 활용하면 쉽게 얻을 수 있다. 부록 B의 표 2에 나와 있는 표준정규분포표는 다음과 같이 지정된 값 z의 왼쪽 부분의 면적을 수록하고 있다. 이 면적은 결국 표준정규확률변수가 z값보다 작은 값을 가질 확률을 의미한다. 즉,

$$P[Z \le z] = z\text{의 왼쪽 부분의 곡선 아래의 면적}$$

이 되며, 구간 $[a, b]$에 대한 확률은

$$\begin{aligned} P[a \le Z \le b] &= P[Z \le b] - P[Z \le a] \\ &= [b\text{의 왼쪽 부분의 면적}] - [a\text{의 왼쪽 부분의 면적}] \end{aligned}$$

으로 계산할 수 있다. 또한 그림 4.11에서와 같이 표준정규곡선은 0에 관해 대칭이기 때문에 다음 성질을 항상 만족한다.

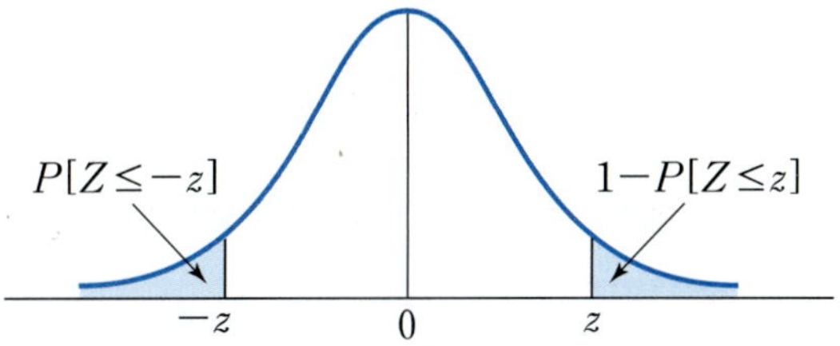

| 그림 4.11 | 표준정규확률변수의 확률

(i) $P[Z \le 0] = 0.5$

(ii) 0 이상의 값 z에 대해 $P[Z \le -z] = 1 - P[Z \le z] = P[Z \ge z]$

위 성질들을 이용하면 표준정규확률변수의 다양한 값에 대한 확률 값을 부록의 표준정규분포표를 통해 계산할 수 있다.

예제 4.16 표준정규확률변수 Z에 대해 다음의 확률을 구하라.

(a) $P[Z \le 1.34]$

(b) $P[Z \ge -0.22]$

(c) $P[0.09 \le Z \le 1.76]$

(d) $P[|Z| \ge 0.38]$

풀이 (a) 표준정규분포표로부터 1.34의 왼쪽 부분의 면적은 $P[Z \le 1.34] = 0.9099$이다.

(b) $P[Z \ge -0.22] = P[Z \le 0.22] = 0.5871$

(c) $P[0.09 \le Z \le 1.76] = P[Z \le 1.76] - P[Z < 0.09]$

$$= 0.9608 - 0.5359 = 0.4249$$

(d) $P[|Z| \ge 0.38] = P[Z \le -0.38 \quad \text{또는} \quad Z \ge 0.38]$

$$= P[Z \le -0.38] + P[Z \ge 0.38]$$

$$= 2 \times P[Z \ge 0.38]$$

$$= 2 \times (1 - 0.6480) = 0.704$$

특별히 표준정규분포에서 상위 확률이 α가 되는 점을 z_α의 기호로 나타낸다. 즉,

$$P[Z \ge z_\alpha] = \alpha$$

가 성립한다. 이것은 그림 4.12에서 보는 것처럼 z_α의 오른쪽 부분의 곡선 아래의 면적이 α임을 나타낸다. 따라서

$$z_{0.025} = 1.96, \quad z_{0.05} = 1.645$$

로 나타낼 수 있다. 이 기호는 추후 다양한 통계추론에 편리하게 이용될 것이다.

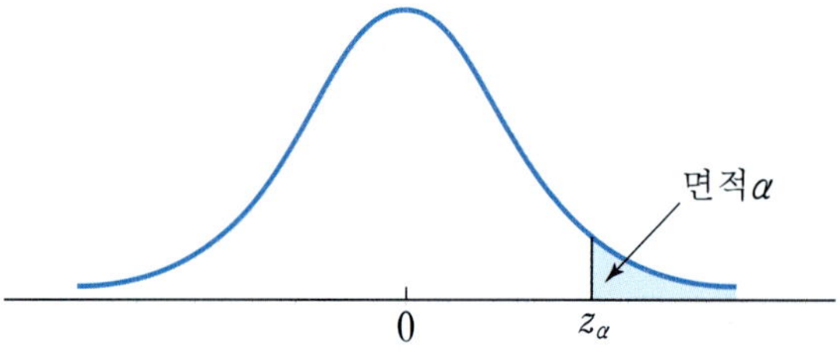

| 그림 4.12 | 표준정규분포의 z_α

예제 4.17 표준정규확률변수 Z에 대해 다음 물음에 답하라.

(a) $P[Z \le z] = 0.516$인 z의 값을 찾아라.

(b) $P[|Z| \le z] = 0.438$인 z의 값을 찾아라.

풀이 (a) 표준정규분포표로부터 왼쪽 부분의 면적이 0.516인 z값은 0.04이다. 다르게 말하면 0.04의 오른쪽 부분의 면적은 0.484가 되므로 $z_{0.484} = 0.04$임을 더불어 알 수 있다.

(b) $P[|Z| \le z] = P[-z \le Z \le z] = 0.438$인 z값에 대해서

$$P[-z \le Z \le 0] = P[0 \le Z \le z] = 0.219$$

이므로 $P[Z \le z] = 0.719$를 만족하는 z값은 표준정규분포표에서 0.58로 얻어진다. 같은 의미로 $z_{0.281} = 0.58$로 나타낼 수 있다.

■ **정규분포의 표준화**

일반적인 정규분포를 따르는 확률변수에 대한 확률계산은 새로운 표를 필요로 하지 않고 다음의 관계식을 통해 표준정규분포로 대응시켜서 확률 값을 계산한다.

> 만일 확률변수 X가 $N(\mu, \sigma^2)$분포를 따르면, 표준화된 확률변수
>
> $$Z = \frac{X - \mu}{\sigma}$$
>
> 는 표준정규분포를 따른다.

이러한 정규분포의 성질을 이용하면 일반 정규확률변수 X에 대한 확률문제를 표준정규확률변수 Z의 확률문제로 바꿀 수 있다. 따라서 X가 주어진 구간에 포함될 확률을 계산하기 위해서는 이 구간을 z 값으로 환산한 다음 표준정규분포표를 이용하여 확률을 구한다. 그 과정은 다음과 같이 공식화할 수 있다.

> 만일 확률변수 X가 $N(\mu, \sigma^2)$분포를 따르면,
>
> $$P[a \le X \le b] = P\left[\frac{a - \mu}{\sigma} \le Z \le \frac{b - \mu}{\sigma}\right]$$
>
> 가 성립한다. 여기서 확률변수 Z는 표준정규분포를 따른다.

예제 4.18 확률변수 X가 $N(3,2^2)$을 따를 때, 다음 물음에 답하라.

(a) $P[2 < X < 5]$를 구하라.

(b) $P[|X-3| > 4]$를 구하라.

(c) $P[X \geq x] = 0.3974$를 만족하는 x의 값을 구하라.

풀이 (a) 확률변수 X가 $N(3,2^2)$을 따르므로

$$Z = \frac{X-3}{2}$$

는 표준정규확률변수가 된다. 따라서 $x=2$에 대응되는 z값은

$$z = \frac{2-3}{2} = -0.5$$

이고 $x=5$에 대응되는 z값은

$$z = \frac{5-3}{2} = 1$$

이므로 구하는 확률은 다음과 같다.

$$\begin{aligned} P[2 < X < 5] &= P[-0.5 < Z < 1] \\ &= P[Z < 1] - P[Z \leq -0.5] \\ &= 0.8413 - (1 - 0.6915) \\ &= 0.5328 \end{aligned}$$

(b)
$$\begin{aligned} P[|X-3| > 4] &= P[X-3 < -4 \quad \text{또는} \quad X-3 > 4] \\ &= P[X < -1] + P[X > 7] \end{aligned}$$

이고 $x=-1$과 $x=7$에 대응되는 z값이 각각 -2와 2이므로 구하는 확률은

$$\begin{aligned} P[|X-3| > 4] &= P[Z < -2] + P[Z > 2] \\ &= 2 \times P[Z > 2] \\ &= 0.0456 \end{aligned}$$

이다.

(c) $P[X \geq x] = P\left[Z \geq \dfrac{x-3}{2}\right]$이고 $P[Z \geq z] = 0.3974$를 만족하는 z값이 0.26이므로

$$\frac{x-3}{2} = 0.26$$

을 만족하는 x값은 3.52이다.

예제 4.19 어떤 기업체의 입사시험 점수는 평균이 500점이고 표준편차가 100인 정규분포를 따르는 것으로 집계되었다. 임의로 선정된 한 지원자가 다음과 같은 점수를 받을 확률을 구하라.

(a) 650점보다 높은 점수

(b) 325점 이상 665점 이하의 점수

풀이 기업체의 입사시험 점수를 확률변수 X라고 하면 X는 $N(500, 100^2)$을 따른다. 따라서

$$Z = \frac{X-500}{100}$$

는 $N(0, 1^2)$을 따른다.

(a) $x = 650$에 대응되는 z값은

$$z = \frac{650-500}{100} = 1.5$$

이므로

$$\begin{aligned} P[X > 650] &= P[Z > 1.5] \\ &= 1 - P[Z \leq 1.5] \\ &= 1 - 0.9332 \\ &= 0.0668 \end{aligned}$$

이다. 따라서 650점보다 높은 점수를 받을 확률은 0.0668이 된다.

(b) $x=325$와 $x=665$에 대응되는 z값은 각각

$$\frac{325-500}{100}=-1.75 \text{와 } \frac{665-500}{100}=1.65$$

이다. 따라서

$$\begin{aligned} P[325 \leq X \leq 665] &= P[-1.75 \leq Z \leq 1.65] \\ &= 0.9505-(1-0.9599) \\ &= 0.9104 \end{aligned}$$

로 얻어져 325점 이상 665점 이하의 점수를 받을 확률은 0.9104가 된다.

예제 4.20

어느 잡지를 구독하고 있는 구독자들의 나이는 평균이 35.5세이고 표준편차가 4.8세인 정규분포를 따르는 것으로 조사되었다.

(a) 이 잡지의 구독자 중 40세 이상의 구독자의 비율은 얼마인가?

(b) 나이가 상위 10%에 해당하는 구독자는 몇 세인가?

풀이 확률변수 X를 구독자의 나이라고 하면 X는 $N(35.5, 4.8^2)$이 되고

$$Z=\frac{X-35.5}{4.8}$$

은 표준정규확률변수가 된다.

(a) $x=40$에 대응되는 z값은

$$z=\frac{40-35.5}{4.8}=0.94$$

이므로 구하는 확률은 다음과 같다.

$$\begin{aligned} P[X \geq 40] &= P[Z \geq 0.94] \\ &= 1-P[Z<0.94] \\ &= 1-0.8264 \\ &= 0.1736 \end{aligned}$$

즉, 전체 구독자들 중에서 17.36%가 40세 이상의 구독자들이다.

(b) 먼저 표준정규확률변수 Z에 대해 상위 10%에 해당하는 값은

$$P[Z \geq 1.28] \simeq 0.1$$

로 얻어져서 $z_{0.1} = 1.28$이 된다. 표준화된 값 $z = 1.28$에 대응되는 x의 값은

$$\begin{aligned} x &= 35.5 + 1.28 \times 4.8 \\ &= 41.64 \end{aligned}$$

이므로 상위 10%에 해당하는 구독자의 나이는 약 41.64세이다.

■ 이항분포의 정규근사

집단에서 어느 특정한 속성을 가지는 개체의 비율을 p라고 하자. 이러한 집단으로부터 임의로 추출된 크기가 n인 확률표본에서 그 특정한 속성을 가진 원소의 수를 X라고 하자. 그러면 표본의 크기 n이 전체 집단의 크기에 비해 매우 작은 경우에는 확률변수 X는 평균이 np이고 표준편차가 $\sqrt{np(1-p)}$인 이항확률분포를 따른다. 이항확률분포는 이산확률분포로서 다음과 같은 확률분포를 가짐을 앞에서 설명하였다.

$$f(x) = P[X = x] = \binom{n}{x} p^x (1-p)^{n-x}, \quad x = 0,\ 1,\ \ldots, n.$$

여기서 np와 $n(1-p)$가 둘 다 크면(대체로 5보다 클 때) 이항확률변수 X는 평균이 np이고 표준편차가 $\sqrt{np(1-p)}$인 정규분포에 매우 잘 근사함이 알려져 있다. 즉,

$$Z = \frac{X - np}{\sqrt{np(1-p)}}$$

이 근사적으로 표준정규분포를 따른다는 것이다. 이 사실을 이용하면 이항확률변수X에 대한 확률을 표준정규분포를 이용하여 계산할 수 있다. 다만, 이때 주의할 것은 근사 확률을 계산할 때 이산형의 확률 값을 연속형의 표준정규분포로 근사시키는 것이기 때문에 **연속성의 수정**(continuity correction)을 하여야 근사의 정밀도를 높일 수 있다. 연속성의 수정이란 이산확률변수 X에 대한 확률 $P[X = x]$를

$$P[X = x] \simeq P[x - 1/2 < X < x + 1/2]$$

로 수정하여 계산하는 것을 말한다. 왜냐하면 연속확률변수의 경우는 한 값을 취할 확률이 항상 0이기 때문에 이산확률변수의 확률을 얻기 위해서는 그림 4.13과 같이 $\frac{1}{2}$을 더해주고 빼서 구간의 형태로 수정한 후 연속확률변수에 대한 확률을 근사시켜야 한다.

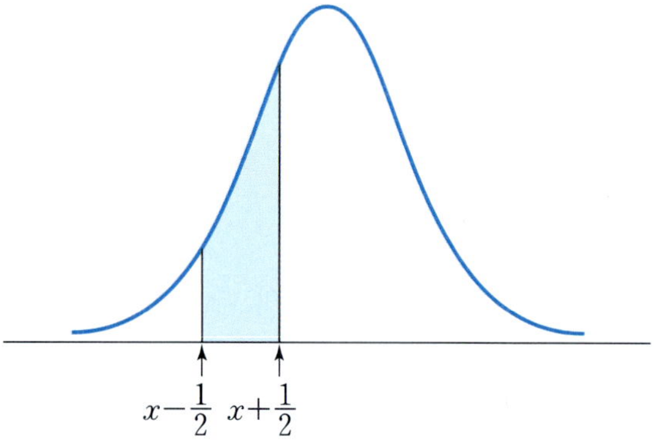

| 그림 4. 13 | 연속성의 수정

예를 들어, $n=25$이고 $p=0.3$인 이항확률분포에서

$$P[X=10]=P[X\leq 10]-P[X\leq 9]=0.902-0.811=0.091$$

이다. 이 이항확률분포의 평균과 표준편차는 각각

$$\text{평균} = np = 7.5$$
$$\text{표준편차} = \sqrt{np(1-p)} = \sqrt{25\times 0.3\times 0.7} = 2.29$$

이므로 평균이 7.5이고 표준편차가 2.29인 정규확률변수를 이용하여 근사시키면, 표준화를 통해

$$\begin{aligned} P[X=10] &\simeq P[9.5 < X < 10.5] \\ &= P\left[\frac{9.5-7.5}{2.29} < \frac{X-7.5}{2.29} < \frac{10.5-7.5}{2.29}\right] \\ &= P[0.87 < Z < 1.31] \\ &= 0.9049-0.8078 \\ &= 0.0971 \end{aligned}$$

로 얻어진다. 참값 0.091에 상당히 근사함을 알 수 있다. 사실 연속성의 수정은 이 경우처

럼 확률계산에 결정적인 차이를 보이는 경우는 반드시 고려되어야 하지만 일반적인 모비율 추론문제에서는 큰 차이가 없기 때문에 간소화를 위해 연속성의 수정을 생략해도 된다.

예제 4.21

5년 전에 행해진 대규모 조사에서 성인의 10%가 왼손을 주로 사용하는 왼손잡이라고 한다. 만일 이 비율이 현재에도 적용된다면 성인 1000명의 확률표본에서 왼손잡이인 사람이

(a) 120명 이하일 확률은 얼마인가?

(b) 90명 이상 100명 이하일 확률은 얼마인가?

풀이 확률변수 X를 성인 1000명의 확률표본에서 왼손을 주로 사용하는 사람의 수라고 하자. 그러면 X는 $n = 1000$이고 $p = 0.1$인 이항분포를 따른다.

$$np = 100, \quad \sqrt{np(1-p)} = \sqrt{90} = 9.49$$

이므로 확률변수 X는 근사적으로 $N(100, 9.49^2)$을 따른다. 따라서

(a)

$$\begin{aligned} P[X \le 120] &\simeq P[X < 120.5] \\ &= P\left[Z < \frac{120.5 - 100}{9.49}\right] \\ &= P[Z < 2.16] \\ &= 0.9846 \end{aligned}$$

(b)

$$\begin{aligned} P[90 \le X \le 100] &\simeq P\left[\frac{89.5 - 100}{9.49} < Z < \frac{100.5 - 100}{9.49}\right] \\ &= P[-1.11 < Z < 0.05] \\ &= 0.5199 - (1 - 0.8665) = 0.3864 \end{aligned}$$

4.5 | SPSS를 이용한 실습

SPSS에 정의된 다음의 함수들을 이용하면 4장에서 설명되었던 이항확률분포, 정규분포 등의 확률분포의 확률 값을 계산할 수 있다. 먼저 관련된 함수들을 정리하면 다음과 같다.

PDF.BINOM(x, n, p) : 모수가 n, p인 이항확률변수가 x값이 되는 확률 값을 계산한다.

CDF.BINOM(x, n, p) : 모수가 n, p인 이항확률변수가 x값보다 작거나 같을 누적 확률을 계산한다.

CDF.NORM(z) : 표준정규확률변수가 z값보다 작을 확률을 계산한다.

CDF.NORMAL(x, μ, σ) : 평균이 μ이고 표준편차가 σ인 정규확률변수가 x보다 작을 확률 값을 계산한다. 따라서 CDF.NORMAL(x, 0, 1)과 CDF.NORM(x)는 동일하다.

PROBIT$(1-\alpha)$: 표준정규확률분포의 누적 확률이 $1-\alpha$가 되는 표준정규확률변수의 값을 계산한다. 즉, 본문에서 다루었던 z_α값을 계산한다. 예를 들어, PROBIT(0.95)는 $z_{0.05}$로서 1.645이다.

예제 4.22 예제 4.11의 문제를 SPSS를 이용해 풀어보자.

풀이 확률변수 X가 $n=5$이고 $p=0.25$인 이항확률변수일 때 (a)는 $P[X=0]$을 구하는 문제로서 PDF.BINOM(0, 5, 0.25)가 된다. 이 확률 값은 다음 절차를 통해 얻을 수 있다.

실행순서

다음과 같은 순서로 선택하면 그림 4.14와 같은 선택화면이 나타난다.

> 변환(T) ▶
> 변수 계산(C)

그림 4.14와 같이 변수계산 창에서 새 변수 "변수2"를 정의하고 숫자표현식에 해당되는 함수 PDF.BINOM(, ,)를 찾아 옮긴 후 각각의 값을 입력하여 PDF.BINOM(0, 5, 0.25)을 정한 후 확인을 클릭한다. 입력된 자료가 하나도 없는 경우는 변수 계산이 실행되지 않으므로 변수 1에 값을 임으로 입력한 후 변수 계산을 한다.

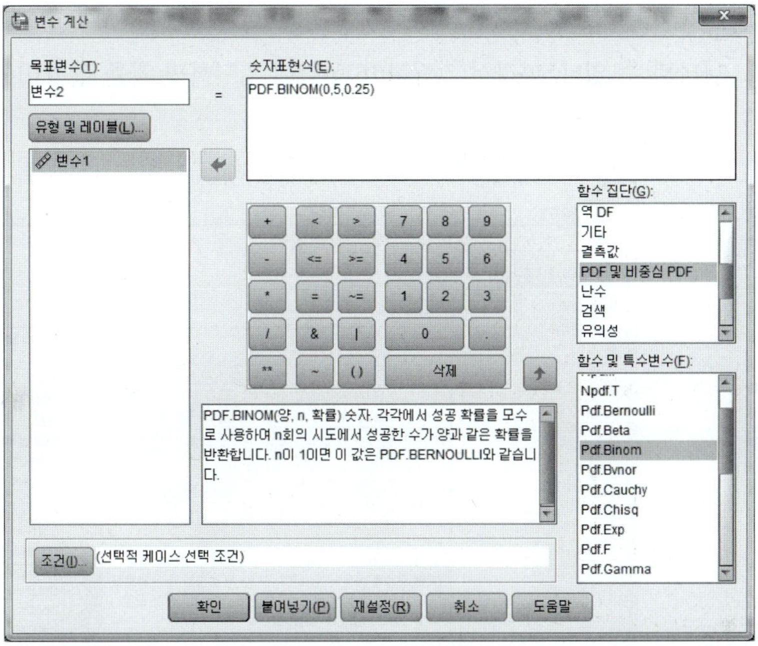

| 그림 4. 14 | 변수계산

그림 4.15와 같이 데이터 편집기 창에 그 확률 값을 갖는 "변수2"가 생성된다.

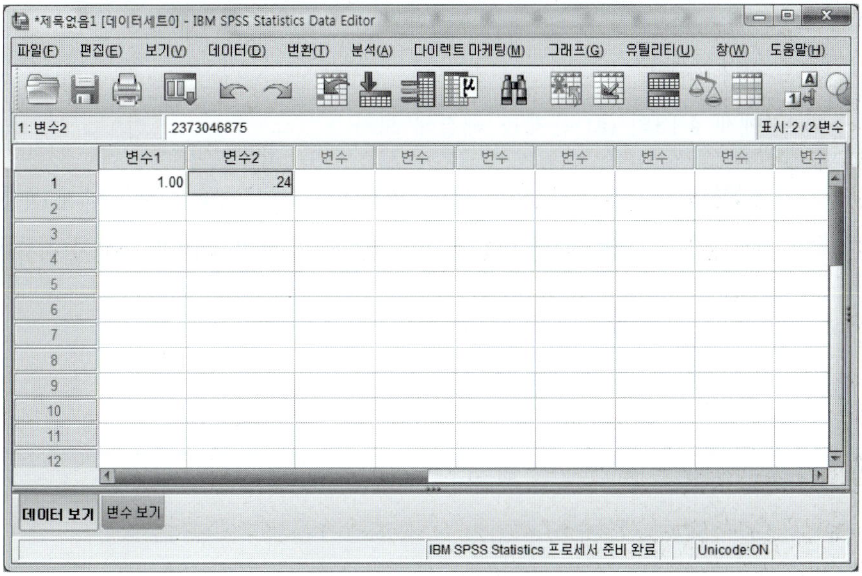

| 그림 4. 15 | 이항확률 결과

문제 (b)는 확률 $P[X \geq 4]$을 구하는 것으로 이것은 1-CDF.BINOM(3, 5, 0.25)로 나타낼 수 있다. 따라서 그림 4.16과 같이 입력하면 확률 값 0.016을 얻을 수 있다.

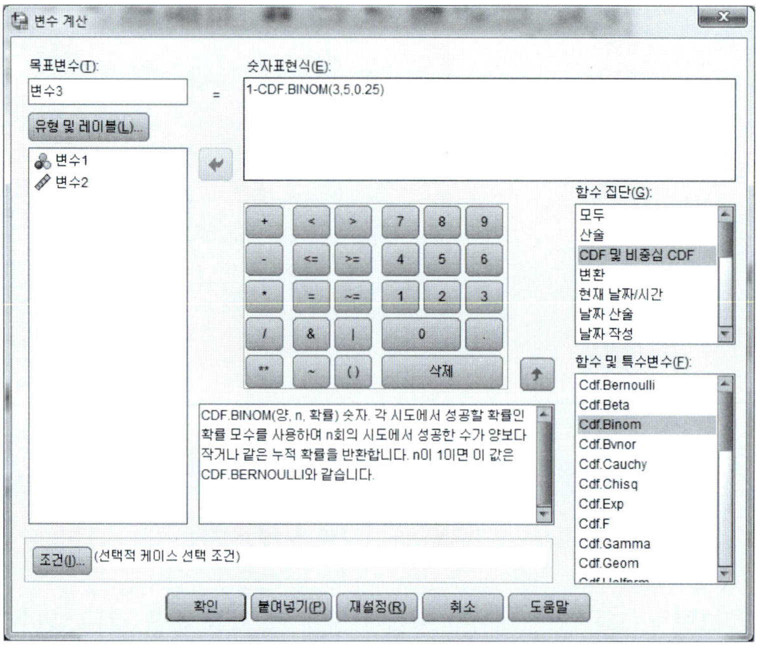

| 그림 4. 16 | 누적이항확률 계산

예제 4.23

예제 4.18의 (a) 문제를 해결해 보자.

풀이 확률변수 X가 $N(3, 2^2)$을 따를 때 $P[2 < X < 5]$의 값은 CDF.NORMAL (5, 3, 2)-CDF.NORMAL(2, 3, 2)로 다음 그림 4.17과 같이 입력하면 구할 수 있다.

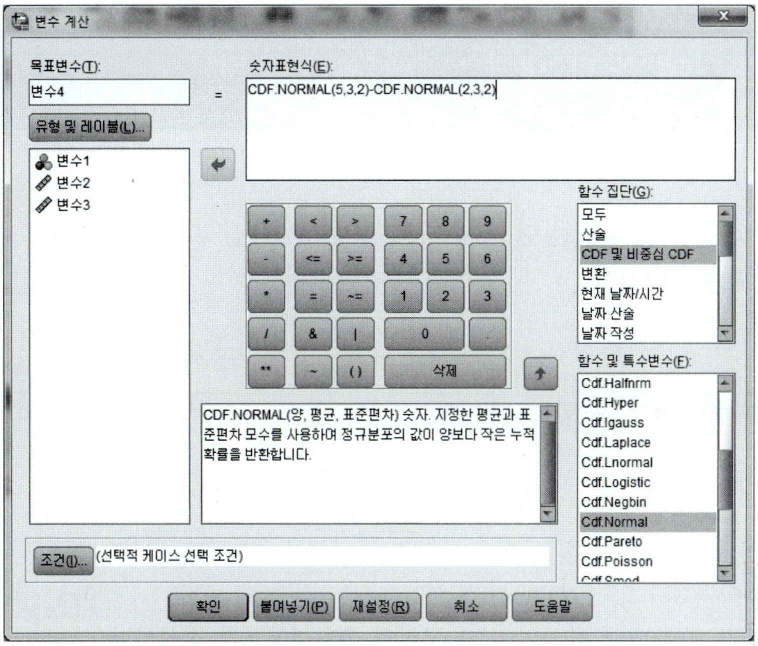

| 그림 4. 17 | 정규확률 계산

EXERCISES

연습문제

01 공정한 동전을 세 번 던질 때 나오는 뒷면의 수를 확률변수 X라고 하자. X의 확률분포를 구하라.

02 확률변수 X의 확률분포함수가

$$f(x) = \frac{32}{31}\left(\frac{1}{2^x}\right), \quad x = 1, 2, 3, 4, 5$$

로 주어진다.

(a) 각 x에 대해 $f(x)$의 값을 구하여 확률분포표를 작성하라.

(b) 확률 히스토그램을 그려라.

03 병원장은 최근의 기록에 근거하여 특별검사를 받기 위해 매일 내원하는 환자 수에 대한 확률분포를 다음의 표와 같이 얻었다. 만약 이 병원은 매일 두 명의 환자만 검사할 수 있는 기계를 갖추고 있다면 다음 물음에 답하라.

(a) 어느 날 한 명 이상의 환자가 이 검사를 받지 못하고 그냥 되돌아 갈 확률은 얼마인가?

(b) 어느 날 이 병원의 기계를 다 가동하지 못할 확률을 얼마인가?

(c) 되돌아가는 환자가 발생할 확률이 0.1이하가 되도록 하려면 기계를 몇 대 더 늘려야 하는가?

x	0	1	2	3	4	5	합계
$f(x)$	0.05	0.2	0.35	0.25	0.1	0.05	1

04 다음과 같은 확률분포를 갖는 이산확률변수 X가 있다.

x	0	1	2	3
$f(x)$	0.3	0.4	c	0.1

(a) c의 값은 얼마인가?
(b) 확률변수 X의 평균을 구하라.
(c) 확률변수 X의 분산을 구하라.

05 어느 변호사는 어떤 소송에서 자기가 이길 확률이 0.3이라고 예상하고 있다. 이 변호사가 소송에서 이기면 1000만원을 받고, 소송에서 지면 한 푼도 못 받는다고 한다.
(a) 이 변호사의 기대이익은 얼마인가?
(b) 변호사가 이 소송을 위하여 200만원을 경비로 지출했다면 기대이익은 얼마인가?

06 어느 상점은 5,000매의 복권이 있는 경품대회를 개최한다. 각 등수의 상금과 복권의 수는 다음의 표와 같다. 한 장의 복권을 샀을 때 받을 상금을 X라 하자.
(a) 기본결과와 대응되는 X의 값을 적어라.
(b) X의 확률분포를 구하라.
(c) X의 평균을 구하라.
(d) 복권 한 장에 1,000원을 주고 샀다면 손해를 볼 확률은 얼마인가?

상금(만원)	복권의 수
100	1
20	3
2	95
1	225
0	4676

07 화장품 외판원은 1주일 동안 4명의 고객을 만난다. 한 고객을 만날 때마다 화장품을 판매할 확률은 0.3이다. 고객의 화장품 구입의사는 각 고객별로 독립이라고 가정한다.
(a) 기본결과를 적고 각 확률을 구하라.
(b) 1주일 동안 팔린 화장품의 수를 X라고 할 때, X의 확률분포를 구하라.
(c) X의 기댓값을 계산하라.

08 연습문제 7번에서 화장품 한 개의 가격이 10만원이라고 한다. 1주일 동안의 총 판매액 수를 Y라고 할 때

(a) Y의 확률분포를 구하라.

(b) $E(Y)$를 계산하고 (10만원)$\times E(X)$와 같은지 살펴보라.

09 공정한 주사위를 두 번 던져 나오는 수의 평균을 X라고 하자. 예를 들어 4와 5가 나왔다면 X의 값은 $\frac{(4+5)}{2}=4.5$이다. X의 확률분포를 구하라.

10 혈액형이 O형인 사람의 비율이 40%라고 한다. 임의로 추출된 2명에 대하여

(a) 적어도 1명의 혈액형이 O형일 확률을 구하라.

(b) 혈액형이 O형인 사람의 평균 수를 구하라.

11 운전교육을 받은 사람이 운전면허 시험에 합격할 확률은 0.8이다. 각 시행이 독립이라고 할 때 2번 시도하여 합격되지 않을 확률은 얼마인가?

12 평면이 위로 나오는 확률이 0.56이고 곡면이 위로 나오는 확률이 0.44인 윷가락이 있다. 이런 윷가락 4개를 던졌을 때, 모(네 개 모두 곡면)가 나올 확률을 구하라.

13 10개의 문제로 구성된 시험에서 7개 이상을 맞추어야 시험에 통과된다고 한다. 각 문제에는 5개의 보기가 주어져 있고 그 중 정답은 단 한 개다. 만약 학생이 정답을 모르고 단순히 추측만으로 답을 한다면 이 학생이 이 시험에 통과할 확률은 얼마인가? 이번에는 학생이 각 문제에서 정답이 아닌 보기 3개를 고를 수 있어 이 보기들을 제외하고 나머지 두 보기에서 추측으로 답한다면 이 학생이 이 시험에 통과할 확률은 얼마인가?

14 어떤 전염병은 감염된 사람과의 접촉에 의하여 전염된다고 한다. 건강한 사람이 감염자와 한 번의 접촉에 의해 감염될 확률이 0.2라 하자.

(a) 만약 감염된 사람이 5명의 건강한 사람들과 접촉하였다면, 5명 중 감염자가 한 명도 없을 확률은 얼마인가?

(b) 만약 감염된 사람이 10명의 건강한 사람들과 접촉하였다면, 이 중 50% 이상이 감염될 확률은 얼마인가?

(c) 만약 감염된 사람이 20명의 건강한 사람들과 접촉하였다면, 이 중 감염될 것으로 기대되는 사람 수는 얼마인가?

15 흰 공 4개와 검은 공 5개가 주머니에 들어있다. 흰 공이 나올 때까지 복원추출을 계속 시행한다고 하자. 복원추출이란 앞서 추출한 공을 다시 주머니에 넣어 원래의 상태로 복원시킨 후 다음 추출을 계속하는 방법을 말한다.

(a) 3번째 시행에서 흰 공이 나올 확률을 구하라.

(b) 흰 공을 얻기까지 평균 시행 횟수를 구하라.

16 어떤 사람이 1000원을 지불하고 2000원하는 인형을 받을 수 있는 게임을 한다. 매 시행마다 인형을 받을 확률은 0.1이다

(a) 인형을 받는 데 두 번의 시행이 필요할 확률은 얼마인가?

(b) 인형을 받는 데 x번의 시행이 필요할 확률은 얼마인가?

(c) 인형을 받는 데 필요한 평균 시행 횟수는 몇 번인가?

17 대학생의 해외여행 실태를 조사하기 위해 다음과 같은 두 가지 조사 방법을 실시하였다.

방법 1 : 10명의 대학생을 임의로 추출하여 그 중 해외여행 경험이 있는 학생의 수(X)를 조사한다.

방법 2 : 해외여행 경험이 있는 학생이 뽑힐 때까지 임의 추출을 계속할 때 추출한 총 학생의 수(Y)를 기록한다.

(a) 두 조사 방법의 근거가 되는 확률분포는 무엇인가?

(b) 실제 대학생의 해외여행 경험 비율이 0.05일 때 $P[X \geq 1]$과 $P[Y \geq 11]$을 계산하라.

(c) (b)와 같은 상황에서 어떤 조사 방법이 더 바람직한가? 그 이유를 설명하라.

18 다음 그림과 같은 확률밀도곡선을 갖는 연속확률변수가 있다. 이 확률변수의 평균을 구하라.

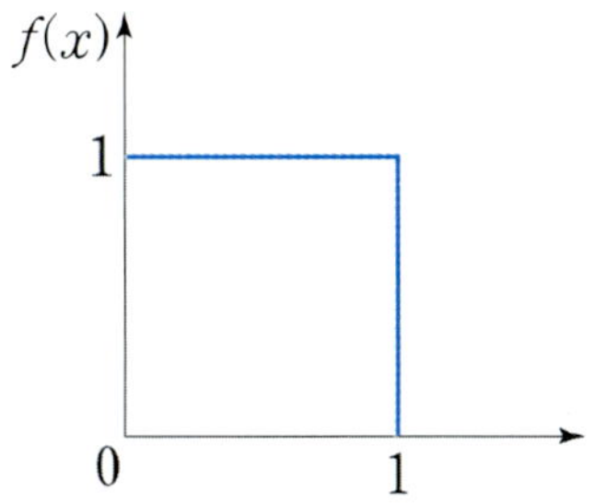

19 연습문제 18번의 확률밀도함수를 갖는 연속확률변수 X에 대해 다음의 확률을 구하라.

(a) $P[X > 0.8]$

(b) $P[0.5 \le X \le 0.8]$

(c) $P[0.5 < X < 0.8]$

20 표준정규확률변수 Z에 대해 다음을 구하라.

(a) $P[Z < 1.31]$

(b) $P[Z > 1.20]$

(c) $P[0.67 < Z < 1.98]$

(d) $P[-1.32 < Z < 1.05]$

21 영어 과목 중간시험 점수의 분포는 정규분포로서 평균이 58점이고 표준편차가 10점이다.

(a) 만일 한 학생이 점수가 80점이라면, 그에 대응되는 표준화된 점수는 얼마인가?

(b) 만일 표준화된 점수가 -0.8이라면, 원래 점수는 얼마인가?

(c) 40점에서 65점까지의 점수에 대응되는 표준화된 점수의 구간을 구하라.

(d) -1.2에서 1.2까지의 표준화된 점수에 대응되는 원래점수의 구간을 구하라.

22 어느 회사에 근무하는 직원들이 출근하는 데 소요되는 시간은 평균이 30분이고 표준편차가 9분인 정규분포를 따른다.

(a) 무작위로 한 직원을 추출했을 때, 이 직원의 출근시간이 1시간 이상일 확률은 얼마인가?

(b) 직원들의 출근시간의 분포에서 확률이 가장 큰 출근시간 5분간의 구간은 언제인가?

23 1kg짜리 설탕봉지에 실제로 담겨있는 설탕의 양을 조사했더니 평균이 1.03kg이고 표준편차가 0.014kg인 정규분포를 따름을 알았다.

(a) 중량이 모자라는 설탕봉지의 비율은 얼마인가?

(b) 설탕을 봉지에 담아 포장하는 새로운 기계를 구입하였다. 이 기계로 생산된 1kg짜리 설탕봉지에 담긴 설탕의 양을 조사했더니 평균이 1.05kg이고 표준편차가 0.016kg인 정규분포를 따르는 것으로 파악되었다. 기존의 기계와 비교했을 때 중량이 미달되는 설탕봉지의 비율은 증가하였는가 아니면 감소하였는가?

24 어느 영어시험에서의 점수 X는 평균이 497점이고 표준편차가 120인 정규모집단에서의 관측값으로 간주할 수 있다고 한다. 이때 다음을 구하라.

(a) 600점 이상의 사람들만 합격한다고 했을 때 합격자의 비율을 구하라.

(b) 상위 10%에 해당되는 사람들만 합격한다고 했을 때, 합격자 중에서 최저 점수는 얼마인가?

25 어떤 플라스틱 접착력은 평균이 45.4kg이고 표준편차가 3.6kg인 정규분포를 따른다. 깨진 플라스틱 조각을 이 접착제로 접착한 다음 44.5kg 무게의 물체로 실험을 했다. 이때 접착이 실패할 확률은 얼마인가?

26 혈당을 측정하는 한 기기의 측정오차(측정된 양 − 정확한 실제 양)는 평균이 0.05이고 표준편차가 1.5인 정규분포를 따른다.

(a) 혈당의 양을 과대 측정하게 될 확률은 얼마인가?

(b) 측정된 양이 정확한 양과 2.8 이상의 차이가 있을 때 오차가 심각한 것으로 간주된다고 하자. 이런 심각한 오차가 발생할 확률은 얼마인가?

27 집에서 학교까지 가는 데 걸리는 시간은 평균이 40분이고 표준편차가 7분인 정규분포를 따른다고 한다. 학교에서 오후 1시에 만나기로 한 약속에 늦지 않게 도착할 것이라고 95% 확신하고자 한다면 집에서 늦어도 몇 시 몇 분에 출발하여야 하는가?

28 새로 개발된 진공청소기가 고장 없이 작동하는 기간은 평균이 540일이고 표준편차가 100일인 정규분포를 따른다고 한다.

(a) 이 진공청소기가 고장 없이 적어도 2년을 사용할 확률은 얼마인가?

(b) 개발한 회사는 진공청소기의 10%만 보증기간 내에 수리가 요구되도록 보증기간을 정하고자 한다. 이 보증기간을 얼마로 정해야 하는가?

29 6개의 면이 나올 가능성이 동일한 공정한 주사위가 있다.

(a) 이 주사위를 1000번 던졌을 때, 6의 눈이 150번 이상 180번 이하로 나올 확률은 얼마인가?

(b) 6의 눈이 50번 이상 나올 확률이 적어도 99%가 되기 위해서는 주사위를 최소한 몇 번을 던져야하는가?

30 A 지역에 거주하는 성인의 30%가 습관적으로 술을 마신다고 한다. 이 지역에서 성인 1000명을 임의로 추출했을 때, 그 중에 습관적으로 술을 마시는 사람이

(a) 280명 이하일 확률은 얼마인가?

(b) 300명 이상 330명 이하일 확률은 얼마인가?

31 과거의 경험으로부터 세금 청구서 중 9%가 납기 후에 지불되는 것으로 알려져 있다. 만일 20,000건의 세금 청구서가 발송되었다면, 다음의 확률을 구하라.

(a) 1,750건 미만이 납기 후에 지불될 확률

(b) 2,000건 이상이 납기 후에 지불될 확률

32 어느 항공회사는 항공편을 예약한 사람들 중 8%가 여객기 좌석예약을 취소하지 않고 공항에 나타나지 않는다는 사실을 알고 있기 때문에 370명의 승객을 수용할 수 있는 항공편에 400건의 예약을 접수받았다.

(a) 예약을 하고 탑승하기 위하여 공항에 나온 승객들 중 1명 이상이 예약한 항공편을 이용할 수 없게 될 확률을 구하라.

(b) 350명 미만의 승객이 이 항공편에 탑승할 확률을 구하라.

제 5 장

표집분포

5.1 | 서론

통계학에서 추론은 핵심적인 부분이다. 추론을 통하여 표본에서의 값을 일반적인 경우로 확대 적용하게 된다. 이와 같이 표본에서 얻은 사실을 일반화하는 과정에는 모집단의 변이가 표본에서의 변이로 나타난다는 사실에 기초한다.

흔히 모집단에서 모집단 전체에 대한 비율, 평균, 표준편차 등과 같은 수치에 관심이 있게 되며 이러한 모집단의 수치적 특성 값들을 **모수**(parameter)라고 한다. 모수에 대해 모비율, 모평균, 모표준편차와 같이 '모'자를 붙여 부르는 것이 일반적이다.

모수는 모집단의 수치적 특성이다.

모수는 모르는 값인 경우가 대부분이다. 또한 모수는 상수값이다. 모수는 모집단 전체를 추출하면 얻을 수 있는 값이다. 그러나 현실적으로 모집단 전체를 조사하는 것은 불가능하거나 많은 시간과 비용이 드는 일이 된다. 따라서 모집단 전체를 조사하는 대신에 모집단의 일부만을 조사하여 표본을 얻고, 이 표본을 바탕으로 모수에 대한 추측을 하게 된다. 모수에 대한 추측을 하는 것은 추론의 한 부분이다.

모집단 전체에 대한 값을 조사하여 구한 것을 모수라 하는 반면 표본을 조사하여 구한 것으로 표본에 대한 수치값 함수를 **통계량**(statistic)이라 한다.

통계량은 표본에 대한 수치값 함수이다.

예를 들어, 표본평균은 표본 자료 $X_1, X_2, \cdots, X_n$이 주어지면,

$$\overline{X} = \frac{X_1 + X_2 + \cdots + X_n}{n}$$

과 같이 구할 수 있으므로 통계량이다. 표본중앙값이나 표본표준편차도 표본에서 얻어지는

값이므로 통계량이 된다.

표본 자료에 기초한 통계량에서 관심 있는 모수에 대한 정보를 얻을 수 있다. 그러나 표본은 모집단의 일부이기 때문에 모수와 그에 대응되는 통계량의 값은 같을 수가 없다. 더욱이 표본을 뽑을 때마다 통계량의 값은 달라진다. 예를 들어, 전교생이 2만 명인 어느 대학교 학생들의 평균키를 알고자 한다고 하자. 전교생 2만 명의 키를 모두 측정하여 평균을 낸 값은 모수가 된다. 모수인 모평균에 대한 정보를 얻기 위하여 $n=10$명의 학생을 표본으로 뽑아 키를 측정하여 평균을 내었더니 167 cm이었다고 하자. 이때 전체 학생의 평균키가 정확하게 167 cm이라고 기대할 수 없다. 또한, 한 번 더 학생 10명을 표본으로 뽑아 키의 평균을 냈을 때 다시 167 cm가 될 것이라고 기대할 수도 없다. 학생을 10명씩 표본으로 뽑아 평균을 구하는 일을 1,000번 반복한다면 1,000개의 서로 다른 표본평균을 얻게 되며, 이것의 흩어진 모양을 보면 모평균을 얼마나 정확하게 추정할 수 있는지를 알 수 있다.

5.2 | 통계량의 표집분포

통계량의 값은 표본추출 때마다 바뀌게 되므로, 통계량은 확률변수가 된다. 표본을 반복해서 추출할 때 어떤 변이를 가지고 있는지는 확률변수인 통계량의 분포에 의해 결정된다.

> 통계량의 확률분포를 **표집분포** (sampling distribution)라고 한다.

n개의 크기를 갖는 표본을 모집단에서 반복 추출하여 통계량의 값을 계산하는 경우 이들 통계량의 값은 통계량의 표집분포에 따라 변하게 된다. 통계량의 분포는 각 표본의 크기와 모집단의 분포에 의존하게 된다. 여기서는 모집단이 3개로 구성되어 있으며, 크기가 2인 표본을 반복하여 추출하는 경우 표집분포가 어떻게 나타나는지를 살펴본다.

예제 5.1 세 장의 카드로 구성된 모집단을 생각하자. 카드에는 1, 2, 3의 숫자가 하나씩 적혀 있다고 하자. 이 중에서 한 장의 카드를 뽑았을 때 나오는 숫자를 X라 하자. 여기서는 복원추출로 2장의 카드를 표본으로 뽑는다고 하자. 처음과 두 번째의 추출에서 얻은 X의 관측값을 x_1과 x_2라고 하면 표본평균은 $\overline{x}=(x_1+x_2)/2$가 된다. 여기서 $\overline{X}$의 표집분포를 구해 보자.

풀이 표 5.1은 X의 분포이며, 확률변수 X가 1, 2, 3이 될 확률 1/3을 적은 표이다.

| 표 5.1 | 모집단 분포

x	$f(x)$
1	1/3
2	1/3
3	1/3

각 카드가 추출될 확률은 같으므로 각각 (x_1, x_2)가 추출될 확률은 $1/3\times1/3=1/9$이 된다. 따라서 표본값과 표본평균 $\overline{x}$의 값, 그리고 대응되는 확률은 다음 표와 같다.

(x_1, x_2)	(1,1)	(1,2)	(1,3)	(2,1)	(2,2)	(2,3)	(3,1)	(3,2)	(3, 3)
$\overline{x}$	1	1.5	2	1.5	2	2.5	2	2.5	3
$P[\overline{X}=\overline{x}]$	1/9	1/9	1/9	1/9	1/9	1/9	1/9	1/9	1/9

표본평균 $\overline{X}$의 값 중에는 같은 값이 있으므로 같은 값끼리 확률을 합하여 표 5.2의 $\overline{X}$의 분포를 얻는다.

| 표 5.2 | $\overline{X}=(X_1+X_2)/2$의 확률분포

$\overline{x}$의 값	확률
1	1/9
1.5	2/9
2	3/9
2.5	2/9
3	1/9

이 표집분포의 히스토그램은 그림 5.2와 같다.

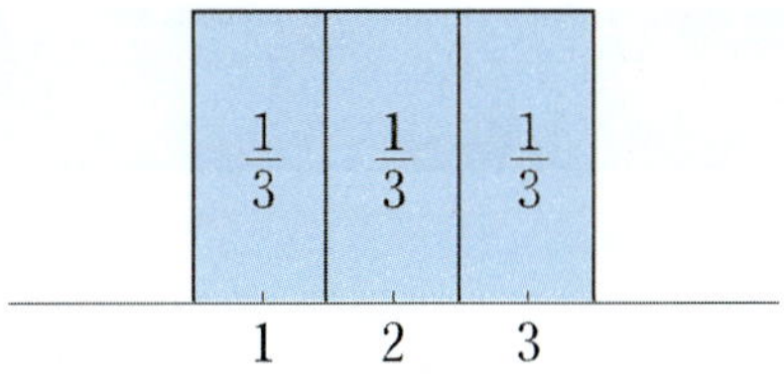

| 그림 5.1 | 모집단의 확률분포

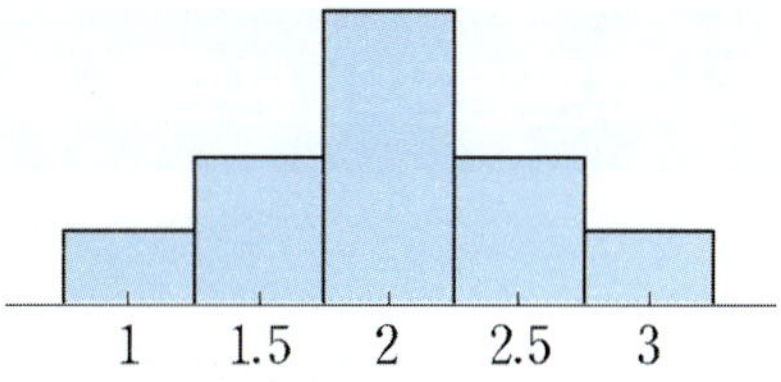

| 그림 5.2 | 표집분포

만약 예제 5.1에서 30장의 카드가 있고 10장씩 1, 2, 3의 숫자가 적혀 있다고 하자. 이 경우에 한 장의 카드를 뽑았을 때 나오는 숫자를 X라고 할 때 $P[X=1]=P[X=2]=P[X=3]=1/3$이 된다. 한 장의 카드를 뽑은 후 다시 되돌려 넣은 다음 카드를 뽑는 복원추출에서의 표본을 확률표본이라고 한다. 그러나 모집단의 크기가 크면 되돌려 놓지 않더라도, 첫 번째 카드가 뽑힐 확률과 두 번째 카드가 뽑힐 확률이 거의 같으므로 확률표본으로 간주한다.

확률표본이 되기 위해서는 모집단에서 독립적으로 추출되어야 하며, 각 표본이 뽑힐 확률분포가 같아야 한다. 확률표본 $X_1, X_2, \cdots, X_n$은 모집단 분포와 같은 분포를 가지게 된다.

모집단에서 구성원의 변이 즉, 구성원의 값이 다른 값을 가지기 때문에 이들 중에서 일부를 뽑는 표본의 값은 추출할 때마다 달라진다. 따라서 통계량 $\overline{X}$의 값도 달라진다. 모집단의 크기가 크고 표본의 개수 n이 커지면 표집분포를 구하는 일은 매우 복잡하게 된다. 그러나 표집분포를 구하는 절차는 앞의 예에서와 같다.

표집분포를 구하는 법

(1) 모든 가능한 표본의 경우를 나열한다.

(2) 각 표본에 대해 통계량의 값을 계산한다.

(3) 얻어진 통계량의 값 중에서 서로 다른 값을 나열하고, 같은 값을 가지는 통계량의 개수를 세어 확률을 정한다.

표집분포는 수학적 방법으로 구하는 것이 일반적이며, 컴퓨터를 사용하여 표집분포를 구할 수도 있다. 그리고 표집분포에 대해 상대도수 히스토그램을 그려 표현하면 표집분포를 일목요연하게 볼 수 있다.

5.3 | 표본평균의 분포와 중심극한정리

모평균은 모집단의 평균이며, 이는 널리 사용되는 모수이다. 모평균의 추정은 표본평균

$$\overline{X} = \frac{X_1 + X_2 + \cdots + X_n}{n}$$

과 $\overline{X}$의 분포를 이용한다. 이 절에서는 $\overline{X}$의 분포에 대해 알아보고, 또한 자료의 개수 n이 커질 때에는 표본평균의 분포 대신에 정규분포를 사용할 수 있는 이유를 살펴본다. 그리고 모집단의 분포와 표본평균 $\overline{X}$의 표집분포의 관계를 알아본다. 4장에서 이미 소개했듯이 모평균과 모표준편차를 각각 μ와 σ로 표기하자.

$$\text{모평균} = \mu$$

$$\text{모표준편차} = \sigma$$

표본평균 $\overline{X}$의 평균과 표준편차는 자료의 개수 n, 모평균 μ와 모분산 σ^2에 의해 결정된다.

$\overline{X}$의 평균과 표준편차

크기가 n인 확률표본에서 표본평균의 분포는 다음과 같다.

$$E(\overline{X}) = \mu$$

$$Var(\overline{X}) = \frac{\sigma^2}{n}$$

$$sd(\overline{X}) = \frac{\sigma}{\sqrt{n}}$$

표본평균 $\overline{X}$의 평균이 모평균 μ이므로 표본평균 $\overline{X}$의 관측값은 μ를 중심으로 흩어져 나타남을 알 수 있다. 또한, $\overline{X}$의 표준편차는 모표준편차에 비례하므로 모표준편차가 크면 $\overline{X}$의 관측값의 변이가 커짐을 알 수 있다. 그리고 $\overline{X}$의 표준편차는 자료의 개수의 제곱근

에 반비례하므로 자료의 개수가 많으면 $\overline{X}$의 관측값의 변이가 작아짐을 알 수 있다. 변이가 작다는 것은 $\overline{X}$의 관측값이 모평균 μ를 중심으로 보다 밀집된다는 것이다.

예제 5.2 표 5.1의 모집단 분포와 표 5.2의 $\overline{X}$의 분포에 대해 평균과 표준편차를 계산하라. 그리고 $E(\overline{X}) = \mu$와 $sd(\overline{X}) = \sigma/\sqrt{n}$이 성립하는지 살펴보라.

풀이 계산은 다음과 같다.

모집단 분포				합계
x	1	2	3	6
$xf(x)$	1/3	2/3	3/3	6/3
$x^2f(x)$	1/3	4/3	9/3	14/3

$$\mu = \sum xf(x) = 2$$

$$\sigma^2 = \frac{14}{3} - 2^2 = \frac{2}{3}$$

$\overline{X}$의 표집분포						합계
$\overline{x}$	1	1.5	2	2.5	3	10
$\overline{x}f(\overline{x})$	1/9	3/9	6/9	5/9	3/9	2
$\overline{x}^2f(\overline{x})$	1/9	4.5/9	12/9	12.5/9	9/9	39/9

$$E(\overline{X}) = 2 = \mu$$

$$Var(\overline{X}) = \frac{39}{9} - 4 = \frac{1}{3}$$

표본평균 $\overline{X}$의 분포에 관한 두 가지 중요한 사실은 다음과 같다. 첫째는 모집단의 분포가 정규분포를 따를 때 $\overline{X}$의 분포는 정규분포를 따른다는 것이다.

> 모집단이 평균이 μ이고 표준편차가 σ인 정규분포를 따르면, 표본평균 $\overline{X}$는 평균이 μ이고 표준편차가 $\sigma/\sqrt{n}$인 정규분포를 따른다.

두 번째는 모집단의 분포가 정규분포가 아니더라도, 자료의 개수 n이 충분히 크면 표본평균 $\overline{X}$의 표집분포의 모양은 근사적으로 정규분포를 따르게 된다는 것이다. 일반적으로 자료의 개수가 $n=30$개 이상이면 큰 경우로 생각할 수 있다.

중심극한정리

표본의 크기 n이 크면, 평균이 μ이고 표준편차가 σ인 모집단에서의 확률표본에 대해 $\overline{X}$의 분포는 평균이 μ이고 표준편차가 $\sigma/\sqrt{n}$인 정규분포에 근사하게 된다. 즉, $Z=\dfrac{\overline{X}-\mu}{\sigma/\sqrt{n}}$의 분포는 근사적으로 $N(0, 1)$이다.

표본의 크기 n이 충분히 크고 모분산이 유한 값인 경우에는, 모집단 분포 형태와 모양에 상관없이, 표본평균 $\overline{X}$의 분포는 정규분포와 유사하다는 것이 중심극한정리의 내용이다. 이러한 성질에 의해 정규분포는 통계학에서 매우 폭 넓게 사용된다. 중심극한정리가 실제로 어떻게 적용되는지를 살펴보도록 하자.

예제 5.3

중심극한정리의 보기

자연수 $1, \cdots, 10$의 각 값이 나올 확률이 1/10인 균일분포를 생각해 보자. 그림 5.3은 이 분포의 선도표이다.

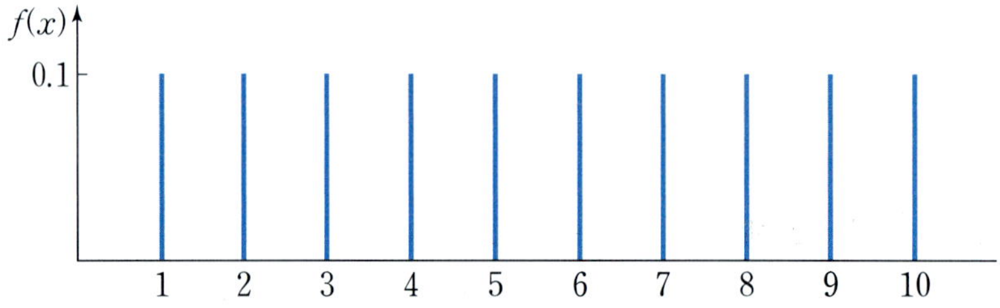

| 그림 5.3 | 모집단 분포

컴퓨터 프로그램을 이용하여 이 분포를 따르는 크기 5인 확률표본 100개를 생성하고 각 표본의 표본평균 $\overline{X}$를 계산하여 표 5.3에 나타내었다.

| 표 5.3 | 이산균일분포에서 얻은 크기 5인 표본평균 분포

표본번호	관측값					표본평균
1	7	7	2	7	10	6.6
2	8	7	8	5	1	5.8
3	7	9	6	10	10	8.4
4	5	3	10	1	8	5.4
5	1	7	4	7	7	5.2
6	9	10	9	4	2	6.8
7	9	9	8	5	10	8.2
8	10	2	9	6	8	7
9	4	1	4	10	8	5.4
10	8	4	7	3	6	5.6
11	2	6	3	7	6	4.8
12	8	10	5	4	5	6.4
13	2	5	7	1	5	4
14	9	6	9	5	8	7.4
15	3	2	3	2	1	2.2
16	4	1	6	8	5	4.8
17	6	5	3	2	9	5
18	2	6	8	10	5	6.2
19	4	2	5	10	7	5.6
20	9	2	5	6	9	6.2
21	2	1	2	4	8	3.4
22	9	9	1	10	2	6.2
23	3	10	6	5	6	6
24	3	7	9	7	1	5.4
25	3	9	4	6	10	6.4
26	5	7	1	4	6	4.6
27	2	1	5	6	10	4.8
28	2	9	4	7	2	4.8
29	8	4	3	4	10	5.8
30	3	3	8	6	4	4.8
31	5	7	6	8	5	6.2
32	6	6	2	5	2	4.2
33	7	3	10	8	6	6.8
34	1	8	10	7	5	6.2
35	5	8	7	5	3	5.6
36	8	8	6	5	9	7.2
37	2	5	1	1	1	2
38	10	10	7	9	7	8.6
39	3	1	1	10	10	5
40	8	6	9	8	9	8
41	7	10	8	1	3	5.8
42	5	1	8	2	4	4
43	3	1	3	8	2	3.4
44	7	9	2	10	4	6.4
45	10	2	10	10	10	8.4
46	3	1	10	10	10	6.8
47	1	9	3	3	9	5
48	1	3	10	4	2	4
49	8	8	8	1	8	6.6
50	5	9	6	4	6	6
51	8	7	5	1	4	5
52	3	2	2	6	5	3.6
53	6	3	1	3	3	3.2
54	5	5	2	7	8	5.4
55	3	9	3	3	8	5.2
56	6	5	10	10	10	8.2
57	1	7	4	9	10	6.2
58	3	6	5	10	6	6
59	7	7	2	9	3	5.6
60	1	10	9	9	8	7.4
61	4	4	1	8	2	3.8
62	3	6	2	9	3	4.6
63	10	6	10	1	9	7.2
64	10	6	3	1	3	4.6
65	8	2	4	3	10	5.4
66	2	7	7	5	9	6
67	4	3	10	8	5	6
68	5	2	3	4	8	4.4
69	3	2	9	4	3	4.2
70	6	4	10	10	8	7.6
71	8	10	9	7	3	7.4
72	3	1	6	8	5	4.6
73	1	10	5	4	3	4.6
74	6	9	10	8	3	7.2
75	6	10	2	5	9	6.4
76	10	3	10	7	7	7.4
77	5	6	9	9	4	6.6
78	4	4	10	2	4	4.8
79	4	7	4	3	2	4
80	9	2	10	2	7	6
81	3	4	1	1	1	2
82	5	3	8	9	5	6
83	10	1	5	10	8	6.8
84	8	8	1	4	7	5.6
85	4	1	10	2	7	4.8
86	7	4	1	1	3	3.2
87	5	10	9	10	5	7.8
88	7	10	4	7	5	6.6
89	2	10	1	4	2	3.8
90	5	4	2	10	9	6
91	10	9	9	9	2	7.8
92	4	9	9	7	6	7
93	10	10	1	6	9	7.2
94	8	2	1	1	2	2.8
95	8	7	2	9	8	6.8
96	5	2	7	1	10	5
97	3	5	8	1	1	3.6
98	9	4	2	9	6	6
99	3	5	9	9	5	6.2
100	2	1	6	3	3	3

그림 5.4는 100개의 표본평균값을 히스토그램으로 그린 것이다.

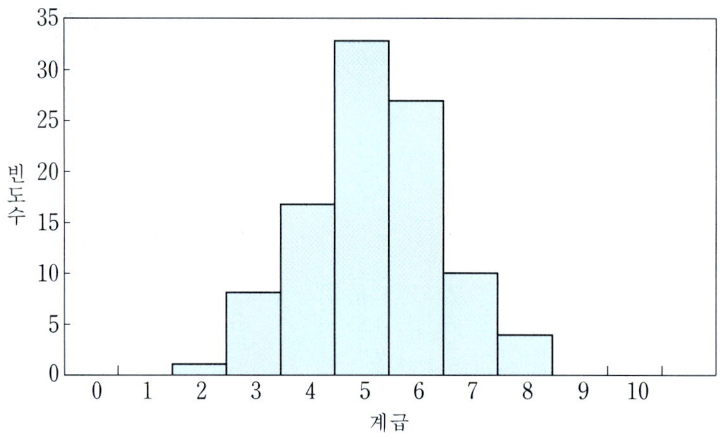

| 그림 5.4 | 표본평균의 히스토그램

모집단의 분포는 이산균일분포이며 정규분포와는 차이가 많이 나는 분포이다. 그러나 표본 크기 $n=5$인 표본에 대해 표본평균 $\overline{X}$의 값들의 히스토그램은 종모양의 정규분포 모양을 하고 있음을 알 수 있다. 표본의 크기가 더 커지면 정규분포와 훨씬 가까운 모습이 된다.

예제 5.4

평균이 82이고 표준편차가 12인 모집단을 생각하자.

(a) 크기가 64인 확률표본에 대해, 표본평균이 78과 84 사이에 있을 확률은 얼마인가?

(b) 크기가 100인 확률표본에 대해 표본평균이 78과 84 사이에 있을 확률은 얼마인가?

풀이 (a) 모평균과 모표준편차가 각각 $\mu=82$, $\sigma=12$이다. 한편, $n=64$는 충분히 큰 수로 볼 수 있다. 따라서 중심극한정리를 적용하면 $\overline{X}$의 분포는

$$\text{평균} = \mu = 82$$

$$\text{표준편차} = \frac{\sigma}{\sqrt{n}} = \frac{12}{\sqrt{64}} = 1.5$$

인 정규분포에 근사할 수 있다. 구하려는 확률 $P[78 < \overline{X} < 84]$는 표준화된

확률변수

$$Z = \frac{\overline{X} - \mu}{\sigma / \sqrt{n}} = \frac{\overline{X} - 82}{1.5}$$

를 이용하여 구할 수 있다. 값 78과 84에 대응하는 z 값은

$$\frac{78 - 82}{1.5} = -2.67 \text{과} \quad \frac{84 - 82}{1.5} = 1.33$$

이다. 따라서 정규분포표를 이용하면 다음과 같다.

$$\begin{aligned} P[78 < \overline{X} < 84] &= P[-2.67 < Z < 1.33] \\ &= 0.9082 - (1 - 0.9962) \\ &= 0.9044 \end{aligned}$$

(b) $n = 100$이므로 $\sigma / \sqrt{n} = 12 / \sqrt{100} = 1.2$이고

$$Z = \frac{\overline{X} - 82}{1.2}$$

이다. 따라서

$$\begin{aligned} P[78 < \overline{X} < 84] &= P\left[\frac{78 - 82}{1.2} < Z < \frac{84 - 82}{1.2}\right] \\ &= P[-3.33 < Z < 1.67] \\ &= 0.9525 - (1 - 0.9996) \\ &= 0.9521 \end{aligned}$$

이다. 구간 (78, 84)의 중심은 $\mu = 82$이다. 그리고 $\overline{X}$가 이 구간에 있을 확률은 $n = 64$일 때보다 $n = 100$일 때가 더 크다.

예제 5.5

초등학교 1학년 학생의 키의 분포는 평균이 100이고 표준편차가 10이라고 가정하자. 초등학생 중 80명을 확률표본으로 추출하여 키를 측정하였다. 키의 표본평균에 대해 다음 물음에 답하라.

(a) 98과 101 사이에 있을 확률

(b) 101보다 클 확률

풀이 모평균은 $\mu = 100$이고 모표준편차는 $\sigma = 10$이다. 표본크기 $n = 80$은 큰 수이므로 중심극한정리를 이용하면 $\overline{X}$는

$$\text{평균} = 100$$
$$\text{표준편차} = \frac{\sigma}{\sqrt{n}} = \frac{10}{\sqrt{80}} = 1.118$$

인 근사적인 정규분포를 따른다.

(a) 확률 $P[98 < \overline{X} < 101]$를 구하기 위하여 표준화된 변수

$$Z = \frac{\overline{X} - 100}{1.118}$$

로 변환하고 z값

$$\frac{98-100}{1.118} = -1.79 \text{와} \ \frac{101-100}{1.118} = 0.89$$

를 얻는다. 따라서 구하고자 하는 확률은 다음과 같다.

$$\begin{aligned} P[98 < \overline{X} < 101] &= P[-1.79 < Z < 0.89] \\ &= 0.8133 - (1 - 0.9633) \\ &= 0.7766 \end{aligned}$$

(b)
$$\begin{aligned} P[\overline{X} > 101] &= P\left[Z > \frac{101-100}{1.118}\right] \\ &= P[Z > 0.89] \\ &= 1 - P[Z < 0.89] \\ &= 1 - 0.8133 \\ &= 0.1867 \end{aligned}$$

정규근사를 위한 표본의 크기

표본평균 $\overline{X}$의 분포를 정규근사하기 위하여 n이 얼마나 커야 하는가? 이에 대한 답은 $n \geq 30$이다. 그러나 모집단의 분포가 정규분포와 크게 다를수록 표본의 크기가 더 커져야 한다. 대부분의 경우 30은 큰 수로 간주된다.

EXERCISES
연습문제

01 다음의 각각이 모수인지 통계량인지 구별하라.

(a) 표본표준편차

(b) 표본사분위범위

(c) 모집단의 제1사분위수

(d) 표본평균

(e) 모집단 중앙값

02 세 개의 값 3, 4, 5를 갖는 모집단에서 크기가 2인 확률표본을 복원추출한다.

(a) 모든 가능한 표본과 대응되는 $\overline{X}$값을 적어라.

(b) $\overline{X}$의 표집분포를 구하라.

03 수의 집합 $\{4,\ 5,\ 6\}$에서 크기가 2인 확률표본을 복원추출하려고 한다.

(a) 모든 가능한 표본을 적고 각 표본에 대한 $\overline{X}$와 S^2을 계산하라.

(b) $\overline{X}$의 표집분포를 구하라.

(c) S^2의 표집분포를 구하라.

04 어느 사람이 과일가게에서 팔리고 있는 사과의 무게를 조사하려고 한다. 만약 사과상자의 윗부분에서만 3개의 사과를 고른다면 사과의 무게는 확률분포가 되겠는가? 그 이유를 설명하라.

05 모평균은 100이고 모표준편차는 8이라고 한다. 표본크기가 $n=4$와 5일 때 $E(\overline{X})$와 $sd(\overline{X})$를 계산하라.

06 모집단의 표준편차가 10이라고 하자. 표본의 크기가 $n=36,\ 64,\ 81$일 때 $\overline{X}$의 표준편차를 계산하라.

07 연습문제 2번에서 구한 $\overline{X} = (X_1 + X_2)/2$의 분포를 이용하여 $E(\overline{X}) = \mu$, $sd(\overline{X}) = \sigma/\sqrt{2}$ 인지를 확인하라.

08 정규모집단의 평균은 20이고 표준편차는 2이다. 표본의 크기가 9일 때

(a) $\overline{X}$의 평균

(b) $\overline{X}$의 표준편차

(c) $\overline{X}$의 분포를 결정하라.

09 근육강화 단백식품 500g에 포함된 수분의 양은 평균이 4.1이고 표준편차가 0.7인 정규분포를 따른다고 가정하자. 25개 확률표본의 표본평균을 $\overline{X}$라고 하자.

(a) $\overline{X}$의 분포는 무슨 분포인가? 근사적인가 아니면 정확한 것인가?

(b) $\overline{X}$가 3.9와 4.5 사이에 있을 확률은 얼마인가?

10 평균이 10이고 표준편차가 5인 모집단에서 크기 81인 확률표본을 추출하였다.

(a) 표본평균 $\overline{X}$의 확률분포는 어떤 분포에 가까운가?

(b) $\overline{X}$가 12보다 클 확률을 구하라.

11 중심극한 정리에서 n의 영향을 설명하여라.

12 4개의 수 1, 3, 5, 9로 구성된 모집단에서 크기 2인 확률표본을 복원추출할 때

(a) 모집단 분포를 적고 모평균과 모표준편차를 계산하라.

(b) 모든 가능한 표본을 적고 $\overline{X}$를 계산하라.

(c) $\overline{X}$의 표집분포를 구하라.

(d) (c)에서 구한 $\overline{X}$의 표집분포의 평균과 표준편차를 구하라.

13 연습문제 12번에서 통계량 $\overline{X}$ 대신 표본범위 R을 생각하자. 표본 관측값이 $(1,3,5)$이면 범위는 $5-1=4$이다.

(a) 모든 가능한 표본에 대해 표본범위를 계산하라.

(b) R의 표집분포를 구하라.

14 평균이 500이고 표준편차가 60인 모집단에서 확률표본을 뽑는다.

(a) 표본 크기가 64

(b) 표본 크기가 144

일 때, $\overline{X}$의 평균과 표준편차를 구하라.

15 $\overline{X}$의 표준편차가 다음과 같기 위해 표본크기가 얼마이어야 하는가?

(a) 모표준편차의 $\frac{1}{2}$

(b) 모표준편차의 $\frac{1}{3}$

(c) 모표준편차의 $\frac{1}{20}$

16 모집단의 분포가 평균이 70이고 표준편차가 7인 정규분포라고 하자. 크기 $n = 16$인 확률표본에 대하여

(a) $\overline{X}$의 평균과 표준편차를 구하라.

(b) $\overline{X}$의 표집분포는 어떤 분포를 따르는가?

(c) $\overline{X}$가 65와 73 사이에 있을 확률을 구하라.

17 청송 지방에서 생산되는 1등급 사과의 무게는 평균이 130 g 표준편차가 25 g인 정규분포를 따른다고 하자.

(a) 1등급 청송사과 중에서 1개의 사과를 임의로 선택할 때, 무게가 127 g과 145 g 사이에 있을 확률은 얼마인가?

(b) 5개의 사과로 된 확률표본의 평균 무게를 $\overline{X}$라고 할 때, $\overline{X}$가 127 g과 145 g 사이에 있을 확률은 얼마인가?

18 어느 조경상회에서는 크기의 평균이 15.3이고 표준편차가 3.9인 정규분포를 따르는 조약돌을 판다고 한다. 이들 조약돌 중에서 9개의 조약돌을 확률표본으로 추출하여 크기를 재었다. $\overline{X}$를 표본 조약돌의 평균 크기라고 할 때,

(a) $\overline{X}$의 분포를 구하라.

(b) $\overline{X}$가 12보다 작을 확률은 얼마인가?

(c) 이 가게에서 크기가 12보다 작은 조약돌의 비율은 얼마인가?

19 평균이 53이고 표준편차가 8인 모집단에서 크기 81인 확률표본을 뽑았다.

(a) $\overline{X}$가 51와 55 사이에 있을 확률을 구하라.

(b) $\overline{X}$가 56보다 클 확률을 구하라.

20 인터넷으로 수강 신청하는 데 걸리는 시간의 분포는 평균이 21분이고 표준편차가 9분이다. 100명 학생의 확률표본에 대하여

(a) $\overline{X}$의 평균과 표준편차를 구하라.

(b) $\overline{X}$의 표집분포는 어떤 분포를 따르는가?

21 어느 회사에서 생산하는 끈의 인장강도는 평균이 200 kg이고 표준편차가 15 kg이다. 이 재료의 표본 50개를 검사한다면

(a) 표본 평균강도 $\overline{X}$가 195 kg과 205 kg 사이에 있을 확률은 얼마인가?

(b) 중심이 200이고 $\overline{X}$가 포함될 확률이 0.95인 구간을 찾아라.

22 표준편차가 $\sigma = 15$인 모집단에서 추출한 크기 $n = 81$인 확률표본을 생각하자.

(a) $P[-2 \leq \overline{X} - \mu \leq 2]$를 구하라.

(b) $P[-k \leq \overline{X} - \mu \leq k] = 0.90$되는 k의 값을 구하라.

23 어느 교차로에서 지나가는 승용차 5대에 각각 타고 있는 사람의 수 X_i를 조사하라.

(a) 표본평균 $\overline{X}$를 계산하라.

(b) (a)를 100번 반복하라.

(c) 표본평균 $\overline{X}$의 상대도수 히스토그램을 작성하라.

(d) 상대도수 히스토그램의 모양이 정규분포와 얼마나 가까운지 토론하라.

24 학생들의 수강과목 수에 대해 크기가 5인 표본을 조사하라.

(a) 표본평균 $\overline{X}$와 표본중앙값을 계산하라.

(b) (a)를 50번 반복하라.

(c) (a)의 두 통계량 값에 대해 히스토그램을 그리고 비교 설명하라.

(d) $\overline{X}$와 표본중앙값의 히스토그램에서 변이의 정도를 비교 설명하라.

제 6 장

추정

6.1 | 서론

모집단으로부터 추출된 표본에 기초하여 모집단에 관한 특성인 모수, 즉 모평균, 모비율, 모분산 등을 추정하고자 하는 경우가 많다. 모수는 가능할 경우 모집단 전부를 조사하면 정확하게 알아낼 수 있는 미지의 상수이다. 그러나 모집단 전부를 조사하는 것은 현실적으로 특별한 경우를 제외하고는 거의 불가능하다.

앞서 설명한 바와 같이 일반적으로 모집단의 특성을 알고 있는 경우는 거의 없다. 그러나 우리는 관심 있는 모집단의 특성에 관한 정보를 알고자 할 때가 많다. 예를 들어, 어느 회사에서 생산되는 특정한 제품의 평균수명을 알고자 하거나, 어떤 선거에서 어느 후보의 지지율을 알고자 하는 경우 등이 있다. 평균수명을 알기 위해 그 회사에서 생산되는 특정한 제품 전체의 수명을 조사하는 것은 불가능하다. 또한 어느 후보의 지지율을 알아보기 위해 유권자 모두를 조사할 수도 없다. 이러한 경우 그 회사에서 생산된 특정한 제품 중 일부분을 추출하여 그 제품의 평균수명이 얼마인지를 추정하거나, 유권자 중 일부의 지지 성향을 조사하여 그 후보의 지지율을 예측하고자 할 것이다.

이와 같이 표본 데이터를 분석하여 모수에 관한 결론을 유추하는 과정을 **통계적 추론**(statistical inference)이라 한다. 통계적 추론에는 모수에 가까울 것으로 생각되는 값으로 추측하는 **모수의 추정**(estimation of parameter)과 모수의 참값에 관한 주장이 옳은지 그른지를 판정하는 **통계적 가설검정**(statistical hypothesis test)으로 나누어 생각할 수 있다.

이 장에서는 먼저 모수의 추정에 대해 알아보고자 한다. 모수에 관한 추정은 모수의 참값으로 생각되는 하나의 값을 추정하는 **점추정**(point estimation)과 모수의 가능한 값들을 구간으로 추정하는 **구간추정**(interval estimation)이 있다. 여기에서는 모평균, 모비율, 모분산의 점추정과 구간추정에 대해 설명하고자 한다.

예제 6.1 어떤 선거에서나 어느 후보가 당선될지는 대단한 관심거리이다. 따라서 선거운동기간 동안에 여러 여론조사기관에서는 유권자들의 일부를 조사하여 각 후보들의 지지율을 예측 발표하는 것을 흔히 볼 수 있다. 만일 무작위로 선택된

유권자 1000명 중에 A 후보를 지지하는 유권자가 390명이었다면, A 후보의 지지율은

$$\hat{p} = \frac{390}{1000} = 0.39$$

로 추정할 것이다. 여기서 조사의 목적은 선택된 1000명의 지지율에 관심이 있는 것이 아니라 유권자 전체의 지지율에 관심이 있는 것이다. 물론 이 값은 단지 모집단의 일부분으로부터 유도해낸 값이므로 오차를 수반하게 되어 전체 지지율이 0.39와 정확히 일치하지는 않을 것이다.

이 장에서는 추정에서 오차의 한계를 소개하고, 참이라고 생각되는 값들의 구간으로 추정하는 신뢰구간을 소개한다.

모수를 추정하기 위해 사용되는 통계량을 **추정량**(estimator)이라 하고 모수의 값으로 예측하기 위해 사용되는 추정량의 값을 **추정값** 또는 **추정치**(estimate)라 한다. 추정량의 표준편차를 그 추정량의 **표준오차**(standard error)라 한다.

6.2 | 모평균의 점추정

많은 경우에 일반적으로 모집단의 평균에 관심이 있다. 그러나 대부분의 경우 모평균은 알 수가 없기 때문에 표본평균으로부터 모평균을 추정해야 한다. 점추정은 표본 데이터로부터 미지의 모수에 가까울 것으로 생각되는 하나의 값을 추정하는 것이다. $X_1, \cdots, X_n$을 미지의 모평균 μ를 갖는 모집단에서 추출한 확률표본이라 하자. 이 확률표본으로부터 모평균을 추정할 때 가장 직관적인 추정량은 잘 알려진 표본평균 $\overline{X}$이다. 제5장에서

$$E(\overline{X}) = \mu, \qquad sd(\overline{X}) = \frac{\sigma}{\sqrt{n}}$$

이므로, 추정량 $\overline{X}$의 기댓값이 추정하고자 하는 모수이다.

기댓값이 추정하고자 하는 모수와 같은 추정량을 그 모수의 **비편향추정량**(unbiased estimator)이라 한다. 모수 θ의 추정량을 $\hat{\theta}$으로 표시할 때, $E(\hat{\theta}) = \theta$이면 추정량 $\hat{\theta}$은 모수

θ의 비편향추정량이다. 비편향추정량을 불편추정량이라고도 한다.

다음 데이터는 위암에 걸린 환자의 생존기간(단위: 일)을 나타낸 것이다.
(자료출처: DASL(The Data and Story Library), http://lib.stat.cmu.edu/DASL)

예제 6.2

124 42 25 45 12 51 1112 46 103 876 146 340 396

일반적으로 위암 환자들 전체의 생존기간을 모두 파악할 수는 없다. 현재의 환자들뿐만 아니라 앞으로 발병하는 환자들의 생존기간을 모두 측정하기는 현실적으로 불가능하다. 위의 13명 위암 환자들의 생존기간 데이터로부터 표본평균을 계산하여 평균 생존기간의 점추정값을 구해 보자.

풀이 13개 생존기간의 합은 $\sum_{i=1}^{13} x_i = 3318$ 이다.
따라서 평균 생존기간의 점추정값은

$$\bar{x} = \frac{3318}{13} = 255.23$$

이다.

표본평균 $\overline{X}$가 모평균 μ의 비편향추정량이라 하더라도 예제 6.2에서와 같이 $\bar{x}$ 형태로 추정값만 나타낸다면 그 추정값의 정확도를 알 수가 없으므로 별로 의미가 없다. 예를 들어, 다시 동일한 모집단에서 표본을 추출할 경우 추정값은 앞서 구한 것과 다르게 나타날 것이다. 그러므로 한 값으로 모수를 추정할 경우는 반드시 그 추정량의 분포의 변이도를 알아야 한다. 변이를 나타내는 대표적인 측도가 표준편차이므로, 그 추정량의 표준편차인 표준오차를 같이 표기해야 한다. 추정량 $\overline{X}$의 표준오차는 $se(\overline{X}) = \sigma/\sqrt{n}$으로 나타낸다.

표본이 어느 정도 크다면 표본평균 $\overline{X}$는 중심극한정리에 의해 근사적으로 정규분포를 따르기 때문에 표본평균 $\overline{X}$와 모평균 μ의 차이가 표준오차의 2배 $(2\sigma/\sqrt{n})$ 이내일 확률은 근사적으로 0.954이다. 이때 $2\sigma/\sqrt{n}$을 $\overline{X}$로 모평균 μ를 추정할 때의 95.4% 오차한계(margin of error)라고도 한다. 물론 여기서 모표준편차 σ를 모르면 오차한계도 알 수 없기 때문에 이러한 경우는 모표준편차의 추정값인 표본표준편차 s를 사용한다.

$$s = \sqrt{\frac{\sum_{i=1}^{n}(x_i - \overline{x})^2}{n-1}}$$

n이 클 때 $2s/\sqrt{n}$을 근사적인 95.4% 오차한계로 생각할 수 있다.

예제 6.3

예제 6.2에서 위암환자들의 평균 생존기간의 점추정값을 구하고 점추정량인 $\overline{X}$에 대한 추정된 표본표준오차 $s/\sqrt{n}$를 계산하라.

풀이 13명 위암환자들의 평균 생존기간은 $\overline{x} = 255.23$이므로, 점추정값은 255.23이다. 표본표준편차는

$$s = \sqrt{\frac{\sum(x_i - \overline{x})^2}{12}} = 351.92$$

이므로 추정된 표준오차는 $351.92/\sqrt{13} = 97.61$이다.

예제 6.4

완숙한 체더치즈 30개의 표본에서 함유된 젖산의 농도를 측정한 자료이다.

0.86	1.53	1.57	1.81	0.99	1.09	1.29	1.78	1.29	1.58
1.68	1.90	1.06	1.30	1.52	1.74	1.16	1.49	1.63	1.99
1.15	1.33	1.44	2.01	1.31	1.46	1.72	1.25	1.08	1.25

체더치즈에 함유된 젖산의 평균농도의 점추정값과 근사적인 95.4% 오차한계를 구하라.

풀이 30개의 측정값으로부터 구한 표본평균과 표본표준편차는 다음과 같다.

$$\overline{x} = \frac{\sum x_i}{30} = 1.442$$

$$s = \sqrt{\frac{\sum(x_i - 1.442)^2}{29}} = 0.303$$

모평균의 점추정값은 $\overline{x} = 1.442$이고 추정된 표준오차는

$$\frac{s}{\sqrt{n}} = \frac{0.303}{\sqrt{30}} = 0.055$$

이므로 근사적인 95.4% 오차한계는

$$2\frac{s}{\sqrt{n}} = 2 \times 0.055 = 0.11$$

이다.

6.3 | 모비율의 점추정

모집단에서의 특성이 비율인 경우에 대한 추정을 생각할 수 있다. 모비율은 제품의 불량률, 선거에서 특정 후보자에 대한 지지율, 사회적 이슈가 되는 문제에서 국민들의 찬성율, 실업율 등과 같이 일상생활에서 쉽게 다루게 되는 특성이다. p를 미지의 모비율이라 하자. 크기가 n인 확률표본을 추출하여 어떤 특성을 갖는 표본의 표본비율로 모비율 p를 추정할 것이다. 모집단에서 n개를 무작위로 추출할 때 X를 추출된 표본 중에서 어떤 특성을 가지고 있는 데이터의 개수라 하면, 모비율 p의 추정량은 다음과 같다.

$$\hat{p} = \frac{X}{n}$$

이 경우 X는 평균이 np이고 표준편차가 $\sqrt{np(1-p)}$인 이항분포를 따르기 때문에

$$E(\hat{p}) = p, \qquad sd(\hat{p}) = \sqrt{\frac{p(1-p)}{n}}$$

임을 알 수 있다. 즉, 표본비율 $\hat{p}$은 모비율 p의 비편향추정량이며 표본의 크기 n이 큰 경우 이항분포의 정규근사에 의해 표본비율 $\hat{p}$은 평균이 p이고 표준편차가 $\sqrt{p(1-p)/n}$인 정규분포를 근사적으로 따른다. 따라서 대표본에서 표본비율 $\hat{p}$으로 모비율 p를 추정할 때, 추정량 $\hat{p}$의 표준오차는 $se(\hat{p}) = \sqrt{\frac{p(1-p)}{n}}$가 된다. 그러므로 추정된 표준오차는 $\widehat{se}(\hat{p}) = \sqrt{\frac{\hat{p}(1-\hat{p})}{n}}$

이므로 근사적으로 95.4% 오차한계는 $2\sqrt{\hat{p}(1-\hat{p})/n}$ 이 된다.

예제 6.5 예제 6.1데이터를 이용하여 A 후보의 지지율(p)에 대한 점추정값과 근사적인 95.4% 오차한계를 구하라.

풀이 유권자 $n=1000$명을 조사한 결과 390명이 A 후보를 지지하였으므로 지지율의 추정값은

$$\hat{p}=\frac{390}{1000}=0.39$$

이고

$$\text{추정된 } \widehat{se}(\hat{p})=\sqrt{\frac{\hat{p}(1-\hat{p})}{n}}=\sqrt{\frac{0.39\times 0.61}{1000}}=0.015$$

이므로 근사적인 95.4% 오차한계는

$$2\times\widehat{se}(\hat{p})=2\times 0.015=0.03$$

이다.

사실 모비율 p는 0과 1 사이의 값이므로

$$p(1-p)\leq\frac{1}{4}$$

이 성립된다. 따라서

$$sd(\hat{p})=\sqrt{\frac{p(1-p)}{n}}\leq\sqrt{\frac{1}{4n}}=\frac{1}{2\sqrt{n}}$$

이 성립된다. 이 부등식은 나중에 표본크기를 결정하는 데 이용할 것이다.

6.4 | 모분산의 점추정

모평균에 대한 추론 외에도 모집단의 변이가 관심의 대상이 될 수도 있다. 야구 선수들의 타율에 관한 기록과 함께 각 경기에서 선수의 실력 변화가 어떠한지에 관한 정보는 각 선수의 신뢰성을 나타내는 지표가 될 수 있다. 제품의 균일성은 종종 제조과정에 대한 생산 품질의 판단기준이 된다. 품질관리 기사는 제품의 품질에 대한 편차가 지정한 한계를 초과하지 않도록 해야만 한다.

분산이 σ^2인 모집단에서 크기가 n인 확률표본 $X_1, \cdots, X_n$을 추출하고 이 표본 데이터를 이용하여 모분산 σ^2을 추정하고자 한다.

모분산 σ^2의 추정량은 당연히 다음의 표본분산이다.

$$S^2 = \frac{1}{n-1}\sum_{i=1}^{n}(X_i - \overline{X})^2$$

만일 모평균 μ를 알고 있다면, $\sigma^2 = E[(X_i - \mu)^2]$의 추정량은

$$\frac{\sum_{i=1}^{n}(X_i - \mu)^2}{n}$$

이 될 것이다. 앞서 언급했듯이 모표준편차 σ의 추정량은 표본표준편차 $\sqrt{S^2} = S$를 사용할 것이다. 어렵지 않게

$$E(S^2) = \sigma^2$$

임을 보일 수 있다. 즉, 표본분산 S^2은 모분산 σ^2의 비편향추정량이다. 그러나 S는 표준편차 σ의 비편향추정량이 되지는 않는다.

예제 6.4의 자료에서 체더치즈에 함유된 젖산 농도의 분산의 추정값은

$$s^2 = \frac{\sum(x_i - 1.442)^2}{29} = 0.09$$

가 된다.

6.5 | 모평균의 신뢰구간

일반적으로 표준오차를 알고 있더라도 점추정값의 정확도에 대해서는 알 수 없다. 따라서 실제로 모수의 참값을 포함할 것으로 기대되는 구간을 구하여 생각하는 것이 더욱 바람직할 때가 많이 있다.

우리가 알고 싶은 것은 실제로 모수를 포함할 구간인데 모집단 전체의 자료를 이용하는 것이 아니라 모집단의 일부분인 표본을 이용하기 때문에 제시한 구간이 모수를 100% 포함한다고 확신할 수가 없다. 물론 구간의 길이를 크게 하면 모수를 반드시 포함하도록 할 수는 있지만 추정의 의미가 없게 된다. 예를 들어, 다가올 수능시험의 평균성적에 관심이 있다면 500점 만점으로 생각하는 경우 구간을 10점에서 500점으로 잡으면 반드시 이번에 치를 학생들의 평균 수능성적은 이 구간에 들어갈 것이다. 그러나 그 구간은 평균 수능성적을 추정하는 데 전혀 도움을 주지 못한다. 따라서 명백히 모수의 참값을 포함하는 구간을 구할 수는 없고 그 대신에 제시한 구간이 참값을 포함할 확률, 즉 참값을 포함하리라고 신뢰할 수 있는 수준을 표시하게 된다. 일반적으로 0.90, 0.95, 또는 0.99로 주어지는 이러한 확률을 신뢰수준(level of confidence) 또는 신뢰계수(confidence coefficient)라 하고, $1-\alpha$로 표기하며 그 구간을 신뢰구간(confidence interval)이라 한다.

예를 들어, 어떤 회사에서 생산되는 제품의 평균수명 μ에 관심이 있다고 하자. 평균수명을 추정하기 위해 이 회사에서 생산된 제품 20개를 무작위로 선택하여 수명을 조사한 결과 표본평균이 $\bar{x}=120$시간이었다고 하자. 이 경우 이 회사에서 생산되는 제품의 평균수명은 120시간이라고 말할 수 있는가? 만일 다시 이 회사에서 생산된 제품 20개를 무작위로 선택하여 수명을 조사해 보니 이번에는 표본평균이 $\bar{x}=95$시간이었다면 어느 값으로 추정해야 하는가? 어느 값이 실제 모평균과의 오차가 작은가? 반복적으로 실험하여 표본평균을 구한다면 추정값들의 변이정도는 어떤가? 단순히 이 예에서는 오차의 정도에 대한 어떠한 정보도 제공해 주지 못하기 때문에 어느 추정값이 오차가 작은지 또는 이 추정량의 변이는 어느 정도인지 알 수가 없다. 물론 연속인 확률변수에 대해서는 어떠한 점추정량도 모수의 참값과 정확히 같을 확률은 항상 0이다. 주어진 데이터로부터 구한 추정값 $\bar{x}=95$ 시간 자체는 평균 수명의 정확성에 관한 정보를 제공해 주지 못한다. 이러한 문제점을 해결할 수 있는 한 가지 방법이 점추정값과 동시에 표준오차를 제공하여 이 추정량의 변이정도에 대한 정보를 제공해 주는 것이다. 따라서 단순히 한 값으로 추정하지 않고 모수의 참값이 어떤 구간에 포함될 것이라고 주장하는 변이의 정도와 신뢰의 정도를 함께 제시한 구간추정에 대해 설명하고자 한다.

신뢰구간을 구하기 위해서는 추정량의 확률분포가 필요하나 표본평균의 경우 표본의 크기에 따라 적용되는 확률분포가 다르므로 소표본과 대표본으로 구분하여 소개하고자 한다.

6.5.1 대표본에서의 모평균의 신뢰구간

먼저 평균이 μ 이고 표준편차가 σ 인 모집단에서 많은 수의 표본을 추출한 대표본의 경우 모평균 μ의 신뢰구간을 생각해 보자.

평균이 μ이고 표준편차가 σ인 모집단에서 추출한 확률표본의 표본평균 $\overline{X}$는 제5장의 중심극한정리로부터 표본크기가 큰 경우는 모집단의 분포와 상관없이 근사적으로 평균이 μ이고 표준편차가 $\sigma/\sqrt{n}$인 정규분포를 따른다는 사실을 알았다.

표본평균을 표준화시키면

$$\frac{\overline{X}-\mu}{\sigma/\sqrt{n}} \approx N(0,1)$$

이므로

$$P\left[-z_{\alpha/2} < \frac{\overline{X}-\mu}{\sigma/\sqrt{n}} < z_{\alpha/2}\right] = 1-\alpha$$

가 성립된다.

위 부등식을 모평균 μ에 관해 정리하여 나타내면 다음과 같다.

$$P\left[\overline{X}-z_{\alpha/2}\frac{\sigma}{\sqrt{n}} < \mu < \overline{X}+z_{\alpha/2}\frac{\sigma}{\sqrt{n}}\right] = 1-\alpha$$

이 식은 표본추출을 반복할 경우 $\overline{X}-z_{\alpha/2}\sigma/\sqrt{n}$과 $\overline{X}+z_{\alpha/2}\sigma/\sqrt{n}$으로 이루어진 확률구간이 모수 μ를 포함할 확률이 $1-\alpha$임을 의미한다. 따라서 모표준편차 σ를 알고 있는 경우 다음과 같은 신뢰구간을 유도할 수 있다.

$$\left(\overline{X}-z_{\alpha/2}\frac{\sigma}{\sqrt{n}},\quad \overline{X}+z_{\alpha/2}\frac{\sigma}{\sqrt{n}}\right)$$

대표본이므로 모집단 표준편차 σ를 모를 경우라도, σ의 추정량인 S를 사용해 다음과 같이 신뢰구간을 유도할 수 있다.

$$\left(\overline{X}-z_{\alpha/2}\frac{S}{\sqrt{n}},\quad \overline{X}+z_{\alpha/2}\frac{S}{\sqrt{n}}\right)$$

대표본에서 μ의 $100(1-\alpha)\%$ 신뢰구간

표본의 크기가 큰 경우, μ의 $100(1-\alpha)\%$ 신뢰구간은 다음과 같다.

$$\left(\overline{X}-z_{\alpha/2}\frac{S}{\sqrt{n}},\ \overline{X}+z_{\alpha/2}\frac{S}{\sqrt{n}}\right)$$

여기서 $z_{\alpha/2}$는 $N(0,1)$의 상위 $\alpha/2$인 점이다.

정규분포에서 많이 이용되는 상위 $\alpha/2$인 점 $z_{\alpha/2}$의 값을 표 6.1에 나타내었다.

| 표 6.1 | $z_{\alpha/2}$의 값

$1-\alpha\,(\alpha/2)$	0.8 (0.1)	0.9 (0.05)	0.95 (0.025)	0.99 (0.005)
$z_{\alpha/2}$	1.282	1.645	1.96	2.575

예제 6.6

표준편차가 $\sigma=9$인 모집단에서 관측된 36개의 확률표본으로부터 표본 평균이 $\overline{x}=53.2$임을 알았다. 이때 모평균 μ의 95% 신뢰구간을 구하라.

풀이 95% 신뢰구간을 구해야 하므로 $\alpha=0.05$에 해당된다. 따라서 $z_{\alpha/2}=z_{0.025}=1.96$이다. 그러므로 앞서 유도한 신뢰구간에 이 값들을 대입하면 모평

균 μ의 95% 신뢰구간은 다음과 같이 구할 수 있다.

$$\left(53.2-1.96\frac{9}{\sqrt{36}},\quad 53.2+1.96\frac{9}{\sqrt{36}}\right)=(50.26,\ 56.14)$$

예제 6.6에서 구한 신뢰구간 (50.26, 56.14)가 모평균 μ를 포함할 확률이 0.95라고 잘못 생각하는 경우가 많은데 이는 모평균 μ의 값은 알 수 없지만 상수이므로 특정한 구간 (50.26, 56.14)에는 포함되거나 아니면 포함되지 않거나 둘 중에 하나이기 때문이다. 그러면 여기서 신뢰수준은 무엇을 의미하는지 살펴보자.

■ **신뢰구간의 개념**

신뢰구간에서 신뢰수준의 의미를 보다 명확하게 이해하기 위해 평균이 $\mu=60$이고 표준편차가 $\sigma=6$인 정규분포에서 컴퓨터를 이용해 크기가 $n=36$인 표본을 100번 반복적으로 추출하여 각 표본에 대해 모평균 μ의 90% 신뢰구간을 구해 보자. 모평균 μ의 90% 신뢰구간은

$$\left(\bar{x}-1.645\frac{6}{\sqrt{36}},\quad \bar{x}+1.645\frac{6}{\sqrt{36}}\right)=(\bar{x}-1.645,\quad \bar{x}+1.645)$$

이다.

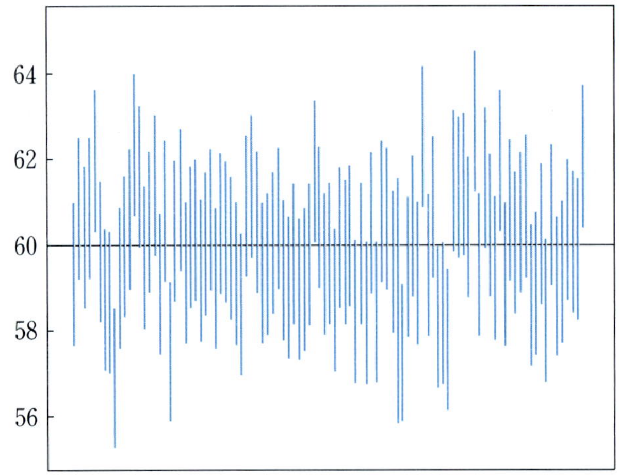

| 그림 6.1 | 신뢰구간

이 신뢰구간들을 수직선분으로 그림 6.1에 나타냈다. 그림 6.1에서 수직선의 중점이 표본평균 $\overline{X}$의 관측값이다. 이 가상실험에서 알 수 있듯이 100개의 표본 중 89개의 신뢰구간이 모평균의 참값인 60을 포함하고 있다. 즉 옳게 추정한 것이 89개로 거의 90%에 가깝다. 물론 모든 신뢰구간의 길이는 $2 \times 1.645 = 3.29$이다. 여기서 사용한 신뢰수준 0.90은 표본을 반복하여 계속 추출할 때, 각 표본으로부터 구한 신뢰구간들 중에서 모평균의 참값을 포함하는 신뢰구간이 90%임을 의미한다. 즉, 신뢰수준은 계속 반복해 표본을 추출하여 각 표본에서 신뢰구간을 구한다면 그 중에서 모평균을 포함하는 신뢰구간의 상대도수로 해석할 수 있다.

물론 표본을 추출하여 모수를 추정할 경우 앞서 컴퓨터를 이용한 가상실험과 같이 표본을 반복해서 추출하지는 않는다. 오직 한 번의 표본으로 모수를 추정하게 된다. 현실적으로 표본이 하나인데 신뢰수준이 90%면 어떻고 95%면 어떠냐고 생각할지 모르나 어떤 사람이 필요할 때마다 95% 신뢰구간을 계속해서 구한다면 그 사람이 일생동안 구한 구간의 약 95%가 모수의 참값을 포함할 것이다.

예제 6.7

소비자 보호센터에서는 한 음료 제조회사에서 시판하고 있는 음료의 용기에 표시된 항목이 정확한지를 파악하기 위하여 여러 항목에 대해 측정하였다. 그 중 36개 제품의 용량을 측정한 결과 표본평균은 202, 표본표준편차는 6.71이었다. 다음 물음에 답하라.

(a) 평균용량의 95% 신뢰구간을 구하라.

(b) 평균용량의 90% 신뢰구간을 구하라.

풀이 (a) $\alpha = 0.05$이므로 $z_{0.025} = 1.96$이고 $\overline{x} = 202,\ s = 6.71$를 사용하면 95% 신뢰구간은 다음과 같다.

$$\left(202 - 1.96 \times \frac{6.71}{\sqrt{36}},\quad 202 + 1.96 \times \frac{6.71}{\sqrt{36}}\right) = (202 - 2.19,\quad 202 + 2.19)$$

$$= (199.81, 204.19)$$

(b) $\alpha = 0.1$이므로 $z_{0.05} = 1.645$를 사용하면 90% 신뢰구간은 다음과 같다.

$$\left(202 - 1.645 \times \frac{6.71}{\sqrt{36}},\quad 202 + 1.645 \times \frac{6.71}{\sqrt{36}}\right) = (200.16,\ 203.84)$$

두 가지 신뢰구간을 비교해 보면 90%의 신뢰구간보다 95%의 신뢰구간의 폭이 더 넓다. 신뢰구간의 폭이 넓은 경우는 잘못 추정할 빈도가 상대적으로 낮게 된다.

예제 6.8 예제 6.4의 체더치즈에 함유된 젖산의 평균농도에 대한 95% 신뢰구간을 구하라.

풀이 $\alpha = 0.05$이므로 $z_{0.025} = 1.96$이고 $\bar{x} = 1.442$, $s = 0.303$을 사용하면 95% 신뢰구간은 다음과 같다.

$$\left(1.442 - 1.96 \times \frac{0.303}{\sqrt{30}},\quad 1.442 + 1.96 \times \frac{0.303}{\sqrt{30}}\right)$$
$$= (1.442 - 0.108,\quad 1.442 + 0.108)$$
$$= (1.334, 1.550)$$

6.5.2 소표본에서의 모평균의 신뢰구간

6.5.2.1 모분산을 알 때

이제 모집단이 정규분포이고 모분산 σ^2을 알고 있는 경우 모평균 μ의 신뢰구간을 생각해 보자. 모분산을 알고 있는 경우는 현실적으로 거의 발생하지 않지만 이론적인 전개를 위해 소개한다. 평균이 μ이고 표준편차가 σ인 정규모집단에서 추출한 확률표본의 표본평균 $\overline{X}$는 평균이 μ이고 표준편차가 $\sigma/\sqrt{n}$인 정규분포를 따른다. 표준편차(분산)를 알고 있다고 가정했으므로 $\sigma/\sqrt{n}$ 역시 알고 있는 상수이다.

표본평균을 표준화시키면

$$Z = \frac{\overline{X} - \mu}{\sigma / \sqrt{n}} \sim N(0, 1)$$

이므로 다음 식을 유도할 수 있다.

$$P\left[\overline{X} - z_{\alpha/2}\frac{\sigma}{\sqrt{n}} < \mu < \overline{X} + z_{\alpha/2}\frac{\sigma}{\sqrt{n}}\right] = 1 - \alpha$$

따라서 소표본에서 정규모집단의 모평균 μ의 $100(1-\alpha)\%$ 신뢰구간은 다음과 같다.

$$\left(\overline{X}-z_{\alpha/2}\frac{\sigma}{\sqrt{n}},\quad \overline{X}+z_{\alpha/2}\frac{\sigma}{\sqrt{n}}\right)$$

6.5.2.2 모분산을 모를 때

앞에서 설명한 신뢰구간은 표본을 추출한 모집단이 정규분포이고 분산이 알려져 있는 특별한 경우이다. 그러나 대부분의 실험에서는 분산을 알 수 없기 때문에 분산도 추정해야 한다. 이제 표본을 추출한 모집단이 정규분포이지만 평균과 표준편차를 모두 모르는 경우 모평균 μ의 신뢰구간을 유도해 보자.

$$Z=\frac{\overline{X}-\mu}{\sigma/\sqrt{n}}\sim N(0,1)$$

이 성립하지만 모표준편차 σ를 알 수 없으므로, σ를 추정해야 한다. 따라서 σ대신에 추정량인 표본표준편차 S를 대입하면

$$\frac{\overline{X}-\mu}{S/\sqrt{n}}$$

은 표준정규분포를 따른다고 말할 수 없다.

사실 표본이 클 경우는 중심극한정리에 의해 표준편차를 모르더라도 정규분포를 이용해 쉽게 신뢰구간을 유도할 수 있다. 그러나 표본을 얻는 데 시간이 많이 걸리거나 비용이 많이 드는 경우는 적은 수의 데이터를 사용해야 하므로 소표본에서 이용할 수 있는 통계적 추론 방법이 필요하다. 모집단이 정규분포이면 표본평균 $\overline{X}$는 평균이 μ이고 표준편차가 $\sigma/\sqrt{n}$인 정규분포를 따른다. 그러나 여기서는 모표준편차 σ를 모르기 때문에 앞서 유도한 방법으로 신뢰구간을 구할 수가 없다.

여기서는 먼저 모집단이 정규분포이고 표준편차를 모를 때, 모평균의 신뢰구간을 유도해 보자. 이 경우에 필요한 또 다른 분포와 기호를 먼저 소개한다.

$$T = \frac{\overline{X} - \mu}{S/\sqrt{n}}$$

위의 T 통계량은 Z 통계량에서 모표준편차 σ대신에 추정량인 표본표준편차 S를 대입하였지만 표본의 크기가 작다면 두 통계량의 분포는 차이가 많이 난다. 당연히 모표준편차의 추정량을 사용했기 때문에 표준정규확률변수 Z에 비해 변이는 더 커진다. 따라서 표준정규분포와 구별하여 T 통계량의 분포를 **스튜던트 t 분포**(Student t-distribution)라 한다. 이러한 이름을 갖게 된 이유는 양조회사에서 일하던 영국의 화학자 **고세트**(Gosset)에 의해 처음 이 분포가 연구되었다. 그러나 그가 일하던 양조회사는 발효과정을 더 잘 이해하고 개선하기 위하여 통계적 기법을 이용한다는 사실을 경쟁회사에 알리는 것을 싫어해 본인의 이름으로 연구결과를 발표할 수 없어서 Student라는 가명으로 t 분포에 대한 연구 결과를 발표했다. 이러한 이유로 t 분포를 스튜던트 t 분포라 한다.

위에서 언급한 T통계량은 엄밀하게 말하면 자유도가 $n-1$인 t 분포를 따르므로, $T \sim t(n-1)$로 표기한다. 그림 6.2에서 알 수 있듯이 자유도가 $n-1$인 t 분포는 평균인 0을 중심으로 좌우대칭이지만 표준정규분포보다는 더 두꺼운 꼬리를 갖고 있다. 즉, 분산이 표준정규분포의 분산인 1보다 크다. 그러나 자유도가 커지면 t 분포는 표준정규분포에 가까워진다.

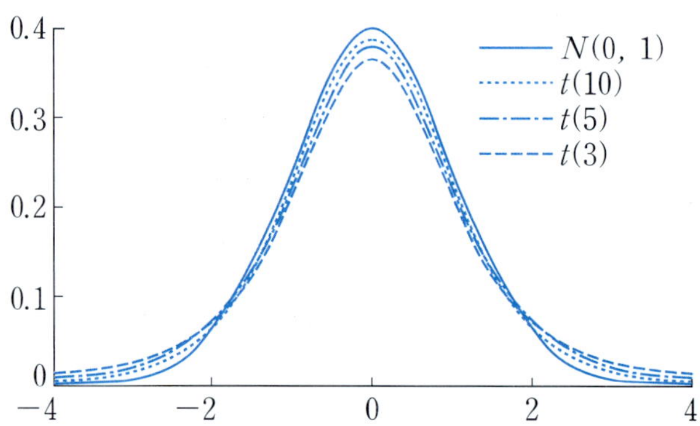

| 그림 6.2 | t 분포와 표준정규분포

부록 B의 표 3에 몇 가지 유용한 α값과 다양한 자유도 k에 대한 t 분포의 상위 α인 점 (오른쪽 꼬리부분의 면적이 α인 점) $t_\alpha(k)$값이 주어져 있다. 즉,

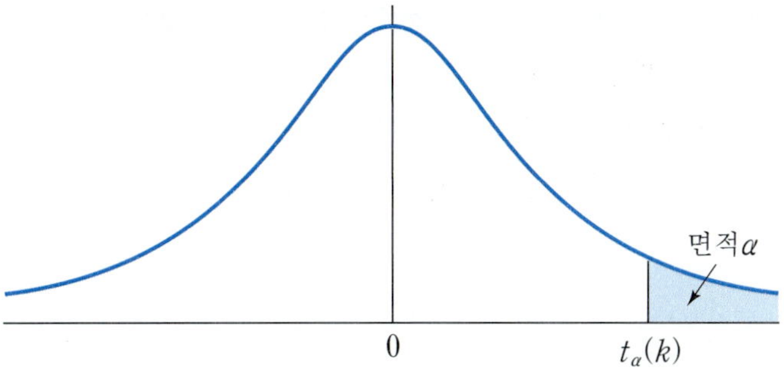

| 그림 6.3 | $t_\alpha(k)$인 점

$$P[T \geq t_\alpha(k)] = \alpha$$

물론 t 분포가 0을 중심으로 좌우대칭이라는 사실을 이용하면 표준정규분포와 마찬가지로 쉽게 하위 α인 점(왼쪽 꼬리부분의 면적이 α인 점)은 $-t_\alpha(k)$임을 알 수 있다.

모분산을 알 때 모평균 μ의 신뢰구간을 유도한 것처럼 모분산을 모를 때 Z 통계량 대신 T 통계량을 이용하고 표준정규분포 대신 t 분포를 이용하여 μ의 $100(1-\alpha)\%$ 신뢰구간을 다음과 같이 유도할 수 있다.

$$P\left[\overline{X} - t_{\alpha/2}(n-1)\frac{S}{\sqrt{n}} < \mu < \overline{X} + t_{\alpha/2}(n-1)\frac{S}{\sqrt{n}}\right] = 1-\alpha$$

여기서 S는 표본표준편차이다. 따라서 모분산을 모르는 경우 모평균 μ의 $100(1-\alpha)\%$ 신뢰구간은 다음과 같다.

$$\left(\overline{X} - t_{\alpha/2}(n-1)\frac{S}{\sqrt{n}},\quad \overline{X} + t_{\alpha/2}(n-1)\frac{S}{\sqrt{n}}\right)$$

소표본에서 μ의 $100(1-\alpha)\%$ 신뢰구간

정규분포인 모집단에서 표본의 크기가 작은 경우, μ의 $100(1-\alpha)\%$ 신뢰구간은 다음과 같다.

$$\left(\overline{X} - t_{\alpha/2}(n-1)\frac{S}{\sqrt{n}},\ \overline{X} + t_{\alpha/2}(n-1)\frac{S}{\sqrt{n}}\right)$$

여기서 $t_{\alpha/2}(n-1)$은 자유도 $n-1$인 t 분포의 상위 $\alpha/2$인 점이다.

예제 6.9

핸드폰에 사용되는 배터리를 생산하는 공장에서 새로운 배터리를 개발하였다. 이 배터리의 수명을 조사하기 위해 12개의 제품을 추출하여 수명시간(단위: 시간)을 측정한 결과 표본평균이 52.08이고 표본표준편차가 4.66이었다. 배터리 수명은 정규분포를 따른다고 가정한다. 평균수명시간의 95% 신뢰구간을 구하라.

풀이 $\alpha = 0.05$이므로 자유도가 11인 t 분포에서 $t_{0.025}(11) = 2.201$이고 $\overline{x} = 52.08$, $s = 4.66$을 사용하면 95% 신뢰구간은 다음과 같다.

$$\left(52.08 - 2.201 \times \frac{4.66}{\sqrt{12}}, \quad 52.08 + 2.201 \times \frac{4.66}{\sqrt{12}}\right) = (49.12, \quad 55.04)$$

위와 같은 방법으로 계산한 구간들의 95%가 실제 배터리 평균수명시간을 포함하므로 수명시간이 49.12에서 55.04 사이일 것이라고 95% 신뢰할 수 있다.

6.6 | 모비율의 신뢰구간

대표본에서 모비율의 신뢰구간도 모평균의 신뢰구간을 구한 것과 같이 정규분포를 이용하여 근사적으로 구할 수 있다.

$\hat{p}$의 평균은 p이고 표준편차는 $\sqrt{\dfrac{p(1-p)}{n}}$ 이므로 대표본인 경우, $\hat{p}$은 근사적으로 정규분포를 따른다. 즉

$$\hat{p} \approx N\left(p, \ \frac{p(1-p)}{n}\right)$$

가 된다. 그러므로

$$\frac{\hat{p} - p}{\sqrt{p(1-p)/n}} \approx N(0,1)$$

로부터 다음 식을 유도할 수 있다.

$$P\left[\hat{p}-z_{\alpha/2}\sqrt{\frac{p(1-p)}{n}}<p<\hat{p}+z_{\alpha/2}\sqrt{\frac{p(1-p)}{n}}\right]\approx 1-\alpha$$

그러나 위의 식에는 표준편차가 미지의 모수 p를 포함하고 있으므로, 신뢰구간을 유도하기가 매우 복잡하다. 따라서 대표본에서의 모비율 p의 $100(1-\alpha)\%$ 신뢰구간은 표본비율 $\hat{p}$의 추정된 표준오차 $\widehat{se}(\hat{p})=\sqrt{\dfrac{\hat{p}(1-\hat{p})}{n}}$ 를 이용하여 유도할 수 있다. 표본비율 $\hat{p}$의 추정된 표준오차를 이용하여 유도한 모비율 p의 근사적인 $100(1-\alpha)\%$ 신뢰구간은 다음과 같다.

$$\left(\hat{p}-z_{\alpha/2}\sqrt{\frac{\hat{p}(1-\hat{p})}{n}},\ \hat{p}+z_{\alpha/2}\sqrt{\frac{\hat{p}(1-\hat{p})}{n}}\right)$$

대표본에서 p의 $100(1-\alpha)\%$ 신뢰구간

표본의 크기가 큰 경우, p의 $100(1-\alpha)\%$ 신뢰구간은 다음과 같다.

$$(\hat{p}-z_{\alpha/2}\sqrt{\hat{p}(1-\hat{p})/n},\ \hat{p}+z_{\alpha/2}\sqrt{\hat{p}(1-\hat{p})/n}\ )$$

예제 6.10 예제 6.1에서 유권자 1000명을 조사하여 A후보를 지지하는 유권자가 390명으로 나타났다. 이 데이터로부터 A후보의 지지율에 대한 95% 신뢰구간을 구하라.

풀이 유권자 1000명을 조사하였으므로 표본비율 $\hat{p}$는 근사적으로 정규분포를 따른다.

표본비율은 $\hat{p}=390/1000=0.39$ 이고 $z_{\alpha/2}=z_{0.025}=1.96$이므로 모비율 p의 근사적인 95% 신뢰구간은

$$\left(0.39 - 1.96\sqrt{\frac{0.39(1-0.39)}{1000}},\ 0.39 + 1.96\sqrt{\frac{0.39(1-0.39)}{1000}}\right)$$

$$= (0.39 - 0.030,\quad 0.39 + 0.030)$$

$$= (0.36,\ 0.42)$$

이다. 따라서 A 후보 지지율은 36%에서 42% 사이라고 95% 신뢰할 수 있다.

6.7 | 모분산의 신뢰구간

모분산은 모집단의 분포가 정규분포라는 가정하에서 추론을 생각할 수 있다.

정규분포와 관련이 있는 분포 중에 t 분포 외에 널리 이용되는 분포가 카이제곱분포 (χ^2 분포)이다. 카이제곱분포는 일반적으로 오른쪽으로 긴 꼬리를 갖는 비대칭 분포이다. 분포의 모양은 자유도라고 하는 값에 따라 변하며 자유도가 커지면 분포의 모양도 좌우대칭에 가까워진다.

$X_1, \cdots, X_n$을 정규모집단에서 추출한 확률표본이라 하면

$$\frac{(n-1)S^2}{\sigma^2} = \frac{\sum_{i=1}^{n}(X_i - \overline{X})^2}{\sigma^2}$$

이 자유도가 $n-1$인 카이제곱분포를 따른다는 사실이 잘 알려져 있다. 지금부터 자유도가 k인 카이제곱분포를 $\chi^2(k)$로 나타낼 것이다.

만약 $X \sim \chi^2(k)$이면, 그림 6.4와 같이 자유도 k인 카이제곱분포의 오른쪽 꼬리 확률이 α인 값을 $\chi^2_\alpha(k)$로 나타낼 것이다. 즉,

$$P[X \geq \chi^2_\alpha(k)] = \alpha$$

부록 B의 표 4에는 다양한 α와 자유도 k에 대해 χ^2분포의 상위 α인 점 $\chi^2_\alpha(k)$의 값들이 주어져 있다.

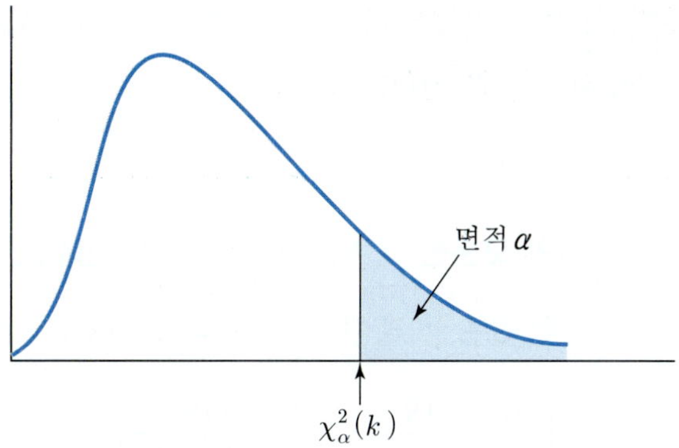

| 그림 6.4 | $\chi^2_\alpha(k)$인 점

χ^2분포를 이용하여 모분산 σ^2의 95% 신뢰구간을 구하는 방법을 간략히 알아보자. 확률 $\alpha = 0.05$를 χ^2 분포의 양쪽 두 꼬리 부분에 동일하게 나누어 다음 식을 얻을 수 있다.

$$P\left[\chi^2_{0.975}(n-1) < \frac{(n-1)S^2}{\sigma^2} < \chi^2_{0.025}(n-1)\right] = 0.95$$

여기서 백분위 점들은 자유도 $n-1$ 인 χ^2 분포표로부터 얻어진다. 위의 식은 다음 식과 동치이다.

$$P\left[\frac{(n-1)S^2}{\chi^2_{0.025}(n-1)} < \sigma^2 < \frac{(n-1)S^2}{\chi^2_{0.975}(n-1)}\right] = 0.95$$

σ^2을 포함하는 확률구간에 관한 위의 식에서 σ^2의 95% 신뢰구간을 얻을 수 있다. 즉,

$$\left(\frac{(n-1)S^2}{\chi^2_{0.025}(n-1)},\ \frac{(n-1)S^2}{\chi^2_{0.975}(n-1)}\right)$$

이 σ^2의 95% 신뢰구간이다.

모표준편차 σ의 신뢰구간은 σ^2의 신뢰구간에서 양 끝점의 제곱근을 사용하여 쉽게 구할 수 있다. σ의 95% 신뢰구간은 다음과 같다.

$$\left(S\sqrt{\frac{n-1}{\chi^2_{0.025}(n-1)}},\ S\sqrt{\frac{n-1}{\chi^2_{0.975}(n-1)}}\right)$$

σ^2의 95% 신뢰구간을 유도한 것처럼 일반적으로 $100(1-\alpha)\%$ 신뢰구간을 쉽게 유도할 수 있다. 그 결과를 요약하면 다음과 같다.

정규모집단의 모분산 σ^2 의 $100(1-\alpha)\%$ 신뢰구간

모집단 분포가 정규분포인 경우, σ^2의 $100(1-\alpha)\%$ 신뢰구간은 다음과 같다.

$$\left(\frac{(n-1)S^2}{\chi^2_{\alpha/2}(n-1)},\ \frac{(n-1)S^2}{\chi^2_{1-\alpha/2}(n-1)}\right)$$

여기서 $\chi^2_{\alpha/2}(n-1)$은 자유도 $n-1$인 카이제곱분포의 상위 $\alpha/2$인 점이고 $\chi^2_{1-\alpha/2}(n-1)$은 하위 $\alpha/2$인 점이다.

예제 6.11 A은행에서 새로운 시스템을 도입한 이후 이용고객들의 불편신고가 오히려 예전보다 많이 증가하였다. 이에 은행에서 실제 이용고객 10명을 대상으로 은행업무를 보기 위해 기다리는 시간(단위: 분)을 측정하여 다음 자료를 얻었다. 대기 시간의 분산에 대한 90% 신뢰구간을 구하라. 대기 시간은 정규분포를 따른다고 가정한다.

3.00 5.50 2.07 7.30 4.97 5.90 10.35 4.10 6.13 5.83

풀이 표본평균과 표본분산은 각각

$$\bar{x} = 5.515, \qquad s^2 = 5.298$$

이다. 표본이 10개이므로 자유도가 9인 카이제곱분포표에서 $\chi^2_{0.05}(9)$와 $\chi^2_{0.95}(9)$의 값은 각각 16.92, 3.33임을 알 수 있다. 따라서 모분산 σ^2의 90% 신뢰구간은

$$\left(\frac{9\times 5.298}{16.92},\ \frac{9\times 5.298}{3.33}\right) = (2.82,\ 14.32)$$

이다.

모표준편차 σ의 90% 신뢰구간은

$$(\sqrt{2.82},\ \sqrt{14.32}) = (1.68,\ 3.78)$$

이다.

6.8 | 표본크기의 결정

앞에서 다룬 점추정과 신뢰구간은 모두 주어진 표본의 데이터를 이용하였다. 그러나 표본의 데이터를 이용하려면, 먼저 표본 자료를 수집하거나 측정하여야 한다. 그렇다면 표본은 몇 개를 수집하여야 하는가? 라는 문제에 당면하게 된다. 일반적으로 표본의 크기가 클수록 정확도는 좋아지지만, 시간과 비용이 많이 소요되므로 적절한 표본의 크기를 결정하는 것이 필요하다.

6.8.1 모평균 추정에서의 표본크기

모평균 μ의 추정에서 $100(1-\alpha)\%$ 오차한계를 이용하여 표본의 크기를 결정할 수 있다.

$\overline{X}$에 의한 μ의 추정에서 $100(1-\alpha)\%$ 오차한계는

$$z_{\alpha/2}\frac{\sigma}{\sqrt{n}}$$

이므로, 오차가 지정된 값 d를 초과하지 않는다고 $100(1-\alpha)\%$ 확신하기 위해서 필요한 표본의 크기 n은

$$d = z_{\alpha/2}\frac{\sigma}{\sqrt{n}}$$

을 만족하는 값이다. 위의 식을 n에 관하여 풀면 다음과 같다.

$$n = \left[\frac{z_{\alpha/2}\,\sigma}{d}\right]^2$$

이때 n은 표본크기이므로 계산된 값이 정수가 아닌 경우, 계산된 값보다 큰 최소의 정수로 결정한다. 많은 경우 모표준편차 σ는 이전에 추정된 값을 이용하거나 예비표본을 추출하여 σ값을 추정하여 사용한다.

> 추정오차 $|\overline{X}-\mu|$가 d를 초과하지 않는다고 $100(1-\alpha)\%$ 확신하기 위해 필요한 표본의 크기는 다음과 같다.
>
> $$n=\left[\frac{z_{\alpha/2}\,\sigma}{d}\right]^2$$

예제 6.12 초등학생들의 평균 체중을 추정하고자 한다. 추정오차가 4kg 이내임을 90% 확신하기 위하여 얼마나 많은 학생들의 체중을 측정해야 하는가? 단, 모표준편차는 $\sigma=15$를 이용하라.

풀이 $d=4$, $z_{0.05}=1.645$이다. 따라서 표본의 크기 n은

$$n=\left[\frac{1.645\times 15}{4}\right]^2=38.05$$

이므로 필요한 표본크기는 $n=39$이다.

6.8.2 모비율 추정에서의 표본크기

대표본인 경우 모비율 p의 추정에서 $100(1-\alpha)\%$ 오차한계는 $z_{\alpha/2}\sqrt{p(1-p)/n}$ 이다. 위의 모평균을 이용한 표본크기 결정과 마찬가지 방법으로 표본의 크기를 결정할 수 있다.

오차 $(|\hat{p}-p|)$가 지정된 값 d를 초과하지 않는다고 $100(1-\alpha)\%$ 확신하기 위해서 필요한 표본의 크기 n을 구하면 다음과 같다.

$$n=p(1-p)\left[\frac{z_{\alpha/2}}{d}\right]^2$$

여기서 p값에 대한 정보가 있을 경우는 그 값을 활용하여 구할 수 있다. 그러나 p값에 대

한 정보가 없다면 $p(1-p)$가 가질 수 있는 최댓값 1/4를 사용하여 다음과 같이 표본의 크기를 결정할 수 있다.

$$n = \frac{1}{4}\left[\frac{z_{\alpha/2}}{d}\right]^2$$

예제 6.13

청소년 문제를 연구하는 단체에서 청소년의 흡연율 p를 추정하고자 한다. 추정 오차가 0.05이내라고 95% 확신하고자 한다면 얼마나 많은 표본이 필요한가?

(a) 청소년의 흡연율 p에 대한 정보가 없을 때,

(b) 예비조사에서 100명의 청소년 중 30명이 담배를 피우고 있다고 대답했을 때,

풀이 허용 가능한 오차는 $d = 0.05$이며, $z_{0.025} = 1.96$이다.

(a) p에 대한 정보가 없으므로 $p(1-p)$의 최댓값인 1/4을 이용하면

$$n = \frac{1}{4}\left[\frac{1.96}{0.05}\right]^2 = 384.16$$

이므로, 표본크기는 $n = 385$이다.

(b) 예비조사에서 100명 중 30명이 흡연을 하고 있는 것으로 조사되어 $\hat{p} = 0.3$을 이용하면

$$n = (0.3 \times 0.7)\left[\frac{1.96}{0.05}\right]^2 = 322.69$$

이므로, 표본크기는 $n = 323$이다.

6.9 | SPSS를 이용한 실습

이 절에서는 모수에 대한 점추정량과 신뢰구간을 SPSS를 이용하여 구해 보자.

예제 6.14

예제 6.2에서 구한 위암 환자들의 평균 생존기간의 점추정값과 점추정량에 대한 표준오차를 구해 보자.

풀이 점추정값과 추정량에 대한 표준오차를 구하기 위해 그림 6.5와 같이 자료를 입력한다.

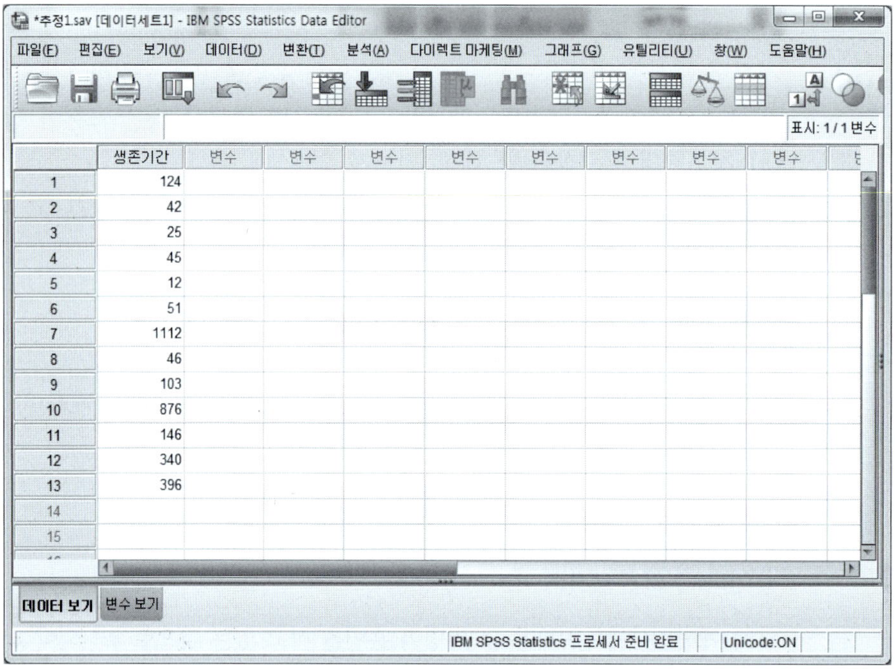

| 그림 6.5 | 자료 입력

실행순서

SPSS를 사용하여 점추정값을 얻기 위해서는 자료 입력 화면에서 다음 순서로 선택하면 그림 6.6과 같은 변수선택 화면이 나타난다.

분석(A) ▶
기술통계량(E) ▶
기술통계(D)

변수에 생존기간을 선택하고, [옵션]을 택하여 그림 6.7과 같이 필요한 기술통계를 선택한 후 확인을 누르면 그림 6.8과 같이 결과가 나타난다.

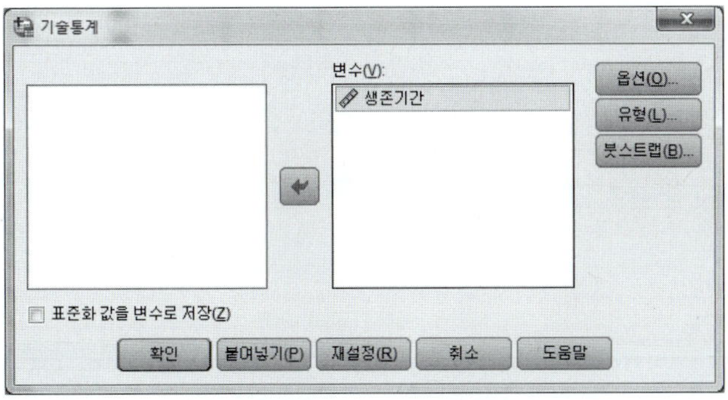

| 그림 6.6 | 기술통계

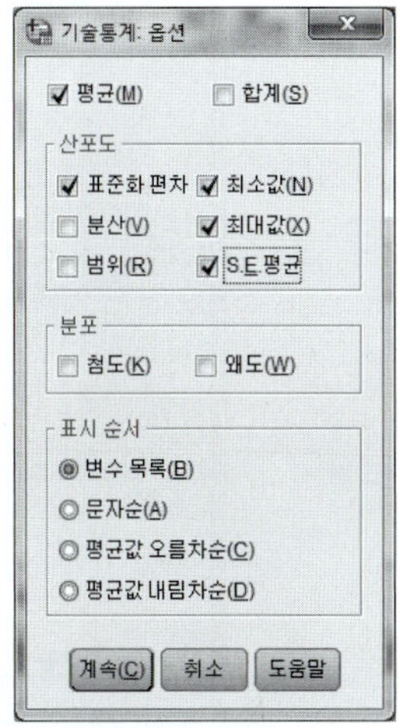

| 그림 6.7 | 옵션

기술통계량

	N	최소값	최대값	평균		표준편차
	통계량	통계량	통계량	통계량	표준오차	통계량
생존기간	13	12	1112	255.23	97.601	351.906
유효 N(목록별)	13					

| 그림 6.8 | 결과

그림 6.8의 결과를 살펴보면, 최솟값, 최댓값, 평균, 표준편차, 평균에 대한 표준오차가 주어져 있다.

위암 환자의 평균 생존기간의 점추정값$(\overline{x})$은 255.23이며 표준편차의 점추정값(s)은 351.906이고 평균에 대한 표준오차$\left(\frac{s}{\sqrt{n}}\right)$는 97.601임을 알 수 있다.

예제 6.15 예제 6.8에서 체더치즈에 함유된 젖산의 평균농도에 대한 95% 신뢰구간을 SPSS를 이용하여 구해 보자.

풀이 평균농도의 신뢰구간을 구하기 위해 그림 6.9와 같이 자료를 입력한다.

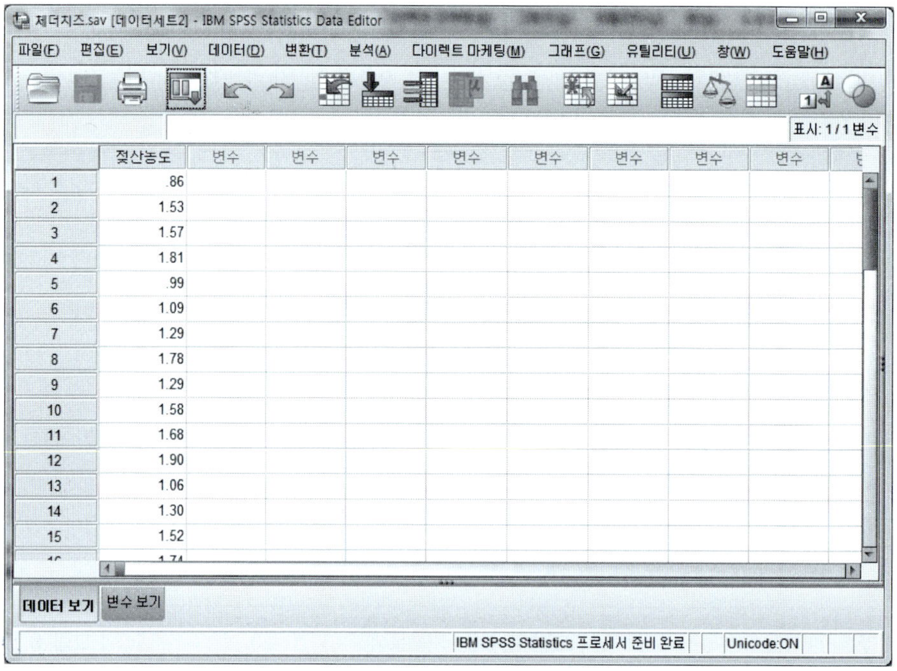

| 그림 6.9 | 자료 입력

실행순서

SPSS를 사용하여 젖산의 평균농도에 대한 신뢰구간을 구하려면 다음과 같은 순으로 선택하면 그림 6.10과 같은 변수선택 화면이 나타난다.

분석(A) ▶
평균비교(M) ▶
일표본 T검정(S)

검정변수에 젖산농도를 선택하고, [옵션]을 택하여 그림 6.11과 같이 신뢰구간에 95%를 입력한 후 확인을 누르면 그림 6.12와 같이 결과가 나타난다.

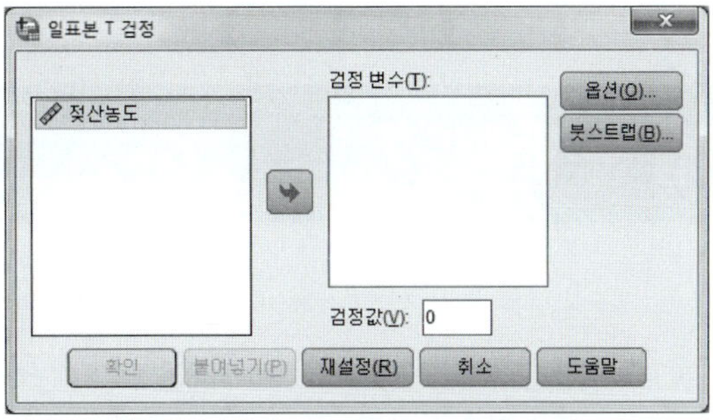

| 그림 6. 10 | 일표본 T 검정

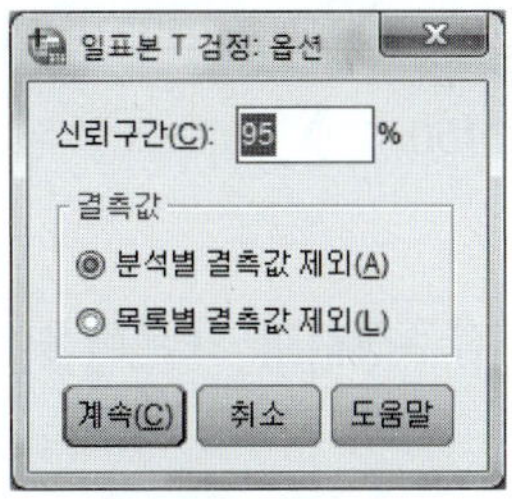

| 그림 6. 11 | 옵션

일표본 통계량

	N	평균	표준편차	평균의 표준오차
젖산농도	30	1.4420	.30349	.05541

일표본 검정

	검정값 = 0					
	t	자유도	유의확률 (양측)	평균차이	차이의 95% 신뢰구간 하한	차이의 95% 신뢰구간 상한
젖산농도	26.024	29	.000	1.44200	1.3287	1.5553

| 그림 6. 12 | 결과

그림 6.12의 결과를 살펴보면, 체더치즈에 포함된 젖산 평균농도의 95% 신뢰구간은 1.3287에서 1.5553임을 알 수 있다.

EXERCISES

연습문제

01 모집단에서 추출한 크기 n인 확률표본을 기초로 하여 모평균 μ를 추정하고자 한다. 다음 각각의 경우 μ의 점추정값과 근사적인 95.4% 오차한계를 구하라.

(a) $n=30$, $\sum x_i = 450$, $\sum (x_i - \overline{x})^2 = 186$

(b) $n=81$, $\sum x_i = 729$, $\sum (x_i - \overline{x})^2 = 248$

(c) $n=150$, $\sum x_i = 2450$, $\sum (x_i - \overline{x})^2 = 1264$

02 다음 경우 모비율 p의 점추정값과 표본비율 $\hat{p}$의 표준오차를 구하라.

(a) $n=100$, $X=45$

(b) $n=1500$, $X=547$

(c) $n=700$, $X=628$

03 어느 모집단의 평균은 74이고 표준편차는 16이다. 표본을 64개 추출하였을 때, 다음을 구하라.

(a) $\overline{X}$의 표준오차를 구하라.

(b) 95.4% 오차한계를 구하라.

04 t 분포표를 이용하여 다음을 구하라.

(a) 자유도가 10일 때, t 분포의 상위 10%인 점

(b) 자유도가 24일 때, t 분포의 하위 0.01인 점

(c) 자유도가 10일 때, $P[t(10) > k] = 0.05$인 k 값

(d) 자유도가 11일 때, $P[-k < t(11) < k] = 0.8$인 k 값

05 t 분포표를 이용하여 다음을 구하라.

(a) 자유도가 15일 때, $t_{0.05}(15)$

(b) 자유도가 19일 때, $t_{0.01}(19)$

06 χ^2분포표를 이용하여 다음을 구하라.

(a) 자유도가 10일 때, χ^2분포의 상위 10%인 점

(b) 자유도가 24일 때, χ^2분포의 하위 0.01인 점

(c) 자유도가 10일 때, $P[\chi^2(10) > k] = 0.05$인 k 값

(d) 자유도가 10일 때, $P[\chi^2(10) < k] = 0.05$인 k 값

07 χ^2분포표를 이용하여 다음을 구하라.

(a) 자유도가 15일 때, $\chi^2_{0.05}(15)$

(b) 자유도가 20일 때 $\chi^2_{0.99}(20)$

08 연습문제 1번의 각각에 대해 μ의 90% 신뢰구간을 구하라.

09 연습문제 2번 각각에 대해 p의 95% 신뢰구간을 구하라.

10 다음은 정규모집단에서 추출한 크기 n인 확률표본이다. 모평균, 모분산, 모표준편차의 신뢰구간을 구하라.

(a) $n = 10,\quad \sum x_i = 44,\quad \sum (x_i - \overline{x})^2 = 6.822,\quad 1-\alpha = 0.95$

(b) $n = 20,\quad \sum x_i = 642,\quad s^2 = 14.726,\quad 1-\alpha = 0.90$

11 정규모집단에서 추출한 7개의 데이터가 다음과 같다.

15　22　19　25　18　17　21

(a) 모표준편차 σ의 점추정값을 구하라.

(b) σ의 95% 신뢰구간을 구하라.

(c) 모분산 σ^2의 95% 신뢰구간을 구하라.

12 다음의 모수를 추정하기 위해 표본을 추출하여 조사하고자 한다. 얼마나 많은 표본을 추출해야 하는가?

(a) 모평균의 추정에서 추정오차가 0.9를 초과하지 않는다고 95% 확신하고자 한다 $(\sigma = 4)$.

(b) 모비율의 추정에서 추정오차가 0.04를 초과하지 않는다고 99% 확신하고자 한다 $(p = 0.3)$.

(c) (b)의 문제에서 p에 대한 정보가 없을 때

13 요즘은 신생아들의 체중이 과거에 비해 많이 증가되고 있는 것으로 나타나고 있다. 최근에 태어난 신생아 14명을 대상으로 체중(단위:kg)을 조사한 결과 다음의 자료를 얻었다.

3.5 4.3 2.8 3.6 3.4 3.7 2.9 3.7 2.5 3.5 4.0 3.2 3.1 3.0

(a) 신생아의 평균체중 μ의 추정값을 구하라.
(b) μ의 95% 신뢰구간을 구하라. 단 신생아의 체중은 정규분포를 따른다고 가정한다.

14 고추 모종으로 키우는 데 걸리는 기간을 파악하기 위해 64개의 고추 모종의 성장기간을 측정한 결과 표본평균이 48일이고 표본표준편차가 4.2일이었다.
(a) 평균 성장기간 μ의 점추정값을 구하라.
(b) 평균 성장기간의 95% 신뢰구간을 구하라.

15 매일 자가용으로 출근하는 A씨가 출근하는 데 걸리는 시간을 파악하고자 50일간 출근시 걸리는 시간을 기록하였다. 이 자료에 의하면 50일 동안의 평균 출근 시간은 25분이고 표본분산은 30.1로 나타났다.
(a) 평균 출근시간 μ의 추정값과 추정량의 표준오차를 구하라.
(b) 평균 출근시간 μ의 90% 신뢰구간과 99% 신뢰구간을 구하라.
(c) 위의 2가지 신뢰구간을 이용하여 신뢰구간의 길이와 신뢰수준의 관계를 설명하라.

16 월드컵경기 기간에는 거의 대다수 방송국에서 축구 중계 및 축구 관련 프로그램을 편성하고 있다. 실제로 축구를 좋아하는 비율이 어느 정도인지를 파악하고자 우리나라 국민들 중 1000명을 표본으로 추출하였다. 추출된 조사대상자 중 570명이 축구를 좋아한다고 응답하였다.
(a) 모비율의 점추정값을 구하고 95.4%의 오차한계를 구하라.
(b) 모비율의 95% 신뢰구간을 구하라.

17 백혈병 환자를 대상으로 새로운 혈청이 생존을 증가시키는지를 파악하기 위해 8명의 백혈병 환자들을 대상으로 혈청을 주입한 후 다음의 자료를 얻었다(단위: 년). 단, 백혈병 환자의 혈청은 정규분포를 따른다고 가정한다.

5.0 2.7 3.4 0.8 1.2 1.7 2.8 1.9

(a) 평균 생존기간 μ의 추정값과 추정량의 표준오차를 구하라.
(b) μ의 90% 신뢰구간을 구하라.

18 지난 해 조사된 전국 1000가구에서 1가구당 한 달 평균 외식비는 158,000원이고 표본표준편차는 24,300원으로 조사되었다.

(a) 한 달 평균 외식비 μ의 95% 신뢰구간을 구하라.

(b) 올해 이 조사를 다시 실시해야 하는데 추정오차를 1,580원 이내임을 90% 확신하고자 한다면 표본을 얼마나 추출해야 하는가?

19 하루에 빠지는 평균 머리카락 수를 파악하기 위하여 다음의 자료를 얻었다. 아래 각각의 경우 하루에 빠지는 평균 머리카락 수의 95% 신뢰구간을 구하라. 하루에 빠지는 머리카락 수는 정규분포를 따른다고 한다.

(a) $n = 15, \quad \bar{x} = 38, \quad s = 27.5$

(b) $n = 160, \quad \bar{x} = 41.3, \quad s = 24.8$

20 최근 피부과 환자의 상당부분이 아토피 환자로 아토피는 유전적인 영향뿐만 아니라 환경적인 영향으로 많이 발생한다고 보도되고 있다. 5세미만 유아 1000명을 대상으로 아토피를 앓고 있는 수를 조사한 결과 178명으로 파악되었다. 아토피 환자비율의 99% 신뢰구간을 구하라.

21 우리나라 사람들의 대머리 비율을 파악하고자 500명을 대상으로 모발 상태를 측정하였다. 이 중 76명이 대머리임이 판명되었다.

(a) 우리나라 사람들의 대머리 비율을 추정하라.

(b) 표본비율로 모비율을 추정할 때의 90% 오차한계를 구하라.

(c) 대머리 비율의 90% 신뢰구간을 구하라.

22 현재 몇 년간 국내 여행사의 해외여행 상품이 호황을 누리고 있으며, 지난해 우리나라의 관광수지 적자는 85억 달러에 이른다고 한다. 이에 우리나라 국민들의 해외여행 실태를 파악하기 위해 국민들을 대상으로 해외여행 경험 비율을 조사하고자 한다. 95% 신뢰수준에서 추정오차가 0.04이내이기 위해 필요한 표본의 크기를 구하라.

23 우리나라에서 100 가구를 대상으로 현재 가입되어 있는 보험상품의 수를 조사한 결과 가구당 평균 4.5개의 보험에 가입되어 있는 것으로 조사되었다. 이때 표본표준편차는 5.6이었다. 우리나라 가구당 평균 보험가입수의 90% 신뢰구간을 구하라.

24 모평균 추정시 추정오차가 2.4를 넘지 않는다고 90% 확신하기 위해 필요한 표본의 크기를 구하라. 단, 모표준편차는 $\sigma = 12$라 가정한다.

25 새로 개발된 접착제의 건조시간을 파악하기 위해 두 물건사이에 접착제를 뿌려 고정되는 데까지 걸리는 시간을 측정하였다. 16개 데이터의 표본평균은 48초이고 표본표준편차는 6.3초였다. 평균 건조시간의 99% 신뢰구간을 구하라. 단, 접착제의 건조시간은 정규분포를 따른다.

26 모비율의 추정오차가 0.02이내임을 95% 확신하고자 할 때 필요한 표본의 크기를 구하라.

(a) p가 0.7임을 알 때

(b) p에 대한 정보가 없을 때

27 철판을 납품하는 회사에서 만드는 철판 두께의 표준편차가 0.2이상이면 불량품으로 처리된다. 16개 철판의 두께를 측정한 결과 표본평균이 21.98이고 표본표준편차가 0.12로 조사되었다. 철판의 두께에 대한 분포는 정규분포라고 가정할 때, 분산 σ^2의 90% 신뢰구간을 구하라.

28 과일의 당도를 측정하는 새로운 방법이 개발되었다. 기존의 방법보다 새로운 방법이 훨씬 변이가 적을 것이라고 한다. 실제로 새로운 방법을 적용하여 측정시의 변이가 기존의 방법보다 적은지를 검정하고자 한다. 새로운 방법을 적용하기 위해 61개의 딸기 당도(단위: Brix)를 측정한 결과 $\overline{x} = 8.8$, $s = 1.3$인 것으로 파악되었다. 모분산 σ^2에 대한 95% 신뢰구간을 구하라.

제 7 장

가설검정

7.1 | 서론

새로운 치료제가 개발되었다면, 이 치료제가 기존에 사용하던 치료제보다 그 효능이 좋다고 말할 수 있는가? 고등학생들의 수리능력을 비교할 때, 남학생이 여학생보다 수리 능력이 뛰어나다고 할 수 있는가? 현실에서 이와 같은 주장들을 심심치 않게 접하게 된다. 그렇다면 이런 주장들이 과연 옳다고 할 수 있는가?

새로운 치료제가 개발되었다면 기존의 치료제보다 효능이 더 좋다는 것을 뒷받침할 근거가 필요하다. 남학생과 여학생의 수리능력을 비교하려면 고등학생들의 수리능력을 측정한 데이터를 수집해야 한다. 그 데이터에 의한 여러 통계량 값들을 근거로 그 주장하는 바가 옳은 것인지 그른 것인지를 판단하게 된다.

이러한 결론을 얻기 위해서 먼저 주장하는 바를 근거로 미지의 모수에 관한 주장인 가설을 설정한 후, 그 가설을 뒷받침할 수 있는 표본의 데이터를 수집한다. 수집된 자료를 활용하여 주장하는 바가 옳은지에 대한 결론을 내릴 수 있다. 이러한 결론을 이끌어내는 데 표본의 데이터를 활용하므로 확률의 개념이 유용하게 사용된다. 이와 같이 모수에 대한 예상이나 주장 또는 추측이 옳은지를 표본을 이용하여 판정하는 통계적 분석 방법을 통계적 가설검정(testing of statistical hypothesis)이라 한다. 이 장에서는 모평균, 모비율, 모분산의 가설을 검정하는 방법을 소개하고 6장에서 소개한 신뢰구간과 가설검정의 관계를 소개하고자 한다.

7.2 | 귀무가설과 대립가설

통계학에서 가설은 모집단에 대한 어떤 명제이다. 즉, 가설은 모집단의 모수에 관한 특정한 형태를 주장하는 것이다. 모집단의 특성을 파악하기 위해 표본의 데이터를 이용하여 가설의 진위여부를 판단한다. 이 진위여부의 결정은 주장하고자 하는 가설에 반대되는 가설을 설정하여 그 가설을 부정할 수 있을 만큼의 충분한 증거가 나타나는지의 여부로 내가 주장하고자 하는 바의 옳고 그름을 판단한다. 어떤 사실의 진위여부를 증명하기 위해 증명하고자 하는 바에 반대되는 것을 참이라 가정하여 전개한 후 결론이 모순됨을 보여서 내가 주장하는 바를 증명하는 것과 같은 현상이라고 할 수 있다.

가설검정의 목적은 모집단의 확률표본에 근거하여 서로 상반되는 두 가설 중 어느 것이 참인가를 결정하는 것이다. 가설검정 문제에서 상반되는 두 가설을 귀무가설(null hypothesis)과 대립가설(alternative hypothesis)이라 하며 각각 H_0와 H_1으로 표기한다. 어느 가설을 귀무가설로 할 것이냐를 결정하기 위해서는 두 가설의 함축된 내용과 역할을 명확하게 이해해야 한다.

일반적으로 가설을 결정하는 지침은 데이터에 근거하여 확증하고자 하는 주장에 반하는 가설을 귀무가설로 설정하고 확증하고자 하는 주장을 대립가설로 설정한다.

귀무라는 용어는 확증하고자 하는 주장이 실질적으로 무효라는 의미로 사용되었다. 가설검정에서 어떤 가설을 통계적으로 확증하기 위해서는 그것을 뒷받침할 합당한 증거가 데이터에 나타나야 한다. 이것은 법정에서 판사가 유죄로 의심이 되더라도 유죄의 증거가 확실치 않으면 무죄로 판결하는 것과 같다.

두 가지 가설의 정확한 의미를 파악하기 위하여 다음 예제들을 생각해 보자.

예제 7.1

정부에서는 금년도 실업률이 작년도 실업률 30%에 비해 낮아졌다고 주장하고 있다. 실제로 이것을 검정하기 위해서는 대립되는 두 가지 가설을 생각할 수 있다.

금년도 실업률이 30%보다 낮다. $(p < 0.3)$.
금년도 실업률이 30%보다 낮지 않다. $(p \geq 0.3)$.

이 경우는 실제로 실업률이 30%보다 낮다는 것을 입증하고자 한다. 그러므로 '금년도 실업률이 30%보다 낮다'를 대립가설(H_1)로 '금년도 실업률이 30%보다 낮지 않다'를 귀무가설(H_0)로 설정하게 된다.

예제 7.2

새로운 두통약을 개발한 제약회사에서 새로 개발된 두통약의 평균 치유시간이 기존에 시판되고 있는 다른 두통약의 평균 치유시간인 20분보다 짧다는 것을 제품

광고에 활용하고자 한다면, 우선 이 주장이 맞는지를 검증하여야 한다. 그러기 위해 귀무가설에는 새로 개발된 두통약이 기존의 두통약보다 평균 치유시간이 짧지 않다($H_0 : \mu \geq 20$)로 설정하고, 대립가설은 새로 개발된 두통약이 기존의 두통약보다 평균 치유시간이 짧다($H_1 : \mu < 20$)로 정할 수 있다.

가설이 설정되면 귀무가설과 대립가설 중 어떤 가설이 참인지를 결정해야 하는 문제가 남는다. 이와 같은 결론은 표본자료를 바탕으로 유추할 수 있다.

우선 예제 7.2의 가설을 검정하기 위하여 20명의 두통환자들에게 새로운 두통약을 투여한 후 치유시간을 측정하였다. 귀무가설이 참이든 대립가설이 참이든 20명의 평균 치유시간 $\overline{X}$는 $\overline{X} \geq 20$일 수도 있고 $\overline{X} < 20$일 수도 있다. 그래서 $\overline{X}$가 어떤 값이 나오더라도 절대적으로 한 가설이 참이라고 말할 수는 없다. 단지, $\overline{X}$의 값에 따라 새로운 두통약이 기존의 두통약에 비해 치유시간이 짧다는 강한 증거로 볼 수 있는지 없는지를 결정할 뿐이다. 그렇다면 $\overline{X}$가 얼마여야 H_1이 참임을 확신할만한 강한 증거가 되겠는가?

직관적으로 판단하더라도 $\overline{X}$가 20분보다 작은 값을 가진다면 H_1이 참이 될 가능성이 커지고 $\overline{X}$가 20분보다 큰 값을 가진다면 H_0가 참이 될 가능성이 커진다.

그렇다면 20명 환자들의 평균 치유시간이 얼마정도가 되어야 H_0을 기각할 수 있겠는가? 예를 들어, $\overline{X}$가 30이라면, μ의 값이 20보다 클 가능성이 매우 높기 때문에 H_0를 기각하지 않을 것이다. 그러나 $\overline{X}$가 5라면 μ의 값이 20보다 작을 것이므로 H_0를 기각하는 것이 타당할 것이다. 이 예에서는 당연히 $\overline{X}$의 값이 작을 때 H_0를 기각할 것이다. 그렇다면 도대체 작아야 하는 경곗값을 어떻게 결정해야 하는가? 이 경곗값을 결정하는 규칙이 필요한데, 이 규칙은 다시 설명할 것이다. 예를 들어, 다음과 같은 검정규칙을 적용할 수도 있다.

만약 $\overline{X} \leq 18$이면 H_0를 기각하고, $\overline{X} > 18$이면 H_0를 기각하지 않는다.

이와 같이 경곗값을 결정하는 데 사용된 통계량 $\overline{X}$를 **검정통계량**(test statistic)이라 한다. 또 귀무가설을 기각하게 되는 검정통계량의 범위를 **기각역**(critical region 또는 rejection region)이라 하고 일반적으로 R로 표기하며, 검정통계량의 값이 기각역에 포함되면 귀무가설을 기각하게 된다.

"귀무가설을 기각한다."는 결정이나 "귀무가설을 기각하지 못한다."는 결정이나 두 가지 중 어떤 결정을 내리더라도 표본의 자료를 바탕으로 내린 결정이므로 모두 잘못된 결정일 가능성을 배제할 수는 없다.

이제 검정에서 잘못 결정을 내리게 되는 오류에 대해 살펴보자.

7.3 | 오류

이 절에서는 먼저 가설을 검정하면서 발생할 수 있는 오류에 대해 소개한다. 가설검정에서 발생할 수 있는 오류는 다음과 같이 두 가지이다.

첫째, 귀무가설 H_0가 참인데도 불구하고 귀무가설 H_0를 기각하는 오류

둘째, 대립가설 H_1이 참인데도 귀무가설 H_0를 기각하지 못하는 오류

이러한 두 가지 오류를 각각 제 1 종 오류(Type I error)와 제 2 종 오류(Type II error)라 한다.

가설검정에서 발생하는 2가지 오류

제 1 종 오류 : H_0가 참일 때 H_0를 기각하는 오류

제 2 종 오류 : H_1이 참일 때 H_0를 기각하지 못하는 오류

예제 7.2에서 새로 개발한 두통약의 평균 치유시간이 실제로 기존에 판매되고 있는 두통약의 평균 치유시간인 20분 이상임에도 불구하고, 새로운 두통약의 평균 치유시간이 기존에 판매되고 있는 두통약의 평균 치유시간보다 짧다는 결론을 내릴 때 발생하는 오류가 제 1 종 오류이다. 반대로 새로운 두통약의 평균 치유시간이 기존에 판매되고 있는 두통약의 평균 치유시간인 20분보다 짧은데도 불구하고, 새로운 두통약의 평균 치유시간이 기존에 판매되고 있는 두통약의 평균 치유시간보다 길다는 결론을 내릴 때 발생하는 오류가 제 2 종 오류이다.

만약 모평균 μ에 대한 가설을 검정한다면, 검정할 때 두 오류가 동시에 발생하지는 않는다. 만약 μ가 귀무가설에 속하면 발생할 수 있는 오류는 제 1 종 오류이고, μ가 대립가설에 속하면 발생할 수 있는 오류는 제 2 종 오류이다. 물론 가설검정에서 가장 이상적인 것은 두 오류가 발생할 확률이 0이 되는 것이다. 그러나 가설검정은 표본 데이터에 의해 이루어지므로 오류가 발생하지 않도록 검정할 수는 없으나 오류를 범할 확률을 원하는 만큼 줄일 수는 있다.

앞서 언급한 예제 7.2에서의 두 오류에 대해 다시 생각해 보자. 제 1 종 오류는 새로 개발한 두통약이 사실은 기존의 두통약보다 좋지 않은데 좋은 것으로 결론을 내린 오류이고, 제 2 종 오류는 사실 새로 개발한 두통약이 기존의 두통약보다 좋은 약인데 좋지 않은 것으로 결론을 내린 오류이다. 이 경우 회사의 입장에서 어느 오류가 더 심각한 결과를 초래하겠는가? 물론 두 오류 모두 회사에 손실을 끼치게 되지만 더욱 심각한 결과를 초래하게 되는 것은 좋지 않은 제품을 좋은 것으로 잘못 판단한 제 1 종 오류를 범하는 경우이다.

이러한 이유 때문에 두 가지 형태의 오류 중에서 더욱 심각한 결과를 초래하게 되는 제 1 종 오류를 가설검정에서 더 중요하게 취급하는 것이다. 즉, 제 1 종 오류를 범할 확률에 근거하여 검정을 실시한다.

이제 제 1 종 오류를 범할 확률에 대해 좀 더 살펴보자. 예제 7.2에서 새로 개발한 두통약의 평균 치유시간이 $\mu \geq 20$이면 발생할 수 있는 오류는 제 1 종 오류이고, $\mu = 20$일 때 제 1 종 오류가 최대가 된다. 그러므로 가설검정을 할 때는 이 경계 값에서 발생하는 제 1 종 오류를 범할 확률의 최댓값을 생각하면 된다. 이 값을 **유의수준**(level of significance)이라 하고 간단히 α로 표시한다.

> **유의수준(level of significance)**
>
> 검정에서 제 1 종 오류가 발생할 확률의 최댓값

일반적으로 제 2 종 오류를 범할 확률은 β로 표시한다. 물론 이 확률은 대립가설에 속하는 모수에 종속된다.

통계적 가설검정에서 필요한 기각역은 유의수준 α에 의해 결정된다. 즉, 귀무가설이 참이라는 가정 하에 검정통계량이 기각역에 포함될 확률이 α가 되도록 기각역의 경계 값을 결정한다. 일반적으로 제 1 종 오류를 범하는 것이 제 2 종 오류를 범하는 것보다 더 심각한 결과를 초래하므로 α를 미리 정해진 수준 이하가 되도록 조정하는데, 가설검정에서는 $\alpha = 0.01$, 0.05, 0.1과 같은 작은 값을 흔히 사용한다.

유의수준 α를 이용하여 기각역이 결정되면, 검정을 할 수 있다. 가설검정에서 검정 결과는 검정통계량이 주어진 유의수준에서 기각역에 포함되면

유의수준 α에서 귀무가설 H_0를 기각한다

라고 하며 기각역에 포함되지 않으면

유의수준 α에서 귀무가설 H_0를 기각하지 못한다

라고 한다.

일반적으로 귀무가설을 기각하지 못하는 경우 귀무가설을 채택한다는 말은 잘 사용하지 않는다. 왜냐하면 가설을 검정할 때 제 1 종 오류의 최댓값인 유의수준에 의해서만 기각역을 결정하고 이 기각역에 근거해 가설을 검정하므로 제 2 종 오류를 범할 확률이 큰 값이 될 수도 있기 때문이다.

기각역에 의해 가설을 검정하는 방법에 대해 설명했으나 가설의 검정 결과를 **유의확률**(significance probability)(또는 **p-값**(p-value)이라고도 한다)로 나타내기도 한다. p-값은 대립가설 H_1에 대한 증거의 강도를 수치로 나타낸 측도이며, 표본 관측값을 근거로 귀무가설 H_0를 기각하게 되는 최소의 α값이다. 유의확률이 유의수준 α보다 작거나 같은 경우에 H_0을 기각하는데 이는 귀무가설에 대한 반증의 강도가 정해진 유의수준보다 강함을 뜻한다. 물론 p-값이 작으면 작을수록 대립가설의 강력한 증거가 된다.

유의확률 또는 p-값

표본 관측값을 근거로 귀무가설 H_0를 기각하게 되는 최소의 α값이다.

7.4 | 모평균의 가설검정

모집단의 여러 가지 특성 중 모평균 μ에 관한 가설을 검정하는 문제를 생각해 보자. 6장에서 μ의 추정량으로 표본평균을 소개했다. 따라서 모평균 μ에 관한 가설의 타당성을 검정하기 위한 검정통계량으로 표본평균 $\overline{X}$를 이용하는 것은 당연하다. 예를 들어, 다음과 같은 가설을 검정하길 원한다고 하자.

$$H_0 : \mu \leq \mu_0, \quad H_1 : \mu > \mu_0$$

여기서 μ_0는 알고 있는 상수이다.

이 가설을 검정하기 위하여 검정통계량으로 표본평균 $\overline{X}$를 이용할 수 있는데 귀무가설을 기각하기 위해서는 모평균 μ의 비편향추정량인 표본평균 $\overline{X}$의 관측값이 μ_0에 비해 상당히 크게 나타난다면 당연히 대립가설에 대한 증거로 생각할 수 있기 때문에 귀무가설 H_0를 기각하게 될 것이다. 그렇다면 $\overline{X}$의 값이 얼마나 커야 귀무가설을 기각할 수 있겠는가? 즉, 기각역이 $R : \overline{X} \geq c$ 형태가 될 것이다. 그런데 기각역의 경곗값인 c를 어떻게 구할 수 있겠는가?

이 경곗값을 결정하기 위해 제 1 종 오류를 범할 확률의 최댓값인 유의수준을 이용할 것이다. 즉 $\mu = \mu_0$일 때,

$$P[\overline{X} \geq c] = \alpha$$

를 만족하는 c를 구하면 된다. 이 값을 구하기 위해서는 $\overline{X}$의 분포가 필요하기 때문에 표본크기와 모분산을 알고 있는 경우와 모르는 경우로 나누어 모평균에 관한 검정을 소개하고자 한다.

7.4.1 대표본에서 모평균의 가설검정

먼저 표본크기가 큰 경우를 생각해 보자. 표본크기 n이 큰 대표본인 경우는 모집단의

분포에 관계 없이 표본평균 $\overline{X}$의 분포는 평균이 μ이고 표준편차가 $\sigma/\sqrt{n}$인 정규분포를 근사적으로 따른다는 중심극한정리를 이용할 수 있다. 즉

$$Z = \frac{\overline{X} - \mu}{\sigma/\sqrt{n}} \approx N(0,1)$$

이 성립된다. 이 분포를 이용해 앞서 생각했던 가설

$$H_0 : \mu \leq \mu_0, \quad H_1 : \mu > \mu_0$$

의 기각역을 구해 보자. 이런 형태의 가설을 흔히 **단측가설**(one-sided hypothesis)이라 한다. 이 가설의 기각역은 $\mu = \mu_0$일 때

$$P[\overline{X} \geq c] = \alpha$$

를 만족하는 c를 구하면 된다.

$$\begin{aligned} \alpha &= P[\overline{X} \geq c \mid \mu = \mu_0] \\ &= P\left[\frac{\overline{X} - \mu_0}{\sigma/\sqrt{n}} \geq \frac{c - \mu_0}{\sigma/\sqrt{n}} \,\middle|\, \mu = \mu_0\right] \\ &\simeq P\left[Z \geq \frac{c - \mu_0}{\sigma/\sqrt{n}}\right] \end{aligned}$$

를 만족하는 c는

$$\frac{c - \mu_0}{\sigma/\sqrt{n}} = z_\alpha$$

또는

$$c = \mu_0 + z_\alpha \frac{\sigma}{\sqrt{n}}$$

이다. 대표본인 경우 모분산을 알고 있다면 상단 단측가설

$$H_0 : \mu \leq \mu_0, \quad H_1 : \mu > \mu_0$$

의 기각역은 다음과 같다.

$$R: \overline{X} \geq \mu_0 + z_\alpha \frac{\sigma}{\sqrt{n}}$$

또는

$$R: Z_0 = \frac{\overline{X} - \mu_0}{\sigma/\sqrt{n}} \geq z_\alpha$$

표본크기 n이 큰 대표본인 경우는 모표준편차 σ를 모를 경우 σ를 추정량 S로 추정하여도 표본평균의 정규근사는 타당하다. 즉,

$$\frac{\overline{X} - \mu}{S/\sqrt{n}} \approx N(0,1)$$

이 성립하므로 σ를 모르는 경우의 검정통계량은

$$Z_0 = \frac{\overline{X} - \mu_0}{S/\sqrt{n}}$$

을 사용한다. 그리고 기각역은

$$R: Z_0 = \frac{\overline{X} - \mu_0}{S/\sqrt{n}} \geq z_\alpha$$

가 된다. 이러한 검정은 표준정규분포를 이용한 검정이므로 정규검정 (normal test) 또는 Z-검정 (Z-test)이라 한다.

이 가설검정에서 유의확률인 p-값에 대해 살펴보자. p-값은 관측값에 근거하여 귀무가설을 기각할 수 있는 유의수준 α의 최솟값이라 했다. 그러므로 상단 단측가설

$$H_0: \mu \leq \mu_0, \quad H_1: \mu > \mu_0$$

의 p-값은 다음과 같다.

$$p\text{-값} = P[\overline{X} \geq \overline{x}] = P[Z \geq z_0]$$

여기서 $\overline{x}$는 표본평균 $\overline{X}$의 관측값이고 z_0는 Z_0의 관측값이다.

지금까지 유도한 상단 단측가설이 아닌 다른 형태의 가설에 대해서도 기각역과 p-값을 유도하는 방법은 유사하기 때문에 여기서는 결과만 요약해서 소개한다.

대표본에서 모평균 μ의 가설검정

검정통계량 : $Z_0 = \dfrac{\overline{X} - \mu_0}{S/\sqrt{n}}$

유의수준 α에서의 기각역과 p-값은 대립가설에 따라 다음과 같다.

대립가설	기각역	p-값
$H_1: \mu > \mu_0$	$R: Z_0 \geq z_\alpha$	$P[Z \geq z_0]$
$H_1: \mu < \mu_0$	$R: Z_0 \leq -z_\alpha$	$P[Z \leq z_0]$
$H_1: \mu \neq \mu_0$	$R: \lvert Z_0 \rvert \geq z_{\alpha/2}$	$2P[Z \geq \lvert z_0 \rvert]$

예제 7.3 예제 7.2에서 새로운 두통약의 치료효과를 파악하기 위해 좀 더 많은 두통환자들을 대상으로 다시 조사하였다. 이번에는 두통환자 100명을 대상으로 치유시간을 측정한 결과 표본평균은 17.89분이었으며 표본표준편차는 4.425분이었다.

(a) 새로운 두통약의 평균 치유시간이 여전히 20분 미만이라고 할 수 있는가? 유의수준 0.05에서 검정하라.

(b) 실제로 $\mu = 19$일 때, 제 2 종 오류를 범할 확률을 구하라.

풀이 (a) 귀무가설과 대립가설은 각각 $H_0: \mu \geq 20$, $H_1: \mu < 20$이다. 모표준편차 σ를 모르지만 표본크기 n이 크기 때문에, 정규검정을 이용할 수 있다. 100명 두통환자들의 표본평균과 표본표준편차가 각각 $\overline{x} = 17.89$, $s = 4.425$이므로 검정통계량의 값은

$$z_0 = \frac{17.89 - 20}{4.425/\sqrt{100}} = -4.768$$

이다. 유의수준 0.05에서의 기각역은 $Z_0 \le -1.645$ 이므로 기각역에 포함된다. 따라서 새로운 두통약의 평균 치유시간이 20분 미만이라고 할 수 있다. 이 경우 p-값은

$$p\text{-값} = P[Z \le -4.768] \simeq 0$$

이므로 새로운 두통약의 평균 치유시간은 확실히 기존에 판매되고 있는 두통약의 평균 치유시간인 20분보다 짧다고 할 수 있다.

(b) $\mu = 19$ 이면 대립가설이 참이므로, 귀무가설을 기각하지 못하면 제 2 종 오류를 범하게 된다. 따라서 제 2 종 오류를 범할 확률은 다음과 같다.

$$\begin{aligned} P\left[\frac{\overline{X}-\mu_0}{S/\sqrt{n}} > -1.645 \middle| \mu = 19\right] &= P\left[\frac{\overline{X}-19}{S/\sqrt{n}} > \frac{\mu_0 - 19}{S/\sqrt{n}} - 1.645 \middle| \mu = 19\right] \\ &\approx P\left[Z > \frac{20-19}{4.425/\sqrt{100}} - 1.645\right] \\ &= P[Z > 0.61] \\ &= 0.2709 \end{aligned}$$

그러므로 제 2 종 오류를 범할 확률은 약 27.09%이다.

예제 7.4 어느 회사에서 새로 개발한 제품은 다른 회사 제품에 비해 수명이 길다고 주장하고 있다. 이 주장을 검정하기 위해 그 회사에서 새로 개발한 제품 81개를 추출하여 조사하였다. 다른 회사 제품의 평균수명은 500시간이라 하자.

(a) $\alpha = 0.05$ 로 기각역을 결정하라.

(b) 만일 표본 결과가 $\overline{x} = 508$ 이고 $s = 30$ 이었다면, 어떤 결론을 내릴 수 있겠는가?

(c) 새로 개발한 제품의 평균수명이 505시간이라면, 제 2 종 오류를 범할 확률은 얼마인가?

풀이 (a) 검정하고자 하는 가설은

$$H_0 : \mu \le 500, \ H_1 : \mu > 500$$

이고 $n = 81$ 이다. 대립가설이 큰 쪽을 나타내는 상단 단측가설이고 $z_{0.05} =$

1.645 이므로 기각역은 다음과 같다.

$$R:\ Z_0 = \frac{\overline{X} - \mu_0}{S/\sqrt{n}} \geq z_{0.05} = 1.645$$

(b) 검정통계량의 관측값은

$$z_0 = \frac{\overline{x} - \mu_0}{s\,/\,\sqrt{n}} = \frac{508 - 500}{30\,/\,\sqrt{81}} = 2.4$$

이므로 기각역에 포함된다. 그러므로 유의수준 0.05에서 귀무가설을 기각한다. 만일 p-값을 계산해 보면

$$p\text{-값} = P[Z \geq 2.4] = 0.0082$$

이므로 0.0082 이상인 유의수준에 대해서는 귀무가설이 기각된다.

(c) 새로 개발한 제품의 평균수명이 505시간이라면, 대립가설이 참이므로 이 경우에 범할 수 있는 오류는 귀무가설을 기각하지 못할 경우의 제 2 종 오류이다. 이 오류의 확률을 계산해 보자.

$$\begin{aligned} P\left[\frac{\overline{X} - \mu_0}{S/\sqrt{n}} < 1.645 \,\middle|\, \mu = 505\right] &= P\left[\frac{\overline{X} - 505}{S/\sqrt{n}} < \frac{\mu_0 - 505}{S/\sqrt{n}} + 1.645 \,\middle|\, \mu = 505\right] \\ &\approx P\left[Z < \frac{500 - 505}{30/\sqrt{81}} + 1.645\right] \\ &= P\,[Z < 0.145] \\ &= 0.5576 \end{aligned}$$

새로 개발한 제품의 평균수명이 실제로 505시간이라면, 새로 개발한 제품은 다른 회사의 제품보다 수명이 길기 때문에 더 좋은 제품인데도 불구하고 더 좋다고 결론을 내리지 못하는 오류를 범할 확률이 약 56%이다. 따라서 귀무가설을 기각하지 못했다고 해서 귀무가설을 채택하여 귀무가설이 참이라고 단정 짓는 것보다는 귀무가설을 기각할만한 충분한 증거가 없어 귀무가설을 기각할 수 없다고 말하는 게 타당할 것이다. 이러한 이유 때문에 귀무가설을 채택한다는 말을 잘 사용하지 않는다.

지금까지는 작은 쪽을 주장하거나 큰 쪽을 주장하는 단측가설에 대한 예를 들었다. 이제 양측가설에 대한 예를 들어보자.

예제 7.5 예제 6.4의 체더치즈 데이터에 근거하여 완숙한 체더치즈에 함유된 젖산의 평균농도가 1.5와 다르다고 할 수 있는지 $\alpha = 0.05$로 검정해 보자.

풀이 이 경우의 가설은

$$H_0 : \mu = 1.5,\ \ H_1 : \mu \neq 1.5$$

이고 $n = 30$이다. 모표준편차 σ를 모르지만 표본크기 30은 큰 값으로 생각할 수 있으므로 정규검정을 이용할 수 있다. 따라서 검정통계량은

$$Z_0 = \frac{\overline{X} - \mu_0}{S/\sqrt{n}}$$

이고 $z_{0.025} = 1.96$이므로 기각역은

$$R :\ |Z_0| \geq z_{0.025} = 1.96$$

이다. 검정통계량의 관측값은

$$z_0 = \frac{\overline{x} - \mu_0}{s\,/\,\sqrt{n}} = \frac{1.442 - 1.5}{0.303\,/\,\sqrt{30}} = -\,1.048$$

이므로 기각역에 포함되지 않는다. 그러므로 유의수준 0.05에서 귀무가설을 기각할 수 없다.

만일 p-값을 계산해 보면

$$p\text{-값} = 2P[Z \geq 1.048] = 0.2938$$

이므로 유의수준 0.05에서는 귀무가설을 기각할 수 없다.

7.4.2 소표본에서 모평균의 가설검정

표본의 크기가 작은 소표본에서는 중심극한정리를 이용할 수 없기 때문에 표본평균 $\overline{X}$

의 표집분포를 알기 위해서는 추가적인 가정이 필요하다. 일반적으로 소표본에서 필요한 가정이 모집단 분포가 정규분포라는 것이다. 잘 알려진 바와 같이 평균이 μ이고 표준편차가 σ인 정규모집단에서 확률표본을 추출하면 표본평균 $\overline{X}$는 평균이 μ이고 표준편차가 $\sigma/\sqrt{n}$인 정규분포를 따른다. 이 사실을 이용하여 소표본에서 모평균에 관한 검정을 소개한다. 먼저 분산을 아는 경우에 대해 살펴보자.

7.4.2.1 모분산을 알 때

모평균에 관한 검정을 하는 경우 모평균을 알지 못하면서 모분산을 아는 경우는 극히 드문 일이지만 이론상의 전개를 위해 먼저 모분산을 안다고 가정하자. 정규모집단에서 모분산을 아는 경우는

$$Z_0 = \frac{\overline{X} - \mu_0}{\sigma/\sqrt{n}}$$

을 검정통계량으로 사용할 수가 있다. 그리고 $Z_0 \sim N(0,1)$이므로 대표본에서 사용한 검정규칙을 그대로 적용할 수 있다. 단, 대표본에서는 모표준편차를 모를 경우 표본표준편차를 이용했지만 여기서는 모표준편차를 알고 있기 때문에 그대로 모표준편차를 이용한다는 차이 밖에 없다.

예제 7.6 모분산이 36인 정규모집단에서 16개의 데이터를 추출한 결과 표본평균이 32.5였다. $H_0 : \mu \le 30,\quad H_1 : \mu > 30$을 유의수준 0.05에서 검정하라.

풀이 검정통계량의 관측값이

$$z_0 = \frac{32.5 - 30}{6/\sqrt{16}} = 1.67$$

이다. 따라서 기각역은 $R: Z_0 \ge z_{0.05} = 1.645$이므로 기각역에 포함되기 때문에 귀무가설을 기각한다. 이 검정의 p-값은 다음과 같다.

$$p\text{-값} = P[Z \ge 1.67] = 0.0475$$

7.4.2.2 모분산을 모를 때

평균이 μ이고 분산이 σ^2인 정규모집단에서 크기 n인 확률표본 $X_1, \cdots, X_n$을 추출할 때, $\overline{X}$는 평균이 μ이고 분산이 σ^2/n인 정규분포를 따른다는 사실은 이미 소개했다. 그러나 모분산을 모를 경우

$$Z_0 = \frac{\overline{X} - \mu_0}{\sigma / \sqrt{n}}$$

는 미지의 모수를 포함하고 있기 때문에 통계량이 될 수 없다. 이 경우도 대표본에서와 같이 모분산 σ^2의 추정량인 표본분산 S^2으로 σ^2을 추정한다. 6장에서 소개했듯이

$$T_0 = \frac{\overline{X} - \mu_0}{S / \sqrt{n}}$$

는 정규분포가 아닌 자유도가 $n-1$인 t 분포를 따르기 때문에 기각역을 결정하기 위해 t 분포를 이용해야 한다.

소표본에서 모평균 μ의 가설검정

표본의 크기가 작을 때, 정규모집단의 모평균 μ에 관한 가설검정은 다음과 같다.

검정통계량 : $T_0 = \dfrac{\overline{X} - \mu_0}{S / \sqrt{n}}$

유의수준 α에서의 기각역과 p-값은 대립가설에 따라 다음과 같다.

대립가설	기각역	p-값
$H_1:\ \mu > \mu_0$	$R:\ T_0 \ge t_\alpha(n-1)$	$P[t(n-1) \ge t_0]$
$H_1:\ \mu < \mu_0$	$R:\ T_0 \le -t_\alpha(n-1)$	$P[t(n-1) \le t_0]$
$H_1:\ \mu \ne \mu_0$	$R:\ \lvert T_0 \rvert \ge t_{\alpha/2}(n-1)$	$2P[t(n-1) \ge \lvert t_0 \rvert]$

여기서 t_0는 T_0의 관측값이다.

예제 7.7 닭고기를 재료로 만든 핫도그에 포함되어 있는 칼로리가 150보다 적은지를 유의수준 0.05에서 검정하고자 한다. (자료출처: DASL(The Data and Story Library), http://lib.stat.cmu.edu/DASL)

129 132 102 106 94 102 87 99
107 113 135 142 86 143 152 146 144

풀이 $H_0 : \mu \geq 150,\ H_1 : \mu < 150$를 검정하기 위한 기각역은

$$R:\ T_0 \leq -t_{0.05}(16) = -1.746$$

이다. 위의 자료의 표본평균은 118.76, 표본표준편차는 22.551이므로 검정통계량의 관측값을 계산하면

$$t_0 = \frac{118.76 - 150}{22.551/\sqrt{17}} = -5.712$$

이다. -5.712는 기각역에 포함되므로 귀무가설을 기각한다. 따라서 닭고기를 재료로 만든 핫도그에 포함되어 있는 칼로리는 150보다 적다고 말할 수 있다.

예제 7.8 새로 개발된 소형 자동차의 연비가 기존의 소형 자동차 연비인 1 ℓ 당 12 km에 비해 개선이 되었는지를 검정하고자 한다. 16대의 소형 자동차를 대상으로 연비를 측정한 결과 평균연비가 13.3 km이고 표본표준편차 1.46 km이었다. 새로 개발된 소형자동차의 연비가 개선되었다고 할 수 있는지 유의수준 0.05에서 검정하라. 단 소형자동차의 연비는 정규분포를 따른다고 하자.

풀이 검정하고자 하는 가설은

$$H_0 : \mu \leq 12,\ H_1 : \mu > 12$$

이다. 기각역은

$$R:\ T_0 = \frac{\overline{X} - \mu_0}{S/\sqrt{n}} = \frac{\overline{X} - 12}{S/\sqrt{16}} \geq t_{0.05}(15) = 1.753$$

이다. $\overline{x} = 13.3,\ s = 1.46$이므로 검정통계량의 관측값을 계산하면

$$t_0 = \frac{13.3 - 12}{1.46 / \sqrt{16}} = 3.562$$

이다. 3.562는 기각역에 포함되어 유의수준 0.05에서 $H_0 : \mu \le 12$를 기각한다. 따라서 새로 개발된 소형 자동차의 연비가 기존 자동차에 비해 개선되었다고 할 수 있다.

예제 7.9 예제 7.2의 새로 개발한 두통약의 치유시간이 20분 미만인지 검정하기 위해 20명의 두통환자를 대상으로 새로운 두통약을 복용시킨 후 두통이 해소되는 데 걸리는 시간을 측정하였다. 20명 환자들의 평균시간은 17.65이었으며 표본표준편차는 4.671이었다. 새로운 두통약의 치유시간이 20분 미만이라 할 수 있는가? 단, 두통약의 치유시간은 정규분포를 따른다고 가정한다.

풀이 검정하고자 하는 가설은

$$H_0 : \mu \ge 20, \ H_1 : \mu < 20$$

이다. 이때 $\bar{x} = 17.650$, $s = 4.671$이므로 검정통계량의 관측값은

$$t_0 = \frac{17.650 - 20}{4.671 / \sqrt{20}} = -2.250$$

이다. 자유도 19인 t 분포에서 $t_{0.05}(19) = 1.729$이므로 기각역은 $T_0 \le -1.729$가 된다. 따라서 귀무가설을 기각한다. 즉, 기존에 판매되고 있는 두통약의 평균 치유시간인 20분보다 새로운 두통약의 치유시간이 짧다고 할 수 있다.

7.5 | 모비율의 가설검정

이제 대표본인 경우 모비율 p에 관한 가설의 검정에 대해 살펴보자. 대표본인 경우(일반적으로 $np \ge 5$, $n(1-p) \ge 5$) 표본비율 $\hat{p} = X/n$은 평균이 p이고 분산이 $p(1-p)/n$

인 정규분포를 근사적으로 따르기 때문에 정규분포를 이용하여 검정을 할 수 있다. 이미 6 장에서 소개했듯이 표본이 클 때

$$\frac{\hat{p}-p}{\sqrt{p(1-p)/n}}$$

는 근사적으로 표준정규분포 $N(0,1)$을 따른다. 모평균의 검정에서 유도했던 과정과 비슷하게 다음의 검정규칙을 얻을 수 있다.

대표본에서 모비율 p의 가설검정

검정통계량 : $Z_0 = \dfrac{\hat{p}-p_0}{\sqrt{p_0(1-p_0)/n}}$

유의수준 α에서의 기각역과 p−값은 대립가설에 따라 다음과 같다.

대립가설	기각역	p−값
$H_1:\ p > p_0$	$R:\ Z_0 \geq z_\alpha$	$P[Z \geq z_0]$
$H_1:\ p < p_0$	$R:\ Z_0 \leq -z_\alpha$	$P[\ Z \leq z_0]$
$H_1:\ p \neq p_0$	$R:\ \lvert Z_0\rvert \geq z_{\alpha/2}$	$2P[Z \geq \lvert z_0\rvert]$

예제 7.10 예제 6.1에서 A후보의 지지율이 35%를 초과한다고 단정할 수 있는지 유의수준 $\alpha=0.01$에서 검정하라.

풀이 A후보의 지지율을 p라 하면, p가 0.35보다 큰지를 검정하는 것이므로 가설은 다음과 같다.

$$H_0 : p \leq 0.35, \qquad H_1 : p > 0.35$$

유권자 1000명을 조사하여 지지자의 수가 390명이므로 표본비율은 $\hat{p}=0.39$ 이었다. 표본의 크기가 1000명이므로 정규분포를 이용하여 검정할 수 있다. 검정통계량의 관측값은

$$z_0 = \frac{0.39-0.35}{\sqrt{0.35(1-0.35)/1000}} = 2.65$$

이다. $z_{0.01} = 2.33$이므로 기각역은 $R: Z_0 \geq 2.33$이다. 따라서 $\alpha = 0.01$에서 귀무가설을 기각한다. A 후보의 지지율이 0.35보다 높다고 결론 내릴 수 있다. p-값을 계산해 보면

$$p\text{-값} = P[Z \geq 2.65] = 0.004$$

이다. 따라서 A 후보의 지지율이 0.35를 초과한다는 사실을 거의 확신할 수 있을 것 같다.

예제 7.11

최근 2000명의 경제활동인구를 대상으로 조사한 결과 실업자의 수가 72명으로 나타났다. 지난해 우리나라의 실업률은 3.9%였다. 지난해에 비해 실업률이 감소되었다고 말할 수 있는가?

풀이 올해 우리나라 실업률을 p라고 하면, 검정하고자 하는 가설은 다음과 같다.

$$H_0 : p \geq 0.039, \qquad H_1 : p < 0.039$$

경제활동인구 2000명을 조사하여 실업자의 수가 72명이므로 표본비율은 $\hat{p} = 0.036$이다. 따라서 검정통계량의 관측값은

$$z_0 = \frac{0.036 - 0.039}{\sqrt{0.039(1-0.039)/2000}} = -0.693$$

이다. $\alpha = 0.05$를 이용하면 $z_{0.05} = 1.645$이고 기각역은 $R: Z_0 \leq -z_{0.05} = -1.645$이다. 그러므로 귀무가설을 기각할 수 없다. 따라서 올해 실업률이 작년에 비해 감소했다는 확실한 증거를 제시하지 못한다. 이 검정의 p-값을 계산해 보면

$$p\text{-값} = P[Z \leq -0.693] = 0.2451$$

이므로 귀무가설을 기각하기 위해서는 유의수준 α를 0.2451 이상으로 해야 한다.

7.6 | 모분산의 가설검정

모평균과 모비율에 관한 검정 외에도 모집단의 변이에 관한 검정이 관심의 대상이 될 수도 있다. 예를 들어, 제약회사는 어떤 약의 효능 변화가 허용범위 내인지를 점검해야 할 필요가 있을 수 있다. 또한 품질관리 기사는 제품의 품질에 관한 편차가 지정한 한계를 초과하지 않도록 해야만 한다. 이 절에서는 모집단 분포가 정규분포라는 가정하에 모분산 σ^2에 관한 검정에 대해 소개하고자 한다. 모분산 σ^2의 추정량으로는 당연히 표본분산 S^2을 이용할 것이다. 모집단 분포가 정규분포라는 가정하에 표본분산은 다음과 같이 카이제곱분포를 따른다.

$$\frac{(n-1)S^2}{\sigma^2} \sim \chi^2(n-1)$$

이 사실을 이용하여 모분산에 관한 검정규칙을 유도할 수 있다. 예를 들어,

$$H_0 : \sigma^2 \le \sigma_0^2,\ H_1 : \sigma^2 > \sigma_0^2$$

와 같은 가설을 검정하고자 한다면, 당연히 검정통계량으로

$$\chi_0^2 = \frac{(n-1)S^2}{\sigma_0^2}$$

을 사용할 수 있다. 대립가설이 모분산이 큰 쪽이므로 기각역은 S^2이 큰 값을 갖는 경우가 된다. 따라서 이 가설검정의 기각역은 다음과 같다.

$$R:\ \chi_0^2 \ge \chi_\alpha^2(n-1)$$

이와 같은 방법으로 다른 형태의 가설에 대해서도 기각역을 유도할 수 있다.

정규모집단에서 모분산 σ^2의 가설검정

검정통계량 : $\chi_0^2 = \dfrac{(n-1)S^2}{\sigma_0^2}$

유의수준 α에서의 기각역과 p-값은 대립가설에 따라 다음과 같다.

대립가설	기각역	p-값
$H_1:\ \sigma^2 > \sigma_0^2$	$R:\ \chi_0^2 \geq \chi_\alpha^2(n-1)$	$P[\chi^2(n-1) \geq \chi_0^2]$
$H_1:\ \sigma^2 < \sigma_0^2$	$R:\ \chi_0^2 \leq \chi_{1-\alpha}^2(n-1)$	$P[\chi^2(n-1) \leq \chi_0^2]$
$H_1:\ \sigma^2 \neq \sigma_0^2$	$R:\ \chi_0^2 \geq \chi_{\alpha/2}^2(n-1)$ 또는 $\chi_0^2 \leq \chi_{1-\alpha/2}^2(n-1)$	위의 두 값 중에서 작은 값의 두 배

예제 7.12 예제 6.11의 데이터를 이용하여 새로운 시스템에서 대기시간의 분산이 6 이내라고 주장할 수 있는지 유의수준 0.05로 검정하라.

풀이 가설 $H_0 : \sigma^2 \geq 6,\ H_1 : \sigma^2 < 6$의 기각역은

$$R:\ \chi_0^2 \leq \chi_{0.95}^2(9) = 3.33$$

이고 검정통계량의 관측값은

$$\chi_0^2 = \frac{9 \times 5.298}{6} = 7.947$$

이므로 귀무가설을 기각할 수 없다. 따라서 유의수준 0.05에서 분산이 6이내라는 주장을 뒷받침할 근거가 없다.

7.7 | 신뢰구간과 가설검정의 관계

신뢰구간과 가설검정은 밀접한 관련이 있다. 이 절에서는 신뢰구간과 가설검정 사이의 관계에 대해 알아보자.

먼저 대표본에서 모평균 μ의 양측가설에 대한 다음의 기각역을 살펴보자.

$$R: \left| \frac{\overline{X} - \mu_0}{S/\sqrt{n}} \right| \geq z_{\alpha/2}$$

기각역 R에 상반되는 영역을 채택역 R^c로 나타내면

$$R^c: \left| \frac{\overline{X} - \mu_0}{S/\sqrt{n}} \right| < z_{\alpha/2}$$

이므로 부등식을 풀어 μ_0에 관해 정리하면

$$\overline{X} - z_{\alpha/2}\frac{S}{\sqrt{n}} < \mu_0 < \overline{X} + z_{\alpha/2}\frac{S}{\sqrt{n}}$$

로 나타낼 수 있다. 또한 제 6장 6.5.2절에서 소개한 모평균 μ의 $100(1-\alpha)\%$ 신뢰구간은 다음과 같다.

$$\overline{X} - z_{\alpha/2}\frac{S}{\sqrt{n}} < \mu < \overline{X} + z_{\alpha/2}\frac{S}{\sqrt{n}}$$

이러한 사실로부터 신뢰구간은 대응되는 검정의 채택역에 의해 유도될 수 있으므로 귀무가설에 대응되는 값이 신뢰구간에 포함되면 귀무가설을 기각할 수 없다. 즉, 귀무가설의 μ_0가 $100(1-\alpha)\%$ 신뢰구간에 포함되면 유의수준 α에서 귀무가설을 기각할 수 없고, 귀무가설의 μ_0가 $100(1-\alpha)\%$ 신뢰구간에 포함되지 않으면 유의수준 α에서 귀무가설을 기각할 수 있다. 모평균뿐만 아니라 다른 모수에 대해서도 이러한 원리가 적용된다.

예제 7.13 예제 6.7의 데이터에서 제품의 평균용량이 200이라고 말할 수 있는지 유의수준 0.05에서 검정하라.

풀이 검정하고자 하는 가설이 $H_0: \mu = 200,\ H_1: \mu \neq 200$ 이고 예제 6.8에서 구한 평균용량의 95% 신뢰구간은 $(199.81, 204.19)$이다. 이 구간에 $\mu_0 = 200$이 포함되므로 유의수준 0.05에서 귀무가설을 기각할 수 없다.

이 경우를 실제로 기각역을 이용해 검정해 보자. 유의수준 0.05에서 검정의 기각역은

$$R: \left| \frac{\overline{X} - 200}{S/\sqrt{n}} \right| \geq z_{\alpha/2} = 1.96$$

이다. 검정통계량의 관측값이

$$z_0 = \frac{202 - 200}{6.71/\sqrt{36}} = 1.788$$

이므로 귀무가설을 기각할 수 없다.

유의수준 0.1에서 가설을 검정한다면, 예제 6.8에서 구한 90% 신뢰구간 (200.16, 203.84)에 $\mu_0 = 200$이 포함되지 않으므로 귀무가설 $H_0 : \mu = 200$이 기각됨을 알 수 있다.

7.8 | SPSS를 이용한 실습

이 절에서는 모평균에 대한 가설 검정을 SPSS를 이용하여 구해 보자.

예제 7.14 예제 7.7의 핫도그의 칼로리가 150보다 적은지에 대한 검정을 SPSS를 이용하고자 한다.

풀이 $H_0 : \mu \geq 150, \quad H_1 : \mu < 150$를 검정하기 위해 위의 자료를 그림 7.1과 같이 입력한다.

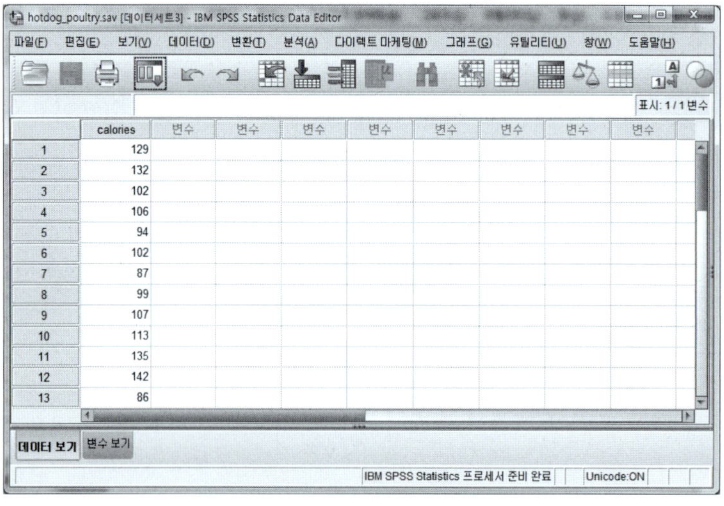

| 그림 7.1 | 자료 입력

실행순서

SPSS를 사용하여 검정을 하기 위해서 다음과 같은 순서로 선택하면 그림 7.2와 같은 변수선택 화면이 나타난다.

> 분석(A) ▶
> 평균비교(M) ▶
> 일표본 T 검정(S)

검정변수에 calories를 선택하고, 검정값에 150을 입력하여 확인을 누르면 그림 7.3과 같이 결과가 나타난다.

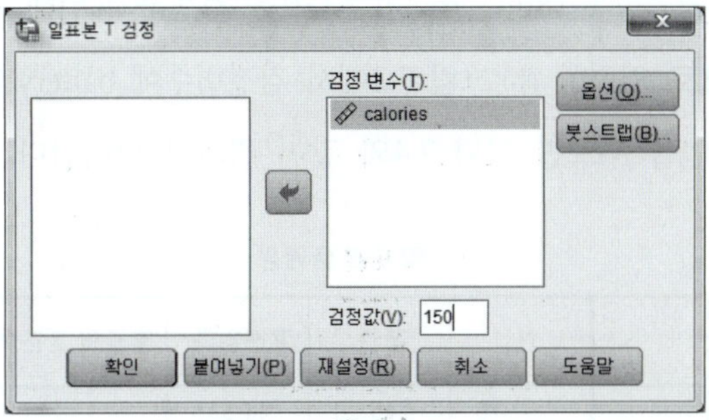

| 그림 7.2 | 일표본 T검정

일표본 통계량

	N	평균	표준편차	평균의 표준오차
calories	17	118.76	22.551	5.470

일표본 검정

	검정값 = 150					
	t	자유도	유의확률 (양측)	평균차이	차이의 95% 신뢰구간 하한	차이의 95% 신뢰구간 상한
calories	-5.711	16	.000	-31.235	-42.83	-19.64

| 그림 7.3 | 결과

위의 결과에서 살펴보면 검정통계량값이 −5.711이고 유의확률이 0.000으로 유의수준 0.01에서 귀무가설을 기각하게 된다. 따라서 닭고기로 만든 핫도그의 칼로리가 150보다 적음을 알 수 있다.

이때 유의확률은 양측 검정에 대해 $P[\,|t(16)| > 5.711]$을 구한 값이므로 단측 검정일 때의 유의확률은 $\frac{0.000}{2} = 0.000$이다.

예제 7.15

휴대폰을 충전하는 데 걸리는 평균시간이 180분인지 검정하고자 10개의 자료를 얻었다. 단, 휴대폰 충전시간은 정규분포를 따른다고 가정한다.

120	100	250	180	110
150	140	160	110	130

풀이 $H_0 : \mu = 180$, $H_1 : \mu \neq 180$을 검정하기 위해 위의 자료를 battery라는 변수명으로 입력한 후 그림 7.2에서 검정변수에 battery를, 검정값에 180을 입력하고 확인을 누르면 그림 7.4와 같이 결과가 나타난다.

일표본 통계량

	N	평균	표준편차	평균의 표준오차
battery	10	145.00	44.535	14.083

일표본 검정

	검정값 = 180					
	t	자유도	유의확률 (양측)	평균차이	차이의 95% 신뢰구간	
					하한	상한
battery	-2.485	9	.035	-35.000	-66.86	-3.14

| 그림 7.4 | 결과

위의 결과에서 살펴보면 검정통계량값이 −2.485이고 유의확률이 0.035로 유의수준 0.05에서 귀무가설을 기각하게 된다.

EXERCISES

연습문제

01 어느 다이어트 식품 광고는 한 달에 5 kg을 초과하여 감량할 수 있다고 주장하고 있다. 이 주장을 입증하기 위해서는 대립가설과 귀무가설을 어떻게 설정해야 하는가?

02 $H_0 : \mu \geq 20$, $H_1 : \mu < 20$을 검정하고자 한다. 다음 질문에 답하라.

(a) 실제로 $\mu = 18$이라면 발생할 수 있는 오류는 무슨 오류인가?

(b) 유의수준 $\alpha = 0.05$에서 H_0를 기각하였다면, $\alpha = 0.01$과 $\alpha = 0.1$에서 각각 H_0를 기각할 수 있는가?

03 다음의 각 상황에 맞게 귀무가설과 대립가설을 설정하라.

(a) 식품위생법상 아이스크림의 대장균은 1 ml당 10개 이하여야 한다. 현재 시판되고 있는 아이스크림이 이 기준치를 지키지 못하는 것으로 판단된다. 이를 확인하기 위해 시판중인 아이스크림의 대장균 검사를 실시하였다.

(b) 대학교 수업에 지각하는 학생들은 전체학생의 10% 정도이다. 그러나 1교시 수업인 경우 다른 수업에 비해 지각하는 학생이 많은 것으로 생각된다. 실제로 1교시 수업의 지각율이 10%보다 높은가?

(c) A사에서 판매하고 있는 디지털 카메라의 제품에서 불량화소가 발생한다고 제품에 대한 불만이 많다. 자체 내에서 제품의 불량화소가 0.1%이내인지를 조사하고자 한다.

(d) 고추는 일반 재배시 10아르당 평균수확량이 540 kg 정도로 파악되고 있다. 충청북도 농업기술원에서 수확량을 증대시키는 다분지 재배법이라는 새로운 방법을 연구하였다. 이 방법은 육묘 중에 인산과 황산마그네슘을 넣어주고, 야간에 저온처리를 하여 고추가지를 3개 이상 발생시키는 기술이다. 이 방법으로 재배한 고추가 일반적인 방법으로 재배한 고추의 수확량보다 많다고 할 수 있는가?

04 국제 유가 하락세로 국내 휘발유 판매가격이 14개월 만에 가장 낮은 수준으로 떨어졌다고 한다. 한국석유공사가 전국 주유소 980곳을 대상으로 표본 조사한 결과, 지난주 무연 휘발유 전국 평균 판매가격은 1리터에 1452.73원이고 표본분산은 12350.91원으로 나타났다. 실제로 작년 국내 휘발유 평균 판매가격이 1500원이었다고 한다. 휘발유

판매가격이 떨어졌다고 할 수 있는가?

(a) 가설을 설정하고 $\alpha = 0.05$에서 기각역을 설정하라.

(b) $\mu = 1460$일 때 발생하는 오류는 무슨 오류인가?

05 정규모집단에서 크기가 16인 표본을 추출한 결과 $\overline{x} = 54, s^2 = 49$였다.

(a) 유의수준 0.01에서 $H_0 : \mu = 50$, $H_1 : \mu \neq 50$을 검정하라.

(b) 유의수준 0.1에서 $H_0 : \sigma^2 = 50$, $H_1 : \sigma^2 \neq 50$을 검정하라.

06 제6장 연습문제 13번에서 요즘 신생아의 평균체중이 과거 10년 전 신생아의 평균체중 3.2kg에 비해 변화되었다고 할 수 있는가?

(a) 신뢰구간을 이용하여 유의수준 0.05에서 결론을 내려라.

(b) 기각역을 이용하여 유의수준 0.01에서 검정하라.

07 제6장 연습문제 14번에서 고추 모종이 성장하는 데 걸리는 평균기간이 50일이라고 할 수 있는지 유의수준 0.01에서 검정하라.

08 제6장 연습문제 15번에서 A씨의 평균 출근시간은 다른 직원들의 평균 출근시간인 27분에 비해 적게 걸리는지를 $\alpha = 0.05$에서 검정하고자 한다.

(a) 귀무가설과 대립가설을 설정하라.

(b) 기각역을 구하고 결론을 내려라.

(c) 유의확률을 구하라.

09 제6장 연습문제 16번에서 실제로 축구를 좋아하는 비율이 50%를 초과하는지 검정하고자 한다.

(a) 가설을 설정하라.

(b) 유의수준 0.01에서 검정하라.

(c) 유의확률을 구하라.

10 제6장 연습문제 18번에서 우리나라 가구당 평균 외식비에 대해

$$H_0 : \mu = 150{,}000,\ \ H_1 : \mu \neq 150{,}000$$

을 $\alpha = 0.01$에서 검정하고 유의확률을 구하라.

11 A사에서 제품 규격에 부합되는지를 체크하는 새로운 검사기를 도입하려고 한다. 기존의 검사방법으로는 10% 실패율을 보였다. 이 새로운 검사기가 기존의 검사방법에 비해 성능이 좋다고 할 수 있는지 검정하고자 한다. 100개의 제품을 새로운 검사기로 점검하여 잘못 판단한 제품이 8개로 나타났다. 이 새로운 검사기가 기존의 제품보다 실패율이 낮다고 할 수 있는가?

(a) 기각역을 이용하여 유의수준 0.05에서 검정하라.

(b) p-값을 구하고 귀무가설을 기각하고자 한다면 유의수준을 얼마로 해야하는지 설명하라.

12 제6장 연습문제 19번 (a)에서 하루 동안에 빠지는 평균 머리카락 수가 40개 미만이라고 할 수 있는지 유의수준 0.05에서 검정하라.

13 겨울철 평균기온이 작년에 비해 높은지를 파악하기 위해 12월에서 2월 사이의 기온을 측정하였다. 70개 데이터의 평균기온은 1.9도이고 표본표준편차는 4.09였다. 작년 겨울철 평균기온 0.5도에 비해 높아졌다고 할 수 있는가? 유의수준 $\alpha = 0.05$를 사용하라.

14 두통약에 포함되어 있는 아세트아미노펜(acetaminophen) 성분은 해열과 진통효과가 뛰어나 발열 및 두통, 치통에 널리 쓰이고 있다. 이 성분은 천식과 만성폐쇄성폐질환(COPD)의 발병 위험을 높인다는 연구결과가 있으며 과다 복용시 신장과 간장에 독성을 유발한다고 한다. 한 제약회사에서 시판되고 있는 두통약의 성분표시를 보면 아세트아미노펜이 400mg이라 한다. 이 제품의 용량 표시가 정확한지를 파악하기 위해 9개의 제품을 수거하여 측정하였더니 다음과 같았다.

399.8 399.9 400.2 400 400.1 400.1 400.3 400.2 400.5

(a) 귀무가설과 대립가설을 설정하라.

(b) 유의수준 $\alpha = 0.01$에서 검정하라. 단, 정규모집단에서 표본으로 가정한다.

15 정규모집단에서 추출한 15개 데이터의 표준편차가 1.3이었다. $H_0 : \sigma^2 \geq 2.3$, $H_1 : \sigma^2 < 2.3$을 유의수준 $\alpha = 0.01$에서 검정하라.

16 정수기를 생산하는 회사에서 생산된 정수기의 정수능력이 기준치(100 CFU/ml 이하)에 부합하는지를 확인하기 위해 10개의 정수기를 대상으로 세균을 측정하여 다음의 자료

를 얻었다.

다음 자료는 정규모집단에서의 표본으로 가정한다.

110 59 79 103 97 83 75 90 93 85

(a) 가설을 설정하고 $\alpha = 0.05$에서 검정하라.

(b) (a)에서 어떤 오류가 발생할 수 있는가?

17 A도시에서 산성비의 여부를 파악하기 위해 36개 지역에서 빗물을 받아 산도(pH)를 측정한 결과 표본평균이 5.2이고 표본분산이 1.24로 조사되었다. pH 5.6미만이면 산성비로 판정된다고 한다. A도시의 비가 산성비라고 할 수 있는가? 유의수준 0.05에서 검정하라.

18 국가청소년위원회는 청소년대상 성범죄자의 재범률을 줄이기 위해 교육프로그램을 시도하고 있다. 현재 성범죄자 중 신상공개자의 재범률은 0.74%로 조사되고 있다. 이 교육 프로그램으로 944명을 교육한 후 재범자의 수가 1명으로 파악되었다. 이 교육프로그램이 효과가 있다고 볼 수 있는가? 유의수준 0.01 에서 검정하라. (출처: 국가청소년위원회)

19 제6장 연습문제 21번에서 우리나라 사람들의 대머리 비율이 20%가 되지 않는다고 말할 수 있는가? 유의수준 0.01에서 검정하라.

20 제6장 연습문제 23번에서 우리나라 가구당 평균 보험가입수가 5년 전의 가구당 평균 보험가입수인 3.2보다 증가했다고 볼 수 있는가?

(a) 가설을 설정하고 유의수준 0.05에서 검정하라.

(b) 유의확률을 구하라.

21 최근 여러 인터넷 서비스 회사에서 여러 가지 초고속 인터넷 상품을 제공하고 있다. A사에서는 아파트의 경우 평균 50 Mbps의 속도가 제공된다고 선전하여 많은 고객을 확보한 상태이다. 그러나 소비자보호센터에서는 이 상품에 대한 여러 불만 사항이 접수되고 있어 A사의 초고속 인터넷 상품의 평균속도가 50 Mbps 미만인지를 검정하고자 16개의 자료를 수집하였다. 유의수준 0.1에서 검정하여라. 단, 모집단 분포가 정규분포라 가정한다.

45	20	70	35	51	15	63	42
30	27	68	52	34	49	37	46

22 자동차의 속도계가 실제로 표시되는 속도와 일치하는지를 알아보고자 20대의 자동차를 속도계가 40 km/h로 표시될 때의 속도를 측정하였다. 단, 자동차 속도의 분포는 정규분포를 따른다고 가정한다.

39	43	45	41	40	39	47	35	42	41
44	42	45	44	43	46	43	38	43	44

(a) $H_0 : \sigma = 3,\ H_1 : \sigma \neq 3$를 유의수준 0.05에서 검정하라.

(b) 자동차 속도계가 제대로 속도를 표시하는지를 유의수준 0.05에서 검정하라.

23 제6장의 연습문제 25번에서 새로 개발된 접착제의 평균 건조시간이 기존 접착제의 평균 건조시간인 52초보다 짧다고 할 수 있는지 유의수준 0.05에서 검정하라.

24 Icodextrin은 포도당 종합체로 구성된 복막투석액으로 한외부전 환자에게 흔히 사용된다. Icodextrin으로 복막투석을 받은 환자는 현재 시중에 사용되는 혈당기로 측정 시 실제 환자의 당보다 높게 측정될 수 있다고 한다. 이에 9명의 Icodextrin으로 복막투석을 받은 환자를 대상으로 24시간 후 당뇨측정기를 이용하여 측정한 혈당과 정맥을 채혈하여 검사한 혈당 차이의 표본평균은 45 mg/dL이고 표본표준편차는 21 mg/dL로 조사되었다. 실제 혈당보다 높게 측정된다고 할 수 있는가? 유의수준 0.01에서 검정하라. (출처: Icodextrin 복막투석 환자에서 혈당측정. 윤세희, 윤성로, 최낙원, 황원민, 김기홍, 이고은, 대한신장학회,《춘계학술대회 초록집》, 2006)

25 휴대폰 사용기간을 파악하고자 36명을 대상으로 최근 휴대폰 사용기간을 조사한 결과 표본평균이 17개월이고 표본표준편차가 15.5개월로 파악되었다. 초기의 휴대폰 사용기간 24개월에 비해 사용기간이 짧아졌는지 검정하고자 한다.

(a) 유의수준 0.05에서 검정하라.

(b) 유의확률을 계산하고 유의수준 0.01에서 결론을 내려라.

제 8 장

두 모집단의 처리에 대한 비교 분석

8.1 | 서론

이제까지 한 모집단으로부터 표본을 추출하여, 이 모집단의 특성에 대해 검정하였다. 한편, 현실에서 사람들은 모든 분야에서 현존하는 것보다 더 우수한 것을 만들려고 하며, 이렇게 새로운 것을 개발해 현존하는 것과 비교하여 자신이 개발한 것이 더 좋은 것임을 밝히려 한다. 이와 같이 두 개 이상의 모집단에 관하여 특성을 비교하는 것이 실제로 현실에서 많이 요구되는 것이라 할 수 있다. 이런 문제를 해결하기 위해, 실험을 하여 데이터를 수집하고 통계적 분석을 통해 결론을 내리게 된다. **실험계획법**(experimental design) 또는 **표본설계법**(sampling design)이라는 표본데이터를 수집하는 방법은 실험이나 조사 연구에서 매우 중요한 역할을 한다. 이 장에서는 두 모집단의 특성을 비교하는 연구에서 가장 기본적인 두 가지 실험계획법 즉, 독립표본과 대응표본 계획법을 소개한다. 이 두 가지는 표본추출 과정에서 얻어지는 데이터를 분석하는 방법에 상당한 차이가 있다.

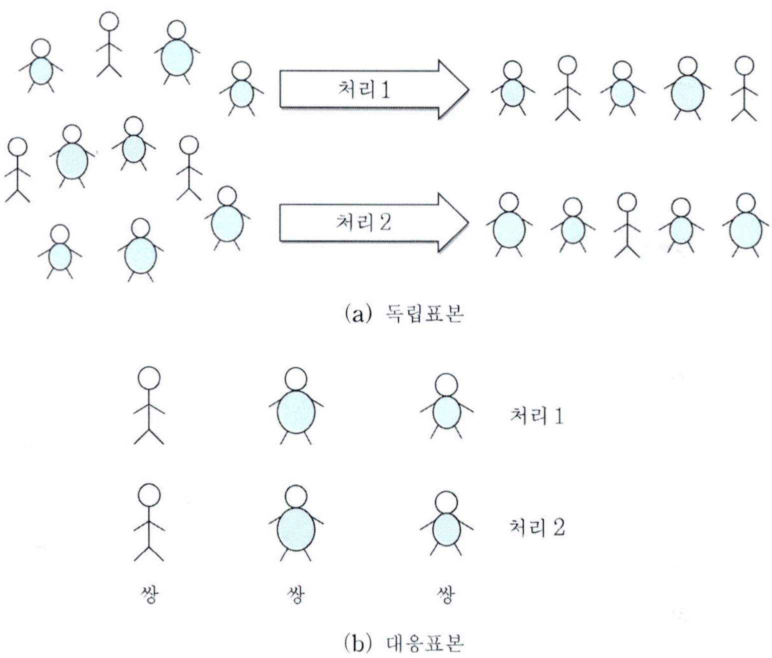

| 그림 8.1 | 두 가지 확률표본

독립표본 계획법의 경우는 그림 8.1의 (a)와 같이 실험대상을 임의로 두 개의 집단으로 나누어 하나의 집단에 처리 1을 적용시키고 나머지 집단에 처리 2를 적용시킬 때 나타난다. 그러면 두 가지 처리에 대한 반응측정값은 서로 관련이 없는 두 집단으로부터 얻어지기 때문에 서로 관계가 없다. 따라서 반응측정값의 각 집합은 각 모집단에서의 표본으로 간주할 수 있고 두 처리의 비교는 두 모집단 비교로 바꾸어 이야기 할 수 있다.

대응표본 계획법은 그림 8.1의 (b)와 같이 실험을 동질적인 쌍(서로 비슷한 대상들이 각각 쌍을 이루고 쌍들 사이에는 실질적으로 차이가 있도록 결합하는 것)으로 택하여 각 쌍에서 임의로 한 실험단위에는 처리 1을 적용시키고 나머지 실험단위에는 처리 2를 적용시키는 방법이다.

8.2 | 두 독립 확률표본에서의 추론

여기서는 독립표본에 기초하여 두 가지 처리나 두 모집단을 비교하는 통계적 추론방법을 다루고자 한다. 독립표본의 계획법은 $n_1 + n_2$ 개의 대상을 임의의 두 개 집단으로 나누어 그 반응을 기록하는 방법이다. 무수히 많은 대상들에 처리 1을 적용하여 얻은 반응의 모임을 모집단 1이라고 한다. 마찬가지로 무수히 많은 대상들에 처리 2를 적용하여 얻은 반응의 모임을 모집단 2이라고 한다. 그러면 독립표본 계획법은 두 모집단으로부터 서로 관계가 없는 확률표본을 생성하는 방법으로 간주할 수 있다. 이것을 다음과 같은 도식으로 표현할 수 있다.

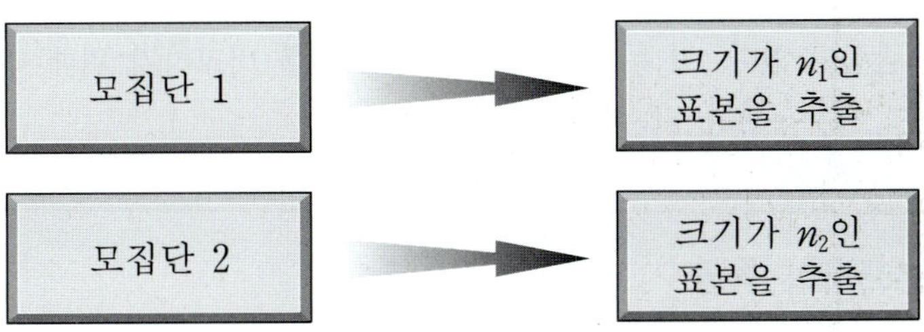

| 그림 8.2 | 독립표본의 계획법

한편 비교할 모집단들 자체가 실제 현상의 모임인 경우도 있다. 예를 들어, 어느 도시의 동쪽 지역과 서쪽 지역에 있는 주택의 가격을 비교하고자 하는 경우에는 실험대상인 주택에 처리를 적용시키는 문제는 생기지 않는다. 각 지역에서 모든 주택의 가격을 수집하면 모집단이 구성되고 여기에서 임의로 추출될 수 있다. 그러면 독립표본 계획법으로 모평균을 비교하는 방법을 생각하기로 하자.

두 모집단의 모평균을 비교하기 위하여 각 표본의 관측값들이 서로 독립이며 동일한 정규분포를 따르고, 두 표본은 독립이라고 가정한다. 여기서의 관심은 두 모평균에 관한 것이다. 다음과 같은 자료가 있다고 하자. $X_1, \cdots, X_{n_1}$는 모평균이 μ_1이고 모분산이 σ_1^2인 모집단 1에서 추출한 크기가 n_1인 확률표본이고, $Y_1, \cdots, Y_{n_2}$는 모평균이 μ_2이고 모분산이 σ_2^2인 모집단 2에서 추출한 크기가 n_2인 확률표본이다. 이때, $X_1, \cdots, X_{n_1}$과 $Y_1, \cdots, Y_{n_2}$가 서로 독립이라고 하면, 이들로부터 다음과 같은 통계량을 구할 수 있다.

각 모집단의 통계량

모집단 1	모집단 2
$\overline{X} = \frac{1}{n_1}\sum_{i=1}^{n_1} X_i, \quad S_1^2 = \frac{\sum_{i=1}^{n_1}(X_i - \overline{X})^2}{n_1 - 1}$	$\overline{Y} = \frac{1}{n_2}\sum_{i=1}^{n_2} Y_i, \quad S_2^2 = \frac{\sum_{i=1}^{n_2}(Y_i - \overline{Y})^2}{n_2 - 1}$

이제 두 처리 혹은 두 모집단의 평균반응을 비교하는 방법에 대해 알아보자. 즉, 모수

$$\mu_1 - \mu_2 = (\text{모집단 1의 평균}) - (\text{모집단 2의 평균})$$

에 관한 추론에 관심이 있다. 이 두 모집단의 평균 차이를 비교하기 위해 대표본과 소표본의 경우로 나누어 소개하고자 한다.

8.2.1 대표본에서의 추론

먼저, 대표본($n_1 \geq 30$와 $n_2 \geq 30$)에서의 추론부터 알아보기로 하자. 두 모평균의 차 $\mu_1 - \mu_2$에 대한 추론에 사용될 통계량은 당연히 표본평균의 차인 $\overline{X} - \overline{Y}$이다. 표본크기

n_1 과 n_2 모두가 적당히 큰 값일 때(보통 30 보다 클 때), $\overline{X}$와 $\overline{Y}$는 각각 근사적으로 정규분포를 따르고, 또한 이들의 차 $\overline{X}-\overline{Y}$도 평균과 분산이 각각

$$E(\overline{X}-\overline{Y}) = \mu_1 - \mu_2$$

와

$$Var(\overline{X}-\overline{Y}) = \frac{\sigma_1^2}{n_1} + \frac{\sigma_2^2}{n_2}$$

인 정규분포를 근사적으로 따른다. n_1 과 n_2 가 둘 다 큰 수이므로, 만일 σ_1^2 과 σ_2^2 대신에 그들의 추정량인

$$S_1^2 = \frac{\sum_{i=1}^{n_1}(X_i - \overline{X})^2}{n_1 - 1}$$

와

$$S_2^2 = \frac{\sum_{i=1}^{n_2}(Y_i - \overline{Y})^2}{n_2 - 1}$$

을 사용해도 타당하다. 표본크기 n_1과 n_2가 적당히 큰 값일 때, 통계량

$$Z = \frac{(\overline{X}-\overline{Y})-(\mu_1-\mu_2)}{\sqrt{\dfrac{S_1^2}{n_1}+\dfrac{S_2^2}{n_2}}}$$

는 근사적으로 표준정규분포 $N(0,1)$을 따른다. 이와 같은 성질을 이용하여 대표본에서 모평균 차에 대한 검정은 단일 표본에서와 같은 절차로 수행되며 그것은 다음과 같이 요약된다.

대표본에서 $\mu_1-\mu_2$의 가설검정

검정통계량 : $Z_0 = \dfrac{(\overline{X}-\overline{Y})-\delta_0}{\sqrt{\dfrac{S_1^2}{n_1}+\dfrac{S_2^2}{n_2}}}$

대립가설과 기각역 :

대립가설	기각역
$H_1: \mu_1 - \mu_2 > \delta_0$	$R: Z_0 \geq z_\alpha$
$H_1: \mu_1 - \mu_2 < \delta_0$	$R: Z_0 \leq -z_\alpha$
$H_1: \mu_1 - \mu_2 \neq \delta_0$	$R: \lvert Z_0 \rvert \geq z_{\alpha/2}$

■ $\mu_1 - \mu_2$의 신뢰구간

대표본에서 모평균 차에 대한 신뢰구간도 단일 표본에서와 같은 절차로 구할 수 있으며 그것은 다음과 같이 요약될 수 있다.

대표본에서 $\mu_1 - \mu_2$의 신뢰구간

n_1과 n_2가 30 이상인 경우, $\mu_1 - \mu_2$의 근사적인 $100(1-\alpha)\%$ 신뢰구간은 다음과 같다.

$$\left((\overline{X} - \overline{Y}) - z_{\alpha/2}\sqrt{\frac{S_1^2}{n_1} + \frac{S_2^2}{n_2}},\quad (\overline{X} - \overline{Y}) + z_{\alpha/2}\sqrt{\frac{S_1^2}{n_1} + \frac{S_2^2}{n_2}} \right)$$

예제 8.1

성별에 따라 콜레스테롤 지수의 차이를 알기위해 플로리다주의 성인 107명을 대상으로 콜레스테롤 지수를 조사하였다. 조사자는 남성 58명과 여성 49명의 콜레스테롤 지수가 차이가 있다고 생각한다. 유의수준 0.05에서 차이가 있다고 말할 수 있는가? 주어진 자료를 바탕으로 검정하고 신뢰구간을 구하라.

성별	콜레스테롤 지수
남성	205.0 399.0 193.0 274.0 205.0 120.0 234.0 242.0 226.0 241.0 269.0 196.0 226.0 185.0 210.0 298.0 187.0 205.0 221.0 203.0 178.0 195.0 236.0 158.0 237.0 230.0 181.0 126.0 202.0 157.0 159.0 311.0 237.0 237.0 225.0 289.0 223.0 249.0 176.0 198.0 169.0 285.0 234.0 219.0 235.0 212.0 257.0 215.0 217.0 202.0 187.0 168.0 229.0 209.0 155.0 178.0 168.0 250.0
여성	216.0 153.0 158.0 259.0 170.0 196.0 272.0 250.0 337.0 194.0 264.0 224.0 190.0 278.0 205.0 269.0 277.0 267.0 248.0 172.0 161.0 223.0 284.0 223.0 154.0 218.0 228.0 279.0 200.0 171.0 131.0 250.0 264.0 156.0 312.0 126.0 193.0 181.0 123.0 130.0 248.0 235.0 295.0 235.0 152.0 414.0 191.0 138.0 257.0

풀이 두 그룹 간의 비교를 위해 먼저 가설을 설정하면,

$$H_0: \mu_1 = \mu_2,\ H_1: \mu_1 \neq \mu_2$$

이다. $\alpha = 0.05$ 이므로 $\alpha/2 = 0.025$ 이고, $z_{\alpha/2} = z_{0.025} = 1.96$ 이다. 따라서 기각역은 $R: |Z_0| \geq 1.96$ 이다. 주어진 데이터는

$$n_1 = 58,\quad \overline{x} = 216.07,\ s_1 = 46.49$$

$$n_2 = 49,\quad \overline{y} = 219.82,\ s_2 = 60.65$$

이므로

$$z_0 = \frac{\overline{x} - \overline{y}}{\sqrt{\frac{s_1^2}{n_1} + \frac{s_2^2}{n_2}}} = \frac{216.07 - 219.82}{\sqrt{\frac{46.49^2}{58} + \frac{60.65^2}{49}}} = -0.354$$

이다. 이 값의 절댓값이 1.96보다 크지 않기 때문에 5% 유의수준에서 귀무가설을 기각하지 못한다. 결국 남성과 여성의 콜레스테롤 지수는 차이가 있다고 말할 수

없다.

p-값을 계산해보면

$$p\text{-값} = 2 \times P[Z \geq |-0.354|] = 0.725$$

이므로 기각역을 이용한 검정과 마찬가지로 유의수준 0.05에서 귀무가설을 기각하지 못한다.

$\mu_1 - \mu_2$ 의 95% 신뢰구간은 다음과 같다.

$$\left((216.07 - 219.82) - 1.96\sqrt{\frac{46.49^2}{58} + \frac{60.65^2}{49}}, \right.$$
$$\left. (216.07 - 219.82) + 1.96\sqrt{\frac{46.49^2}{58} + \frac{60.65^2}{49}} \right)$$
$$= (-24.5236,\ \ 17.0236)$$

위 신뢰구간은 0을 포함하므로 유의수준 0.05에서 남성과 여성의 콜레스테롤 지수는 차이가 있다고 말할 수 없는 가설검정의 결과와 일치한다.

8.2.2 소표본에서의 추론

다음으로 소표본(n_1 혹은 n_2가 30 미만인 경우)에서의 추론에 대해 알아보기로 하자. 일반적으로 소표본에서 적절한 추론을 하기 위해서는 보다 많은 가정을 필요로 한다. 여기서는 모집단의 분포가 다음의 가정을 만족할 때 유효한 소표본에서의 추론방법을 소개하기로 한다. 당연히 이들 방법을 사용할 수 있는지의 여부는 모집단이 이러한 가정을 얼마나 잘 만족하고 있느냐에 달려 있다.

표본크기가 작을 때 추가되는 분포의 가정

(a) 두 모집단이 정규분포를 따른다.

(b) 두 모집단의 표준편차 σ_1 과 σ_2 는 같다.

정규모집단으로 제한하는 것은 단일 모집단의 평균에 관한 추론에서도 사용되었다. 두 모집단의 모분산이 동일하다는 두 번째 가정은 다소 인위적이지만 이유는 이론적인 것이라 생략하기로 한다. σ를 공통의 모표준편차로 두면 다음과 같이 요약된다.

소표본에서의 가정

(a) $X_1, \cdots, X_{n_1}$은 $N(\mu_1, \sigma^2)$에서의 확률표본이다.

(b) $Y_1, \cdots, Y_{n_2}$는 $N(\mu_2, \sigma^2)$에서의 확률표본이다.

(주의 : σ^2 은 두 분포에서 같다.)

(c) $X_1, \cdots, X_{n_1}$과 $Y_1, \cdots, Y_{n_2}$은 서로 독립이다.

대표본에서와 같이 두 모평균의 차 $\mu_1 - \mu_2$에 대한 추론에 사용될 통계량은 표본평균의 차인 $\overline{X} - \overline{Y}$이다. $\overline{X} - \overline{Y}$의 평균과 분산은 각각

$$E(\overline{X} - \overline{Y}) = \mu_1 - \mu_2$$

와

$$Var(\overline{X} - \overline{Y}) = \frac{\sigma^2}{n_1} + \frac{\sigma^2}{n_2} = \sigma^2\left(\frac{1}{n_1} + \frac{1}{n_2}\right)$$

이다. 이제, 공통분산 σ^2 은 이들 두 표본이 가진 정보를 합하여 추정할 수 있다. 먼저, $\sum_{i=1}^{n_1}(X_i - \overline{X}) = 0$이므로 $\sum_{i=1}^{n_1}(X_i - \overline{X})^2$은 첫째 표본으로부터 얻은 $(n_1 - 1)$개의 σ^2에 관한 정보에 대한 값이다. 이와는 독립적으로 $\sum_{i=1}^{n_2}(Y_i - \overline{Y}) = 0$이므로 $\sum_{i=1}^{n_2}(Y_i - \overline{Y})^2$은 둘째 표본으로부터 얻은 $(n_2 - 1)$개의 σ^2에 관한 정보에 대한 값이다. 공통분산 σ^2에 대한 합동추정량을 구하기 위해 이 둘을 합하여 $\sum_{i=1}^{n_1}(X_i - \overline{X})^2 + \sum_{i=1}^{n_2}(Y_i - \overline{Y})^2$을 얻는다. 이때, 각각의 자유도가 $(n_1 - 1)$과 $(n_2 - 1)$이므로 전체의 자유도는 이 둘의 합인 $(n_1 + n_2 - 2)$가 된다.

공통분산(pooled variance) σ^2 의 합동추정량 S_p^2

$$S_p^2 = \frac{\sum_{i=1}^{n_1}(X_i - \overline{X})^2 + \sum_{i=1}^{n_2}(Y_i - \overline{Y})^2}{n_1 + n_2 - 2} = \frac{(n_1 - 1)S_1^2 + (n_2 - 1)S_2^2}{n_1 + n_2 - 2}$$

이렇게 구한 공통모수 σ의 합동추정량 S_p를 적용하여 $\mu_1 - \mu_2$의 추론에 기초가 되는 다음의 스튜던트 t 통계량을 얻는다.

σ^2의 합동추정량을 적용한 검정통계량

$$T = \frac{(\overline{X} - \overline{Y}) - (\mu_1 - \mu_2)}{S_p\sqrt{\frac{1}{n_1} + \frac{1}{n_2}}}$$

이 통계량은 자유도가 $n_1 + n_2 - 2$인 스튜던트 t 분포를 따른다.

이와 같이 복잡한 과정을 거쳐 구한 이 검정통계량을 가지고 소표본에서 모평균 차 $\mu_1 - \mu_2$에 대한 검정은 단일 소표본에서와 같은 절차로 수행되며 그것은 다음과 같이 요약된다.

공통분산을 가지는 소표본에서 $\mu_1 - \mu_2$의 가설검정

검정통계량 :

$$T_0 = \frac{(\overline{X} - \overline{Y}) - \delta_0}{S_p\sqrt{\frac{1}{n_1} + \frac{1}{n_2}}}$$

대립가설과 기각역 :

대립가설	기각역
$H_1 : \mu_1 - \mu_2 > \delta_0$	$R : T_0 \geq t_\alpha(n_1 + n_2 - 2)$
$H_1 : \mu_1 - \mu_2 < \delta_0$	$R : T_0 \leq -t_\alpha(n_1 + n_2 - 2)$
$H_1 : \mu_1 - \mu_2 \neq \delta_0$	$R : \lvert T_0 \rvert \geq t_{\alpha/2}(n_1 + n_2 - 2)$

■ $\mu_1 - \mu_2$의 신뢰구간

소표본에서 모평균 차 $\mu_1 - \mu_2$에 대한 신뢰구간도 단일 표본에서와 같은 절차로 구할 수 있으며 그것은 다음과 같이 요약된다.

소표본에서 $\mu_1 - \mu_2$의 신뢰구간

$\mu_1 - \mu_2$의 $100(1-\alpha)\%$ 신뢰구간은 다음과 같다.

$$(\overline{X} - \overline{Y}) \pm t_{\alpha/2}(n_1 + n_2 - 2) S_p \sqrt{\frac{1}{n_1} + \frac{1}{n_2}}$$

예제 8.2

어느 대학교 휴게실 앞에 설치된 두 자판기에 대한 학생들의 만족도에 차이가 있는지 알고 싶어 학생 22명을 대상으로 만족도에 대한 설문 조사를 실시하였다. 기계 A와 기계 B에 대해 각각 10명과 12명의 학생이 만족도에 대해 답한 결과는 아래 표와 같다.

기계 A와 기계 B에 대해 어느 대학교 학생들의 만족도에 대한 차이가 있다고 말할 수 있는가? 유의수준 10%에서 검정해 보라.

기계	학생수	표본평균	표본표준편차
A	10	5.38	1.59
B	12	5.92	0.83

풀이 우선 가설을 설정하면

$$H_0 : \mu_A = \mu_B, \quad H_1 : \mu_A \neq \mu_B$$

이다. 자료의 수가 30보다 적은 소표본이므로 t 분포를 이용해 검정할 수 있다.

$$s_p^2 = \frac{(n_1 - 1)s_1^2 + (n_2 - 1)s_2^2}{(n_1 + n_2 - 2)} = 1.5165, \; s_p = 1.23$$

이므로, 검정통계량의 관측값을 구하면

$$t_0 = \frac{(\overline{x}_B - \overline{x}_A) - (\mu_B - \mu_A)}{s_p \sqrt{\left(\frac{1}{n_B}\right) + \left(\frac{1}{n_A}\right)}}$$

$$= \frac{(5.92 - 5.38) - 0}{1.23\sqrt{\left(\frac{1}{12}\right) + \left(\frac{1}{10}\right)}}$$

$$= 1.0253$$

이다.

$t_{0.05}(20) = 1.725$이므로 소표본에서의 기각역은 $|T_0| \geq 1.725$이다. 검정통계량 값이 기각역에 포함되지 않으므로 귀무가설을 기각할 수 없다. 결국 어느 대학교 휴게실의 두 자판기에 대한 만족도는 차이가 있다고 말할 수 없다.

한편, $\mu_A - \mu_B$의 90% 신뢰구간은

$$(5.38 - 5.92) \pm 1.725 \times 1.23\sqrt{\frac{1}{10} + \frac{1}{12}} = (-1.448,\ 0.368)$$

이다. 0을 포함하므로 유의수준 0.1에서 자판기에 대한 만족도는 차이가 있다고 말할 수 없는 위의 가설의 검정결과와 일치한다.

8.3 | 두 개의 대응표본에서의 추론

지금까지는 독립표본에 근거하여 두 모평균 차이에 관한 추론을 소개했다. 이와 같이 두 확률표본에 기초를 둔 추론에서 두 처리효과를 비교하기 위해서는 실험단위나 대상이 가능한 비슷해야만 두 집단의 반응 측정값 차이가 처리효과의 차이에서 기인된다 할 수 있다. 그러나 이러한 동질성 조건을 만족시킬 수 없는 경우가 많으며, 반응에 영향을 주는 여러 가지 요인을 실험자가 조절할 수 없게 되어 반응측정값의 변동이 심하게 되고, 따라서 처리효과의 차이를 모호하게 할 수 있다. 또한, 모든 실험 대상들이 비슷해야 한다는 조건은 두 처리를 비교하기 위한 실험에서 이용할 수 있는 대상의 수를 상당히 제한할 수도 있다. 예를 들어, 두 종류의 진통제를 비교하기 위해 성별과 나이 그리고 종합적인 건강 조건

이 같고 통증의 정도가 같은 환자를 많이 찾는다는 것은 현실적으로 어렵다. 그러나 성별과 나이 그리고 건강 조건들이 다른 다양한 환자들에게 처리를 적용할 때에도 이용할 수 있는 추론 방법이 있다.

대응(matching) 또는 구획화(blocking)는 실험단위들이 비슷하면서 다른 종류들인 두 가지 양립되는 조건을 만족하기 위한 것이다. 구획화에서는 유사한 실험단위끼리 여러 개의 구획 또는 쌍으로 나눈다. 물론 각 쌍에 있는 단위는 비슷하게 하고 다른 쌍에 있는 단위와는 차이가 있도록 구성한다. 그리고 각 쌍에 있는 구성단위 중 하나에는 처리 1을, 다른 하나에는 처리 2를 적용한다. 이와 같이 함으로써, 각 쌍 내에서는 처리효과의 비교를 쉽게하고, 서로 다른 쌍 간에는 이질성을 허용함으로써 추론의 범위를 확대할 수 있게 된다. 물론 실험단위를 선택할 때 편견을 피하기 위해 처리는 임의로 각 쌍에 적용시켜야 한다. 이 계획법을 대응 쌍에 의한 표본추출법(sampling by matched pairs)이라 한다.

대응비교에서 데이터의 구조는 다음과 같이 나타낼 수 있다. X와 Y를 각각 처리 1과 처리 2에 의한 반응 측정값이라 할 때 (X_i, Y_i), $i=1, 2, \cdots, n$은 서로 독립이지만 X_i와 Y_i는 흔히 서로 종속이다. 이들의 차이를 D_i라 하면 이것의 기댓값이 0이 되면 두 처리는 동일한 것으로 간주될 수 있다. 결국 두 변수간의 차가 D_i라는 하나의 변수로 바뀌어 앞에서 설명한 일표본 문제와 같이 취급할 수 있다.

표본의 크기가 큰 경우(대략 $n \geq 30$)에는 모집단의 분포가 정규분포라는 가정 없이도 일표본에서의 추론을 할 수 있다. 즉 $D_1, D_2, \cdots, D_n$에 중심극한정리를 적용하면 n이 클 때 $\dfrac{\overline{D}-\mu_D}{S_D/\sqrt{n}}$은 근사적으로 $N(0, 1)$ 분포를 따른다. 따라서 t 분포 대신에 $N(0, 1)$분포의 백분위수를 사용하여 추론하면 된다.

소표본에서 평균의 차 μ_D에 관한 추론

$D_i = X_i - Y_i$들이 $N(\mu_D, \sigma_D^2)$ 분포에서의 확률표본이라 가정하자.

$$\overline{D} = \frac{1}{n}\sum_{i=1}^{n} D_i, \quad S_D^2 = \frac{1}{n-1}\sum_{i=1}^{n}(D_i - \overline{D})^2$$

이라 두면,

(a) μ_D의 $100(1-\alpha)\%$ 신뢰구간은

$$\left(\overline{D}-t_{\alpha/2}(n-1)S_D/\sqrt{n},\ \overline{D}+t_{\alpha/2}(n-1)S_D/\sqrt{n}\right)$$

(b) $H_0:\ \mu_D=\mu_0$을 검정하기 위한 검정통계량은 다음과 같다.

$$T_D=\frac{\overline{D}-\mu_0}{S_D/\sqrt{n}},\ \text{자유도}=n-1$$

예제 8.3 감기에 걸린 6명에게 감기약을 복용하기 전의 수면시간과 복용 후의 수면시간을 비교하여 감기약이 수면시간에 미치는 영향을 알아보고자 한다. 감기약 복용 전과 복용 후에 수면시간(단위: 분)의 차이가 있는지 유의수준 0.05에서 검정하라.

	1	2	3	4	5	6
복용 전(X_i)	125	64	94	38	90	106
복용 후(Y_i)	133	65	103	37	102	115

풀이 감기약이 수면시간에 미치는 영향을 비교하기 위해 먼저 가설을 설정하면,

$$H_0:\mu_D=0,\quad H_1:\ \mu_D\neq 0$$

이다.

$D_i=Y_i-X_i$라 하면 $\overline{D}$와 S_D의 관측값은 다음과 같다.

$$\bar{d}=\frac{38}{6}=6.33$$

$$s_D=\sqrt{\frac{\sum d_i^2-n\bar{d}^2}{n-1}}=\sqrt{\frac{372-6(6.33)^2}{6-1}}=\sqrt{26.317}=5.13$$

다시 말해 $n=6$, $\bar{d}=6.33$, $s_D=5.13$이다. 검정통계량 T_D의 관측값을 구하면 $t_D=\dfrac{\bar{d}-\mu_0}{s_D/\sqrt{n}}=\dfrac{6.33-0}{5.13/\sqrt{6}}=3.02$이다. $t_{0.025}(5)=2.57$이므로 소표본에서의 기각역은 $R:|T_D|\ge 2.57$이다. 검정통계량은 3.02로 기각역에 포함되므로 귀무가설을 기각하게 된다. 그러므로 감기약 복용 전의 수면시간과 복용 후의 수면시간에 차이가 있다고 말할 수 있다.

p-값을 계산해보면

$$p\text{-값}=2P[t(5)\ge 3.02]=0.029$$

이므로 위와 같은 결론을 내릴 수 있다.

8.4 | SPSS를 이용한 실습

예제 8.4 유럽에서 생산된 자동차 9대와 미국에서 생산된 자동차 22대를 각각 무작위로 추출하여 무게를 측정하였더니 다음과 같았다. 두 지역에서 생산된 자동차 무게에 차이가 있다고 말할 수 있는가? 유의수준 0.05에서 검정하라.

<table>
<tr><th colspan="4">유럽 자동차 무게 (t)</th><th colspan="6">미국 자동차 무게 (t)</th></tr>
<tr><td>1.925</td><td>2.600</td><td>2.190</td><td>2.130</td><td>4.360</td><td>4.054</td><td>3.605</td><td>3.940</td><td>2.155</td><td>2.230</td></tr>
<tr><td>1.990</td><td>3.410</td><td>2.795</td><td>3.140</td><td>3.380</td><td>3.070</td><td>3.620</td><td>3.410</td><td>3.840</td><td>3.725</td></tr>
<tr><td>2.830</td><td></td><td></td><td></td><td>3.955</td><td>3.830</td><td>2.585</td><td>2.910</td><td>2.670</td><td>2.670</td></tr>
<tr><td></td><td></td><td></td><td></td><td>2.595</td><td>2.700</td><td>2.556</td><td>2.200</td><td></td><td></td></tr>
</table>

http://lib.stat.cmu.edu/DASL/Datafiles/Cars.html

풀이 두 지역에서 생산된 자동차 무게의 차이를 검정하기 위하여 그림 8.3과 같이 지역과 자동차 무게를 입력한다. 이때, 유럽을 1로, 미국을 2로 입력한 후, 변수보기에서 변수값에 1을 유럽, 2를 미국으로 작성한다.

실행순서

SPSS를 사용하여 독립표본 T 검정을 실시하기 위해 다음과 같은 순서로 선택하면, 그림 8.4와 같은 대화상자가 나타난다.

> 분석(A) ▶
> 평균비교(M) ▶
> 독립표본 T 검정

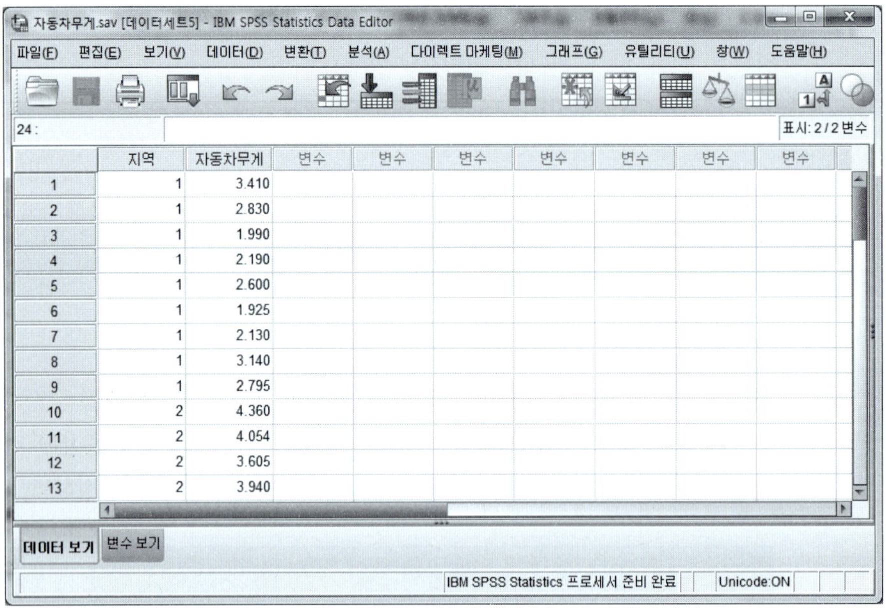

| 그림 8.3 | 자료 입력

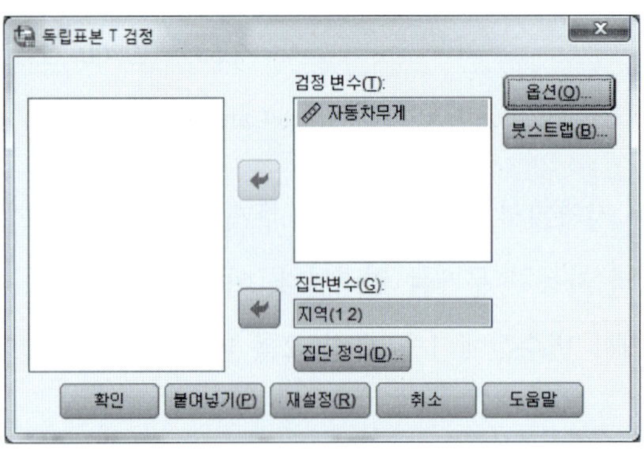

| 그림 8.4 | 독립표본 T 검정

그림 8.4와 같이 검정변수에 “자동차 무게”, 집단변수에 “지역”을 선택하고 집단 정의를 선택하여 각각 그림 8.5와 같이 입력한다. 옵션을 선택하여 그림 8.6과 같이 신뢰구간의 %를 지정해 주고 “계속”을 선택하면, 그림 8.7과 같이 결과를 얻게 된다.

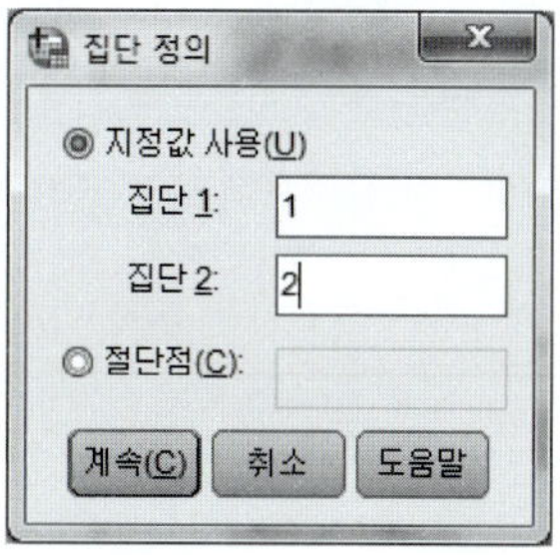

| 그림 8.5 | 집단 정의

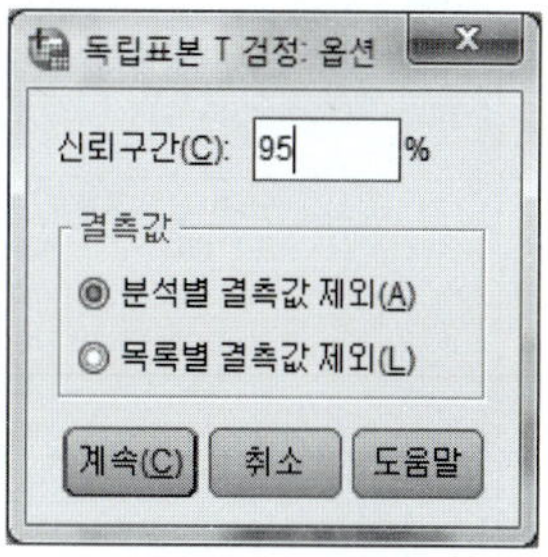

| 그림 8.6 | 옵션

집단통계량

	지역	N	평균	표준편차	평균의 표준오차
자동차무게	유럽	9	2.55667	.528967	.176322
	미국	22	3.18455	.682818	.145577

독립표본 검정

		Levene의 등분산 검정		평균의 동일성에 대한 T 검정						
		F	유의확률	t	자유도	유의확률 (양측)	평균차이	차이의 표준오차	차이의 95% 신뢰구간 하한	차이의 95% 신뢰구간 상한
자동차무게	등분산을 가정함	2.380	.134	-2.464	29	.020	-.627879	.254843	-1.149092	-.106666
	등분산을 가정하지 않음			-2.746	19.221	.013	-.627879	.228653	-1.106083	-.149675

| 그림 8.7 | 결과

위 표에서 먼저 등분산 검정을 해보면 유의수준 0.05라 할 때 검정통계량의 p-값은 0.134로 이는 유의수준보다 크므로 귀무가설을 기각하지 못한다. 따라서 두 집단의 분산은 같다고 할 수 있으므로 두 집단 간의 평균값의 차에 대한 검정에는 “등분산이 가정됨”부분의 검정통계량을 사용하면 된다.

검정통계량값 t는 -2.464이고, 유의확률 p-값이 0.020으로 유의수준 0.05보다 작다. 그러므로 유의수준 0.05에서 “유럽 자동차와 미국 자동차 무게의 차이가 있다”고 결론을 내릴 수 있다.

예제 8.5 SPSS를 이용하여 앞의 예제 8.3의 감기약 복용 전과 복용 후의 수면시간에 차이가 있는지 유의수준 0.05에서 검정하라.

풀이 복용 전과 후의 자료를 그림 8.8과 같이 입력한다.

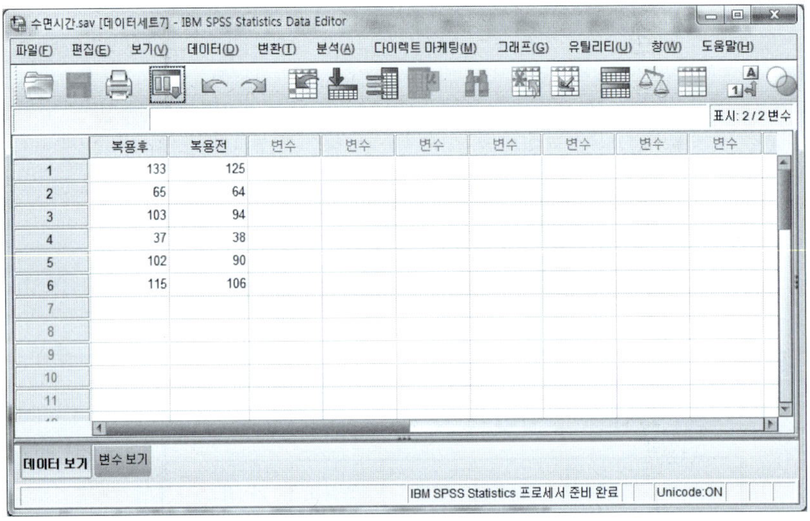

| 그림 8.8 | 자료 입력

실행순서

SPSS를 사용하여 두 대응되는 자료에 대한 검정을 실시하기 위해 다음과 같은 순서로 선택하면, 그림 8.9와 같은 대화상자가 나타난다.

> 분석(A) ▶
> 평균비교(M) ▶
> 대응표본 T 검정(P)

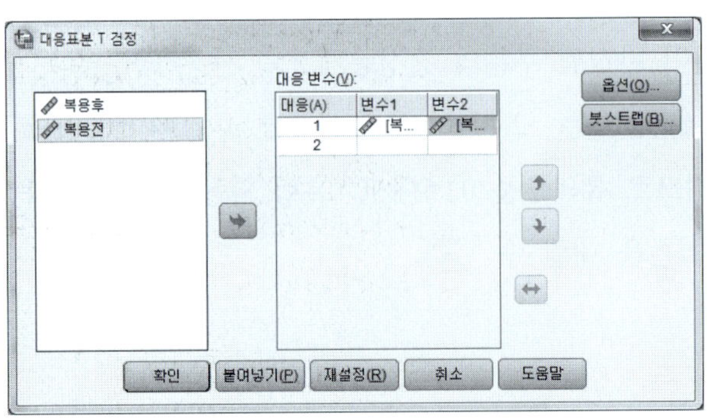

| 그림 8.9 | 대응표본 T검정

그림 8.9와 같은 대화상자가 나타나면 변수 1에 복용 후, 변수 2에 복용 전이 되도록 설정한 다음 실행을 시킨다.

대응표본 통계량

		평균	N	표준편차	평균의 표준오차
대응 1	복용후	92.50	6	35.167	14.357
	복용전	86.17	6	30.948	12.634

대응표본 상관계수

		N	상관관계	유의확률
대응 1	복용후 & 복용전	6	.996	.000

대응표본 검정

	대응차					t	자유도	유의확률 (양측)
	평균	표준편차	평균의 표준오차	차이의 95% 신뢰구간 하한	차이의 95% 신뢰구간 상한			
대응 1 복용후 - 복용전	6.333	5.125	2.092	.955	11.712	3.027	5	.029

| 그림 8.10 | 결과

검정통계량값 t_D는 3.027이고 유의확률 p-값이 0.029로 유의수준 0.05보다 작으므로 귀무가설을 기각한다. 따라서 감기약 복용 전의 수면시간과 복용 후의 수면시간에 차이가 있다고 말할 수 있다.

EXERCISES

연습문제

01 세계적 수준의 수영선수 A와 B 중 누가 더 우수한지 판별하기 위해 두 선수가 각각 출전했던 경기에서의 기록은 다음과 같았다. 과연 한 선수가 다른 선수 보다 우수하다고 할 수 있는지 확인하고자 한다.

선수 갑의 기록(초)	선수 을의 기록(초)
30.7	31.1
31.2	32.2
30.1	30.6
29.4	31.2
31.3	31.6
30.4	31.4
30.9	31.5

(a) 이 경우에 독립표본에 의한 통계적 처리가 좋은지, 아니면 대응표본에 의한 처리가 좋은지 설명하라.

(b) t 통계량을 사용하기 위해 필요한 가정을 말하고, 두 선수 기록의 차이에 대한 99% 신뢰구간을 구하라.

(c) 두 선수의 기록 간에 차이가 있다고 할 수 있는가? $\alpha = 0.01$을 사용하라.

02 폐암 발병 이전의 흡연자에 대해 폐 파괴 현상을 조사한 것이다. 비흡연자 집단과 호흡기 질환 외의 다른 원인으로 사망한 흡연자 집단에 대해 폐 파괴지수를 측정하였다(높은 수치는 폐의 손상이 크다는 것을 나타냄). 흡연자와 비흡연자의 폐 파괴 지수의 평균이 같다고 할 수 있는가?

흡연자	비흡연자
18.8 16.5 15.3 17.4 24.1 23.4 12.0 26.5 11.3 18.6 16.3 13.9 12.3 21.8 15.8 16.6	13.0 18.9 10.8 17.9 7.7 11.0 8.5 18.1 6.0

03 다음은 두 모집단에서의 독립표본들에 대해 기록한 결과이다. μ_1과 μ_2는 각 모집단의 모평균이다.

표본 1	표본 2
$n_1 = 80$	$n_2 = 80$
$\overline{x} = 130$	$\overline{y} = 100$
$s_1^2 = 96$	$s_2^2 = 160$

(a) $\mu_1 - \mu_2$의 95% 신뢰구간을 구하라.

(b) $H_0: \mu_1 - \mu_2 = 20,\ H_1: \mu_1 - \mu_2 \neq 20$을 $\alpha = 0.01$에서 검정하라.

(c) $H_0: \mu_1 - \mu_2 \leq 20,\ H_1: \mu_1 - \mu_2 > 20$을 $\alpha = 0.05$에서 검정하라.

04 다음 두 그룹의 표본들이 얻어졌다. 단, 다음 자료는 정규모집단에서 추출한 표본이며 등분산을 가정한다.

A 그룹: 10, 11, 12　　B 그룹: 6, 8, 9

(a) S_p^2를 계산하라.

(b) $H_1: \mu_A - \mu_B \neq 0$을 검정하기 위한 검정 통계량 값을 계산하라.

05 어느 회사의 생산부서와 판매부서의 봉급 차이를 조사한 결과 다음과 같았다.

(a) 두 부서 간의 평균봉급 차이에 대한 95% 신뢰구간을 계산하고 그 의미를 해석하라.

(b) 두 부서 간의 평균봉급에 차이가 있다고 할 수 있는가? $\alpha = 0.05$를 사용하라.

생산부서	판매부서
$n_1 = 100$	$n_2 = 100$
$\overline{x}_1 = 452{,}000$	$\overline{x}_2 = 491{,}000$
$s_1 = 75{,}200$	$s_2 = 54{,}000$

06 자동차 사고 시 안전벨트를 한 사람의 치료비와 안전벨트를 하지 않은 사람의 치료비를 조사했더니 다음과 같았다. 치료비 차이에 대한 95% 신뢰구간을 구하라(단위: 천원).

	표본크기	표본평균	표본표준편차
안전벨트 착용	50	570	220
안전벨트 미착용	100	1250	600

07 A 회사에서 생산하는 전구를 임의로 30개 골라 성능을 측정하였더니 표본평균이 110이고 표본표준편차가 25였다. 또 B 회사에서 생산하는 전구를 임의로 50개 골라 성능을 측정하였더니 표본평균이 105이고 표본표준편차는 23으로 나왔다. A 회사 제품이 B 회사 제품보다 성능이 더 좋다고 할 수 있는가? $\alpha = 0.01$에서 검정하라.

08 교육부는 지방 고등학생 30명과 서울지역 고등학생 30명을 추출하여 다음과 같은 수능 성적 결과를 얻었다.

$$n_1 = 30, \quad \bar{x}_1 = 350, \quad s_1 = 42$$
$$n_2 = 30, \quad \bar{x}_2 = 325, \quad s_2 = 40$$

지방 고등학생이 서울지역 고등학생보다 평균 수능성적이 더 높은지를 검정하고 $\mu_1 - \mu_2$의 95% 신뢰구간을 구하라. μ_1과 μ_2는 각각 지방과 서울 고등학생들의 평균 수능성적이다.

09 어느 반의 학생 20명에게 컴퓨터 교육을 실시하기 이전의 통계학 시험성적과 교육실시 후의 성적을 비교하여 컴퓨터 교육이 통계학 시험성적에 미치는 효과를 알아보고자 한다.

학생	1	2	3	4	5	6	7	8	9	10
교육 전	80	62	70	60	80	84	65	37	91	98
교육 후	82	71	95	92	100	71	75	60	99	99

학생	11	12	13	14	15	16	17	18	19	20
교육 전	52	78	40	79	59	88	66	73	59	77
교육 후	65	83	60	86	62	89	77	69	72	95

이 데이터에 의하면, 컴퓨터 교육이 통계학 시험성적을 향상시킨다고 할 수 있는가? $\alpha = 0.05$를 사용하여라.

10 자동차 보험회사에서 공인된 정비업소의 견적에 따라 보험금을 지급한다. 그런데 정비업소 A의 견적이 항상 정비업소 B보다 높다고 느끼고 있다. 정비업소 A가 견적액수를 과대 계산하여 부당이익을 취하고 있는지 알아보기 위해, 사고난 15대의 자동차를 두

정비업소에 보내 수리비의 견적을 요구하였더니 다음 결과를 얻었다(단위: 만 원).

정비업소 A	정비업소 B	견적액의 차이
76	73	3
102	91	11
95	84	11
13	15	−2
30	27	3
63	58	5
53	49	4
62	53	9
22	20	2
48	42	6
113	110	3
121	110	11
69	61	8
76	67	9
84	75	9

두 정비업소 간에 견적액수의 차이가 있는가? 유의수준 $\alpha = 0.05$에서 검정하라.

11 다음은 11세 남아와 여아의 혈중 헤모글로빈수치(단위: mg/100 ml)의 표본이다. 여아가 남아보다 헤모글로빈의 수치가 낮다고 말할 수 있는지 유의수준 0.05에서 검정하라.

남아	12.0	15.0	13.5	10.3	11.7	16.2	15.5	14.1	13.4	11.3
여아	12.2	14.0	15.2	14.2	12.6	11.0	13.0	15.4	12.3	12.7

12 색감의 차이가 감정변화에 미치는 영향을 연구하기 위해 14명을 임의로 선택하여 이들을 60초 간격으로 빨간색과 초록색에 반복적으로 노출시키는 실험을 6분간 지속하였다. 다음 자료에서 빨간색과 초록색 간에 색감의 차이가 존재하는지 검정하고, 95% 신뢰구간을 구하라.

사람	1	2	3	4	5	6	7	8	9	10	11	12	13	14
빨강	3.0	3.6	4.0	3.0	3.7	3.3	4.2	3.8	3.5	3.2	3.6	3.8	3.4	3.1
초록	2.2	2.5	3.0	2.7	3.4	2.8	2.9	2.8	3.1	2.5	3.5	3.0	2.7	3.7

13 안전교육이 사고에 기인한 노동시간의 손실을 감소시키는 데 효과가 있다고 주장한다. 다음의 데이터는 안전교육을 시작하기 전과 후에 6개 공장에서 발생한 사고로 인하여 1주일간에 손실된 작업시간이다.

	공장					
	1	2	3	4	5	6
안전교육 전	22	28	19	40	30	17
안전교육 후	15	30	18	39	28	12

이 데이터에 의하면, 위의 주장이 입증되는가? $\alpha = 0.05$를 사용하라.

14 두 종류의 물고기 유인기를 비교하였다. 약 3개월에 한 번씩 4년간 모두 16회의 실험을 하였다. 다음은 실험기간에 잡힌 평균 물고기의 수이다. 어느 유인기가 더 효율적인지 검정하라. $\alpha = 0.05$를 사용하라.

기간	1	2	3	4	5	6	7	8
A	6.60	7.78	1.83	2.42	3.85	4.29	0.87	0.63
B	9.73	8.21	3.69	4.75	1.98	0.83	6.56	3.23

기간	9	10	11	12	13	14	15	16
A	1.32	2.37	1.65	3.11	4.83	5.69	6.58	4.69
B	1.56	1.79	0.48	2.88	1.91	3.79	4.83	2.32

15 음주가 운전시의 위험도에 미치는 영향을 조사하기 위해 300명의 표본을 추출하여, 각 개인의 음주 전과 음주 후의 운전행태에 관해 100점 만점의 점수를 부여하여 그 차를 구하였더니 다음과 같은 결과를 얻었다.

$$\overline{d} = 16,\ s_D^2 = 143.5$$

음주 전과 음주 후의 운전행태 평균점수 차에 대한 90% 신뢰구간을 구하라.

16 환자 15명에게 새로운 혈압강하제를 12주 동안 투입한 다음 약을 복용하기 전의 혈압과 복용 후 혈압을 비교하였다. 이 새로운 약은 혈압강하에 효과가 있다고 할 수 있는가? 유의수준 $\alpha = 0.05$에서 검정하라.

환자 번호	복용 전 혈압	복용 후 혈압
1	90	72
2	120	110
3	88	80
4	132	120
5	110	115
6	95	100
7	125	120
8	140	130
9	98	80
10	80	72
11	74	77
12	115	110
13	143	135
14	93	85
15	130	113

17 어느 사회심리학자는 캠페인 광고를 보기 전과 본 후의 사람들의 행동에 차이가 있는지를 비교하고자 한다. 이 캠페인 광고가 사람들의 행동에 영향을 미치는지 검정하고 μ_D에 대한 95% 신뢰구간을 구하라. μ_D는 광고를 본 후와 광고를 보기 전의 행동 차이에 대한 평균이다.

표본	보기 전	본 후	차이
1	15	18	3
2	16	17	1
3	20	22	2
4	13	19	6
5	17	16	−1
6	14	13	−1
7	20	18	−2
8	18	20	2
9	15	19	4
10	14	17	3

제 9 장

분산분석

9.1 | 서론

우리는 흔히 어떤 속성이 여러 조건에 처해졌을 때 차이가 나는지에 관해 관심을 가진다. 온도에 따른 화학공정에서의 생산성의 차이, 농도에 따른 직물의 인장강도의 비교 등이 관심의 대상인 경우가 많다. 이러한 문제에서는 실험의 목적을 달성하기 위하여 사전에 철저한 계획을 세워야 결론을 명확히 해석할 수 있고 또한 분석하기도 용이하다.

여러 공법에 의해 생산되는 금속가공품의 인장강도를 비교하기 위하여 실험을 한 결과, 어떤 특정한 공법에서 인장강도가 높게 관측되었다고 하면, 이 결과는 공법에 따른 인장강도의 차이에 기인할 수 있지만, 그 이외의 다른 요인, 가령 작업자의 작업능률의 차이때문에 그러한 결과가 나타날 수도 있다. 따라서 공법에 따른 인장강도의 차이가 있는가를 알아내기 위해서는 각 공법마다 여러 번의 실험이 이루어져야 한다.

분산분석(analysis of variance : ANOVA)은 실험계획법(experimental design)에서 가장 많이 사용되는 분석방법으로서, 특성치의 분산 또는 변동을 분석하는 방법이다. 즉, 특성치의 변동을 제곱합으로 나타내고, 이 제곱합을 실험에 관련된 요인별로 분해하여, 오차에 비해 큰 영향을 주는 요인이 무엇인가를 찾아내는 분석방법이다. 따라서 분산분석은 특성치의 제곱합을 요인별로 분해하여 어느 요인이 큰 평균제곱을 나타내고 있는가를 규명하는 방법이라고 할 수 있다.

앞의 예에서 인장강도는 특성치가 되고 공법은 하나의 요인이 된다. 그러면 특성치의 변동을 나타내는 제곱합(총제곱합, totals sum of squares)은 공법에 의하여 일어나는 제곱합(요인에 의한 제곱합, treatments sum of squares)과 작업자들의 작업능률의 차이에 의한 변동과 같은 오차라는 요인의 제곱합(오차에 의한 제곱합, errors sum of squares)으로 분해할 수 있다.

이 장에서는 간단한 실험계획법인 일원배치법(one-way ANOVA)과 이원배치법(two-way ANOVA)에 관해 설명할 것이다. 일원배치법에서는 각 처리에서의 반복수가 같은 경우와 다른 경우로 나누어 생각해 보고, 이원배치법에서는 반복실험이 없는 경우만을 살펴볼 것이다. 그리고 모형에 포함된 모수 및 모평균 차에 대한 추정은 일원배치법에서만 살펴보도록 한다.

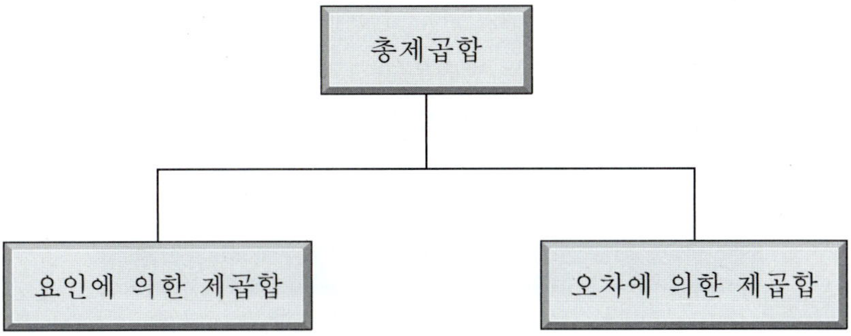

| 그림 9.1 | 총제곱합의 분해

9.2 | 일원배치법

일원배치법은 특성값에 대한 한 종류의 인자만의 영향을 조사하고자 할 때 사용하는 방법으로 앞의 예와 같이 여러 가지 공법에 의해 생산되는 금속가공품의 인장강도에 차이가 있는지의 여부를 검토하고, 어느 공법이 좋은가를 알고 싶을 때 일원배치법을 사용한다.

일원배치법은 다음과 같은 특징을 가진다.

(1) 수준 수와 각 수준에서 취하는 측정치의 반복수에는 별로 제한이 없다. 그러나 수준수는 3~5 수준, 반복수는 3~10 정도가 많이 사용된다.

(2) 반복수가 모든 수준에 대해 같지 않아도 좋다. 따라서 결측치 (missing value)가 있어도 이를 추정하여 넣어 줄 필요가 없으며 그대로 해석할 수 있다.

(3) 실험의 측정은 실험의 전체를 완전히 랜덤화하여 모든 특성치를 임의의 순서에 의해 구해 주어야 한다.

일원배치법을 계획할 때에는 완전랜덤화계획을 세워서 실험을 진행하여야 한다. 그래서 일원배치법을 완전랜덤화계획법 (completely randomized design)이라고도 한다. 가장 간단한 완전랜덤화계획은 각 실험단위에 번호를 부여하고 난수표 등을 사용하여 실험을 할 수 있다.

예를 들어, 인자 A의 4수준 (A_1, A_2, A_3, A_4)에서 반복 5회의 일원배치법을 계획한다고 하자. 이런 경우 완전랜덤화시키는 방법은 표 1과 같이 ①에서 ⑳까지 부여하고 난수표를 사용하여 먼저 나오는 번호 순서대로 실험을 진행시켜 가면 좋을 것이다.

| 표 9.1 | 랜덤화를 위한 번호 부여

		A_1	A_2	A_3	A_4
실험의 반복	1	①	⑥	⑪	⑯
	2	②	⑦	⑫	⑰
	3	③	⑧	⑬	⑱
	4	④	⑨	⑭	⑲
	5	⑤	⑩	⑮	⑳

만약 난수표를 구할 수 없는 경우에는 20장의 조그만 종이에 번호를 각각 ①에서 ⑳까지 적은 다음 상자에 집어넣고 잘 섞은 후에 나오는 순서대로 실험을 하여도 좋을 것이다.

9.2.1 반복수가 같은 일원배치법

인자 A의 수준이 k개 있고 각 수준에서 반복수가 똑같이 n개인 일원배치법의 데이터는 표 9.2와 같이 배열하는 것이 편리하다.

| 표 9.2 | 일원배치법의 자료구조(반복수가 같은 경우)

	처리1(A_1)	처리2(A_2)	…	처리k(A_k)	
실험의 반복	y_{11}	y_{21}	…	y_{k1}	
	y_{12}	y_{22}	…	y_{k2}	
	⋮	⋮	⋮	⋮	
	⋮	⋮	⋮	⋮	
	y_{1n}	y_{2n}	…	y_{kn}	
합계	$y_{1.}$	$y_{2.}$	…	$y_{k.}$	$y_{..}$
표본평균	$\bar{y}_{1.}$	$\bar{y}_{2.}$	…	$\bar{y}_{k.}$	$\bar{y}_{..}$

위의 표에서 사용된 합계와 표본평균의 기호는 다음과 같다.

$$y_{i.} = \sum_{j=1}^{n} y_{ij}, \qquad \bar{y}_{i.} = \frac{y_{i.}}{n}$$

$$y_{..} = \sum_{i=1}^{k} \sum_{j=1}^{n} y_{ij}, \quad \bar{y}_{..} = \frac{y_{..}}{kn}$$

반복수가 같은 경우 일원배치법의 통계적 모형은 다음과 같다.

일원배치법의 통계적 모형 (반복수가 같은 경우)

통계적 모형

$$Y_{ij} = \mu + \alpha_i + \varepsilon_{ij}, \quad i = 1,\ 2, \cdots,\ k, \quad j = 1,\ 2, \cdots,\ n$$

는 다음을 만족한다.

(a) $E(\varepsilon_{ij}) = 0$

(b) ε_{ij} 들은 독립이다 (독립성)

(c) $Var(\varepsilon_{ij}) = \sigma^2,\ i = 1, \cdots,\ k, \quad j = 1, \cdots,\ n$ (등분산성)

(d) $\varepsilon_{ij} \sim N(0,\ \sigma^2),\ i = 1, \cdots, k, \quad j = 1, \cdots,\ n$ (정규성)

여기서

$\mu =$ 실험전체의 모평균

$\alpha_i =$ i 번째 처리가 주는 주효과, $\sum_{i=1}^{k} \alpha_i = 0$

$\varepsilon_{ij} =$ i 번째 처리의 j 번째 반복에서 얻은 측정값의 오차

이다.

위의 모형에 나타나 있는 오차 ε_{ij} 는 A_i 에서 j 번째 측정된 y_{ij} 가 수반하는 오차로 확률변수이며 위에서 가정했듯이 다음과 같은 성질을 가진다.

(1) ε_{ij} 는 임의로 변하는 값이며 평균은 0이고 분산은 σ^2 이다.

(2) ε_{ij} 는 정규분포 $N(0,\ \sigma^2)$ 으로부터 확률표본으로 가정한다.

이제, k 개의 처리효과 간에 유의한 차가 있는지를 검정하는 유의성 검정을 유도해 보자. 이것을 유도하기 위해, 먼저 총제곱합을 처리제곱합과 오차제곱합으로 분해하는 방법을 생각해 보자.

관측값 y_{ij} 와 총평균 $\overline{y}_{..}$ 와의 차인 총편차 $y_{ij}-\overline{y}_{..}$ 를 분해하면

$$(y_{ij}-\overline{y}_{..})=(\overline{y}_{i.}-\overline{y}_{..})+(y_{ij}-\overline{y}_{i.})$$

로 나타낼 수 있다. 이 식의 양변을 제곱하여 정리하면 다음이 성립함을 알 수 있다.

$$\underset{SST}{\sum_{i=1}^{k}\sum_{j=1}^{n}(y_{ij}-\overline{y}_{..})^2} \;=\; \underset{SStr}{n\sum_{i=1}^{k}(\overline{y}_{i.}-\overline{y}_{..})^2} \;+\; \underset{SSE}{\sum_{i=1}^{k}\sum_{j=1}^{n}(y_{ij}-\overline{y}_{i.})^2}$$

이 식은 총편차의 제곱합이 처리에 의하여 설명되는 처리제곱합과 오차의 제곱합으로 분해됨을 의미한다. 여기서 좌변을 **총제곱합**(SST), 우변의 첫째 항은 각 수준의 효과 차이로 인한 변동이므로 **처리제곱합**($SStr$), 우변의 둘째 항은 각 수준 내에서의 편차의 제곱합이므로 **잔차제곱합** 또는 **오차제곱합**(SSE)이라 한다.

실제 관측값으로부터 SST, $SStr$, SSE 를 계산할 때에는 다음과 같은 공식을 사용하면 간편하다.

$$\begin{aligned}SST &= \sum_{i=1}^{k}\sum_{j=1}^{n}(y_{ij}-\overline{y}_{..})^2\\ &= \sum_{i=1}^{k}\sum_{j=1}^{n}y_{ij}^2-\frac{1}{kn}\left(\sum_{i=1}^{k}\sum_{j=1}^{n}y_{ij}\right)^2\end{aligned}$$

$$\begin{aligned}SStr &= \sum_{i=1}^{k}\sum_{j=1}^{n}(\overline{y}_{i.}-\overline{y}_{..})^2\\ &= n\sum_{i=1}^{k}(\overline{y}_{i.}-\overline{y}_{..})^2\\ &= n\sum_{i=1}^{k}\overline{y}_{i.}^2-\frac{1}{kn}\left(\sum_{i=1}^{k}\sum_{j=1}^{n}y_{ij}\right)^2\end{aligned}$$

$$
\begin{aligned}
SSE &= \sum_{i=1}^{k}\sum_{j=1}^{n}(y_{ij}-\overline{y}_{i.})^2 \\
&= \sum_{i=1}^{k}\sum_{j=1}^{n}y_{ij}^2 - n\sum_{i=1}^{k}\overline{y}_{i.}^{2} \\
&= \left[\sum_{i=1}^{k}\sum_{j=1}^{n}y_{ij}^2 - \frac{1}{kn}\left(\sum_{i=1}^{k}\sum_{j=i}^{n}y_{ij}\right)^2\right] - \left[n\sum_{i=1}^{k}\overline{y}_{i.}^{2} - \frac{1}{kn}\left(\sum_{i=1}^{k}\sum_{j=1}^{n}y_{ij}\right)^2\right] \\
&= SST - SStr
\end{aligned}
$$

예제 9.1

어느 공장에서 제품을 생산하는 데 열처리 온도에 따라서 제품의 강도가 차이를 보이는지 조사하기 위해 열처리 온도를 $A_1 = 125℃$, $A_2 = 150℃$, $A_3 = 175℃$, $A_4 = 200℃$ 로 변화시키고, 각 열처리 온도에서 6개의 제품을 표본으로 추출하여 강도를 측정한 결과 다음의 자료를 얻었다. 제곱합의 분해 과정을 상세히 보여라.

온도	125℃	150℃	175℃	200℃
제품의 강도	23	35	36	32
	27	32	41	30
	24	38	38	37
	25	36	39	34
	29	32	40	35
	30	33	38	34

풀이 열처리 온도별 합계와 표본평균은 아래 표와 같이 나타난다.

	인자의 수준				
	A_1	A_2	A_3	A_4	
실험의 반복	23	35	36	32	
	27	32	41	30	
	24	38	38	37	
	25	36	39	34	
	29	32	40	35	
	30	33	38	34	
합계	158	206	232	202	798
표본평균	26.333	34.333	38.667	33.667	33.25

편차를 분해하면 강도에 대한 데이터는 다음과 같이 분해된다.

$$(y_{ij}-\bar{y}_{..}) \quad = \quad (\bar{y}_{i.}-\bar{y}_{..}) \quad + \quad (y_{ij}-\bar{y}_{i.})$$

총편차　　　각 수준의 효과　　　오차

$$\begin{bmatrix} -10.25 & 1.75 & 2.75 & -1.25 \\ -6.25 & -1.25 & 7.75 & -3.25 \\ -9.25 & 4.75 & 4.75 & 3.75 \\ -8.25 & 2.75 & 5.75 & 0.75 \\ -4.25 & -1.25 & 6.75 & 1.75 \\ -3.25 & -0.25 & 4.75 & 0.75 \end{bmatrix} = \begin{bmatrix} -6.917 & 1.083 & 5.417 & 0.417 \\ -6.917 & 1.083 & 5.417 & 0.417 \\ -6.917 & 1.083 & 5.417 & 0.417 \\ -6.917 & 1.083 & 5.417 & 0.417 \\ -6.917 & 1.083 & 5.417 & 0.417 \\ -6.917 & 1.083 & 5.417 & 0.417 \end{bmatrix} + \begin{bmatrix} -3.333 & 0.667 & -2.667 & -1.667 \\ 0.667 & -2.333 & 2.333 & -3.667 \\ -2.333 & 3.667 & -0.667 & 3.333 \\ -1.333 & 1.667 & 0.333 & 0.333 \\ 2.667 & -2.333 & 1.333 & 1.333 \\ 3.667 & -1.333 & -0.667 & 0.333 \end{bmatrix}$$

예를 들어, 제1행 1열의 값은 다음과 같이 계산되었다.

$$(y_{ij}-\bar{y}_{..}) \quad = (\bar{y}_{i.}-\bar{y}_{..}) + (y_{ij}-\bar{y}_{i.})$$

$$\Rightarrow (23-33.25) = (26.333-33.25) + (23-26.333)$$

$$\Rightarrow (-10.25) \quad = (-6.917) + (-3.333)$$

제곱합의 정의에 따라 제곱합을 계산하면 다음과 같다.

$$\begin{aligned} SST &= \sum_{i=1}^{4}\sum_{j=1}^{6}(y_{ij}-\bar{y}_{..})^2 \\ &= (-10.25)^2 + (-6.25)^2 + \cdots + (0.75)^2 \\ &= 584.5 \end{aligned}$$

$$\begin{aligned} SStr &= 6\sum_{i=1}^{4}(\bar{y}_{i.}-\bar{y}_{..})^2 \\ &= 6[(-6.917)^2 + (-1.083)^2 + (5.417)^2 + (0.417)^2] \\ &= 471.167 \end{aligned}$$

$$\begin{aligned} SSE &= \sum_{i=1}^{4}\sum_{j=1}^{6}(y_{ij}-\bar{y}_{i.})^2 \\ &= (-3.333)^2 + (0.667)^2 + \cdots + (0.333)^2 \\ &= 113.333 \end{aligned}$$

실무에서 제곱합을 계산할 때에는 공식의 마지막 식을 사용하는 것이 더욱 편리하다. 그 계산방법을 보이면 다음과 같다.

$$\frac{y_{..}^{\;2}}{kn} = \frac{\left[\sum_{i=1}^{4}\sum_{j=1}^{3} y_{ij}\right]^2}{kn} = \frac{(798)^2}{24} = 26533.5$$

$$\begin{aligned} SST &= \sum_{i=1}^{4}\sum_{j=1}^{3} y_{ij}^2 - \frac{y_{..}^2}{kn} \\ &= (23)^2 + (27)^2 + \cdots + (34)^2 - 26533.5 \\ &= 584.5 \end{aligned}$$

$$\begin{aligned} SStr &= \sum_{i=1}^{4} \frac{y_{i.}^2}{k} - \frac{y_{..}^2}{kn} \\ &= \frac{1}{6}[(158)^2 + (206)^2 + (232)^2 + (202)^2] - 26533.5 \\ &= 471.167 \end{aligned}$$

$$\begin{aligned} SSE &= SST - SStr \\ &= 584.5 - 471.167 = 113.333 \end{aligned}$$

지금까지 분산분석과 관련된 제곱합들을 구하는 방법들을 보았는데, 이제 이들 제곱합의 자유도 (degree of freedom)를 구해 보자.

제곱합의 자유도는 제곱을 한 편차의 개수에서 편차들의 선형 제약조건의 개수를 뺀 것과 같다.

제곱합의 자유도 = (더해진 편차의 수) − (선형 제약조건의 수)

관측값의 총개수를 $N = kn$ 이라 하면, 총제곱합에는 N 개의 편차제곱 $(y_{ij} - \overline{y}_{..})^2$ 이 있고, 선형 제약조건으로 $\sum_{i=1}^{k}\sum_{j=1}^{n}(y_{ij} - \overline{y}_{..}) = 0$ 이 하나 있으므로, 총제곱합의 자유도는 $(N-1)$ 이 된다. 다른 두 제곱합에 대해서도 같은 방법을 적용시키면 처리제곱합의 자유도는 $(k-1)$, 오차제곱합의 자유도는 $(N-k)$ 가 된다.

일반적으로 제곱합을 각각에 대응되는 자유도로 나눈 것을 평균제곱 (mean square)이라 한다. 즉,

$$\text{평균제곱} = \frac{\text{제곱합}}{\text{자유도}}$$

이다. 따라서, 처리에 대한 평균제곱($MStr$)과 오차에 대한 평균제곱(MSE)은 각각 다음과 같이 나타낸다.

$$MStr = \frac{SStr}{k-1} \qquad MSE = \frac{SSE}{N-k}$$

■ F 검정

k 개의 처리효과 사이에 차이가 없다는 귀무가설

$$H_0 : \alpha_1 = \alpha_2 = \cdots = \alpha_k$$

을 검정하고자 한다. 물론 대립가설은 α_i들이 모두 같지는 않다는 것이다. 귀무가설을 검정하기 위한 규칙을 찾기 위해서, 모든 처리의 모평균이 같으면 $(\overline{y}_{i.} - \overline{y}_{..})$가 작을 것으로 기대된다. 따라서 처리의 평균제곱 $n\sum_{i=1}^{k}(\overline{y}_{i.} - \overline{y}_{..})^2/(k-1)$이 작게 된다. 반면에 모평균들의 차이가 현저하면 처리의 평균제곱도 크게 될 것이다. 오차의 분산 σ^2의 추정량으로 잔차의 평균제곱이 이용되며, 이것은 처리의 평균제곱이 유의적 차이를 나타내기 전에 그것이 어느 정도 큰지를 결정하는 척도로 사용될 수 있다. 통계적 분포이론에 따르면 H_0하에서

$$F_0 = \frac{\text{처리의 평균제곱}}{\text{잔차의 평균제곱}} = \frac{MStr}{MSE}$$

은 자유도가 $(k-1,\ N-k)$인 F 분포를 따른다.

F 분포는 분자의 자유도 $v_1 = k-1$ 과 분모의 자유도 $v_2 = N-k$ 에 의해 결정되며 흔히 $F(v_1, v_2)$ 로 나타낸다. 또 F 분포의 백분위수는 다음과 같이 정의된다.

$$F_\alpha(v_1,\ v_2) = F(v_1,\ v_2)\text{분포의 상위 } \alpha \text{ 인 점}$$

즉,

$$P[F(v_1,\ v_2) \geq F_\alpha(v_1,\ v_2)] = \alpha$$

여러 쌍의 자유도에 대한 F 분포의 상위 $\alpha = 0.05$인 점과 $\alpha = 0.10$인 점이 부록 B 표 5에 주어져 있다.

위에서 언급한 F-검정을 요약하면 다음과 같다. 그리고 계산된 F_0값은 분산분석표의 우측부분에 표시한다.

평균들의 동일성에 대한 F 검정

H_0 : $\alpha_1 = \alpha_2 = \cdots = \alpha_k = 0$, H_1: H_0가 아니다.

검정통계량 : $F_0 = \dfrac{MStr}{MSE}$

기각역 : $F_0 \geq F_\alpha(k-1,\ N-k)$

지금까지의 결과를 분산분석표로 나타내면 표 9.3과 같이 요약할 수 있다.

| 표 9.3 | k 개의 처리에 대한 분산분석표

요인	제곱합	자유도	평균제곱	F_0	p-값
처리	$SStr$	$k-1$	$MStr$	$MStr/MSE$	$P[F \geq F_0]$
오차	SSE	$N-k$	MSE		
계	SST	$N-1$			

예제 9.2 앞의 예제 9.1의 데이터에 대해 유의수준 $\alpha = 0.05$에서 분산분석표에 의한 F 검정을 시행하라.

풀이 귀무가설 H_0 : $\alpha_1 = \alpha_2 = \cdots = \alpha_4 = 0$을 검정한 결과 표 9.3과 같은 분산분석표를 얻을 수 있다.

〈F 검정을 위한 분산분석표〉

요인	제곱합	자유도	평균제곱	F_0값	p-값
처리	471.167	3	157.056	27.714*	0.000
오차	113.333	20	5.667		
계	584.5	23			

즉 검정통계량 F_0 의 값은 27.714로 유의수준 0.05에서의 기각값 $F_{0.05}(3, 20) = 3.0984$보다 매우 크므로 귀무가설 H_0 를 기각한다. 이상의 결과로서 열처리 온도 A는 유의수준 0.05로 수준 간에 차가 있고, 반응온도는 강도에 영향을 미치는 것이 확실하다.

일반적으로 귀무가설이 기각될 때에는 F_0 값의 오른쪽 위에 별표를 붙여 주는 것이 통례이다. 분산분석표에서 27.714의 값 위에 27.714*로 표시한 것은 이 값이 유의하게 커서 귀무가설이 기각된다는 것을 의미한다.

p-값을 이용해 결론을 내린다면 p-값이 0.000으로 유의수준 0.05보다 작다. 따라서 $\alpha = 0.05$에서 H_0를 기각한다. 또한 $\alpha = 0.01$에서도 H_0를 기각할 수 있다.

이러한 일원배치법에서 데이터의 분석에 있어서 분산분석표를 작성하고 F 검정을 실시하는 것으로 그치면 충분히 데이터를 활용했다고 볼 수 없다. 인자의 수준 간에 유의차가 있다고 F 검정에 의해 인정되는 경우에는, 각 수준마다 모평균을 추정하거나, 2개의 수준의 모평균의 차를 추정하거나, 또는 처리 간에 평균의 차이가 있는 것과 그렇지 않은 것을 찾아내는 것이 더 중요한 과제라고 할 수 있다. 그럼 지금부터 평균 차의 신뢰구간을 어떻게 구할 수 있는지 알아보도록 하자.

■ 다중신뢰구간(Multiple Confidence Interval)

인자 A 의 i 수준에서의 모평균 $\mu_i = \mu + \alpha_i$의 추정 문제를 생각해 보자. i 수준에서 n 개의 데이터, Y_{ij}, $j = 1, 2, \cdots, n$은 정규분포 $N(\mu_i, \sigma^2)$에서 얻어진 크기 n인 확률표본이라 할 수 있다. 여기서 i수준에서의 표본평균 $\overline{Y}_{i.}$를 구하면

$$\overline{Y}_{i.} = \mu + \alpha_i + \bar{\varepsilon}_{i.}$$

가 되고 $E(\bar{\varepsilon}_{i.}) = 0$이므로 그 기댓값은

$$E(\overline{Y}_{i.}) = \mu + \alpha_i$$

가 된다. 따라서 $\mu_i = \mu + \alpha_i$의 비편향추정량은

$$\hat{\mu}_i = \overline{Y}_{i.}$$

이다. 그리고 $\overline{Y}_{i.}$의 분산은

$$\begin{aligned} Var(\overline{Y}_{i.}) &= Var(\mu + \alpha_i + \bar{e}_{i.}) \\ &= Var(\bar{\varepsilon}_{i.}) \\ &= \frac{\sigma^2}{n} \end{aligned}$$

이다. 그런데 σ^2의 비편향추정량으로 MSE를 사용하면 통계량

$$t = \frac{\overline{Y}_{i.} - \mu_i}{\sqrt{MSE/n}}$$

는 자유도가 $(N-k)$인 t 분포를 따른다. 따라서 μ_i의 $100(1-\alpha)\%$ 신뢰구간을 구하면

$$\overline{Y}_{i.} \pm t_{\alpha/2}(N-k)\sqrt{MSE/n}$$

이 된다.

다음으로 추정하고자 하는 것은 인자의 두 수준 i와 i' $(i \neq i')$에서의 모평균의 차 $\mu_i - \mu_{i'} = \alpha_i - \alpha_{i'}$이다. 두 수준 A_i와 $A_{i'}$의 각 표본평균의 차를 구하면

$$\overline{Y}_{i.} - \overline{Y}_{i'.} = \alpha_i - \alpha_{i'} + \bar{\varepsilon}_{i.} - \bar{\varepsilon}_{i'.}$$

이고 그 기댓값은

$$E(\overline{Y}_{i.} - \overline{Y}_{i'.}) = \alpha_i - \alpha_{i'}$$

이므로 $\mu_i - \mu_{i'}$의 비편향추정량은 $\overline{Y}_{i.} - \overline{Y}_{i'.}$가 된다. 이 추정량의 분산은

$$\begin{aligned} Var(\overline{Y}_{i.} - \overline{Y}_{i'.}) &= Var(\overline{Y}_{i.}) + Var(\overline{Y}_{i'.}) \\ &= \frac{2}{n}\sigma^2 \end{aligned}$$

이다. σ^2의 추정량으로 MSE를 사용하면 통계량

$$t = \frac{(\overline{Y}_{i.} - \overline{Y}_{i'.}) - (\mu_i - \mu_{i'})}{\sqrt{\frac{2}{n}MSE}}$$

는 자유도가 $N-k$인 t 분포를 따른다. 따라서 $(\mu_i-\mu_{i'})$의 $100(1-\alpha)\%$ 신뢰구간은

$$(\overline{Y}_{i.}-\overline{Y}_{i'.})\pm t_{\alpha/2}(N-k)\sqrt{\frac{2MSE}{n}}$$

이 된다. 만약 위에서 구한 신뢰구간이 0을 포함하고 있을 경우에는 μ_i와 $\mu_{i'}$간에 유의한 차가 있다고 볼 수 없을 것이다.

만약 F 검정이 처리평균들 사이에 유의적 차이를 나타낸다면, 위의 신뢰구간에 의하여 각각의 평균을 비교하는 것이 바람직하다고 생각할 수 있다. 그러나 다음과 같은 이유에서 보다 개선된 신뢰구간을 구하는 것이 바람직하다.

F 검정이 유의적이라는 단서가 없더라도 위의 방법에 의해 평균 차에 대한 각각의 신뢰구간을 구할 수 있다. 예를 들면, 4개의 처리가 있는 경우라면, $\binom{4}{2}=6$ 쌍의 평균 차 $\mu_i-\mu_{i'}$을 생각할 수 있고, 위의 방법에 의해 이들 6쌍 각각에 대해 $100(1-\alpha)\%$ 신뢰수준을 갖는 신뢰구간을 구할 수 있다. 그러나 어느 정도의 신뢰수준에서 이 6개의 신뢰구간이 동시에 타당한가를 결정하는 것은 쉬운 일이 아니다. 이러한 곤란을 극복하기 위해 여러 개의 신뢰구간들이 동시에 타당하게 되는 결합확률이 미리 정해진 수준보다 낮지 않도록 하는 방법으로 여러 개의 신뢰구간을 구하는 방법이 제기되었다. 그러한 신뢰구간을 **다중신뢰구간**(multiple confidence interval)이라 한다. 여기서는 다중신뢰구간을 구하는 여러 가지 방법 중에서 단순하고 적용하기가 편리한 한 가지 방법을 소개한다.

다중 t 신뢰구간은 t 분포의 백분위수를 결정하는 문제 외에는 어떤 새로운 개념이나 계산은 필요치 않다. 예를 들면, 처리의 수가 $k=3$이고 $1-\alpha=0.95$일 때, 만약 $m=\binom{k}{2}=3$쌍의 차에 대한 동시신뢰구간을 구하길 원한다면 단지 t 분포의 상위 $\alpha/2m=0.05/6=0.0083$인 점이 더 필요하다.

다중 t 신뢰구간

m개의 평균차 $\mu_i-\mu_{i'}$에 대한 $100(1-\alpha)\%$ 다중신뢰구간은 다음과 같다.

$$(\overline{Y}_{i.}-\overline{Y}_{i'.})\pm t_{\alpha/2m}(N-k)\sqrt{\frac{2MSE}{n}}$$

여기서 m은 신뢰구간의 개수이고, $t_{\alpha/2m}(N-k)$는 자유도가 $N-k$인 t분포의 상위 $\alpha/(2m)$인 점이다. 이 방법에 의하여 설정된 m개의 신뢰구간이 모두 타당하게 될 확률은 $1-\alpha$이다.

예제 9.3

예제 9.1에서 각 수준 A_i, $i=1,2,3,4$의 모평균에 대한 95% 신뢰구간을 구하고, 모든 두 수준 간의 모평균 차의 90% 다중신뢰구간을 구하라.

풀이 예제 9.1의 표와 예제 9.2의 분산분석표의 값을 신뢰구간 공식에 대입하면 신뢰구간의 폭은

$$t_{0.025}(20)\sqrt{\frac{5.667}{6}} = 2.086 \times \sqrt{0.9445} = 2.0273$$

이다. 따라서 각 수준의 모평균의 신뢰구간은 다음과 같다.

$$\begin{aligned}
\mu_1 &: 26.333 \pm 2.027 = (24.306,\ 28.361) \\
\mu_2 &: 34.333 \pm 2.027 = (32.306,\ 36.361) \\
\mu_3 &: 38.667 \pm 2.027 = (36.639,\ 40.694) \\
\mu_4 &: 33.667 \pm 2.027 = (31.639,\ 35.694)
\end{aligned}$$

다음으로 $k=4$이고 $1-\alpha=0.9$인 다중신뢰구간은 $m=\binom{4}{2}=6$쌍의 차에 대한 신뢰구간을 계산해야 한다. t분포의 상위 $\alpha/2m=0.1/12=0.0083$인 값은 2.613이다. 따라서 모평균 차의 다중신뢰구간의 신뢰폭을 먼저 구하면

$$t_{0.00833}(20)\sqrt{\frac{2\times 5.667}{6}} = 2.613\times\sqrt{1.889} = 3.591$$

이므로 각 수준 간의 모평균 차에 대한 신뢰구간은 다음과 같다.

$$\begin{aligned}
\mu_1-\mu_2 &: (26.333-34.333)\pm 3.591 = (-11.591,\ -4.409) \\
\mu_1-\mu_3 &: (26.333-38.667)\pm 3.591 = (-15.925,\ -8.743) \\
\mu_1-\mu_4 &: (26.333-33.667)\pm 3.591 = (-10.925,\ -3.743) \\
\mu_2-\mu_3 &: (34.333-38.667)\pm 3.591 = (-\ \ 7.925,\ -0.743) \\
\mu_2-\mu_4 &: (34.333-33.667)\pm 3.591 = (-\ \ 2.925,\ \ \ 4.257) \\
\mu_3-\mu_4 &: (38.667-33.667)\pm 3.591 = (\ \ \ 1.409,\ \ \ 8.591)
\end{aligned}$$

| 그림 9.2 | 열처리 온도 별 평균 차이

위의 6개의 구간 중에서 5번째 구간만이 0을 포함하므로 μ_2 와 μ_4 간에는 유의한 차가 있다고 말할 수 없으나 그 이외에는 모두 유의한 차가 있다고 말할 수 있다.

9.2.2 반복수가 다른 일원배치법

실제의 일원배치법에서는 처리의 어떤 특정한 수준에 대해 모평균 추정의 정도(precision)를 높이기 위해 반복수를 다른 수준보다 많게 하거나, 측정에 실패하거나 결측치가 발생하여 처리에 따라 같은 수의 표본을 얻지 못하는 경우가 발생한다. 이러한 경우에는 i수준에서 n_i개의 반복을 가진 데이터를 얻게 된다. 이와 같이 반복수가 다른 경우에 얻어진 자료는 표 9.4와 같이 정리할 수 있다.

| 표 9.4 | 일원배치법의 자료구조 (반복수가 다른 경우)

	처리 1	처리 2	$\cdots$	처리 k	
	y_{11}	y_{21}	$\cdots$	y_{k1}	
	y_{12}	y_{22}	$\cdots$	y_{k2}	
	$\vdots$	$\vdots$	$\vdots$	$\vdots$	
	y_{1n_1}	y_{2n_2}	$\cdots$	y_{kn_k}	
합계	$y_{1.}$	$y_{2.}$	$\cdots$	$y_{k.}$	$y_{..}$
표본평균	$\bar{y}_{1.}$	$\bar{y}_{2.}$	$\cdots$	$\bar{y}_{k.}$	총평균 $\bar{y}_{..}$

전체 관측값의 개수를 $N=\sum_{i=1}^{k} n_i$ 라 하면, 표본평균과 합계의 기호는 다음과 같다.

$$y_{i.}=\sum_{j=1}^{n_i} y_{ij}\,,\quad \bar{y}_{i.}=y_{i.}/n_i \qquad i=1,2,\cdots,k$$
$$y_{..}=\sum_{i=1}^{k}\sum_{j=1}^{n_i} y_{ij},\quad \bar{y}_{..}=y_{..}/N$$

반복수가 다른 경우 일원배치법의 통계적 모형은 다음과 같다.

일원배치법의 통계적 모형 (반복수가 다른 경우)

$Y_{ij} = \mu + \alpha_i + \varepsilon_{ij}, \quad i = 1, 2, \cdots, k, \quad j = 1, 2, \cdots, n_i$이며

$\varepsilon_{ij} \sim N(0, \sigma^2), \quad i = 1, \cdots, k, \quad j = 1, \cdots, n$ 이고 서로 독립이다. 여기서

$\mu =$ 실험전체의 모평균

$\alpha_i =$ i 번째 처리가 주는 주효과, $\sum_{i=1}^{k} n_i \alpha_i = 0$

$\varepsilon_{ij} =$ i 번째 처리의 j 번째 반복에서 얻은 측정값의 오차

이다.

관측값 y_{ij} 와 총평균 $\bar{y}_{..}$ 와의 차인 총편차 $y_{ij} - \bar{y}_{..}$ 를 분해하면

$$(y_{ij} - \bar{y}_{..}) = (\bar{y}_{i.} - \bar{y}_{..}) + (y_{ij} - \bar{y}_{i.})$$

이므로 이 식의 양변을 제곱하여 정리하면 다음이 성립함을 알 수 있다.

$$\sum_{i=1}^{k}\sum_{j=1}^{n_i}(y_{ij} - \bar{y}_{..})^2 = \sum_{i=1}^{k} n_i(\bar{y}_{i.} - \bar{y}_{..})^2 + \sum_{i=1}^{k}\sum_{j=1}^{n_i}(y_{ij} - \bar{y}_{i.})^2$$

$$\begin{aligned} SST &= \sum_{i=1}^{k}\sum_{j=1}^{n_i}(y_{ij} - \bar{y}_{..})^2 \\ &= \sum_{i=1}^{k}\sum_{j=1}^{n_i} y_{ij}^2 - \left(\sum_{i=1}^{k}\sum_{j=1}^{n_i} y_{ij}\right)^2 \Big/ N \\ SStr &= \sum_{i=1}^{k}\sum_{j=1}^{n_i}(\bar{y}_{i.} - \bar{y}_{..})^2 \\ &= \sum_{i=1}^{k} n_i(\bar{y}_{i.} - \bar{y}_{..})^2 \\ &= \sum_{i=1}^{k} \frac{y_{i.}^2}{n_i} - \left(\sum_{i=1}^{k}\sum_{j=1}^{n_i} y_{ij}\right)^2 \Big/ N \end{aligned}$$

$$SSE = \sum_{i=1}^{k}\sum_{j=1}^{n_i}(y_{ij} - \bar{y}_{i.})^2$$
$$= \sum_{i=1}^{k}\sum_{j=1}^{n_i} y_{ij}^2 - \sum_{i=1}^{k} n_i \bar{y}_{i.}^2$$
$$= SST - SStr$$

또한 제곱합 SST, $SStr$, SSE와 관련된 자유도는 각각 $N-1$, $k-1$, $N-k$이다. 그러므로 평균제곱은 다음과 같이 주어진다.

$$MSE = \frac{SSE}{N-k}$$
$$MStr = \frac{SStr}{k-1}$$

따라서 반복수가 다른 일원배치법의 처리효과의 유의성 검정 및 분산분석표는 다음과 같이 요약할 수 있다.

평균들의 동일성에 대한 F 검정

H_0 : $\alpha_1 = \alpha_2 = \cdots = \alpha_k = 0$, H_1: H_0가 아니다.

검정통계량 : $F_0 = \dfrac{MStr}{MSE}$

기각역 : $F_0 \geq F_\alpha(k-1, N-k)$

| 표 9.5 | k개의 처리에 대한 분산분석표

요인	제곱합	자유도	평균제곱	F_0	p-값
처리	$SStr$	$k-1$	$MStr$	$MStr/MSE$	$P[F \geq F_0]$
오차	SSE	$N-k$	MSE		
계	SST	$N-1$			

반복이 있는 일원배치법에서와 유사한 방법으로 모평균 및 모평균 차의 신뢰구간을 구할 수 있다.

모평균 μ_i의 $100(1-\alpha)$%신뢰구간은

$$\overline{Y}_{i.} \pm t_{\alpha/2}(N-k)\sqrt{MSE/n_i}$$

이다. 그리고 모평균 차 $\mu_i - \mu_{i'}$의 $100(1-\alpha)\%$ 다중신뢰구간은 다음과 같다.

$$(\overline{Y}_{i.} - \overline{Y}_{i'.}) \pm t_{\alpha/2}(N-k)\sqrt{MSE\left(\frac{1}{n_i}+\frac{1}{n_{i'}}\right)}$$

예제 9.4 4가지 교육방법의 효과를 비교분석하기 위하여 학생 40명을 무작위로 10명씩 4개 집단으로 나누고 한 학기 동안 각 교육방법으로 교육을 실시한 후에 치른 기말시험이 다음의 자료와 같다. 학기 중 여러 사정에 의하여 기말시험을 치르지 못한 학생들 때문에 각 조의 자료의 수가 같지 않다. 분산분석을 실시하라.

교육방법	1조	2조	3조	4조
기말 고사 성적	65	75	59	94
	87	69	78	89
	73	83	67	80
	79	81	62	88
	81	72	83	
	69	79	76	
		90		

풀이 '가설 $H_0 : \alpha_1 = \alpha_2 = \alpha_3 = \alpha_4 = 0$, $H_1 : H_0$가 아니다'를 검정하기 위해 제곱합을 계산하면,

$$n_1 = 6,\ n_2 = 7,\ n_3 = 6,\ n_4 = 4$$

$$\frac{y_{..}^2}{N} = \frac{\left[\sum_{i=1}^{4}\sum_{j=1}^{n_i} y_{ij}\right]^2}{N} = \frac{(1779)^2}{23} = 137601.78$$

$$\begin{aligned} SST &= \sum_{i=1}^{4}\sum_{j=1}^{n_i} y_{ij}^2 - \frac{y_{..}^2}{N} \\ &= (65)^2 + (87)^2 + \cdots + (88)^2 - 137601.78 \\ &= 1909.22 \end{aligned}$$

$$SStr = \sum_{j=1}^{4} \frac{y_{i.}^2}{n_i} - \frac{y_{..}^2}{N}$$
$$= \frac{(454)^2}{6} + \frac{(549)^2}{7} + \frac{(425)^2}{6} + \frac{(351)^2}{4} - 137601.78$$
$$= 712.59$$

$$SSE = SST - SStr$$
$$= 1909.22 - 712.59 = 1196.63$$

이므로, 분산분석표를 만들면 다음과 같다.

〈분산분석표〉

요인	제곱합	자유도	평균제곱	F_0값
처리	712.59	3	237.53	3.77
오차	1196.63	19	62.98	
전체	1909.22	22		

계산 결과 $SST = 1909.22$, $SStr = 712.59$, $SSE = 1196.63$을 얻을 수 있고, SST의 자유도는 $23 - 1 = 22$, $SStr$의 자유도는 $4 - 1 = 3$, SSE의 자유도는 $23 - 4 = 19$이며 $MStr = 712.59/3 = 237.53$, $MSE = 1196.63/19 = 62.98$로 계산된다. 그리고 F_0 값은 $237.53/62.98 = 3.77$이다.

$F_{0.05}(3,19) = 3.13$이므로 유의수준 $\alpha = 0.05$에서 귀무가설 $H_0 : \alpha_1 = \alpha_2 = \alpha_3 = \alpha_4 = 0$이 기각된다. 그러므로 교육방법에 따라 기말고사 성적이 통계적으로 유의한 차이를 가지고 있다는 결론을 내릴 수 있다.

9.3 | 이원배치법

이원배치법은 특성치에 영향을 주는 2개의 인자에 대해 그 영향을 조사하고자 할 때에 사용하는 분산분석법으로, 반복실험이 있는 경우와 반복실험이 없는 경우로 크게 나눌 수 있다. 예를 들면, 시멘트의 인장강도가 소성온도 A_1, A_2, A_3에 따라 차이가 있는지를 알고 싶을 때, 소성시간에 의한 영향도 알아보고 싶으므로 소성시간 B_1, B_2, B_3에 따라 9개의 수준조합에서 인장강도를 측정하여, 소성온도(A)와 소성시간(B)이 각각 인장강도에 유의한 영향을 주는가를 검정하고, 더 나아가서 어떤 수준의 조합에서 가장 바람직한 인장강도를 주는가를 알아보는 실험이 이원배치법의 좋은 예가 된다.

여기서 실험결과의 신뢰도를 높이기 위해서는 실험을 반복하는 것이 바람직하지만 반복실험이 있는 이원배치법은 보다 복잡하므로 여기에서는 반복이 없는 이원배치법을 소개한다.

반복실험이 없는 이원배치법

2개의 인자를 A, B로 표시하고, 각각 p, q개의 수준을 갖고 있다고 하자. 이원배치법에서 완전랜덤화계획은 pq회의 실험을 랜덤하게 선택된 순서에 의하여 시행하는 것이다.

반복이 없는 이원배치법의 자료구조는 표 9.6과 같다.

| 표 9.6 | 이원배치법의 자료구조 (반복실험이 없는 경우)

인자 A \ 인자 B	B_1	$\cdots$	B_j	$\cdots$	B_q	합계	평균
A_1	y_{11}	$\cdots$	y_{1j}	$\cdots$	y_{1q}	$y_{1.}$	$\bar{y}_{1.}$
$\vdots$	$\vdots$	$\vdots$	$\vdots$	$\vdots$	$\vdots$	$\vdots$	$\vdots$
A_i	y_{i1}	$\cdots$	y_{ij}	$\cdots$	y_{iq}	$y_{i.}$	$\bar{y}_{i.}$
$\vdots$	$\vdots$	$\vdots$	$\vdots$	$\vdots$	$\vdots$	$\vdots$	$\vdots$
A_p	y_{p1}	$\cdots$	y_{pj}	$\cdots$	y_{pq}	$y_{p.}$	$\bar{y}_{p.}$
합계	$y_{.1}$	$\cdots$	$y_{.j}$	$\cdots$	$y_{.q}$	$y_{..}$	
표본평균	$\bar{y}_{.1}$	$\cdots$	$\bar{y}_{.j}$	$\cdots$	$\bar{y}_{.q}$		총평균 $\bar{y}_{..}$

위에 사용된 합계와 표본평균의 기호는 다음과 같다.

$$y_{i.} = \sum_{j=1}^{q} y_{ij}, \qquad \bar{y}_{i.} = \frac{1}{q}\sum_{j=1}^{q} y_{ij}, \qquad i = 1, 2, \cdots, p$$

$$y_{.j} = \sum_{i=1}^{p} y_{ij}, \qquad \bar{y}_{.j} = \frac{1}{p}\sum_{i=1}^{p} y_{ij}, \qquad j = 1, 2, \cdots, q$$

$$y_{..} = \sum_{i=1}^{p}\sum_{j=1}^{q} y_{ij}, \qquad \bar{y}_{..} = \frac{1}{pq}\sum_{i=1}^{p}\sum_{j=1}^{q} y_{ij}$$

반복이 없는 경우 이원배치법의 통계적 모형은 다음과 같다.

이원배치법의 통계적 모형(반복이 없는 경우)

$Y_{ij} = \mu + \alpha_i + \beta_j + \varepsilon_{ij}$, $i = 1, 2, \cdots, p$, $j = 1, 2, \cdots, q$이며

$\varepsilon_{ij} \sim N(0, \sigma^2)$, $i = 1, \cdots, p$, $j = 1, \cdots, q$이고 서로 독립이다. 여기서

$\mu =$ 실험전체의 모평균

$\alpha_i = A_i$가 주는 주효과, $\sum_{i=1}^{p} \alpha_i = 0$

$\beta_j = B_j$가 주는 주효과, $\sum_{j=1}^{q} \beta_j = 0$

$y_{ij} = A_i$와 B_j에서 얻은 측정값

$\varepsilon_{ij} = A_i$와 B_j에서 얻은 측정값의 오차

이다.

이원배치법에서는 인자의 각 수준에 따라 처리효과의 차이가 있는가 하는 것으로서 그 인자의 유의성을 검정하는 것이다.

관측값 y_{ij}와 총평균 $\bar{y}_{..}$와의 차인 총편차 $y_{ij} - \bar{y}_{..}$는 다음과 같이 세 부분으로 나누어진다.

$$(y_{ij} - \bar{y}_{..}) = (\bar{y}_{i.} - \bar{y}_{..}) + (\bar{y}_{.j} - \bar{y}_{..}) + (y_{ij} - \bar{y}_{i.} - \bar{y}_{.j} + \bar{y}_{..})$$

양변을 제곱하여 정리하면 다음이 성립함을 알 수 있다.

$$\begin{aligned}\sum_{i=1}^{p}\sum_{j=1}^{q}(y_{ij} - \bar{y}_{..})^2 (SST) &= q\sum_{i=1}^{p}(\bar{y}_{i.} - \bar{y}_{..})^2 \quad (SS_A) \\ &+ p\sum_{j=1}^{q}(\bar{y}_{.j} - \bar{y}_{..})^2 \quad (SS_B) \\ &+ \sum_{i=1}^{p}\sum_{j=1}^{q}(y_{ij} - \bar{y}_{i.} - \bar{y}_{.j} + \bar{y}_{..})^2 \quad (SSE)\end{aligned}$$

즉 총제곱합 SST는 A에 의한 제곱합(SS_A), B에 의한 제곱합(SS_B), 오차에 의한 제곱합(SSE)으로 나누어서 해석된다. 실제로 데이터로부터 제곱합을 계산할 때에는 좀 더 간

편한 공식으로 다음을 이용하는 것이 편리하다.

$$
\begin{aligned}
SST &= \sum_{i=1}^{p}\sum_{j=1}^{q}(y_{ij}-\overline{y}_{..})^2 \\
&= \sum_{i=1}^{p}\sum_{j=1}^{q}y_{ij}^2-\left(\sum_{i=1}^{p}\sum_{j=1}^{q}y_{ij}\right)^2\Big/pq
\end{aligned}
$$

$$
\begin{aligned}
SS_A &= \sum_{i=1}^{p}\sum_{j=1}^{q}(\overline{y}_{i.}-\overline{y}_{..})^2 \\
&= \left(\sum_{i=1}^{p}y_{i.}^2\right)\Big/ q-\left(\sum_{i=1}^{p}\sum_{j=1}^{q}y_{ij}\right)^2\Big/pq
\end{aligned}
$$

$$
\begin{aligned}
SS_B &= \sum_{i=1}^{p}\sum_{j=1}^{q}(\overline{y}_{.j}-\overline{y}_{..})^2 \\
&= \left(\sum_{j=1}^{q}y_{i.}^2\right)\Big/ p-\left(\sum_{i=1}^{p}\sum_{j=1}^{q}y_{ij}\right)^2\Big/pq
\end{aligned}
$$

$$
\begin{aligned}
SSE &= \sum_{i=1}^{p}\sum_{j=1}^{q}(y_{ij}-\overline{y}_{i.}-\overline{y}_{.j}+\overline{y}_{..})^2 \\
&= SST-SS_A-SS_B
\end{aligned}
$$

다음으로 제곱합과 관련된 자유도를 구해 보자. 총제곱합 SST는 pq개의 제곱들의 합에서 하나의 선형 제약조건 $\sum_{i=1}^{p}\sum_{j=1}^{q}(y_{ij}-\overline{y}_{..})=0$이 있으므로 자유도는 $pq-1$이 된다. 동일한 방법으로 SS_A, SS_B, SSE와 관련된 자유도를 구해보면 각각 $p-1$, $q-1$, $(p-1)\times(q-1)$이 된다. 위의 제곱합과 자유도를 가지고 평균제곱을 구하면

$$MS_A = SS_A\,/\,(p-1)$$

$$MS_B = SS_B\,/\,(q-1)$$

$$MSE = SSE/\,(p-1)(q-1)$$

이다. 따라서 인자 A와 인자 B 각각의 효과에 대한 유의성 검정은 다음과 같이 요약할 수 있고 얻어진 분산분석표는 표 9.7과 같다.

| 표 9.7 | 이원배치법의 분산분석표 (반복실험이 없는 경우)

요인	제곱합	자유도	평균제곱	F	p-값
인자 A	SS_A	$p-1$	MS_A	$F_1 = MS_A/MSE$	$P[F \geq F_1]$
인자 B	SS_B	$q-1$	MS_B	$F_2 = MS_B/MSE$	$P[F \geq F_2]$
오차	SSE	$(p-1)(q-1)$	MSE		
계	SST	$pq-1$			

효과의 유의성 검정 (반복실험이 없는 이원배치법)

		인자 A	인자 B
귀무가설	:	$H_0: \alpha_1 = \cdots = \alpha_p = 0$	$H_0: \beta_1 = \cdots = \beta_q = 0$
검정통계량	:	$F_1 = \dfrac{MS_A}{MSE}$	$F_2 = \dfrac{MS_B}{MSE}$
기각역	:	$F_1 \geq F_\alpha(p-1, (p-1)(q-1))$	$F_2 \geq F_\alpha(q-1, (p-1)(q-1))$

예제 9.5 섬유에 대한 방수처리를 하는데, 네 가지 화학약품 A_1, A_2, A_3, A_4의 효과를 비교하기 위하여 세 가지 서로 다른 섬유로부터 각각 크기가 동일한 네 개의 조각을 잘라서 네 가지 화학약품 처리를 임의의 순서로 가한 후 물을 붓고 5분 후에 측정한 습도가 다음과 같다. 네 가지 화학약품과 세 가지 다른 섬유가 방수처리에 유의한 영향을 미치는가의 여부를 유의수준 0.05에서 검정하라.

	A_1	A_2	A_3	A_4
섬유 1	10.1	11.4	9.9	12.1
섬유 2	12.2	12.9	12.3	13.4
섬유 3	11.9	12.7	11.4	11.4

풀이 두 인자에 대한 귀무가설은 각각 $H_0 : \alpha_1 = \cdots = \alpha_4$, $H_0 : \beta_1 = \cdots = \beta_3$ 인데 이를 검정하기 위해서 제곱합을 계산하면,

$$\left(\sum_{i=1}^{4}\sum_{j=1}^{3} y_{ij}\right)^2 \Big/ (4 \times 3) = \frac{(141.7)^2}{12} = 1673.24$$

$$SST = \sum_{i=1}^{4}\sum_{j=1}^{3} y_{ij}^2 - \left(\sum_{i=1}^{4}\sum_{j=1}^{3} y_{ij}\right)^2 \bigg/ (4\times 3)$$

$$= (10.1)^2 + (12.2)^2 + \cdots (11.4)^2 - 1673.24$$

$$= 1685.31 - 1673.24 = 12.07$$

$$SS_A = \left(\sum_{i=1}^{4} y_{i.}^2\right) \bigg/ 3 - \left(\sum_{i=1}^{4}\sum_{j=1}^{3} y_{ij}\right)^2 \bigg/ (4\times 3)$$

$$= \frac{1}{3}[(34.2)^2 + (37)^2 + (33.6)^2 + (36.9)^2] - 1673.24$$

$$= 1676.4 - 1673.24 = 3.16$$

$$SS_B = \left(\sum_{j=1}^{3} y_{.j}^2\right) \bigg/ 4 - \left(\sum_{i=1}^{4}\sum_{j=1}^{3} y_{ij}\right)^2 \bigg/ (4\times 3)$$

$$= \frac{1}{4}[(43.5)^2 + (50.8)^2 + (47.4)^2] - 1673.24$$

$$= 1679.91 - 1673.24 = 6.67$$

$$SSE = SST - SS_A - SS_B$$

$$= 12.07 - 3.16 - 6.67 = 2.24$$

이므로, 분산분석표를 만들면 다음과 같다.

〈분산분석표〉

요인	제곱합	자유도	평균제곱	F_0값
화학약품	3.16	3	1.053	2.823
섬유종류	6.67	2	3.335	8.941
오차	2.24	6	0.373	
전체	12.07	11		

$F_a = 2.823$, $F_b = 8.941$이고 $F_{0.05}(3,6) = 4.76$, $F_{0.05}(2,6) = 5.14$이다

$F_a = 2.823 < F_{0.05}(3,6) = 4.76$이고 $F_b = 8.941 > F_{0.05}(2, 6) = 5.14$이므로 화학약품에 따라서는 방수처리에 차이가 있다고 말할 수 없고 섬유의 종류에 따라서는 통계적으로 유의한 차이가 있다고 할 수 있다.

지금까지 반복실험이 없는 이원배치법에 대해서 알아보았다. 부득이한 경우에 1회의 실험만으로 분산분석을 행하지만, 실험결과의 신뢰도를 높이기 위해서 실험을 반복하는 것이 바람직하다. 이와 같은 반복실험이 있는 이원배치법은 지금까지 공부한 모형보다 많이 복잡해지므로 이 책에서는 다루지 않고 생략하기로 한다.

9.4 | SPSS를 이용한 실습

예제 9.6 SPSS를 이용하여 예제 9.4 교육방법의 효과를 분석해 보자.

풀이 4가지 교육방법에 대한 기말고사 성적을 그림 9.3과 같이 입력한다.

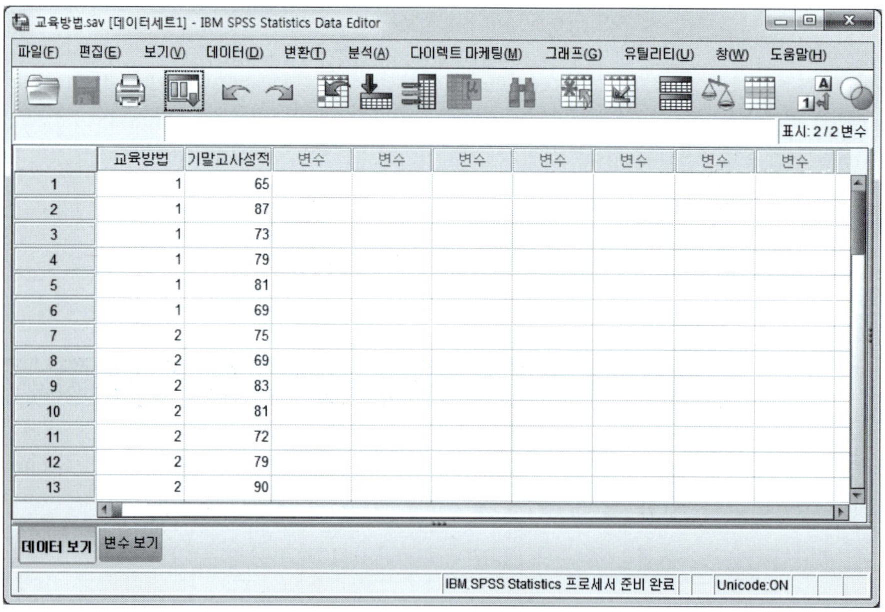

| 그림 9.3 | 자료 입력

실행순서

SPSS를 사용하여 일원배치 분산분석을 수행하기 위해 아래와 같이 실행을 시키면 그림 9.4와 같은 대화상자가 나타난다.

분석(A) ▶
평균비교(M) ▶
일원배치 분산분석(O)

그림 9.4의 대화상자가 열리면 종속변수와 요인에 각각 기말고사성적과 교육방법을 입력한다. '옵션(O)...'을 선택해서 그림 9.5와 같이 '기술통계(D)'와 '분산 동질성 검정(H)'을 선택하면 그림 9.6과 같은 결과를 얻을 수 있다.

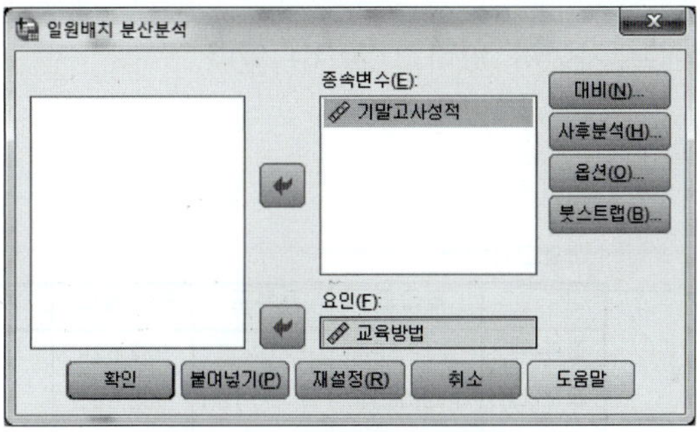

| 그림 9.4 | 일원배치 분산분석

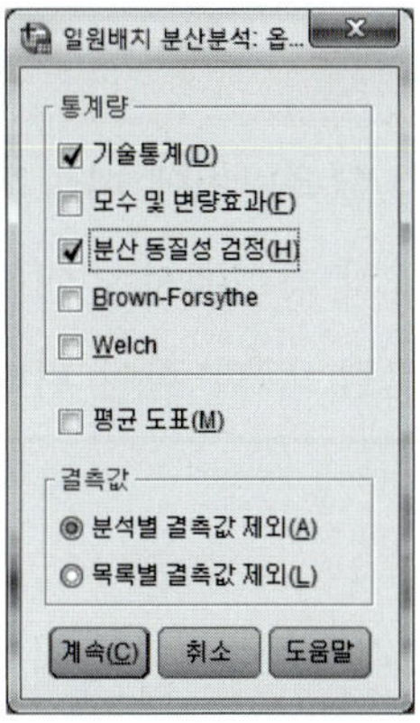

| 그림 9.5 | 옵션

(1) 분산의 동질성 검정

분산분석을 하기 전에 우선 분산의 동질성에 대한 검정부터 살펴봐야하는데 유의확률은 0.330으로 유의수준 0.05에서 귀무가설 (각 집단의 분산이 같다)을 기각하지 못하므로 각 집단들의 분산이 같다고 할 수 있다.

분산의 동질성 검정

기말고사성적

Levene 통계량	자유도1	자유도2	유의확률
1.218	3	19	.330

(2) 가설검정

4가지 교육 방법에 따른 교육의 효과를 비교하기 위해 분산분석 결과를 살펴보면 검정통계량 (F)값이 3.771이고 유의확률이 0.028로 유의수준 0.05보다 작으므로 유의수준 0.05에서 귀무가설을 기각하게 된다. 따라서 교육방법에 따라 기말고사의 성적에는 차이가 있다고 할 수 있다.

ANOVA

기말고사성적

	제곱합	자유도	평균제곱	F	유의확률
집단-간	712.586	3	237.529	3.771	.028
집단-내	1196.631	19	62.981		
전체	1909.217	22			

| 그림 9.6 | 결과

(3) 사후분석

위의 분석 결과 4가지 교육방법에 따라 차이가 있다는 결론을 내렸다. 이러한 차이가 어떤 교육방법들의 차이에서 기인하는지를 검토하기 위해 그림 9.4에서 사후분석을 선택하면 그림 9.7과 같이 나타난다. 여기서 Duncan을 선택한 결과가 그림 9.8이다.

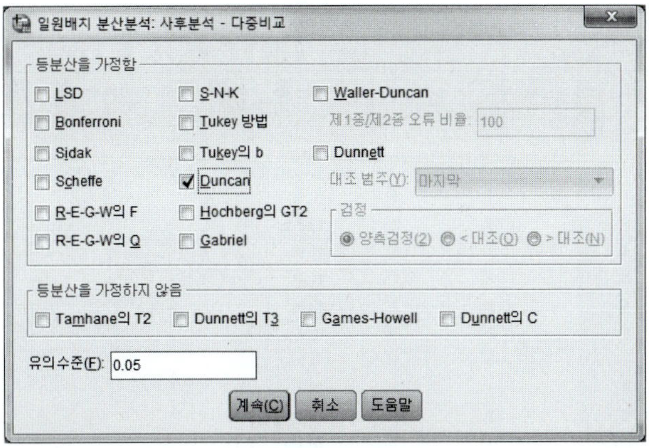

| 그림 9.7 | 사후분석

동질적 부분집합

기말고사성적

Duncan[a,b]

교육방법	N	유의수준 = 0.05에 대한 부분집합	
		1	2
3	6	70.83	
1	6	75.67	
2	7	78.43	78.43
4	4		87.75
유의확률		.148	.066

동질적 부분집합에 있는 집단에 대한 평균이 표시됩니다.

a. 조화평균 표본크기 5.508을(를) 사용합니다.

b. 집단 크기가 동일하지 않습니다. 집단 크기의 조화평균이 사용됩니다. I 유형 오차 수준은 보장되지 않습니다.

| 그림 9.8 | 사후분석 결과(Duncan)

사후분석 결과 교육방법 4는 교육방법 3, 교육방법 1과 통계적으로 유의한 차이가 있음을 알 수 있다.

예제 9.7 SPSS를 이용하여 앞의 예제 9.5의 네 가지 화학약품과 세 가지 다른 섬유가 방수처리에 유의한 영향을 미치는가를 분석해 보자.

풀이 4가지 화학약품과 3가지 섬유, 그리고 습도를 그림 9.9와 같이 입력한다.

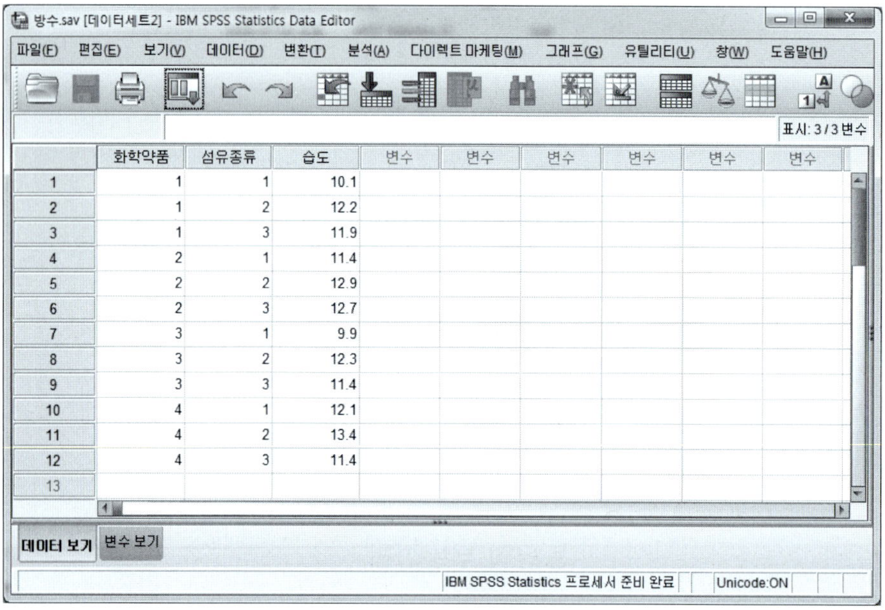

| 그림 9.9 | 자료 입력

실행순서

이원배치 분산분석을 수행하기 위해서는 아래의 순서대로 실행을 시키면 그림 9.10과 같은 대화상자가 나타난다.

분석(A) ▶
일반선형모형(G) ▶
일변량(U)

그림 9.10과 같이 대화상자가 열리면 종속변수에 습도를 넣고 요인에는 화학약품과 섬유종류를 넣는다. '모형(M)'을 선택하여 그림 9.11과 같이 사용자 정의를 선택하고 화학약품과 섬유종류의 주효과를 모형에 넣고 실행하면 이원배치 분산분석 결과를 얻게 된다.

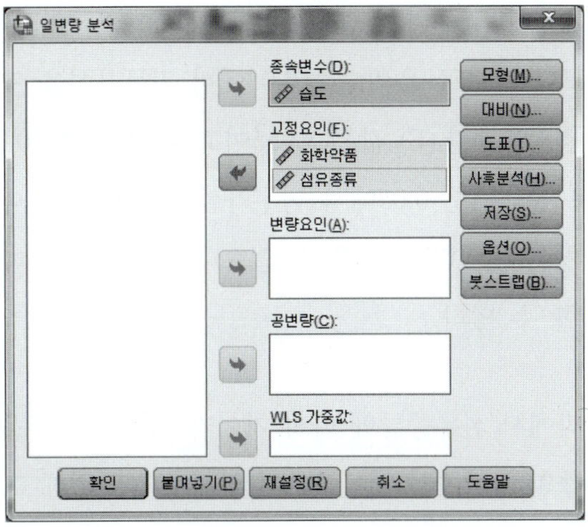

| 그림 9.10 | 일변량

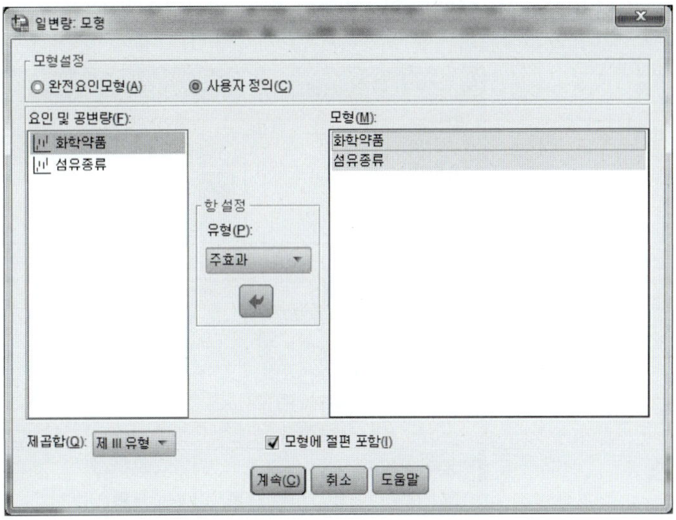

| 그림 9.11 | 모형

개체-간 효과 검정

종속변수: 습도

소스	제 III 유형 제곱합	자유도	평균제곱	F	유의확률
수정된 모형	9.834[a]	5	1.967	5.280	.033
절편	1673.241	1	1673.241	4491.922	.000
화학약품	3.162	3	1.054	2.830	.129
섬유종류	6.672	2	3.336	8.955	.016
오차	2.235	6	.372		
전체	1685.310	12			
수정된 합계	12.069	11			

a. R 제곱 = .815 (수정된 R 제곱 = .660)

| 그림 9.12 | 분산분석 결과

실행 결과 화학약품의 검정통계량(F) 값이 2.830이고 유의확률이 0.129로 유의수준 0.05보다 크므로 유의수준 0.05에서 귀무가설을 기각할 수 없다. 그리고 섬유종류의 검정통계량(F) 값은 8.955이고 유의확률이 0.016으로 유의수준 0.05보다 작으므로 유의수준 0.05에서 귀무가설을 기각한다. 따라서 화학약품간에는 방수처리에 차이가 있다고 말할 수 없으나 섬유종류에 따라서는 방수처리에 차이가 있다고 할 수 있다.

위의 결과에서 섬유종류에 따라 차이가 있다는 결론을 내렸다. 이러한 차이가 어떤 섬유들의 차이에서 기인하는지를 검토하기 위해 그림 9.10의 대화상자에서 사후분석을 실행하면 그림 9.13과 같은 대화상자가 나타난다. 여기에 사후검정 변수로 섬유종류를 선택하여 실행하면 그림 9.14를 얻을 수 있다.

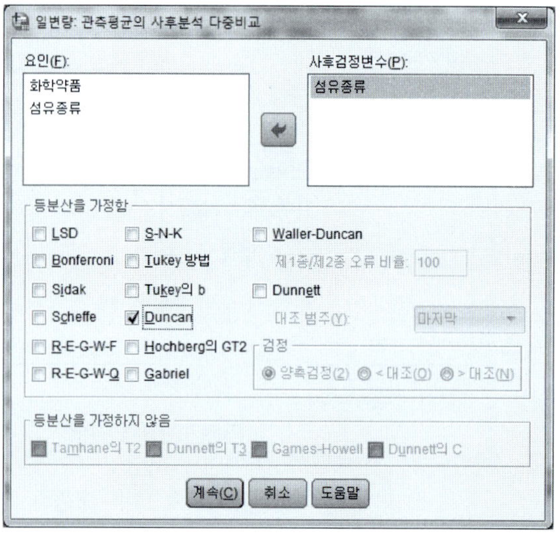

| 그림 9. 13 | 사후분석

섬유종류

동질적 부분집합

습도

Duncan[a,b]

섬유종류	N	부분집합 1	부분집합 2
1	4	10.875	
3	4	11.850	11.850
2	4		12.700
유의확률		.065	.096

동질적 부분집합에 있는 집단에 대한 평균이 표시됩니다.
관측평균을 기준으로 합니다.
오차항은 평균제곱(오차) = .372입니다.

a. 조화평균 표본크기 4.000을(를) 사용합니다.

b. 유의수준 = 0.05.

| 그림 9. 14 | 다중비교 결과

섬유종류 1의 습도는 10.875으로 섬유종류 2의 습도 12.7에 비해 수치가 낮아 통계적으로 유의한 차이를 나타내고 있다. 반면, 섬유종류 3의 습도는 11.85로 그어느 종류와도 통계적으로 유의한 차이가 없음을 의미한다.

EXERCISES

연습문제

01 3개의 처리가 있는 완전랜덤화계획법으로 다음의 관측값을 얻었다. 각각의 제곱합들을 계산하는 과정을 보이고, 분산분석표를 작성하고 적절한 가설을 설정하여 유의수준 0.05에서 결론을 내려라.

처리 1	처리 2	처리 3
19	16	13
18	11	16
21	13	18
18	14	11
20	11	15
17		11

02 제곱합과 자유도의 관계를 이용하여 분산분석표를 완성하라.

요인	제곱합	자유도
처리	36	4
오차	(a)	(b)
합계	102	30

03 다음의 통계량 값들을 이용하여 분산분석표를 작성하라.

$$n_1 = 9, \quad \bar{y}_1 = 4, \quad (n_1 - 1)s_1^2 = \sum_{j=1}^{9} (y_{1j} - \bar{y}_1)^2 = 29$$

$$n_2 = 5, \quad \bar{y}_2 = 1, \quad (n_2 - 1)s_2^2 = \sum_{j=1}^{5} (y_{2j} - \bar{y}_2)^2 = 12$$

$$n_3 = 10, \quad \bar{y}_3 = 8, \quad (n_3 - 1)s_3^2 = \sum_{j=1}^{10} (y_{3j} - \bar{y}_3)^2 = 24$$

04 세 품종의 감나무 잎들에 함유된 인의 함량을 측정하였다. 다음 자료는 각 품종마다 7장의 잎을 확률추출하여 인의 함량을 측정한 결과이다. 품종간에 인의 함량에 통계적

으로 유의한 차이가 존재하는지 파악하고자 한다.

A_1	A_2	A_3
0.35	0.65	0.60
0.40	0.70	0.80
0.33	0.80	0.73
0.58	0.90	0.75
0.50	0.84	0.69
0.47	0.88	0.73
0.41	0.79	0.66

(a) 분산분석표를 작성하라.

(b) 품종간에 인의 함량에 차이가 있다고 할 수 있는가? 유의수준 0.01에서 검정하라.

05 돼지를 사육함에 있어서, 사료 종류에 따라 돼지의 체중증가량이 다른지를 실험하고자 한다. 이 실험에 사용된 돼지는 총 18마리이며 가능한 같은 나이, 비슷한 몸무게, 비슷한 건강상태, 그리고 같은 성별의 돼지만을 선정하였다고 가정하자. 일정기간 같은 종류의 사료를 사용하여 체중의 증가량을 기록하였다. 사료에 따라 체중 증가량에 차이가 있는가? 유의수준 0.05에서 검정하라.

A_1	A_2	A_3
15.4	14.8	15.5
15.2	14.9	15.4
15.0	14.7	15.5
15.2	14.7	15.3
15.3	15.0	15.2
15.2	14.8	15.4

06 4종류의 살충제가 사과나무의 생산량에 미치는 영향을 알아보기 위해 실험을 했다. 한 사과농장에서 4종류의 살충제를 살포한 뒤 일정기간 후에 나무에 달린 사과의 숫자를 헤아렸다. 살충제의 종류에 따라 사과나무의 생산량에 차이가 있는지 유의수준 0.05에서 검정하라.

A_1	A_2	A_3	A_4
55	67	43	70
41	78	42	73
66	85	55	80

07 어떤 학교 학생들의 적성고사 성적이 선생님에 따라 차이가 나는지 알아보기 위해 4개의 반을 선정하여 각 반에서 6명의 학생에 대한 적성성적을 조사한 결과 아래의 표와 같다.

A_1	A_2	A_3	A_4
20	14	13	13
19	12	9	11
18	18	16	15
20	12	10	9
14	14	13	10
20	9	11	5

(a) 분산분석표를 작성하라.

(b) 선생님에 따라 학생들의 적성성적에 차이가 있다고 할 수 있는가? 유의수준 0.01에서 검정하라.

08 어느 공장에서 생산되는 제품의 품질에 관한 실험에서, 공장에서 사용하는 기계간의 차이와, 일하는 작업자의 차이가 품질에 영향을 주는지 알아보고자 한다. 현재 사용하고 있는 기계 중에 세 개를 (A_1, A_2, A_3) 선택하고, 기능공 가운데서 3명을 (B_1, B_2, B_3) 선정하여, 실험순서를 임의로 실험을 하였다. 이때, 이 공장에서 생산되는 제품의 품질은 기계에 따라 다르다고 할 수 있는가? 아니면 기능공에 따라 다르다고 할 수 있는가? A, B인자의 영향을 유의수준 0.05에서 검정하라.

인자 B / 인자 A	B_1	B_2	B_3
A_1	30	30	31
A_2	32	27	31
A_3	30	35	27

09 3종류의 비료와 4종류의 농약에 따라 농작물의 수확량을 비교하기 위하여 환경이 비슷한 12개의 농가에서 실험순서를 임의로 하여 실험을 해보았다. 그 결과 아래의 표와 같이 나타났다. 분산분석표를 작성하고 비료와 농약에 따라 농작물의 수확량에 차이가 있는지 검정하라 (유의수준 0.05).

비료	농약의 종류			
	1	2	3	4
1	25	40	25	30
2	20	25	25	25
3	25	18	18	25

10 6개의 A 요인과 5개의 B 요인을 사용한 이원배치법의 분산분석표가 다음과 같이 얻어졌다.

요인	제곱합	자유도	평균제곱	F_0값
A			8	
B				
오차	30			
합계	120	29		

(a) 빈칸을 채워라.

(b) A 요인과 B 요인의 각 처리효과에 대한 검정을 하여라 ($\alpha = 0.05$).

제 10 장

상관분석과 회귀분석

10.1 | 서론

지금까지는 같은 종류의 변수들에 대한 특성을 공부하였다. 이 장에서는 두 종류 이상의 변수들 상호 간의 관련성에 대해 알아보기로 한다. 예를 들어, 가계 소득과 외식비의 관계, 산업 생산지수와 실업율과의 관계, 커피를 마시는 양과 수면 시간과의 관계 등 변수와 변수 사이에 어떤 연관성이 있는지 또 연관성이 있다면 얼마나 강하게 연관되어 있는지가 관심의 대상이 되는 경우가 많다. 이와 같은 자연적 또는 사회적 현상들로부터 얻게 되는 변수들 사이의 관련성 정도를 찾거나 규명하는 통계적 방법이 **상관분석**(correlation analysis)과 **회귀분석**(regression analysis)이다.

상관분석은 산점도(scatter diagram)를 그리거나 상관계수(correlation coefficient)라는 수치적 측도를 계산하여 두 변수들 사이의 관련성 정도를 파악하게 되며, 회귀분석은 함수적 관계식을 이용하여 변수들 사이의 관련성을 규명하게 된다. 회귀분석은 변수들 사이의 함수적 관계를 규명하기 때문에 한 변수로부터 다른 변수를 예측할 수 있으며 두 변수들 사이의 관계뿐만 아니라 여러 변수들 사이의 관계를 규명할 수 있기 때문에 매우 광범위하게 사용되는 통계적 분석 기법이다.

회귀분석을 할 때 사용되는 변수는 사실 대등한 관계의 변수보다는 인과관계에 있는 변수로 가정하게 되는데, 이때 원인에 해당되는 변수를 **독립변수**(independent variable) 또는 **독립변수**(explanatory variable)라 하며 결과에 해당되는 변수를 **종속변수**(dependent variable) 또는 **종속변수**(response variable)라 한다. 위의 예에서 가계 소득은 독립변수이고 외식비는 종속변수이다. 그리고 독립변수와 종속변수가 각각 한 개 있는 경우를 **단순선형회귀분석**(simple linear regression analysis), 그리고 여러 개의 독립변수와 하나의 종속변수가 있는 경우를 **중선형회귀분석**(multiple linear regression analysis)이라 한다.

회귀분석은 1800년 대 후반 영국의 생물학자 **프란시스 갤톤**(Francis Galton)이 부모들의 키와 자식들의 키의 관계를 연구하여 발표한 논문의 제목에서 유래되었다고 알려져 있다. 그는 그 논문에서 인간들의 키는 유전에 의하여 계속적으로 커지지도 않고 작아지지도 않으며 궁극적으로는 인간들 고유의 키(보통 사람들의 키)로 회귀(regression)하려는 경향이 있다고 주장하였다.

10.2 | 상관분석

먼저 두 변수 사이의 관련성을 측정하는 상관분석에 대해 알아보자. 사실 두 변수 사이에는 여러 가지 형태의 관련성이 존재할 수 있는데 상관분석은 두 변수 사이의 선형성(linearity)만을 측정할 수 있다. 여기서 선형성이란 한 변수가 일정한 비율로 증가 또는 감소 할 때 다른 변수도 그것에 대응하여 일정하게 증가 또는 감소하는 것을 말한다.

이제 두 가지 특성을 가지는 모집단, 즉 이변량 모집단에서 각각의 특성을 나타내는 확률변수를 (X, Y)라 하자. 이 두 변수의 선형성이 어느 정도 강하냐는 다음과 같이 정의되는 모상관계수(population correlation coefficient)로 측정된다.

$$\rho = \frac{Cov(X, Y)}{\sqrt{Var(X)}\sqrt{Var(Y)}}$$

모상관계수 ρ의 값은 언제나 -1과 $+1$ 사이에 있음을 밝힐 수 있으며, ρ의 절댓값이 1에 가까울수록 두 변수 사이에 선형성이 강함을 나타내고 0에 가까울수록 선형성이 없음을 나타낸다. 또 ρ의 값이 양수이면 두 변수의 선형성이 양의 상관임을 뜻하고 음수이면 음의 상관임을 나타낸다. 여기서 양의 상관, 음의 상관이란 두 변수 사이의 선형관계의 기울기가 양수 또는 음수임을 말한다.

위에서 정의된 모상관계수의 성질을 이해하는 것은 사실 매우 어렵다. 그래서 여기서는 이변량 모집단 (X, Y)로부터 관측된 표본 $(x_1, y_1), (x_2, y_2), \cdots, (x_n, y_n)$을 이용하여 두 변수의 선형관계에 대해 알아보기로 한다. 사실 두 변수 사이의 상관관계를 대략적으로 알아보기 위한 가장 쉬운 방법은 표본에 대한 산점도(scatter diagrams)를 그려 보는 것이다.

그림 2.9를 보면 나이가 증가함에 따라 근력이 일정하게 감소하는 경향을 보이고 있는데 이러한 관계를 음의 상관관계(negative correlation)라고 한다. 반면에 한 변수의 값이 증가함에 따라 다른 변수의 값도 따라서 증가하는 것을 양의 상관관계(positive correlation)라 한다. 그 외에도 상관관계를 말할 때는 강한(strong) 상관과 약한(weak) 상관이라는 용어를 사용하는데 이것은 산점도에서 점들이 흩어진 상태가 얼마나 직선에 가까운가를 나타낸다.

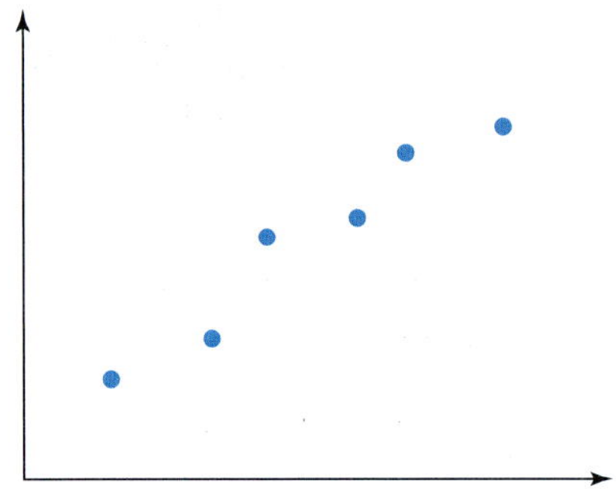

(a) 강한 양의 상관관계

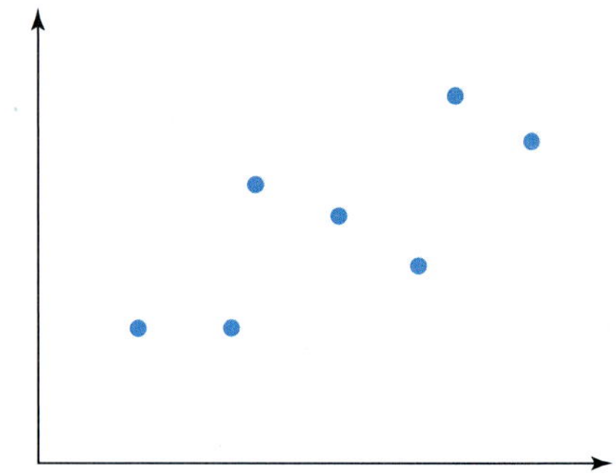

(b) 약한 양의 상관관계

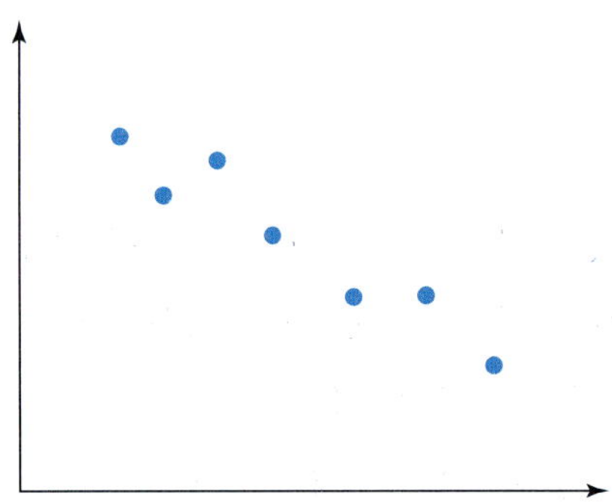

(c) 강한 음의 상관관계

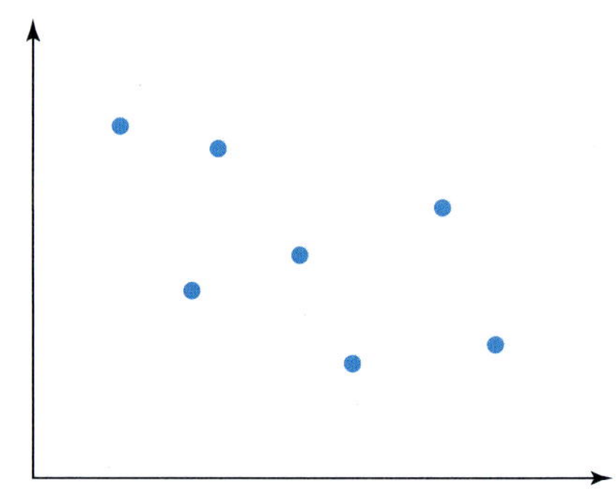

(d) 약한 음의 상관관계

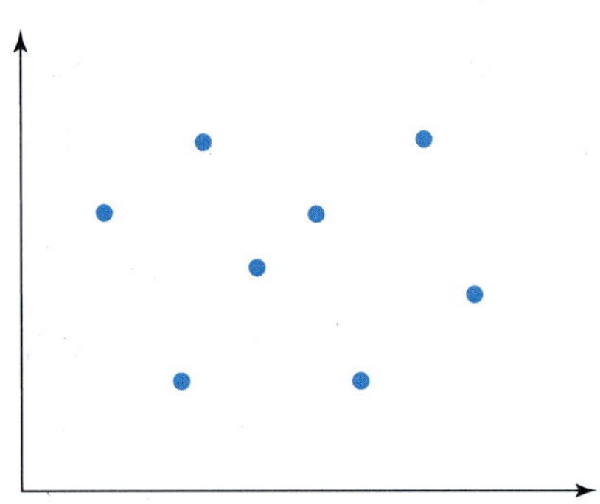

(e) 상관관계 없음

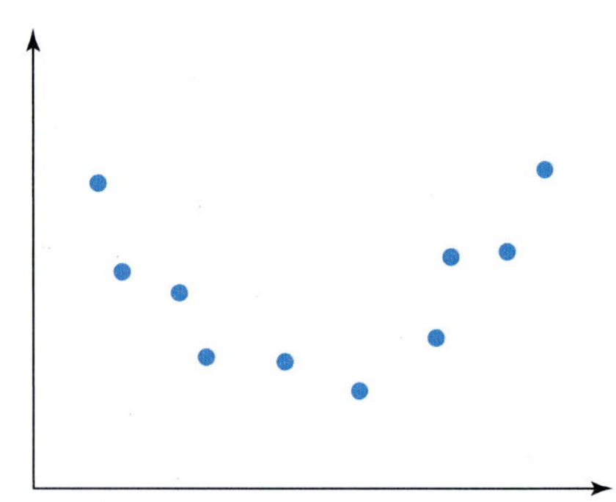

(f) 상관관계 없음

| 그림 10.1 | 여러 종류의 상관관계

즉, 강한 상관은 점들의 흩어진 상태가 직선에 매우 가까운 것을 의미하며 반대로 약한 상관은 타원형이나 원에 가까운 타원형 모양인 경우를 말한다. 그림 10.1은 인위적인 데이터에 대한 것이지만 여러 가지 상관관계를 잘 나타내고 있다.

그림 10.1의 (f) 그림은 두 변수가 포물선 형태의 관계를 나타내고 있지만 변수들 사이의 상관계수는 선형관계를 나타내는 측도로 정의되기 때문에 상관관계가 없다고 해석하는 것이 올바른 것이다.

산점도는 두 변수 사이의 상관관계 정도를 명쾌하게 표시하지만 그래프를 그려서 나타내야 하는 한계와 더불어 해석이 주관적일 수 있기 때문에 흔히 표본상관계수를 사용한다. 이변량 모집단 (X, Y)로부터 관측된 표본을 $(x_1, y_1), (x_2, y_2), \cdots, (x_n, y_n)$이라 할 때, 표본상관계수는 다음과 같이 정의되며 모상관계수의 추정량으로 사용한다. **표본상관계수**를 **피어슨의 상관계수**(Pearson's correlation coefficient)라고도 한다.

$$r = \frac{\sum_{i=1}^{n}(x_i - \overline{x})(y_i - \overline{y})}{\sqrt{\sum_{i=1}^{n}(x_i - \overline{x})^2}\ \sqrt{\sum_{i=1}^{n}(y_i - \overline{y})^2}} = \frac{S_{xy}}{\sqrt{S_{xx}}\ \sqrt{S_{yy}}}$$

다음 그림은 표본 $(x_1, y_1), (x_2, y_2), \cdots, (x_n, y_n)$의 산점도에서 표본평균 $\overline{x}$와 표본평균 $\overline{y}$의 축을 긋고, 그 축에 의해서 사등분되는 평면을 각각 ①, ②, ③, ④ 로 표시한 것이다.

그림 10.2에 있는 각 점의 좌표 (x_i, y_i)에 대해 $(x_i - \overline{x})(y_i - \overline{y})$를 계산할 때 그 부호와 절댓값의 크기를 생각해 보자. 점 (x_i, y_i)가 ① 사분면과 ③ 사분면에 있으면 $(x_i - \overline{x})$

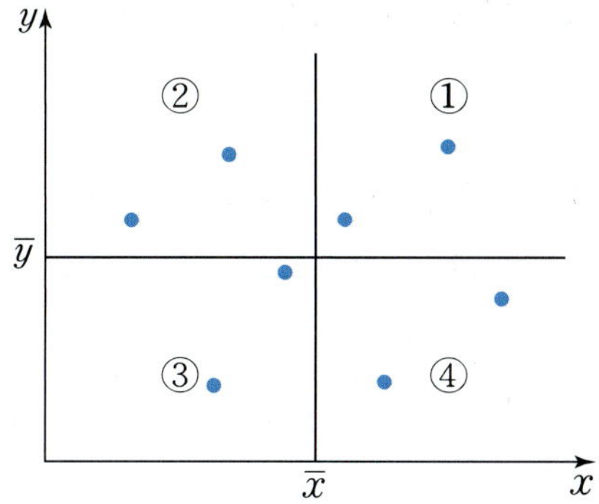

| 그림 10.2 | 직선 $\overline{x}$ 와 $\overline{y}$ 에 의해 사등분된 산점도

$\times(y_i - \bar{y})$의 부호는 양(+)이 되고 ② 사분면과 ④ 사분면에 있으면 음(−)이 된다. 그리고 점 (x_i, y_i)가 직선 $\bar{x}$와 직선 $\bar{y}$의 교점 근처에 있으면 $(x_i - \bar{x})(y_i - \bar{y})$의 절댓값은 작고, 반대로 교점에서 멀리 떨어져 있으면 그 절댓값이 커진다는 것을 알 수 있다.

$S_{xy} = \sum_{i=1}^{n}(x_i - \bar{x})(y_i - \bar{y})$의 값은 산점도에서 점 (x_i, y_i)들이 흩어져 있는 위치에 따라 결정되는데 그림 10.1에서 (a)와 같은 경우는 양의 값으로써 그 절댓값이 크게 될 것이고, (b)와 같은 경우는 양의 값이지만 그 절댓값이 상대적으로 작을 것으로 예상되며 또 (c)의 경우는 음의 값이고 절댓값이 크게 될 것이며 (d)는 음의 값이면서 절댓값도 비교적 작을 것으로 예상된다. 특히 (e)와 (f)의 경우는 점들이 그림 10.2의 ①, ②, ③, ④ 사분면에 대체로 비슷하게 흩어져 있으므로 $S_{xy} = \sum_{i=1}^{n}(x_i - \bar{x})(y_i - \bar{y})$의 값이 0에 가까운 값이 될 것으로 예상할 수 있다. 이와 같은 표본상관계수는 두 변수 사이의 선형관계 정도를 나타내는 수치적 측도로 널리 사용되고 있으며 모상관계수 ρ에 대한 검정통계량으로도 사용된다. 표본상관계수에 관한 성질을 정리하면 다음과 같다.

(1) −1과 +1 사이의 값을 갖는다.
(2) +1에 가까우면 두 변수 X와 Y가 강한 양의 선형관계가 있음을 의미한다.
(3) −1에 가까우면 두 변수 X와 Y가 강한 음의 선형관계가 있음을 의미한다.
(4) 0에 가까운 것은 선형관계가 없음을 말한다.
(5) $1(-1)$의 값을 가지면 두 변수 X와 Y는 양(음)의 기울기를 가지는 직선관계에 있다.

예제 10.1 다음은 2005년에 발견된 10개의 운석 성분을 분석하기 위한 실험에서 각 운석에 포함되어 있는 수소와 탄소의 함량을 나타내고 있다. 산점도를 그리고 상관계수를 계산하라.

수소 (p.p.m)	120	82	90	8	38	66	20	85	28	20
탄소 (p.p.m)	105	110	99	22	50	74	45	51	73	51

풀이 위의 데이터에 대한 산점도는 다음과 같다.

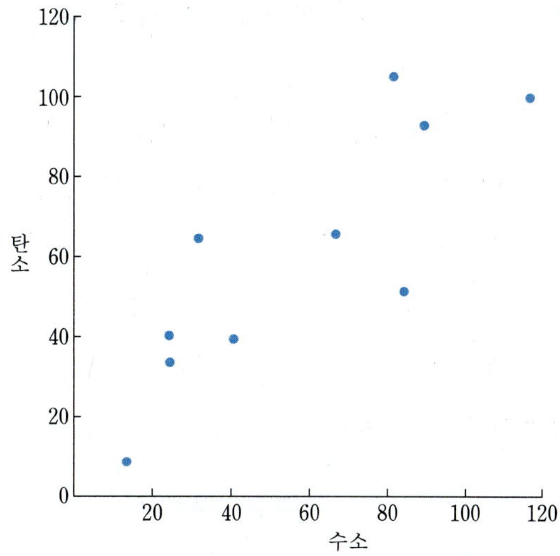

수소를 x, 탄소를 y라 두고 표본상관계수를 아래와 같이 계산하였다.

수소(x)	탄소(y)	$x-\bar{x}$	$y-\bar{y}$	$(x-\bar{x})^2$	$(y-\bar{y})^2$	$(x-\bar{x})(y-\bar{y})$
120	105	64.3	37	4134.49	1369	2379.1
82	110	26.3	42	691.69	1764	1104.6
90	99	34.3	31	1176.49	961	1063.3
8	22	−47.7	−46	2275.29	2116	2194.2
38	50	−17.7	−18	313.29	324	318.6
66	74	10.3	6	106.09	36	61.8
20	45	−35.7	−23	1274.49	529	821.1
85	51	29.3	−17	858.49	289	−498.1
28	73	−27.7	5	767.29	25	−138.5
20	51	−35.7	−17	1274.49	289	606.9
557	680			12872.1	7702	7913
$\bar{x}=55.7$	$\bar{y}=68.0$			S_{xx}	S_{yy}	S_{xy}

표본상관계수 r은

$$r=\frac{S_{xy}}{\sqrt{S_{xx}}\sqrt{S_{yy}}}=\frac{7913}{\sqrt{12872.1}\sqrt{7702}}=0.795$$

이다.

표본상관계수 값이 0.795로 운석들에 포함된 수소의 함량과 탄소의 함량은 상당히 강한 양의 선형관계가 있음을 말해 주고 있다.

다음은 모상관계수 ρ에 대한 검정을 생각해 보자. $\rho = 0$인 경우에 표본상관계수 r의 분포는 0에 대해 대칭적이긴 하지만 정규분포와 일치하지는 않는다. 그러나 적당히 변환하면 t 분포가 되므로 이 분포를 이용하여 $\rho = 0$인지에 대한 검정을 할 수 있다. $\rho \neq 0$인 경우는 표본이 큰 경우(대략 $n \geq 30$)에 한하여 ρ에 대한 신뢰구간과 $\rho = \rho_0$라는 귀무가설을 검정할 수 있지만 내용이 교양 수준을 벗어나므로 본 교재에서는 $\rho = 0$이라는 가설의 검정법만 소개한다. $\rho \neq 0$이 아닌 경우의 추론은 회귀분석 교재를 참고하기 바란다.

두 변수 사이의 상관관계에 대한 검정

검정통계량 : $t = \sqrt{n-2}\,\dfrac{r}{\sqrt{1-r^2}}$

대립가설과 기각역

대립가설	기각역
$H_1 : \rho > 0$	$R:\ t \geq t_\alpha(n-2)$
$H_1 : \rho < 0$	$R:\ t \leq t_\alpha(n-2)$
$H_1 : \rho \neq 0$	$R:\ \lvert t\rvert \geq t_{\alpha/2}(n-2)$

예제 10.2 예제 10.1에서 운석에 포함된 수소함량과 탄소함량 사이에 상관관계가 있는지를 유의수준 0.05에서 검정하라.

풀이 검정하고자 하는 가설은 다음이 될 것이다.

$$H_0 : \rho = 0 \qquad H_1 : \rho \neq 0$$

예제 10.1에서 $n = 10$이고 표본상관계수의 값이 $r = 0.795$이므로 검정통계량의 관측값은 다음과 같다.

$$t = \sqrt{n-2}\,\frac{r}{\sqrt{1-r^2}} = \sqrt{10-2}\,\frac{0.795}{\sqrt{1-0.795^2}} = 3.707$$

한편 부록으로부터 $t_{0.025}(8) = 2.306$이고

$$|t| = |3.707| > 2.306$$

이므로 유의수준 0.05에서 귀무가설이 기각된다. 즉, 수소의 함량과 탄소의 함량 사이에 상관관계가 존재한다고 할 수 있다. 사실 이때의 유의확률을 계산해 보면 0.000으로 예제 10.1의 실험 데이터는 두 변수 사이에 상관관계가 있다는 뚜렷한 증거를 제공한다고 하겠다.

사실 상관계수를 추정하거나 검정하는 것도 SPSS를 이용하면 쉽게 해결할 수 있는데 구체적인 사용법은 10.9절에 수록되어 있다.*

10.3 | 단순선형회귀모형

자연적 또는 사회적 현상의 규명이나 과학적인 연구 활동에 있어서 관련된 변수들 간의 선형관계는 상관분석을 통하여 어느 정도 규명이 되지만 보다 중요하고 흔하게 등장하는 것은 변수들 간에 구체적으로 어떤 함수적 관계가 있는가를 규명하는 것이다. 예를 들어서 가족의 식비가 가족의 수입과 가족의 수에 영향을 받는다고 할 때에 그 관계를 규명하는 문제라든가, 윤활유 소모량이 그 지역의 회사수와 그 지역의 상업 경기지수에 영향을 받을 때 그 관계를 표본 데이터를 통하여 규명할 수 있다면 새로운 지역의 윤활유 소모량을 그 지역의 회사수와 산업 경기지수를 통하여 예측할 수 있게 될 것이다. 이와 같이 변수들 사이의 함수적 관계를 규명하거나, 또는 어떤 변수들의 변화로부터 다른 변수의 변화를 예측하는 것이 매우 중요하다 하겠다. 이와 같은 목적을 달성하기 위한 통계적 분석 기법 중에서 가장 기본적이고 광범위하게 응용되는 것이 **회귀분석**(regression analysis)이다.

일반적으로 변수들 사이의 함수적 관계를 나타내는 수학적 모형은 **결정적 모형**(deter-

* 위 상관관계에 대한 검정은 어디까지나 이론적인 수치관계의 선형성이 있고 없음을 밝히는 문제로 실제 선형의 점도(%) 등을 적용하는 데는 많은 복합적인 문제가 함께 있음을 밝힌다.

ministic model)과 통계적 모형(statistical model)으로 분류한다. 결정적 모형은 수학적 모형이라고 부르기도 하는데, 변수들 간의 관계에 오차(error)가 존재하지 않는 정확한 수학적 함수관계로 설정된 모형을 뜻한다. 예를 들면, 물체의 자유낙하 거리(y)와 시간(t) 사이의 관계를 나타내는 다음의 모형은 결정적 모형인 것이다(g는 중력상수이다).

$$y = \frac{1}{2} g t^2$$

반면에 통계적 모형은 변수들 간의 관계에 오차를 수반하는 모형이다. 이와 같은 통계적 모형이 유용한 이유는 두 가지 측면에서 설명할 수 있다. 첫째는 변수들 간의 관계가 이론적으로는 정확한 수학적 함수관계에 있다 하더라도 실제로 변수들을 관측하는 경우에는 측정 오차 등으로 인하여 이론적 관계가 완벽하게 만족되지 않는다는 것이다. 예를 들어, 자유낙하 거리와 시간 사이의 관계에서도 실제로 동일한 시간 t에 대해 낙하거리를 측정하면 측정오차, 풍속이나 풍향 등의 요인으로 인하여 정확하게 이론적인 식을 만족하지 않는다는 것이다. 이와 같은 경우에는 아래와 같이 오차가 포함되어 있는 통계적 모형이 더 현실적이고 유용하다고 할 수 있다.

$$y_i = \frac{1}{2} g t_i^2 + \varepsilon_i \qquad i = 1,\ 2,\ \cdots,\ n$$

이와 같은 모형에서 오차항 ε_i는 변수들의 관측값이 이론적인 모형에서 벗어나는 정도를 나타낸다고 할 수 있다.

통계적 모형이 유용한 또 다른 하나의 이유는 실제의 많은 문제들에 있어서 변수들 간의 관계가 정확하게 알려져 있지 않거나 또는 알려져 있다 하더라도 너무 복잡하여 적용하기가 어려운 경우에는 근사적 모형을 사용하게 될 것이다. 예를 들어, 어떤 제품의 질이 어떤 특정 재료의 사용량에 영향을 받는다고 할 때, 만약 경험적으로 다음과 같은 근사적인 관계가 있음을 안다고 가정하자.

$$y \approx \beta_0 + \beta_1 x$$

여기에서 y는 어떤 제품의 품질이고, x는 특정 재료의 사용량이다. 이 근사식으로 인한 오차를 ε으로 표시하면 아래와 같은 통계적 모형을 얻을 수 있고 이것을 이용하면 근사적인 관계에 있는 두 변수의 관계를 보다 논리적으로 분석할 수 있다.

$$y = \beta_0 + \beta_1 x + \varepsilon$$

이와 같이, 변수들 간의 관계가 이론적 근거에 의하여 설정되든지 또는 근사적 관계에 의해 설정되든지에 관계없이 통계적 모형은 매우 타당한 분석도구가 될 수 있다. 회귀분석에서는 위에서와 같은 통계적 모형을 회귀모형(regression model)이라 한다. 또한 오차항을 제외한 결정적 모형을 회귀식(regression equation)이라 한다.

회귀모형으로 표시되는 변수들 중에서, 다른 변수의 영향을 받는 변수 혹은 예측하고자 하는 변수를 종속변수(dependent variable), 반응변수(response variable), 출력변수(output variable) 등이라 하고, 영향을 끼치는 변수를 독립변수(independent variable), 설명변수(explanatory variable), 예측변수(predictive variable), 입력변수(input variable) 등이라 하는데, 여기에서는 주로 종속변수와 독립변수로 부르기로 한다. 위의 예에서 제품의 품질이 재료의 양에 영향을 받으므로 종속변수가 되고, 재료의 양은 제품의 질에 영향을 미치므로 독립변수가 된다.

"회귀(regression, 回歸)"라는 용어는 서론에서 언급했듯이 1885년 영국의 생물학자 프란시스 갤톤(Francis Gallton)이 부모의 키와 자식들의 키의 관계를 분석한 논문에 처음 사용되었다. 그는 1078쌍의 부모의 평균 키와 자식들의 평균 키를 분석한 이 논문에서 자식들의 키는 부모의 키를 닮아 가는 것이 아니라, 인간들의 평균 키에 가까이 가려는 경향이 있음을 밝혔다. 갤톤은 이러한 경향을 "평범으로의 회귀(regression towards mediocrity)"라고 설명하였다.

이론적으로 독립변수는 실험자에 의해 주어지는 수 값으로 수반되는 오차는 무시할 정도여야 하고, 종속변수는 독립변수가 주어졌을 때 실험 또는 관측의 결과로 실험(관측) 오차를 포함하는 확률변수이다. 그러나 사회과학 분야에서는 독립변수와 종속변수를 뚜렷이 구분할 수 없는 경우에도 흔히 회귀분석을 적용하기도 한다.

회귀분석에서 독립변수와 종속변수가 각각 하나인 경우를 단순선형회귀분석(simple linear regression analysis)이라 하고, 종속변수가 하나이고 독립변수가 여러 개인 경우를 중선형회귀분석(multiple linear regression)이라 하며, 종속변수와 독립변수가 모두 여러 개인 경우의 분석을 다변량 회귀분석(multivariate regression analysis)이라 하는데, 여기에서는 단순선형회귀분석에 대해 충분히 설명함으로서 회귀분석의 목적과 개념을 이해할 수 있게 하고, 중선형회귀분석으로 확장 적용될 수 있음을 알도록 한다.

회귀분석에서 독립변수는 통상 x 또는 x_i로 종속변수는 확률변수이므로 Y 또는 Y_i로 표시한다. 그러나 분산분석에서와 같이 대부분의 경우 관측값을 나타내도 확률변수와 관측값을 구분하지 않고 소문자 y 또는 y_i로 나타낼 것이다. 독립변수가 여러 개 나오는 중선형회귀분석에서는 독립변수들을 x_1, x_2, $\cdots$, x_p로 나타낸다. 그러면 간단한 실험 데이터를 통하여 기본적인 회귀분석의 개념을 소개하고자 한다. 회귀분석에서는 아래의 내용이 관심의 초점임을 명심하기 바란다.

(1) 변수들이 서로 관계가 있는가?

(2) 관계가 있다면 얼마나 밀접한 관계인가?

(3) 관심이 있는 하나의 변수가 다른 변수들에 의해서 예측될 수 있는가?

예제 10.3 컴퓨터 수리를 전문으로 하는 어떤 회사에서 서비스의 품질을 높이기 위하여 교환하거나 수리에 필요한 부품의 수와 서비스에 소요되는 시간과의 관계를 알아보기 위하여 14건의 서비스를 조사하여 다음의 결과를 얻었다.

| 표 10.2 | 서비스 시간(분)과 사용된 부품의 수

부품의 수	2	3	4	5	5	6	7	7	8	9	10	10	11	11
서비스 시간	28	34	44	69	79	92	101	102	114	124	154	149	159	171

여기에서 수리에 사용된 부품의 수가 서비스 시간에 영향을 줌으로 독립변수이고 영향을 받는 것이 수리에 소요되는 서비스 시간이므로 서비스 시간이 종속변수가 될 것이다. 그리고 동일한 부품 수에 대해서도 서비스 시간이 다른 경우가 있는데, 이것은 부품의 종류에 따라 서비스에 소요되는 시간이 다르다는 것을 의미한다. 특히 부품의 수는 수리하는 사람이 고장의 상태에 따라 결정하는 것이지만, 서비스 시간은 수리를 완전히 끝내고 고객에게 컴퓨터를 건네줄 때까지의 시간이므로 수리가 끝날 때까지는 그 시간을 알 수 없는 확률변수임을 알 수 있다.

두 변수 사이의 관계를 개략적으로 알아보기 위하여 산점도를 그리면 그림 10.3과 같다. 그림 10.3을 보면 두 변량 사이에는 매우 강한 상관관계가 있음을 알 수 있고, 특히 x의 값이 증가하면 y의 값도 증가함을 알 수 있다. 그러나 x의 값이 증가하면 y의 값이 얼마만큼 증가하는지 또, 특별한 어떤 부품수 x^*에 대한 서비스 시간 y의 값이 얼마가 될지는 알 수 없다. 실제로 이와 같은 것을 효과적으로 알기 위해서는 두 변량 사이의 관계를 나타내는 관계식이 필요하게 된다.

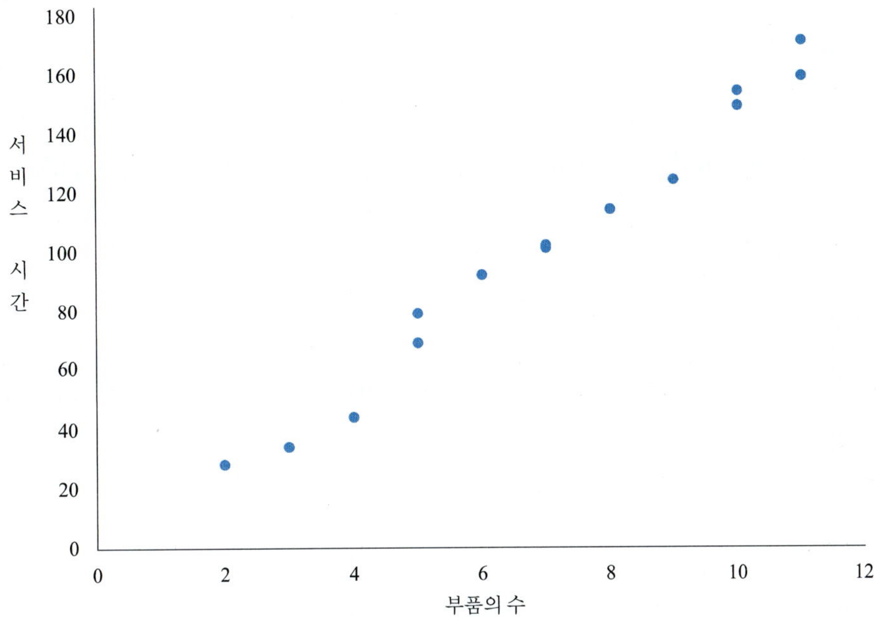

| 그림 10.3 | 표10.2의 데이터에 대한 산점도

일반적으로 단순선형회귀분석에서 사용되는 독립변수와 종속변수 사이의 관계를 수식화하기 위하여 두 변수의 값을 각각 표 10.3과 같이 쓰기로 하자.

| 표 10.3 | 단순회귀에서의 데이터 구조

독립변수	x_1	x_2	x_3	$\cdots$	x_n
종속변수	y_1	y_2	y_3	$\cdots$	y_n

그러면 어떤 방법으로 데이터 $(x_i,\ y_i)$, $i=1,\ 2,\ \cdots,\ n$를 하나의 식으로 나타낼 수 있을까? 만약 $y=\beta_0+\beta_1 x$ (β_0, β_1 : 상수) 와 같이 나타낸다면, 이것은 두 변수 x, y의 변

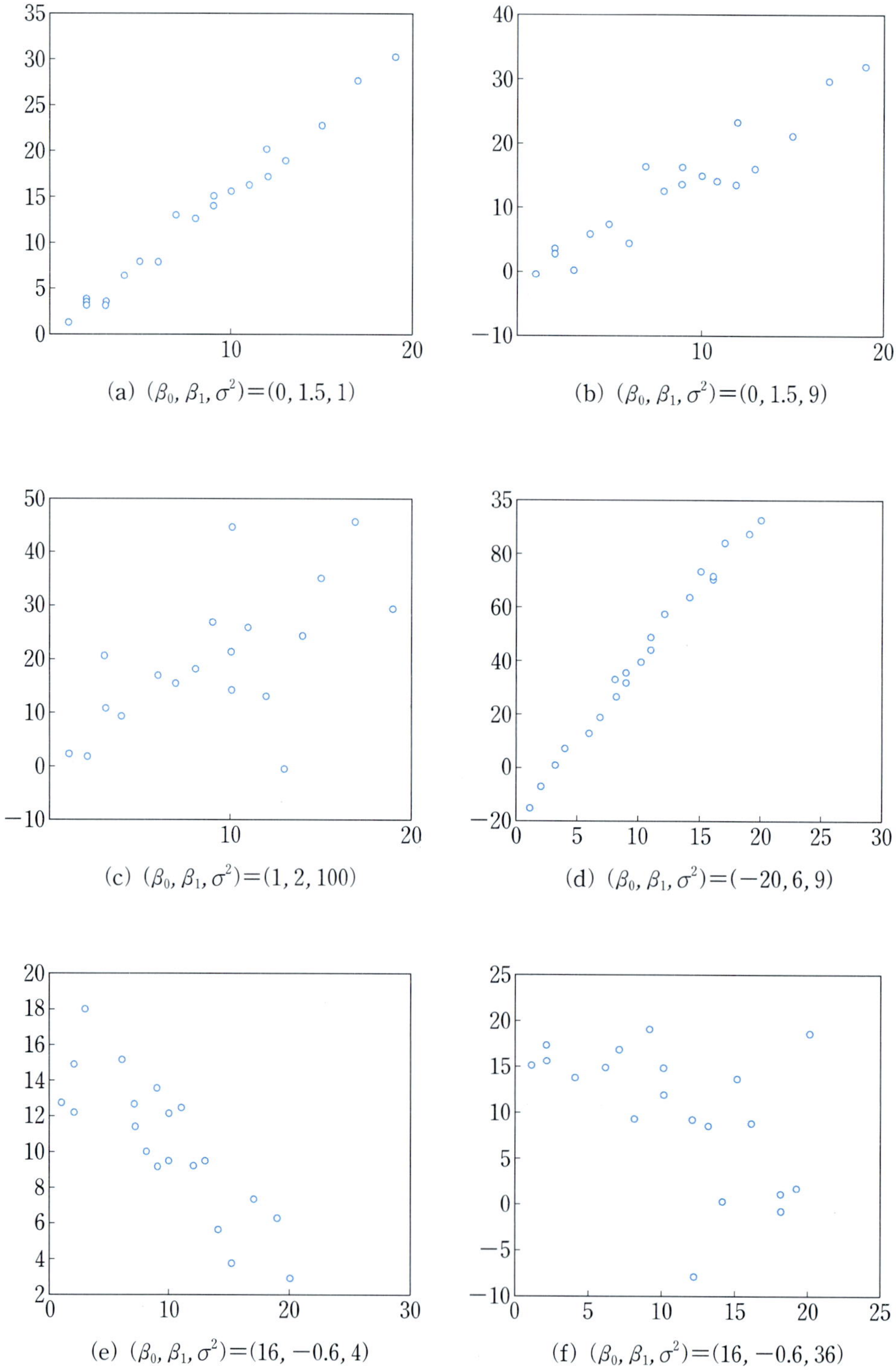

(a) $(\beta_0, \beta_1, \sigma^2)=(0, 1.5, 1)$

(b) $(\beta_0, \beta_1, \sigma^2)=(0, 1.5, 9)$

(c) $(\beta_0, \beta_1, \sigma^2)=(1, 2, 100)$

(d) $(\beta_0, \beta_1, \sigma^2)=(-20, 6, 9)$

(e) $(\beta_0, \beta_1, \sigma^2)=(16, -0.6, 4)$

(f) $(\beta_0, \beta_1, \sigma^2)=(16, -0.6, 36)$

| 그림 10. 4 | 절편, 기울기, 오차분산의 크기에 따른 여러 가지 형태의 산점도

화가 직선이라는 것을 뜻하기 때문에 그림 10.3과 같은 데이터를 나타내는 식으로 적절하지 못하다. 더욱이 그림 10.3을 보면 동일한 x의 값에 대해 y의 값이 여러 개 나오는 경우도 있기 때문에 직선의 식으로 나타내는 것은 적절하지 못하다. 그러면 다음과 같은 식은 어떨까?

$$y_i = \beta_0 + \beta_1 x_i + \varepsilon_i, \quad i = 1,\ 2,\ \cdots,\ n \tag{1}$$

여기서, $\varepsilon_1, \varepsilon_2, \ldots, \varepsilon_n$은 각 실험에서의 오차로 평균이 0이고 분산이 σ^2인 정규확률변수로 서로 독립이라 가정한다.

사실 식 (1)은 오차항 ε의 분산 σ^2의 크기에 따라 직선 $y_i = \beta_0 + \beta_1 x_i$의 주위에 흩어진 다양한 형태의 관측점들을 나타낼 수 있다. 그림 10.4의 (a)~(f)는 절편과 기울기 그리고 오차항의 분산 크기에 따른 여러 가지 산점도를 보여준다.

회귀분석을 할 때 식 (1)을 **단순선형회귀모형**(simple linear regression model)이라 한다. 그리고 β_0와 β_1를 **회귀계수**(regression coefficient)라 하며, 특히 β_0를 회귀선의 절편, 그리고 β_1을 회귀선의 기울기라 한다. 이 회귀계수들은 모르는 미지의 상수로 표본 데이터부터 추정해야 하는 모수이다. 단순선형회귀모형을 정리하면 다음과 같다.

단순선형회귀모형

통계적 모형

$$Y_i = \beta_0 + \beta_1 x_i + \varepsilon_i,\ i = 1,\ \cdots,\ n$$

은 다음을 만족한다.

(a) $E(\varepsilon_i) = 0$. 즉 $E(Y_i) = \beta_0 + \beta_1 x_i$ 이다(선형성).

(b) $\varepsilon_1, \varepsilon_2, \cdots, \varepsilon_n$은 독립인 확률변수이다(독립성).

(c) $Var(\varepsilon_1) = Var(\varepsilon_2), = \cdots = Var(\varepsilon_n) = \sigma^2$ (등분산성).

(d) $\varepsilon_1, \varepsilon_2, \cdots, \varepsilon_n$은 정규분포를 따른다(정규성).

단순선형회귀모형의 개념을 그림으로 나타내면 그림 10.5와 같이 된다. 즉, 평균 반응값은 독립변수에 대해 선형이고, 오차항의 분산 σ^2의 크기에 따라 실제 관측값은 직선 가까이 나타날 수도 있고, 직선으로부터 어느 정도 떨어져서 나타날 수도 있음을 보여 준다. 여기에

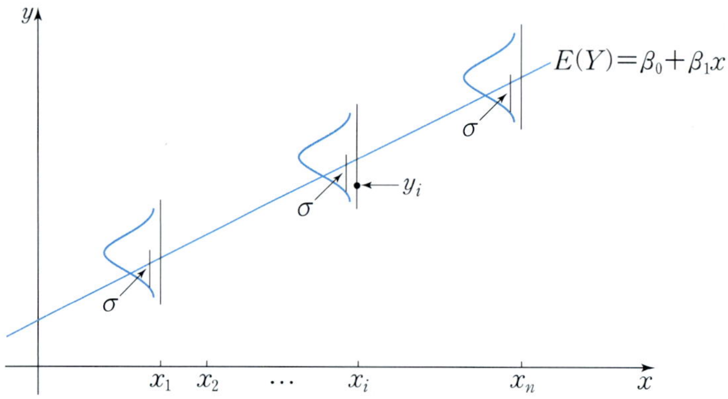

| 그림 10.5 | 단순선형회귀모형의 개념도

서 보는 것처럼 n 번의 실험이 독립적으로 수행되고 또 동일한 환경에서 실험이 진행된다면 그 실험 오차 σ^2도 항상 동일하다고 보는 것은 매우 타당하다고 할 수 있을 것이다.

10.4 | 회귀모형의 적합

여기에서 다시 컴퓨터 수리 데이터를 생각해 보자. 부품의 수 x와 서비스 시간 y가 선형 회귀모형 $y_i = \beta_0 + \beta_1 x_i + \varepsilon_i$을 따른다면, 과연 절편 β_0와 기울기 β_1의 값은 얼마가 될까? 이것은 그림 10.3의 산점도와 같은 두 변수의 관계를 하나의 직선식으로 표현할 때, 그 관계를 가장 잘 설명해 주는 직선의 식은 무엇인가 하는 문제이다. 주어진 표본 데이터를 이용하여 이와 같은 직선식을 찾아내는 것을 "회귀선을 추정한다." 또는 "회귀모형을 적합한다."라고 한다. 회귀모형을 적합 시키는 가장 보편적인 방법으로는 최소제곱법 (least square method)이 있다.

최소제곱법의 원리는 n개의 표본 (x_i, y_i), $i = 1, \cdots, n$ 즉 실험값들이 관측되었을 때, 이 관측값들이 완전히 무작위로 관측된 것이 아니라 어떤 직선(기울기와 절편은 모르지만) 주위의 점으로 관측되었다는 가정하에서, 이 관측값들을 이용하여 역으로 모르는 그 어떤 직선식을 찾아내고자 하는 방법을 말한다.

그러면 먼저 두 변수가 다음과 같이 10.3절에서 정의한 단순선형회귀관계에 있다고 가정한다.

$$y_i = \beta_0 + \beta_1 x_i + \varepsilon_i,\ i = 1,\ 2,\ \cdots,\ n$$

이때, 관측점 (x_i, y_i)들과 가장 근접한 직선식을 찾기 위해서는 아래와 같이 오차들의 제곱합이 최소가 되는 회귀계수 β_0와 β_1을 찾아내고자 한다.

$$S(\beta_0, \beta_1) = \sum_{i=1}^{n} (\ y_i - (\beta_0 + \beta_1 x_i))^2$$

여기에서 x_i와 y_i들은 관측된 실수값들이므로 $S(\beta_0, \beta_1)$는 β_0와 β_1의 함수가 된다. 즉, β_0와 β_1의 값에 따라서 $S(\beta_0, \beta_1)$의 값이 다르게 되는 것이다. 따라서 $S(\beta_0, \beta_1)$이 최소가 되는 β_0와 β_1의 값을 찾아내기 위해서는 $S(\beta_0, \beta_1)$를 β_0와 β_1에 대해 편미분하여 풀면 된다. 즉,

$$\begin{cases} -2\sum_{i=1}^{n} (y_i - \beta_0 - \beta_1 x_i) = 0 \\ -2\sum_{i=1}^{n} x_i (y_i - \beta_0 - \beta_{1\,i}) = 0 \end{cases}$$

을 풀면, 그 해는 $S(\beta_0, \beta_1)$를 최소가 되게 하는 값이 된다. 위의 식은 β_0와 β_1에 대한 이원 일차 연립방정식이기 때문에 쉽게 풀 수가 있다. 위의 식에서 β_0와 β_1의 해를 각각 $\hat{\beta}_0$과 $\hat{\beta}_1$이라 하고 다시 양변을 정리하면 다음과 같이 된다.

$$\begin{cases} n\hat{\beta}_0 + \hat{\beta}_1 \sum x_i = \sum y_i \\ \hat{\beta}_0 \sum x_i + \hat{\beta}_i \sum x_i^2 = \sum x_i y_i \end{cases}$$

위의 식을 **정규방정식** (normal equation)이라 한다. 이 정규방정식을 $\hat{\beta}_0$과 $\hat{\beta}_1$에 대해 풀면 다음과 같으며, $\hat{\beta}_0$을 β_0의 최소제곱추정량이라 하고 $\hat{\beta}_1$을 β_1의 최소제곱추정량이라 한다.

$$\hat{\beta}_1 = \frac{S_{xy}}{S_{xx}} \qquad : \beta_1\text{의 최소제곱추정량}$$

$$\hat{\beta}_0 = \overline{y} - \hat{\beta}_1 \overline{x} \qquad : \beta_0\text{의 최소제곱추정량}$$

여기서 $S_{xx}=\sum_{i=1}^{n}(x_i-\overline{x})^2$, $S_{xy}=\sum_{i=1}^{n}(x_i-\overline{x})(y_i-\overline{y})$이다. 또 회귀식에서 회귀계수들을 그 추정량으로 대체하면 아래와 같은 식을 얻을 수 있는데 이 식을 적합된 회귀직선(fitted regression line) 또는 추정된 회귀직선(estimated regression line) 또는 표본회귀직선(sample regression line) 등이라 한다.

$$\hat{y}=\hat{\beta}_0+\hat{\beta}_1 x$$

이때 $\hat{y}$을 독립변수 x에 대한 적합값 또는 추정값이라 하는데, 실제로는 회귀모형에서 평균반응 $E(Y_i)$의 추정값이다. 그리고 독립변수 x_i에 대한 관측값 y_i와 적합값 $\hat{y}_i$의 차이를 잔차(residual)라 하고, 잔차분석과 같은 고급의 회귀분석에 많이 이용된다.

$$\text{잔차 : } e_i=y_i-\hat{y}_i, \quad i=1, 2, \cdots, n$$

잔차는 실제 관측값과 적합값의 차이를 나타내는데, 적합값들은 적합된 직선 위에 있으므로 잔차들이 작으면 관측값들이 적합된 회귀선 주위에 가까이 있다는 말이고, 반대로 잔차들이 크면 관측값들이 회귀선 주위에 넓게 흩어져 있음을 암시한다. 잔차들의 제곱합을 잔차제곱합(residual sum of squares) 또는 오차제곱합(error sum of squares)이라 하며 기호로는 SSE로 나타낸다. 즉

$$SSE=\sum_{i=1}^{n}(y_i-\hat{y}_i)^2.$$

이것은 오차항 ε의 분산이 크냐 작으냐의 정보를 제공해 줌으로, 이것을 이용하면 오차항 ε의 분산을 다음과 같이 추정할 수 있다.

$$\widehat{\sigma^2}=\frac{SSE}{n-2}=\frac{1}{n-2}\sum_{i=1}^{n}(y_i-\hat{y}_i)^2.$$

여기서 $n-2$는 잔차제곱합의 자유도이고, 잔차제곱합을 그 자유도로 나눈 $\widehat{\sigma^2}$을 오차평균제곱(error mean square)이라 하며 기호로 MSE로 나타낸다.

예제 10.4 예제 10.3의 자료를 이용하여 수리에 필요한 부품의 수와 서비스에 소요되는 시간과의 적합된 회귀직선을 구하라.

x	y	$x-\bar{x}$	$y-\bar{y}$	$(x-\bar{x})^2$	$(y-\bar{y})^2$	$(x-\bar{x})(y-\bar{y})$
2	28	−5	−73.43	25	5391.96	367.15
3	34	−4	−67.43	16	4546.8	269.72
4	44	−3	−57.43	9	3298.2	172.29
5	69	−2	−32.43	4	1051.7	64.86
5	79	−2	−22.43	4	503.1	44.86
6	92	−1	−9.43	1	88.92	9.43
7	101	0	−0.43	0	0.18	0
7	102	0	0.57	0	0.32	0
8	114	1	12.57	1	158	12.57
9	124	2	22.57	4	509.4	45.14
10	154	3	52.57	9	2763.6	157.71
10	149	3	47.57	9	2262.9	142.71
11	159	4	57.57	16	3314.3	230.28
11	171	4	69.57	16	4839.98	278.28
98	1420			114	28729.36	1795
$\bar{x}=7$	$\bar{y}=101.43$			S_{xx}	S_{yy}	S_{xy}

$$\hat{\beta}_1 = \frac{S_{xy}}{S_{xx}} = \frac{1795}{114} = 15.746$$

$$\hat{\beta}_0 = \bar{y} - \hat{\beta}_1 \bar{x} = 101.43 - 15.746 \times 7 = -8.792$$

로 부품의 수와 서비스 시간에 관한 데이터를 적합한 회귀직선은 다음과 같다.

$$\hat{y} = -8.792 + 15.746x$$

그리고 적합된 회귀선을 산점도와 동시에 그려보면 적합된 회귀선은 다음과 같이 관측점들의 중심을 통과하게 되는 것을 알 수 있다. 사실 최소제곱법은 관측점들의 한 가운데를 통과하는 직선의 식을 찾는 방법이라 하여도 무방하다.

표 10.2의 데이터를 보면, 부품의 수가 $x=4$이면 서비스 시간은 $y=44$로 관측되었다. 적합된 회귀식에서 $x=4$에 대한 적합값은

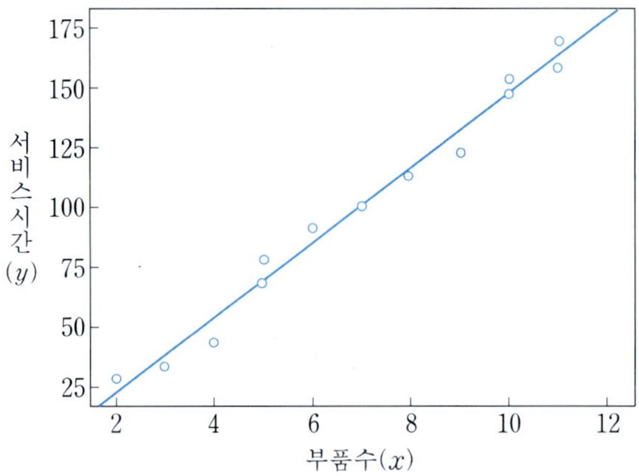

| 그림 10.6 | 적합된 회귀선과 산점도

$$\hat{y}(4) = -8.792 + 15.746 \times 4 = 54.192$$

가 되고, 이때의 잔차는 $e = 44 - 54.192 = -10.192$가 된다. 모든 관측값에 대한 잔차를 계산하면 오차항의 분산 추정량 MSE를 얻을 수 있다.

10.5 | 모형의 적합도와 분산분석

관측된 데이터를 회귀모형에 적합하더라도 적합된 회귀선이 실제 관측값들을 얼마나 잘 나타내고 있는지 혹은 얼마나 잘 설명하고 있는지는 객관적으로 알 수는 없다. 예를 들어, 다음의 산점도 (a)와 (b)의 관측점을 회귀선에 적합을 시키면 모두 $\hat{y} = 1.0 + 1.5x$로 적

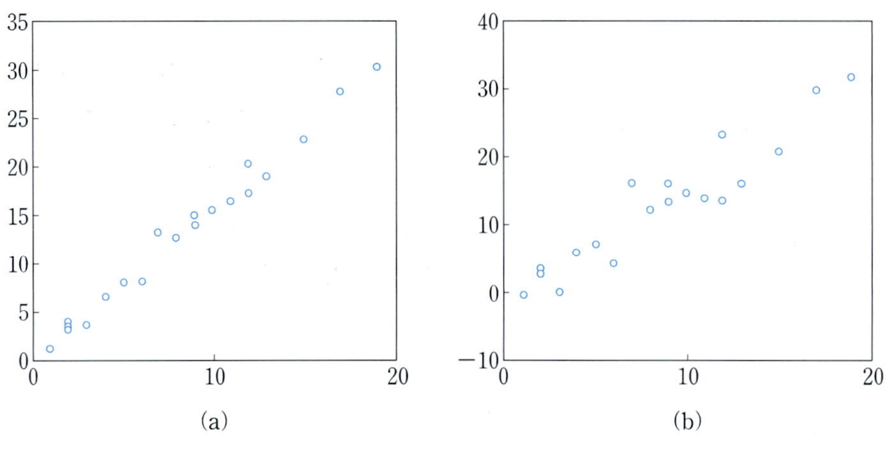

합된다.

즉, 산점도 (a) 와 산점도 (b)의 차이는 오차 분산의 크기만 다르지 기울기나 절편은 같은 경우를 나타내고 있다. 적합된 회귀선 $\hat{y} = 1.0 + 1.5x$를 이용하여 산점도 (a)에서 예측을 하면 비교적 정확하게 예측이 될 것으로 예상되고, 산점도 (b)에서 예측을 하면 산점도 (a)에서 보다는 다소 오차가 많을 것으로 예상할 수 있다. 다시 말하면, 관측값들이 직선에 얼마만큼 가까이 흩어져 있느냐 또는 멀리 흩어져 있느냐에 따라 적합된 회귀선의 가치가 다르게 되는 것이다.

회귀분석에서 관측점들이 직선 주위에 가까이 몰려 있는 정도를 **선형성의 강도** (strength of linearity) 또는 **회귀선의 적합도** (fitness of regression line)라 하고, 이 적합도에 대한 측도로 **결정계수** (coefficient of determination)라는 것이 사용된다. 결정계수를 이해하기 위해서는 반응값의 변동에 대해 좀 더 자세히 분석해 볼 필요가 있다. 여기서 다시 단순선형회귀모형을 생각해 본다.

$$y_i = \beta_0 + \beta_1 x_i + \varepsilon_i$$

반응값 y_i를 서비스 시간이라고 할 때, 이 서비스 시간이 실험에 따라서 다른 값이 나오는(물론 같은 값이 될 수도 있다) 원인은 어디에 있는가? 그것은 부품의 수가 다르기 때문일 수도 있고 부품의 수는 같더라도 수리자의 실력 즉 실험에 수반되는 어쩔 수 없는 오차 때문일 수도 있다. 즉, 반응값 y_i의 변동은 독립변수 x_i의 변동과 실험오차 ε_i의 변동이 그 원인인 것이다. 이론적으로는 다음의 관계가 성립한다.

$$\begin{array}{lcccc} y \text{ 변동의 총제곱합} & = & x\text{변동의 총제곱합} & + & \text{오차변동의 총제곱합} \\ \Leftrightarrow \text{ 총제곱합} & = & \text{회귀제곱합} & + & \text{오차제곱합} \\ \Leftrightarrow \displaystyle\sum_{i=1}^{n}(y_i - \bar{y})^2 & = & \displaystyle\sum_{i=1}^{n}(\hat{y}_i - \bar{y})^2 & + & \displaystyle\sum_{i=1}^{n}(y_i - \hat{y}_i)^2 \\ \text{자유도 : } n-1 & = & 1 & + & n-2 \end{array}$$

위의 식은 이론적으로 계산해 볼 수 있는데 여기에서는 생략하고, 위와 같은 표현을 제곱합의 분할, 그리고 자유도의 분할이라 한다. 흔히 제곱합의 분할에서 **총제곱합** (total sum of squares)을 SST로, **회귀제곱합** (regression sum of squares)을 SSR, 그리고 **오차제곱합**

(error sum of squares)을 SSE로 표기한다. 총제곱합 중에서 회귀제곱합이 차지하는 비율, 즉,

$$R^2 = \frac{\text{회귀제곱합}}{\text{총제곱합}} = 1 - \frac{\text{오차제곱합}}{\text{총제곱합}}$$

를 결정계수 (coefficient of determination)라 하고, 회귀선의 적합도 또는 설명력(%)을 나타내는 척도로 사용하며, $0 \le R^2 \le 1$이 만족됨을 쉽게 알 수 있다. 결정계수의 값이 작다는 것은 반응값에 영향을 주는 것이 독립변수 보다는 실험의 오차의 영향이 훨씬 큼을 암시하기 때문에, 적합된 회귀선을 이용하여 예측을 하면 예측 오차가 매우 크게 될 것이므로, 회귀선으로서의 가치가 그 만큼 떨어진다 하겠다. 일반적으로 결정계수의 값이 $60 \sim 70\%$ 이상인 경우에 유용한 회귀선으로 인정을 하지만, 적용 분야에 따라서 그 이하의 값이라도 유용한 회귀선으로 적용하는 경우도 있을 수 있다.

결정계수와 더불어 회귀분석의 가장 중요한 것 중 하나가 회귀선의 유의성 검정이다. 회귀선의 유의성 검정이란 독립변수와 종속변수의 관계를 나타내고 있는 회귀모형 $y_i = \beta_0 + \beta_1 x_i + \varepsilon_i$이 어떤 의미를 가지느냐에 대한 검정이다. 즉, 회귀모형은 변수 사이의 관계를 나타내고 있는데 만약 회귀선의 기울기 β_1이 0이면, 종속변수는 독립변수의 영향을 전혀 받지 않게 되므로 이 관계식은 아무런 의미를 가지지 못함을 뜻한다고 할 수 있다. 회귀선의 유의성 검정은 아래와 같은 회귀선의 기울기가 0인지에 대한 검정을 말한다.

$$H_0 : \beta_1 = 0, \quad H_1 : \beta_1 \neq 0$$

그러면 귀무가설 H_0를 기각할지를 결정하기 위한 검정통계량은 무엇을 사용해야 하는가? 사실 귀무가설이 참이면, 즉 $\beta_1 = 0$이면 독립변수가 종속변수에 전혀 영향을 주지 못하게 된다. 따라서 총제곱합 중에서 회귀제곱합의 크기가 $\beta_1 = 0$가 참이냐 아니냐에 대한 척도로 사용될 수 있는 것이다. 이론적으로는 단순하게 회귀제곱합이 크냐 작으냐로 결정하지 않고, 회귀제곱합의 평균과 오차제곱합의 평균의 비를 H_0를 기각할지를 결정하는 검정통계량으로 사용한다. 여기서 평균이란 제곱합들이 n개의 편차를 제곱하여 합으로 되어 있기 때문에 그 제곱합의 자유도로 나눈 것을 의미한다. 즉, 회귀평균제곱 (regression mean square, MSR)은 회귀제곱합을 그 자유도 1로 나눈 것을 말하고, 오차평균제곱 (error mean square, MSE)은 오차제곱합을 그 자유도 $n-2$로 나눈 것을 말한다. 즉,

$$MSR = \frac{SSR}{1}, \qquad MSE = \frac{SSE}{n-2}$$

다시 말하면 귀무가설 $H_0 : \beta_1 = 0$에 대한 검정통계량은 아래와 같이 분자의 자유도가 1이고 분모의 자유도가 $n-2$인 F분포를 이용한다.

$$F = \frac{\text{회귀평균제곱}}{\text{오차평균제곱}} = \frac{MSR}{MSE} \sim F(1, n-2)$$

회귀선의 유의성 검정을 위한 지금까지의 내용을 표로 정리한 분산분석표는 다음과 같다.

| 표 10.4 | 회귀선의 유의성 검정을 위한 분산분석표

요인	제곱합	자유도	평균제곱	F_0 값	유의확률
회귀	SSR	1	MSR	MSR/MSE	p-값
잔차	SSE	$n-2$	MSE		
계	SST	$n-1$			

사실 회귀계수의 기울기에 대한 가설 $H_0 : \beta_1 = 0$, $H_1 : \beta_1 \neq 0$의 검정은 이와 같은 F 검정 대신에 β_1의 최소제곱추정량 $\hat{\beta}_1$을 이용한 t 검정을 할 수도 있지만, 일반적으로 회귀분석에서는 t 검정 보다는 F 검정을 선호한다. 사실 F 검정은 독립변수가 여러 개 있는 중선형 회귀모형에서 절편을 제외한 모든 회귀계수가 동시에 0이라는 가설에 대한 검정이 된다.

위의 분산분석표는 모든 통계패키지에서 기본적으로 출력시켜 준다. 그리고 분산분석표에서 자유도는 데이터의 입력이 올바르게 되었는지 등의 유용한 정보를 준다.

예제 10.5 물에 함유된 마그네슘의 양이 물의 맛에 어떤 영향을 미치는가를 알아보기 위하여 8개 지역의 음료수를 표본으로 선정하여 조사하였더니 그 결과가 다음과 같았다.

마그네슘의 양 (mg/l)	8.7	9	11	9.5	10.2	12	14	18
물 맛의 등급	25	28	35	38	65	77	85	100

분산분석표를 작성하여 유의수준 0.05에서 유의성 검정을 하고 결정계수의 값을 계산하라.

풀이 마그네슘 함량을 독립변수로 물맛의 등급을 종속변수로 하여 다음 값을 계산한다.

$$\bar{x} = 11.55, \quad \bar{y} = 56.625$$

$$S_{xx} = \sum(x_i - \bar{x})^2 = 68.760, \; S_{xy} = \sum(x_i - \bar{x})(y_i - \bar{y}) = 560.351$$

$$\hat{\beta}_1 = \frac{S_{xy}}{S_{xx}} = 8.149, \; \hat{\beta}_0 = \bar{y} - \hat{\beta}_1 \bar{x} = -37.496$$

위의 계산 결과를 이용하면 적합된 회귀직선은 다음과 같다.

$$\hat{y} = \hat{\beta}_0 + \hat{\beta}_1 x = -37.496 + 8.149x$$

분산분석표를 작성하면 아래와 같다.

$$SST = \sum_{i=1}^{n}(y_i - \bar{y})^2 = 5805.875$$

$$SSR = \sum_{i=1}^{n}(\hat{y}_i - \bar{y})^2 = 4566.494$$

$$SSE = SST - SSR = 1239.381$$

	제곱합	자유도	평균제곱	F_0 값	유의확률
회귀	4566.494	1	4566.494	22.107	.003
잔차	1239.381	6	206.564		
합계	5805.875	7			

위의 표에서 유의성 검정에 대한 p-값이 0.003이므로 유의수준 0.01에서 선형회귀모형이 매우 유의하다고 할 수 있다. 그리고 분산분석표로부터 $SSR = 4566.494$, $SST = 5805.875$이므로 결정계수의 값은 다음과 같다.

$$R^2 = \frac{4566.494}{5805.874} = 0.787$$

10.6 | 회귀모형에서의 추론

예제 10.3의 부품수와 서비스 시간 데이터인 표 10.2에서 사용된 부품의 수 x와 서비스 시간 y의 관계가 $y_i = \beta_0 + \beta_1 x_i + \varepsilon_i$와 같다고 가정하고, 서비스를 받은 14명의 고객을 대상으로 조사한 결과를 이용하여 모형을 적합하면 아래와 같은 회귀선을 얻을 수 있었다.

$$\hat{y} = -8.792 + 15.746\,x$$

그러면, 이 추정된 회귀선에서 기울기 15.746과 절편 −8.792는 회귀계수 β_1과 β_0을 얼마나 잘 추정하고 있을까? 서비스를 받은 다른 고객 14명을 조사한 데이터를 이용하더라도 유사한 결과를 얻을 수 있을까? 그리고 만약 새로 찾아온 어떤 고객의 컴퓨터를 조사하였더니 수리를 해야 할 부품의 수가 $x^* = 5$개였다면 수리하는 데 소요되는 평균시간은 추정된 회귀선을 이용하면 $\hat{y}(5) = -8.792 + 15.746 \times 5 = 69.938$과 같이 계산되는데, 이때의 평균 수리시간 69.938분은 얼마나 믿을 수 있을까?

이와 같은 의문점과 또 이와 관련된 문제점들을 해결하기 위해서는 추정량들의 표본분포에 대해 알아야 된다. 이들 표본분포를 근거로 각 회귀계수들에 대한 신뢰구간과 검정을 할 수 있는데, 대부분의 통계 패키지에서 검정의 결과들을 제시해 주기 때문에 여기서 간략하게 이론적인 결론만 소개하기로 한다.

단순선형회귀모형에서 추론의 대상은 두 개의 회귀계수와 어떤 특별한 독립변수의 값 x^*에 대한 **평균예측값**(mean response)과 **개별예측값**(individual response)이다. 우선 가정된 회귀모형을 다시 적어보면 다음과 같다.

$$y_i = \beta_0 + \beta_1 x_i + \varepsilon_i, \quad i = 1, \cdots, n$$

여기서, $\varepsilon_i \overset{iid}{\sim} N(0, \sigma^2),\ i = 1, \cdots, n$이다.

모형에서 알 수 있듯이 오차항 ε_i 들이 정규확률변수이고 $\beta_0 + \beta_1 x_i$는 상수이므로 y_i들도 확률변수로 $N(\beta_0+\beta_1 x_i, \sigma^2)$를 따르고 서로 독립이 된다. 따라서 β_1의 최소제곱추정량은

$$\hat{\beta}_1 = \frac{\sum_{i=1}^{n}(x_i-\bar{x})(y_i-\bar{y})}{\sum_{i=1}^{n}(x_i-\bar{x})^2}$$

와 같이 정규확률변수 y_i의 선형함수로 표현하는 것이 가능하므로 정규확률변수의 성질에 의해서 정규분포를 따른다. 더욱이 평균과 분산을 계산하면 다음의 결과를 얻는다.

$$\hat{\beta}_1 \sim N\left(\beta_1, \frac{\sigma^2}{S_{xx}}\right)$$

이것을 이용하면 스튜던트화된 $\hat{\beta}_1$은 다음과 같이 자유도가 $n-2$인 t 분포를 따르게 된다.

$$T = \frac{\hat{\beta}_1-\beta_1}{\widehat{se}(\hat{\beta}_1)} \sim t(n-2)$$

여기서 $\widehat{se}(\hat{\beta}_1) = \hat{\sigma}/\sqrt{S_{xx}}$ 이다. 이 분포를 이용하면 β_1에 대한 신뢰구간과 가설검정을 할 수 있다.

회귀계수 β_1에 대한 추론

① 회귀계수 β_1에 대한 $100(1-\alpha)\%$ 신뢰구간은 다음과 같다.

$$\hat{\beta}_1 - t_{\alpha/2}(n-2)\widehat{se}(\hat{\beta}_1) < \beta_1 < \hat{\beta}_1 + t_{\alpha/2}(n-2)\widehat{se}(\hat{\beta}_1)$$

② 귀무가설 H_0 : $\beta_1 = \beta_{10}$를 검정

검정 통계량 : $T_0 = \dfrac{\hat{\beta}_1-\beta_{10}}{\widehat{se}(\hat{\beta}_1)}$

대립가설과 기각역 :

대립가설	기각역
$H_1: \beta_1 > \beta_{10}$	$R:\ T_0 \geq t_\alpha(n-2)$
$H_1: \beta_1 < \beta_{10}$	$R:\ T_0 \leq -t_\alpha(n-2)$
$H_1: \beta_1 \neq \beta_{10}$	$R:\ \lvert T_0 \rvert \geq t_{\alpha/2}(n-2)$

귀무가설 $H_0: \beta_1 = \beta_{10}$에 대한 검정을 유의확률을 계산하여 유의성 검정을 할 수도 있다. 이때의 유의확률은, 검정통계량 T_0가 자유도 $n-2$인 t 분포를 따르므로, $P[T \geq t]$, $P[T \leq t]$ 또는 $P[|T| \geq |t|]$이다.

마찬가지로 회귀선의 절편 β_0에 대한 추론도 할 수 있다. 즉, β_0의 최소제곱추정량 $\hat{\beta_0}$ 는

$$\hat{\beta}_0 = \overline{y} - \hat{\beta}_1 \overline{x}$$

와 같이 정규분포를 따르는 $\overline{y}$와 $\hat{\beta}_1$의 선형결합이므로 역시 정규분포를 따르고 평균과 분산을 계산하면 다음과 같음을 알 수 있다.

$$\hat{\beta}_0 \sim N\left(\beta_0,\, \sigma^2\left(\frac{1}{n} + \frac{\overline{x}^2}{S_{xx}}\right)\right)$$

그러므로 $\hat{\beta}_0$의 스튜던트화 분포는 다음과 같이 자유도가 $n-2$인 t 분포를 따르게 된다.

$$T = \frac{\hat{\beta}_0 - \beta_0}{\widehat{se}(\hat{\beta}_0)} \sim t(n-2)$$

여기에서 $\widehat{se}(\hat{\beta}_0) = \hat{\sigma}\sqrt{\frac{1}{n} + \frac{\overline{x}^2}{S_{xx}}}$ 이며, $\hat{\beta}_0$의 표준오차이다. 따라서 β_0에 대한 추론이 다음과 같이 수행될 수 있다.

회귀선의 절편 β_0에 대한 추론

① 회귀계수 β_0에 대한 $100(1-\alpha)\%$ 신뢰구간은 다음과 같다.

$$\hat{\beta}_0 - t_{\alpha/2}(n-2)\,\widehat{se}(\hat{\beta}_0) < \beta_0 < \hat{\beta}_0 + t_{\alpha/2}(n-2)\,\widehat{se}(\hat{\beta}_0)$$

② 귀무가설 $H_0: \beta_0 = \beta_{00}$를 검정

검정 통계량 : $t = \dfrac{\hat{\beta}_0 - \beta_{00}}{\widehat{se}(\hat{\beta}_0)}$

대립가설과 기각역 :

대립가설	기각역
$H_1: \beta_0 > \beta_{00}$	$R:\ t \geq t_\alpha(n-2)$
$H_1: \beta_0 < \beta_{00}$	$R:\ t \leq -t_\alpha(n-2)$
$H_1: \beta_0 \neq \beta_{00}$	$R:\ \lvert t \rvert \geq t_{\alpha/2}(n-2)$

마지막으로 평균반응과 개별반응의 예측에 대해 생각해 보자. 즉, 확정된 회귀모형을 이용하여 어떤 특별한 독립변수 x^* 에 대해 평균반응은 얼마로 예측할 수 있고, 또 개별값(x^* 에 대해 관측될 수 있는 관측값)은 얼마로 예측할 수 있으며, 그 때의 예측오차는 얼마가 될 것인지를 알아 보고자 하는 것이다.

단순선형회귀 모형에서 독립변수가 $x = x^*$일 때, 평균반응은 다음과 같이 된다.

$$E(Y) = \beta_0 + \beta_1 x^* \equiv E(Y(x^*))$$

이 평균반응의 추정은 회귀계수들을 추정하면 될 것이다. 즉,

$$\hat{\beta}_0 + \hat{\beta}_1 x^* \equiv \hat{y}(x^*)$$

실제로 $\hat{y}(x^*)$는 $E(Y(x^*))$의 비편향추정량으로 분산은 다음과 같이 계산된다.

$$\begin{aligned} Var[\hat{Y}(x^*)] &= Var[\hat{\beta}_0 + \hat{\beta}_1 x^*] \\ &= Var(\overline{Y} + \hat{\beta}_1(x^* - \overline{x})) \\ &= \sigma^2\left[\frac{1}{n} + \frac{(x^* - \overline{x})^2}{S_{xx}}\right] \end{aligned}$$

특히 $\hat{\beta}_0$ 과 $\hat{\beta}_1$ 이 정규분포를 따르기 때문에 $\hat{y}(x^*)$도 정규분포를 따른다. 이것을 정리하면

$$\hat{y}(x^*) \sim N\left(\beta_0 + \beta_1 x^*,\ \sigma^2\left(\frac{1}{n} + \frac{(x^* - \overline{x})^2}{S_{xx}}\right)\right)$$

이다. 그리고 여기서 $\hat{y}(x^*)$의 표준오차를 $se(\hat{y}(x^*))$라 하면, 스튜던트화 $\hat{y}(x^*)$의 분포는 다음과 같이 자유도가 $n-2$ 인 t 분포를 따르게 된다.

$$T = \frac{\hat{y}(x^*) - E(Y(x^*))}{\widehat{se}(\hat{y}(x^*))} \sim t(n-2)$$

이 분포를 이용하면 평균반응 $E(Y(x^*))(= \beta_0 + \beta_1 x^*)$에 대한 신뢰구간과 가설검정을 할 수 있지만, 통상적으로 가설검정은 하지 않는다. 평균반응 $E(Y(x^*))$에 대한 $100(1-\alpha)\%$ 신뢰구간은 다음과 같다.

$$(\hat{y}(x^*) - t_{\alpha/2}(n-2)\widehat{se}(\hat{y}(x^*)),\ \hat{y}(x^*) + t_{\alpha/2}(n-2)\widehat{se}(\hat{y}(x^*)))$$

그런데, 주어지는 독립변수 x^*를 어떤 구간에 속하는 모든 실수로 생각하여 평균반응 $E(Y(x^*))$에 대한 신뢰구간을 구하면, 신뢰구간이 일종의 띠(band)와 같은 모양이 될 것이다. 이와 같은 신뢰구간의 띠를 신뢰대(confidence band)라 한다. 신뢰대의 특징은 실험에 사용된 독립변수 x들의 표본평균 $\bar{x}$에서 신뢰대의 폭이 가장 좁고, $\bar{x}$에서 멀어 질수록 그 폭이 넓어진다. 신뢰대의 폭은 예측의 정확도를 나타내므로 단순선형회귀분석에서는 표본평균 $\bar{x}$의 근처에 있는 독립변수의 어떤 값에 대해 예측하는 것이 $\bar{x}$에서 멀리 떨어져 있는 독립변수의 어떤 값에 대해 예측하는 것 보다 예측의 정도가 높다고 할 수 있다.

다음은 개별반응의 예측에 대해 알아 보기로 하자. 어떤 독립변수 x가 x^*일 때, 개별반응 $y(x^*)$의 예측도 평균반응의 예측과 같은 방법으로 할 수 있다. 여기서는 이론적인 것은 생략하고 예측구간만 제시한다. 사실 평균값을 예측하는 것과 개별값을 예측하는 것은, 예를 들어 통계학과 3학년 학생들 전체의 평균평점을 예측하는 것과 어떤 특별한 A라는 학생의 평점을 예측하는 것과 같다. 학생 전체의 평균평점이 3.3이라고 예측하면 오차가 그리 크지 않으리라 생각되지만, A학생(전혀 모르는 학생)의 평점을 3.3이라고 예측하면 상대적으로 예측오차가 크게 될 것임은 자명하다. 마찬가지로, 평균반응의 예측과 개별반응의 예측은 예측 통계량은 똑 같지만 예측의 오차가 오차분산 σ^2 만큼 차이가 난다. 실제로는 σ^2을 모르기 때문에 $\hat{\sigma}^2$만큼 차이가 나는 것으로 계산한다.

독립변수의 어떤 값 $x = x^*$에서 개별반응 $y(x^*)$의 $100(1-\alpha)\%$ 예측구간은 다음과 같다.

$$\hat{y}(x^*) \pm t_{\alpha/2}(n-2)\,\hat{\sigma}\sqrt{1 + \frac{1}{n} + \frac{(x^* - \bar{x})^2}{S_{xx}}}$$

참고로, 개별반응을 예측하는 이러한 구간은 신뢰구간이란 용어를 사용하지 않고 예측구간(prediction interval)이라고 한다. 그것은 예측하는 것이 모르는 어떤 모수가 아니고, 반응이라는 확률변수에 대한 예측이기 때문이다. 그리고 평균반응에서 신뢰대를 고려한 것처럼 개별반응의 예측에서는 예측대(prediction band)를 생각할 수 있다. 신뢰대와 예측대의 차이는 예측의 오차가 좀 더 크기 때문에 예측대의 폭이 신뢰대의 그것 보다 좀 더 넓다는 것이다.

예제 10.6 예제 10.5의 데이터를 이용하여 회귀선의 절편이 0인지 유의수준 0.05에서 검정하고 마그네슘의 함량이 10일 때 물 맛의 평균등급의 95% 신뢰구간과 개별등급의 95% 예측구간을 구하여 비교하라.

풀이 예제 10.5의 계산결과를 이용하면

$$\widehat{se}(\hat{\beta}_0) = \hat{\sigma}\sqrt{\frac{1}{n} + \frac{\bar{x}^2}{S_{xx}}} = 14.372\sqrt{\frac{1}{8} + \frac{11.55^2}{68.761}} = 20.653$$

이므로 $t = \dfrac{37.496}{20.653} = 1.816$이다. 이 값은 유의수준 0.05에 대한 경곗값 $t_{0.025}(6) = 2.447$보다 크지 못하므로 절편이 0이라는 귀무가설은 기각되지 못한다. 그리고 마그네슘의 함량이 10일 때의 예측값은 $\hat{y}(10) = \hat{\beta}_0 + \hat{\beta}_1 \times 10 = 43.994$이고 평균등급과 개별등급의 표준오차는 각각 $14.372\sqrt{\dfrac{1}{8} + \dfrac{(10-11.55)^2}{68.761}} = 5.748$과 $14.372\sqrt{1 + \dfrac{1}{8} + \dfrac{(10-11.55)^2}{68.761}} = 15.479$이므로 95% 신뢰구간과 예측구간은 다음과 같다.

$$43.994 \pm 2.477 \times 5.748 = (29.756,\ 58.232),$$
$$43.994 \pm 2.477 \times 15.479 = (5.653,\ 82.335)$$

개별등급에 대한 구간의 폭이 평균등급에 비해 상당히 넓다는 것을 알 수 있다.

10.7 | 모형진단과 잔차도표

앞 절에서 회귀모형의 각 모수에 대한 추론은 모형에 포함되어 있는 오차항 ε에 대한 가정에 바탕을 둔다. 즉, ε이 정규분포를 따르고, 분산이 일정하며 서로 독립이라는 가정에 의하여 회귀모형의 기울기 β_1의 추정량 $\hat{\beta}_1$도 정규분포를 따르는 것이다. 그러므로 올바른 추론을 하기 위해서는 오차항에 대한 가정의 성립이 중요한 전제 조건이 된다. 그러나 불행하게도 오차항 ε은 관측될 수 없는 값이기 때문에 오차항 대신에 오차항에 매우 유사한 성질을 가지는 것으로 알려진 잔차를 이용하여 모형에 대한 가정의 타당성을 조사하게 되는데 이를 **잔차분석**(residual analysis) 또는 **모형진단**(model diagnostics)이라고 한다.

10.3절에서 소개한 단순선형회귀모형에 대한 가정을 다시 한 번 정리하면 다음과 같다.

(1) 선형성, $E(Y)=\beta_0+\beta_1 x$ 즉, $E(\varepsilon_i)=0$이다.

(2) 등분산성, 모든 i에 대해 항상 $Var(\varepsilon_i)=\sigma^2$이다.

(3) 독립성, ε_i들은 서로 독립인 확률변수이다.

(4) 정규성, ε_i들은 정규분포를 따른다.

사실 회귀분석의 이론적 근거는 대부분 위의 가정에 바탕을 두고 있는데 지금 분석하고 있는 예제 10.4의 데이터가 위의 가정을 만족한다는 보장은 없다. 회귀분석에서는 이와 같은 가정의 타당성은 아래와 같은 잔차를 이용하여 진단하게 된다.

$$e_i = y_i - \hat{y}_i, \qquad i = 1, \cdots, n$$

여기에서 $\hat{y}_i$은 적합된 모형에 의한 예측값이다. 즉, $\hat{y}_i=\hat{\beta}_0+\hat{\beta}_1 x_i$이다.

많은 사실을 규명하는 과학적 방법 중에서 이와 같이 데이터에 대해 먼저 가정을 하고 다시 그 데이터을 이용하여 가정의 타당성을 규명하는 것은 통계적 분석 방법의 가장 큰 특징이라 할 수 있다. 실제로 고급 통계학에서는 위의 잔차를 그대로 분석하기 보다는 표준화 잔차 또는 스튜던트화 잔차를 이용하여 분석하는 경우가 많다. 그것은 표준화 잔차 또는 스튜던트화 잔차가 원래의 오차항의 성질을 더 잘 반영하기 때문이다. 여기에서는 위에서 정의한 잔차로 분석하는 것을 설명한다.

잔차를 분석하는 여러 가지 방법이 알려져 있지만 여기에서는 도표를 이용하여 잔차의 대략적인 성질을 파악하는 방법을 소개한다. 흔히 관측값의 개수가 많은 경우에는 히스토그램을 이용하고, 적은 경우에는 **잔차도표**(residual plot)를 그려보면 모형에 대한 타당성 여부를 대략적으로 파악할 수 있다. 여기서 잔차도표는 (x_i, e_i)나 $(\hat{y}_i, e_i)$들의 산점도를 말하며 일반적으로 가정이 타당한 경우의 잔차도표는 다음과 같은 형태가 된다.

(1) 대략 0에 관해 대칭적으로 나타난다.

(2) 독립변수 혹은 예측값에 따른 잔차의 산포가 크게 다르지 않다.

(3) 점들의 전체적인 형태가 특별한 패턴을 보이지 않는다.

예를 들어, 그림 10.7과 같은 예측값과 잔차에 대한 잔차도표가 있다고 하자.

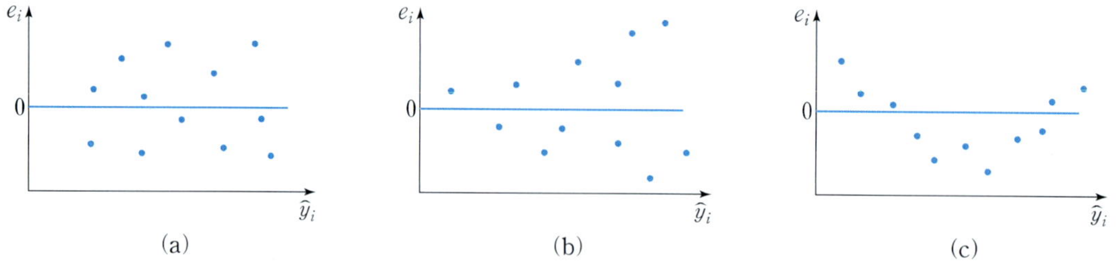

| 그림 10.7 | 예측값과 잔차 도표

그림 10.7의 (a)와 같이 점들이 수평선 주위에 불규칙하지만 어떤 띠 모양을 형성하고 있는 것은 오차가 정규성을 만족하고 있음을 의미한다. 이 경우에는 모형이 잘 적합되어 있다고 할 수 있고 (b)의 경우는 $\hat{y}$의 값이 증가함에 따라 $\hat{e}$의 값이 점점 증가함을 알 수 있다. 이때는 오차항의 등분산성 가정을 의심할 수 있다. (c)와 같은 형태는 선형성과 독립성이 의심스럽다고 할 수 있다. 일반적으로 산점도가 일정한 패턴을 보이지 않으면 모형에 대한 가정이 대체로 타당함을 의미한다.

통계 패키지를 이용하여 정규확률도표나 Q-Q도표와 같은 다양한 형태의 도표를 그려서 모형의 타당성을 쉽게 진단할 수 있을뿐 아니라 독립성 검정이나 정규성 검정도 수행할 수 있지만 여기에서는 설명을 생략한다.

10.8 | 중선형회귀로의 확장

일반적으로 종속변수의 변화는 여러 개의 독립변수에 의하여 영향을 받는 경우가 많이 있다. 예를 들면, 농작물의 수확량은 비료의 사용량에만 의존하는 것이 아니라 강우량과 기온 등에도 많은 영향을 받고 있을 것이며, 주택매매 가격은 주택에 부과되는 공과금, 대지면적, 전용면적, 방의 개수, 건물연령 등에 영향을 받을 것으로 예상된다. 이와 같은 경우에는 종속변수의 값을 예측하기 위해서는 하나의 독립변수보다는 영향을 미치는 여러 개의 독립변수를 포함하는 예측모형을 구축하는 것이 필요한 것이다. **중선형회귀분석**(multiple linear regression analysis)은 하나의 종속변수와 그것에 영향을 미칠 것으로 예상되는 여러 개의 독립변수와의 관계를 규명하고 예측하는 통계기법이다. 중선형회귀분석의 개념과 절차는 단순선형회귀분석과 유사하기 때문에 여기서 이론적인 설명은 가급적 생략하고 단순회귀분석과 대비되는 점을 중심으로 간략히 설명하기로 한다.

독립변수가 p개 있는 중선형회귀모형은 다음과 같다.

$$y_i = \beta_0 + \beta_1 x_{1i} + \beta_2 x_{2i} + \cdots + \beta_p x_{pi} + \varepsilon_i, \quad i = 1, \cdots, n$$

여기서 오차항 ε_i들은 단순선형회귀모형에서와 같이 서로 독립이고 평균이 0, 분산이 σ^2인 정규확률변수로 가정한다.

일반적으로 이와 같은 중선형회귀모형은 행렬과 벡터로 표시하며, 행렬의 여러 가지 유용한 성질을 이용하여 회귀계수들의 최소제곱추정량을 구하고, 기타 여러 가지 중요한 성질들을 조사할 수 있지만, 여기에서는 단지 결과만을 인용하기로 한다. 사실 중선형회귀분석은 관련된 여러 가지 통계량의 계산이 매우 복잡하기 때문에 개인용 컴퓨터가 보편화되기 전만하더라도 단지 이론적인 설명만 가능하였다. 그래서 교양 통계학에서는 아예 언급도 하지 않았지만 최근에는 통계패키지의 사용이 보편화 됨으로 인하여 실용적인 측면에서 중선형회귀분석의 개념을 어느 정도 설명할 수 있게 된 것이다.

최소제곱법에 의한 회귀계수들의 최소제곱추정량을 각각 $\hat{\beta}_i$이라 하면, 적합된 회귀선은 다음과 같다.

$$\hat{y}_i = \hat{\beta}_0 + \hat{\beta}_1 x_1 + \hat{\beta}_2 x_2 + \cdots + \hat{\beta}_p x_p$$

그리고 적합된 중선형회귀모형의 적합도를 위한 제곱합의 분할은 단순선형회귀에서의 그것과 같다. 즉,

$$\sum_{i=1}^{n} (y_i - \bar{y})^2 = \sum_{i=1}^{n} (\hat{y}_i - \bar{y})^2 + \sum_{i=1}^{n} (y_i - \hat{y}_i)^2$$

다만, 제곱합의 분할에서 단순회귀분석과 중회귀분석에서의 차이는 적합값을 나타내는 $\hat{y}_i$ 이다. 그리고 모형의 적합도에 대한 측도로서 **결정계수**도 단순선형회귀분석에서와 같이 정의된다.

$$R^2 = \frac{SSR}{SST} = 1 - \frac{SSE}{SST}$$

그리고 유의성 검정을 위한 분산분석표도 제곱합들의 자유도를 제외하고는 단순회귀분석에서와 같다. 중선형회귀분석에서 회귀제곱합의 자유도는 p이고 오차제곱합의 자유도는 $n-p-1$이다.

| 표 10.5 | 중선형회귀모형에서의 분산분석표

요인	제곱합	자유도	평균제곱	F_0 값	유의확률
회귀	SSR	p	MSR	$\frac{MSR}{MSE}$	p-값
잔차	SSE	$n-p-1$	MSE		
계	SST	$n-1$			

여기서 유의해야 할 것은 중선형회귀분석에서의 유의성 검정에 대한 귀무가설은 모든 회귀계수가 0이라는 것이다. 즉,

$$H_0 : \beta_1 = \beta_2 = \cdots = \beta_p = 0, \quad H_1 : \text{적어도 하나의 } i \text{ 에 대해 } \beta_i \neq 0$$

이것은 종속변수가 적어도 하나의 독립변수와 회귀관계를 가진다는 것을 주장하고자 하는 것이다.

중선형회귀분석에서는 단순선형회귀분석과는 달리 **변수선택** 문제가 있다. 단순선형회귀분석에서는 종속변수와 독립변수가 각각 하나씩이기 때문에 두 변수 사이에 선형관계가 "있다, 없다"로 결론이 날 수 있는 문제가 중선형회귀분석에서는 독립변수가 여러 개이기 때문에 각각의 독립변수와 종속변수 사이의 관계를 살펴보아야 하는 것이다. 즉, 중선형회귀분석에서 유의성 검정의 결과가 유의하게(귀무가설이 기각) 나오는 것은 "모든 회귀계수가 0이 아니다"라는 것이 아니라 "적어도 0이 아닌 회귀계수가 하나는 있다"라는 말이므로, 어느 회귀계수가 0인지 어느 회귀계수가 0이 아닌지를 밝히는 것이 필요한 것이다.

그리고 회귀계수가 0이 아니더라도 그 값이 얼마나 큰지는 상응하는 독립변수가 종속변수에 얼마나 큰 영향을 미치느냐를 말하는 것이므로 종속변수와 독립변수들의 관계를 이해하는 데 매우 중요하다 할 수 있다. 여러 개의 독립변수들 중에서 종속변수에 영향을 많이 주는 변수는 종속변수와 밀접한 관계(매우 큰 상관계수 값)가 있다고 볼 수 있으며 이와 같은 중요변수를 찾아내는 것이 매우 중요하다고 할 수 있다. 이와 같이 많은 독립변수들 중에서 종속변수를 설명하는 데 꼭 필요한 소수 개의 변수를 찾는 것을 변수선택(variable selections)이라 한다. 변수선택이 필요한 또 다른 이유는 적합된 회귀식을 이용한 반응값의 예측이나 통제가 회귀식에 포함된 독립변수의 개수가 많으면 매우 어려워지거나 경우에 따라서는 불가능하기 때문이다.

변수선택을 위한 기준 통계량(criterion statistic)도 많이 제시되어 있지만 여기서는 기본적인 개념을 이해하는 것이 목적이므로 결정계수를 이용한 변수선택 과정을 소개한다.

단계1 : 먼저 p개의 독립변수 하나하나에 대한 단순선형회귀모형을 생각하여(즉, 단순선형회귀모형이 p개 있다.), 결정계수의 값을 비교한다. 결정계수는 곧 종속변수에 대한 설명력이므로 p개 중에서 가장 큰 결정계수에 해당되는 변수는 선택한다. 여기까지 한 개의 변수가 선택된다.

단계2 : 독립변수가 2개인 중선형회귀모형을 생각한다. 이 모형의 변수 중에서 하나는 단계1에서 선택된 것이고, 나머지 하나는 선택되지 않은 $p-1$개의 독립변수 가운데 하나이다. 이렇게 하면 독립변수가 2개인 중선형회귀모형이 $p-1$개가 된다. $p-1$개의 모형에 대한 결정계수을 계산하여 그 값이 가장 큰 모형을 찾고, 그 모형에 포함된 변수를 두 번째 변수로 선택한다.

이와 같은 단계를 반복해서, 선택된 변수가 포함된 모형의 결정계수가 실험자가 만족할 만큼 크다면 더 이상의 변수선택은 무의미 할 수 있으므로 변수선택을 중단한다. 예를 들면, 선택된 변수가 한 개라도 그 모형의 결정계수가 0.95 정도가 된다면 그 모형의 설명력이 매우 높기 때문에 더 이상 새로운 변수를 포함시키는 것은 별로 의미가 없다. 또는 새로운 변수를 선택하여 모형에 포함시키더라도 새로운 모형에 대한 결정계수의 증가가 미미하다면 이 변수는 모형에 포함시킬 필요가 없으므로 변수선택을 역시 중단하는 것이 바람직할 것이다. 실지로 변수선택을 중단할지 어떨지의 결정은 앞서 얘기한 기준 통계량을 이용한 검정 절차를 거치게 된다.

변수를 선택하는 방법도 위에서 간단히 설명한 **전진선택법**(forward selection)외에도 **후진제거법**(backward elimination), **단계적회귀방법**(stepwise regression) 등이 있다. 후진제거법은 최초의 적합에 사용된 p개의 변수 중에서 설명력이 떨어지는 변수를 하나씩 찾아서 제거해 나가는 방법이고, 단계적회귀방법은 위의 두 방법을 혼용한 방법이다. 단계적회귀방법은 다른 두 방법 보다 많은 시간을 필요로 하지만, 시간을 다투지 않는 상황이면 단계적회귀방법을 많이 사용한다. 대부분의 통계패키지에서는 이들의 선택이 옵션으로 주어진다.

중선형회귀분석에서 주의해야 할 또 다른 중요한 내용은 **다중공선성**(multicollinearity)이라는 것이다. 이것은 독립변수들 끼리의 높은 상관관계 때문에 발생하는 문제로 올바른 중선형회귀분석을 위해서는 간과해서는 안될 문제이지만 내용이 어렵기 때문에 여기에서는 생략한다. 사실 중선형회귀분석에서의 추론은 단순선형회귀분석에서의 그것 이상으로 이론이 잘 정립되어 있고 추론의 내용도 다양하지만, 대부분이 교양통계학의 수준을 벗어나는 내용이라 생각된다.

예제 10.7

표 10.6의 데이터는 현재 시중에서 판매되고 있는 가솔린 승용차 제원 중의 일부로 자동차 회사에서 공식적으로 발표하고 있는 것이다. 자동자의 연비와 연비의 결정에 중요하다고 생각되는 6개의 독립변수들의 관계를 규명하고, 가능한 한 간단하면서도 설명력이 높은 회귀모형을 찾아보자.

| 표 10.6 | 가솔린 승용 자동차의 제원

회사	모델	연비 (km/l)	배기량 (cc)	최고출력 (ps/rpm)	최대토크 (kg.m/rpm)	공차중량 (kg)	길이 (mm)	폭(mm)
현대	뉴클릭	15.6	1,399	95/6000	12.7/3,200	1,046	3,825	1,665
	베르나	15.6	1,399	95/6,000	12.7/4,700	1,073	4,280	1,695
	아반테	15.8	1,591	121/6,200	15.6/4,200	1,173	4,505	1,775
	소나타	9.2	3,342	233/6,000	31.0/3,500	1,612	4,800	1,830
	그랜저	8.6	3,778	264/6,000	35.5/4,500	1,730	4,895	1,865
	에쿠스	6.9	4,498	268/5,500	37.6/4,000	2,055	5,120	1,870
기아	모닝	18.3	999	61/5,600	8.8/4,500	865	3,495	1,385
	프라이드	15.4	1,399	95/6,000	12.7/4,700	1,077	4,240	1,475
	뉴세라토	15.1	1,582	117/4,000	26.5/2,000	1,189	4,510	1,485
	로체	11.1	2,359	166/5,800	23.0/4,250	1,455	4,755	1,550
	오피러스	8.6	3,778	266/6,000	36.0/4,500	1,700	5,000	1,850
벤츠	C230V	9.6	1,796	143/5,200	22.4/4,200	1,430	4,525	1,730
	E350	8.7	3,498	272/6,000	35.7/5,000	1,785	4,850	1,820
	S600L	6	5,514	517/5,000	84.6/3,500	2,260	5,210	1,870
	CLS350	8.7	3,498	272/6,000	35.7/5,000	1,655	4,915	1,875

| 표 10.6 | 가솔린 승용 자동차의 제원

회사	모델	연비 (km/l)	배기량 (cc)	최고출력 (ps/rpm)	최대토크 (kg.m/rpm)	공차중량 (kg)	길이 (mm)	폭(mm)
폭스바겐	Jetta 2.5	10.1	2,480	150/5,000	23.3/3,750	1,524	4,554	1,781
	Jetta 2.0	14	1,968	140/4,000	32.7/2,500	1,568	4,554	1,781
	Passat FSI	10.9	1,984	150/6,000	20.4/3,500	1,595	4,764	1,820
	PassatTDI	13.7	1,968	140/4,000	32.7/2,500	1,671	4,764	1,820
포드	Mondeo	9.5	1,999	145/6,000	19.4/4,500	1,430	4,730	1,810
	Mustang	8.3	4,009	213/5,300	33.2/3,500	1,560	4,765	1,877
쌍용	체어맨500	7.9	2,799	197/6,000	27.6/4,600	1,820	5,135	1,825
	체어맨700	8	3,598	248/6,400	35.0/3,300	1,900	5,435	1,825
볼보	C70	8.55	2,521	220/5,000	32.0/4,800	1,730	4,582	1,836
	V50	11	2,435	170/6,000	23.0/4,400	1,387	4,514	1,770
	S40	11	2,435	170/6,000	23.0/4,400	1,369	4,468	1,770
삼성	SM7VQ35	9	3,498	217/5,600	32.0/3,500	1,580	4,945	1,790
	SM7VQ23	9.8	2,349	170/6,000	23.0/4,400	1,555	4,945	1,790
	SM5	10.8	1,998	140/5,800	18.8/4,800	1,470	4,895	1,785
	SM3 1.5L	14.5	1,497	100/5,600	13.8/4,400	1,160	4,510	1,710
	SM3 1.6L	14.5	1,596	107/6,000	14.9/4,000	1,160	4,510	1,710

풀이 중선형회귀모형은 직접 손으로 계산하기는 어려우므로, SPSS를 이용한 결과를 토대로 설명하고자 한다. 먼저 변수들끼리 얼마나 상관관계를 가지고 있는지를 알아보기 위하여 먼저 상관계수 행렬을 출력해 보면 표 10.7과 같다.

| 표 10.7 | 변수들에 대한 상관계수 행렬

	연비	배기량	최고 출력	최대 토크	공차 중량	길이	폭
연비	1	−.853	−.799	−.685	−.886	−.825	−.752
배기량	−.853	1	.937	.862	.869	.743	.661
최고출력	−.799	.937	1	.948	.866	.698	.608
최대토크	−.685	.862	.948	1	.846	.645	.535
공차중량	−.886	.869	.866	.846	1	.861	.748
길이	−.825	.743	.698	.645	.861	1	.718
폭	−.752	.661	.608	.535	.748	.718	1

표 10.7을 보면 모든 변수들이 자동차의 연비에는 상당히 많은 영향을 끼침을 알 수 있다. 그 중에서도 자동차의 공차중량과 배기량이 가장 많은 영향을 끼치는 것으로 생각된다. 그러나 독립변수들 끼리의 상관계수도 상당히 크다는 것을 알

수 있으며 특히 배기량과 최고출력 그리고 최대토크와 최고출력 간의 상관계수의 값은 0.9보다 크다. 독립변수들은 종속변수를 설명하기 위하여 선택된 것이기 때문에 어느 정도의 상관관계를 가지는 것은 당연하지만 회귀분석에서 독립변수들끼리의 상관관계가 너무 높은 것은 다중공선성이라는 아주 심각한 문제를 야기시키게 된다. 다중공선성이 존재하는 경우에는 회귀계수들의 추정값의 표준오차가 상당히 커지게 되는데 이는 추정값을 신뢰할 수 없는 결과를 초래하게 된다.

연비를 종속변수로 하고 6개의 다른 변수들을 독립변수로 하는 중선형회귀분석을 하기 위해 SPSS의 데이터 편집기 창에 다음과 같이 표 10.7의 데이터가 입력되어 있어야 한다.

여기에서 분석→회귀분석→선형을 차례로 선택하면 단순선형회귀분석에서 사용한 대화창이 나오는데, 종속변수에는 '연비'를 독립변수에는 나머지 6개의 변수를 이동시키고 확인하여 실행시키면 단순선형회귀분석 때와 같이 (1) 모형요약표 (2) 분산분석표 (3) 계수표가 출력된다.

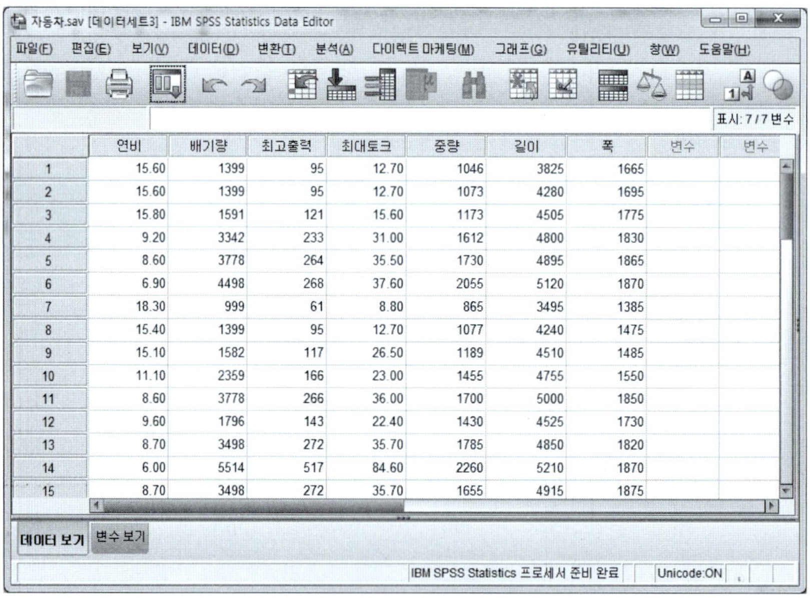

	연비	배기량	최고출력	최대토크	중량	길이	폭
1	15.60	1399	95	12.70	1046	3825	1665
2	15.60	1399	95	12.70	1073	4280	1695
3	15.80	1591	121	15.60	1173	4505	1775
4	9.20	3342	233	31.00	1612	4800	1830
5	8.60	3778	264	35.50	1730	4895	1865
6	6.90	4498	268	37.60	2055	5120	1870
7	18.30	999	61	8.80	865	3495	1385
8	15.40	1399	95	12.70	1077	4240	1475
9	15.10	1582	117	26.50	1189	4510	1485
10	11.10	2359	166	23.00	1455	4755	1550
11	8.60	3778	266	36.00	1700	5000	1850
12	9.60	1796	143	22.40	1430	4525	1730
13	8.70	3498	272	35.70	1785	4850	1820
14	6.00	5514	517	84.60	2260	5210	1870
15	8.70	3498	272	35.70	1655	4915	1875

| 그림 10.8 | 자료입력

모형 요약

모형	R	R 제곱	수정된 R 제곱	추정값의 표준오차
1	.942[a]	.888	.860	1.19245

a. 예측자: (상수), 폭, 최대토크, 길이, 배기량, 중량, 최고출력

ANOVA[a]

모형		제곱합	자유도	평균제곱	F	유의확률
1	회귀	270.603	6	45.100	31.718	.000[b]
	잔차	34.126	24	1.422		
	전체	304.729	30			

a. 종속변수: 연비

b. 예측자: (상수), 폭, 최대토크, 길이, 배기량, 중량, 최고출력

계수[a]

모형		비표준화 계수		표준화 계수	t	유의확률
		B	표준오차	베타		
1	(상수)	28.892	4.829		5.983	.000
	배기량	-.001	.001	-.273	-1.237	.228
	최고출력	-.022	.012	-.609	-1.892	.071
	최대토크	.176	.056	.758	3.135	.004
	중량	-.006	.002	-.630	-2.814	.010
	길이	-.001	.001	-.095	-.664	.513
	폭	-.002	.003	-.067	-.611	.547

a. 종속변수: 연비

| 그림 10.9 | 결과

분산분석표와 모형요약표로부터 유의성 검정에 대한 F 통계량의 값은 31.718이고 유의확률은 0.000이며 결정계수의 값은 0.888임을 알 수 있다. 이것은 적합된 회귀선이 매우 유의하고 설명력이 매우 높음을 의미한다. 그리고 계수표를 보면 각 회귀계수들의 추정값과 그것이 유의한지에 대한 t 검정의 결과가 나와 있는데 유의수준 0.05로 보면 최대토크와 공차중량만이 유의함을 알 수 있다. 즉, 유의한 변수들만 포함하는 회귀모형을 적어보면 아래와 같다.

$$\text{연비} = 28.892 + 0.176 \times \text{최대토크} - 0.006 \times \text{공차중량}$$

그러면 과연 이 모형이 최적일까? 최대토크와 공차중량만 포함하는 중선형회귀분석을 다시 수행해 보면 결정계수의 값은 0.799로 비교적 높게 나오지만 최대토크에 대한 t 검정의 결과가 다시 유의하지 않게 나온다. 그럼 다시 최대토크를 빼고 공차중량만 포함하는 단순선형회귀모형으로 적합해야 할까?

사실 독립변수 하나하나에 대한 단순선형회귀분석을 해보면 각 모형에서 결정계수의 값이 다음과 같이 되며, 단순선형회귀로 적합을 한다면 독립변수로 공차중량을 선택하는 것이 가장 바람직함을 알 수 있다. 즉, 승용차의 공차중량이 연비에 가장 많은 영향을 미친다는 것을 알 수 있다.

독립변수	배기량	최고출력	최대토크	공차중량	길이	폭
결정계수	.728	.639	.470	.785	.681	.566

그런데 단순선형회귀로 적합하면 결정계수의 값이 0.785로 비교적 크지 않음을 알 수 있다. 그래서 공차중량 외에 다른 변수를 하나 더 포함하는 중선형회귀모형으로 적합을 하면 결정계수의 값은 높일 수 있으므로 바람직한 결과를 얻을 수 있을 것 같다. 그러면 어떤 변수를 추가로 모형에 더 포함시키는 것이 바람직할까? 독립변수 각각에 대한 위의 결정계수의 값을 보면 배기량 변수를 포함시키는 것이 바람직 할 것 같지만 늘 그런 것은 아니다.

이와 같이 중선형회귀분석에서는 적당한 설명력을 가지는 모형을 결정하는 것이 중요한데 이와 관련된 여러 가지 통계적 방법이 변수선택법이다. 적절한 모형을 결정하기 위해서는 사실 매우 많은 계산이 필요하며, 이것은 통계패키지를 이용하지 않는다면 거의 불가능하다. 대부분의 통계패키지는 변수선택을 옵션으로 선택할 수 있으며 SPSS에서도 회귀분석을 위한 그림 10.10의 대화창에서 변수선택을 할 수 있다.

이 대화창의 중간에 있는 "방법(M)"을 보면 "입력"이라는 것이 보이는데, 이것은 회귀분석을 수행할 때 독립변수로 선택된 모든 변수를 모형에 포함시켜서 분석할 경우에 사용하는 것이다. 독립변수 중에서 중요한 일부의 변수를 선택하여 분석할 경우는 "입력"의 오른편에 있는 화살표 모양을 누르면 그림 10.10과 같이 "단계선택, 제거, 후진, 전진" 중에서 선택하여 분석할 수 있다. 이 네 가지는 중요 변수를 선택하는 방법에 따라 구분한 것으로 "단계선택"이 가장 많이 사용된다. 여기서는 "단계선택"을 선택하여 분석한 결과를 설명하기로 한다. 단순선형회귀분석의 결과창과 유사하게 (1) 진입/제거된 변수표 (2) 모형요약표 (3) 분산분석표 (4) 계수표가 차례로 나오는데 각각의 표에는 3개의 모형이 제시되어 있다.

먼저 아래의 "진입/제거된 변수" 표를 보면 3개의 모형에 각각 한 개씩의 변수들이 선택되어 있고 제거된 변수는 없음을 알 수 있다. 자세한 설명은 피하고 독립변수들 중에서 종속변수에 영향을 많이 주는 독립변수가 차례로 선택되었다는 것 정도만 이해하면 되겠다. 모형요약표나 분산분석표를 보면 이것이 어떤 의미인지 좀 더 구체적으로 이해할 것이라 생각된다. 진입된 변수에 포함되지 않은 변수들은 "연비"라는 종속변수의 변화에 별로 영향을 미치지 않는다고 이해하면 되겠다. 대화창에서 "단계선택"이 아니라 "입력"으로 하면 모든 독립변수들이 진입된 한 개의 모형만이 제시될 것이다. 즉, 변수선택을 하지 않게 되는 것이다.

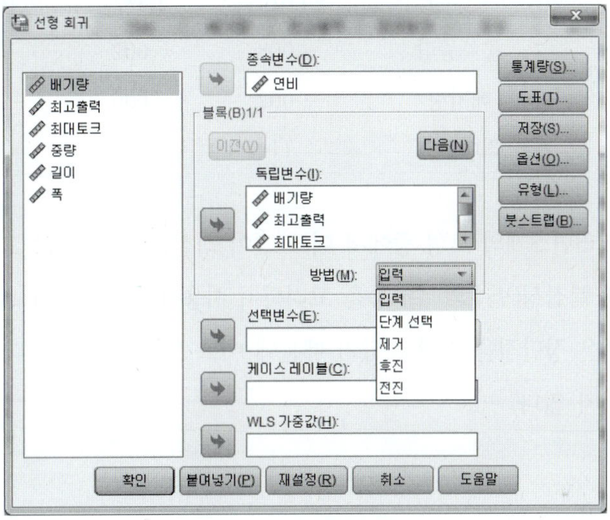

| 그림 10.10 | 변수 선택

모형	진입된 변수	제거된 변수	방법
1	공차중량	.	단계선택 (기준: 입력할 F의 확률 ≤ .050, 제거할 F의 확률 ≥ .100).
2	배기량	.	단계선택 (기준: 입력할 F의 확률 ≤ .050, 제거할 F의 확률 ≥ .100).
3	최대토크	.	단계선택 (기준: 입력할 F의 확률 ≤ .050, 제거할 F의 확률 ≥ .100).

"모형요약" 표와 "분산분석" 표에서는 3개의 모형 각각에 대한 설명력과 유의성 검정의 결과를 확인할 수 있는데 여기에서 제시하지는 않겠다. 마지막으로 아

래의 "계수" 표를 통하여 제시된 3개의 모형에 대한 적합된 회귀선을 알 수 있다.

모형	회귀계수	추정값	표준오차	t	유의확률
1	(상수)	24.731	1.350	18.316	.000
	공차중량	−.009	.001	−10.288	.000
2	(상수)	22.775	1.592	14.305	.000
	공차중량	−.006	.002	−3.580	.001
	배기량	−.001	.000	−2.066	.048
3	(상수)	24.614	1.485	16.580	.000
	공차중량	−.008	.002	−5.000	.000
	배기량	−.002	.000	−3.669	.001
	최대토크	.114	.035	3.261	.003

그러면 3개의 모형 중에서 어느 것이 적절한 모형일까? 그것은 각 모형의 설명력과 복잡성(변수의 수) 등을 고려하여 사용자의 입장에서 결정하게 된다. 각각의 모형은 장단점을 가지고 있기 때문에 어느 모형이 가장 좋다는 식의 결론은 바람직하지 않다.

그 외에 중선형회귀분석에서 모형을 결정하는 데 유의해야 하는 것은 이상치 (outlier value) 문제와 모형 진단에 관한 문제가 있지만 본 교재의 수준을 벗어남으로 여기서는 생략하기로 한다.

10.9 | SPSS를 이용한 실습

이 절에서는 상관분석과 회귀분석을 SPSS를 이용하여 분석해 보기로 한다.

예제 10.8 예제 10.1의 운석에 포함되어 있는 수소와 탄소함량의 자료를 가지고 상관분석을 하라.

풀이 예제 10.1의 데이터를 아래 그림 10.11과 같이 입력한다.

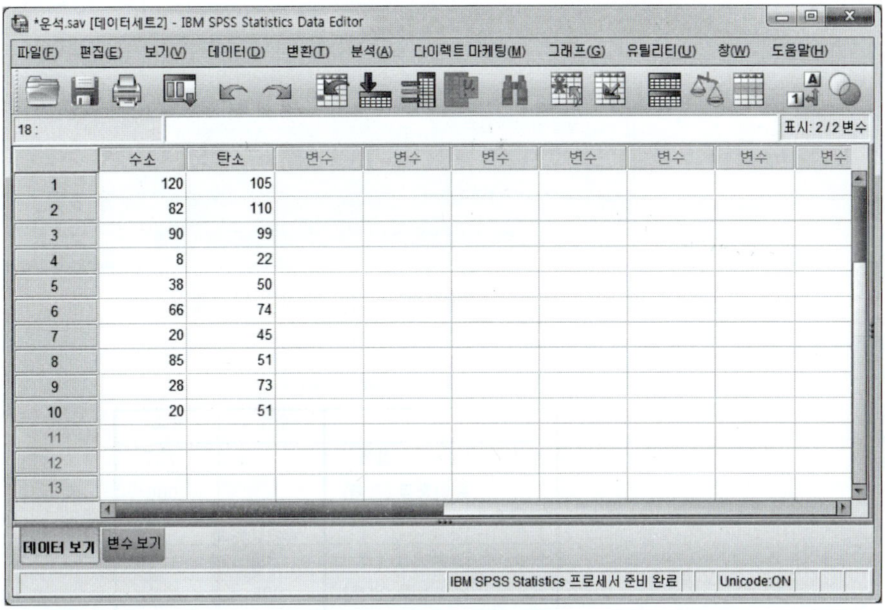

| 그림 10. 11 | 자료 입력

실행순서

SPSS를 사용하여 운석에 포함되어 있는 수소와 탄소의 상관관계를 알아보기 위해서 다음과 같은 순서로 선택하면 그림 10.12와 같은 변수선택 화면이 나타난다.

> 분석 (A) ▶ 상관분석 (C) ▶ 이변량 상관 (B)

변수항목에 상관분석을 할 두 변수인 수소와 탄소를 선택하고 실행하면 그림 10.13과 같은 결과가 나타난다.

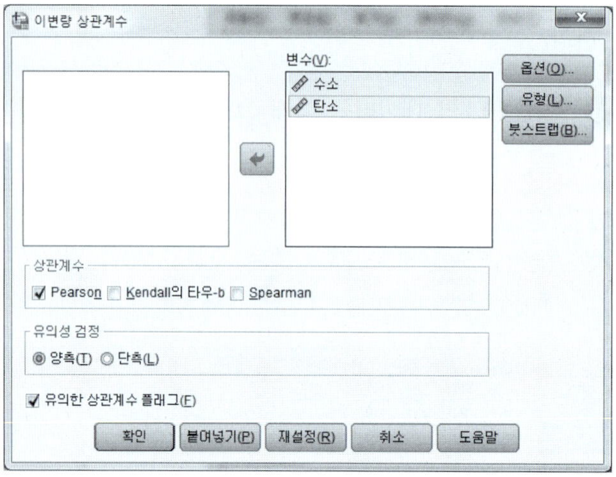

| 그림 10.12 | 이변량 상관계수

상관관계

		수소	탄소
수소	Pearson 상관	1	.795**
	유의확률 (양측)		.006
	N	10	10
탄소	Pearson 상관	.795**	1
	유의확률 (양측)	.006	
	N	10	10

**. 상관관계가 0.01 수준에서 유의합니다(양측).

| 그림 10.13 | 결과

그림 10.13의 결과에서 수소와 탄소의 상관계수가 0.795로 나타났고 유의확률이 0.006으로 유의수준 0.01에서 유의한 결과가 나왔다. 따라서 두 변수 사이에는 양의 상관관계를 가진다. 즉, 수소함량이 많을수록 탄소함량도 많아진다고 할 수 있다.

예제 10.9 예제 10.3의 컴퓨터 부품의 수와 서비스 시간의 자료를 가지고 SPSS를 사용하여 단순회귀분석을 하라.

풀이 자료의 입력은 그림 10.14와 같이 한다.

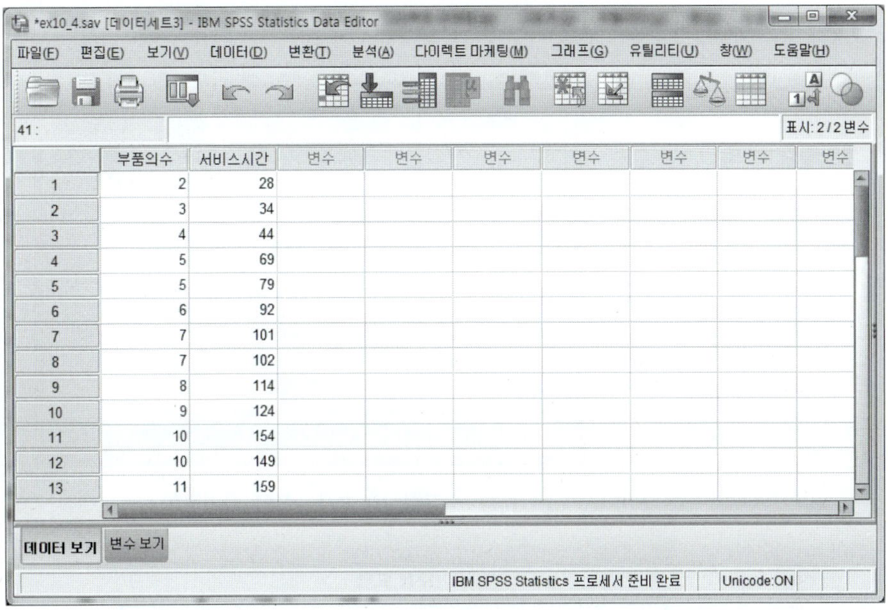

| 그림 10.14 | 자료 입력

실행순서

SPSS를 사용하여 부품의 수와 서비스 시간의 회귀직선을 적합하고, 어느 정도 적합하였는지 알아보기 위해서 다음과 같은 순서로 선택하면 그림 10.15와 같은 변수선택 화면이 나타난다.

> 분석(A) ▶
> 회귀분석(R) ▶
> 선형(L)

독립변수에는 부품의 수를 선택하고 종속변수에는 서비스 시간을 선택하여 확인을 누르면 그림 10.16과 같이 모형의 설명력을 나타내는 "모형요약"에 관한 표와 유의성 검정을 할 수 있게 해 주는 "분산분석"을 위한 표 그리고 회귀계수들의 추정과 가설검정에 관한 "계수"에 관한 표가 출력된다.

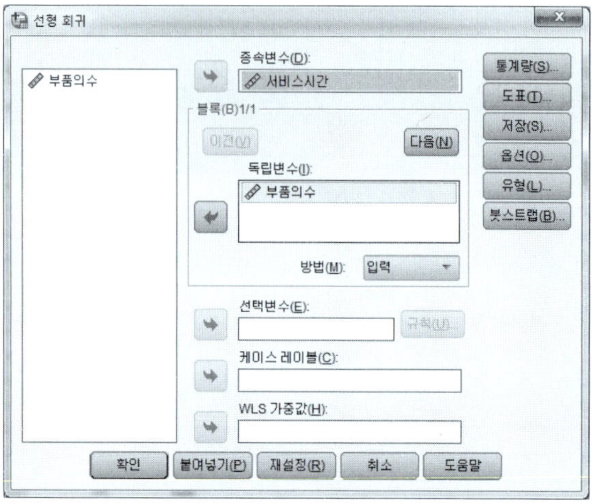

| 그림 10. 15 | 선형 회귀분석

모형 요약

모형	R	R 제곱	수정된 R 제곱	추정값의 표준 오차
1	.992[a]	.984	.982	6.232

a. 예측자: (상수), 부품의수

ANOVA[a]

모형		제곱합	자유도	평균제곱	F	유의확률
1	회귀	28263.377	1	28263.377	727.732	.000[b]
	잔차	466.051	12	38.838		
	전체	28729.429	13			

a. 종속변수: 서비스시간

b. 예측자: (상수), 부품의수

계수[a]

모형		비표준화 계수		표준화 계수	t	유의확률
		B	표준오차	베타		
1	(상수)	-8.791	4.412		-1.992	.070
	부품의수	15.746	.584	.992	26.977	.000

a. 종속변수: 서비스시간

| 그림 10. 16 | 결과

가) 적합된 회귀선은 “계수” 표로부터 구할 수 있다. 즉, “계수” 표의 비표준화 계수 “B”와 (상수)에 대응되는 값이 적합된 회귀선의 절편이고 독립변수 “부품의 수”에 대응되는 것이 회귀직선의 기울기를 나타낸다. 그러므로 적합된

회귀선은 다음과 같이 쓸 수 있다.

$$서비스\ 시간의\ 예측값 = -8.791 + 15.746 \times (부품\ 수)$$

나) "분산분석" 표에서 검정통계량의 값이 F = 727.732로 유의확률이 0.000이므로 가정된 회귀모형이 매우 유의적이라 할 수 있다. 그리고 "모형요약" 표에서 결정계수의 값이 0.984이므로 설명력이 약 98% 정도로 매우 높다고 하겠다.

다) 회귀계수에 대한 신뢰구간을 구하기 위해서는 선형회귀분석의 대화창에서 "통계량"을 누르면 아래와 같은 여러 가지 통계량을 출력 시킬 수 있는 대화창이 열린다.

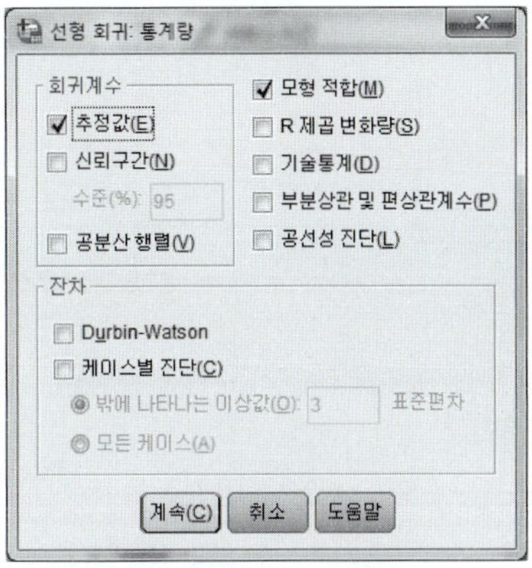

| 그림 10. 17 | 통계량

여기에서 신뢰구간을 선택하고 계속을 눌러 실행시키면 출력되는 결과물 중에서 "계수"표가 아래와 같이 각 회귀계수들의 95% 신뢰구간을 출력한다. 물론 신뢰수준을 변경해 줄 수도 있다.

	비표준화 계수		표준화 계수	t	유의확률	95% 신뢰구간	
	B	표준오차	베타			하한값	상한값
(상수)	−8.791	4.412		−1.992	.070	−18.404	.823
부품수	15.746	.584	.992	26.977	.000	14.474	17.017

즉, 회귀선의 기울기에 대한 95% 신뢰구간은 (14.474, 17.017)임을 알 수 있다.

라) 회귀선의 절편이 0인지에 대한 검정은 기본적으로 출력되는 "계수" 표에 나와 있다. 즉, (상수)에 대응되는 유의확률이 0.07이므로 유의수준 0.05에서

"절편의 기울기가 0이다"라는 귀무가설을 기각하지 못한다.

마) 독립변수의 특별한 값(여기에서는 4)에 대한 예측값이나 예측구간을 구하기 위해서는 데이터 편집기 창에서 독립변수의 값을 그림 10.18과 같이 입력해 주어야 한다. 이때 종속변수의 값은 결측치가 된다.

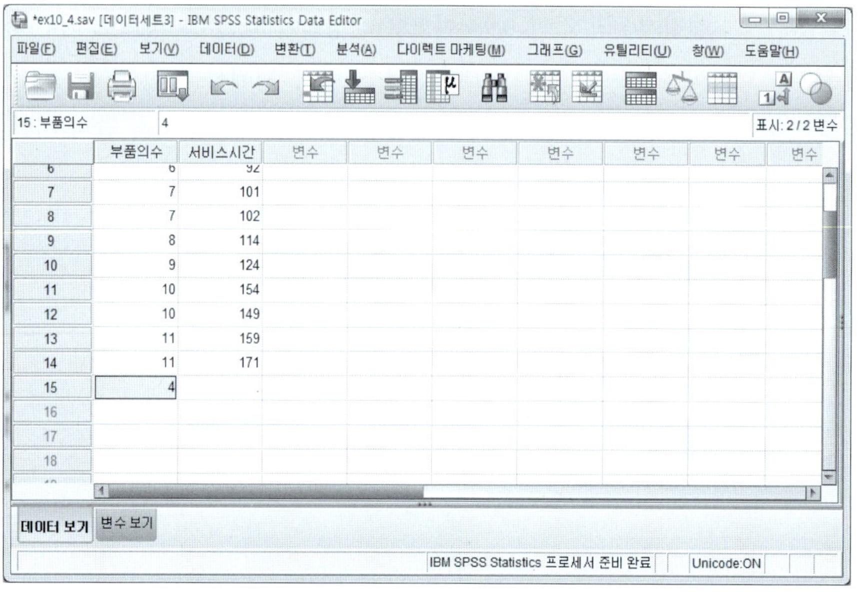

| 그림 10. 18 | 예측값 구하기

다음은 분석→회귀분석→선형을 선택하면 열리는 대화창에서 아래에 있는 "저장"을 누르면 그림 10.19와 같은 "선형회귀분석:저장" 창이 열린다. 여기에서 예측값 항목에서는 "표준화하지 않음"에 그리고 "예측구간" 항목에서는 "평균"에 체크표를 하고 계속을 누르고 실행시킨다. 물론 이때 현재의 신뢰수준 '95%'를 99%나 90%로 변경할 수도 있다. 출력창을 확인하면 지금까지 설명하였던 많은 내용에 덧붙여서 "잔차통계량" 표가 나와 있음을 확인할 수 있다.

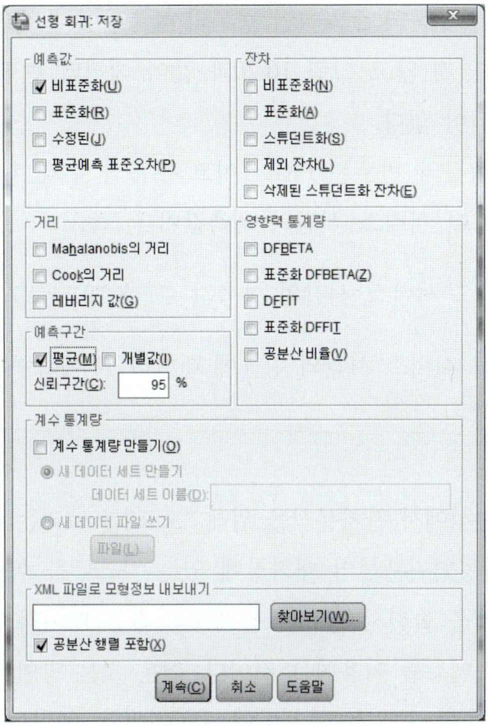

| 그림 10. 19 | 예측값

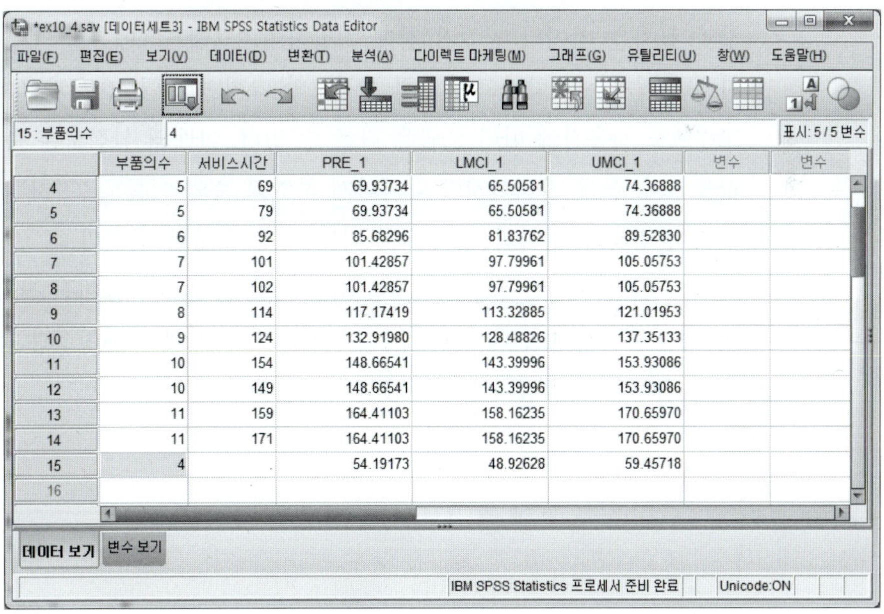

| 그림 10. 20 | 예측값 결과

그러나 부품의 수가 4인 경우의 예측값이나 예측구간은 "잔차 통계량" 표에 나와 있지 않고 그림 10.20과 같이 데이터 편집기 창에 새로운 변수값으로 저장되어 있다.

예측값의 변수는 PRE_1이고 부품의 수가 4 (15번째 관측값)에 대응되는 54.191이 서비스 시간의 예측값이다. 즉,

$$\text{서비스 시간의 예측값} = -8.791 + 15.746 \times 4 = 54.193.$$

그리고 서비스 시간의 평균에 대한 95% 예측구간은 (48.926, 59.457)임을 알 수 있다.

바) 회귀분석에서 잔차분석을 위해 "도표"를 그리는 방법은 두 가지가 있다. 하나는 선형회귀분석의 대화창에 있는 "도표"를 이용하는 것이고, 다른 하나는 "저장"을 눌러서 필요한 통계량의 값을 데이터 편집기 창으로 저장하여 "그래프" 메뉴를 이용하는 것이다. 쉬운 것은 당연히 "도표"를 이용하는 것이지만 사용할 수 있는 통계량이 제한적이다. 여기에서와 같이 (비표준화) 예측값과 (비표준화) 잔차에 대한 산점도를 그리기 위해서는 "저장"을 눌러서 예측값과 잔차를 데이터 편집기 창에 저장하여 "그래프" 메뉴를 이용해야 한다. 자세한 절차는 생략하고 필요한 산점도만 그리면 그림 10.21과 같다. 물론 이 그래프도 사용자에 따라 조금은 다를 수 있다. 아래의 산점도는 축 위의 변수값을 소수 둘째 자리까지만 나타나게 하였고 축의 이름도 "잔차"와 "예측값"으로 변경하고 잔차의 값이 0이 되는 축을 추가한 것이다.

위의 산점도는 잔차의 값이 0이 되는 축을 중심으로 흩어진 잔차들의 패턴이 어떤 규칙을 보인다고 할 수 없으므로 모형에 대한 선형성과 등분산성 가정에 별다른 문제점이 없을 것으로 생각된다.

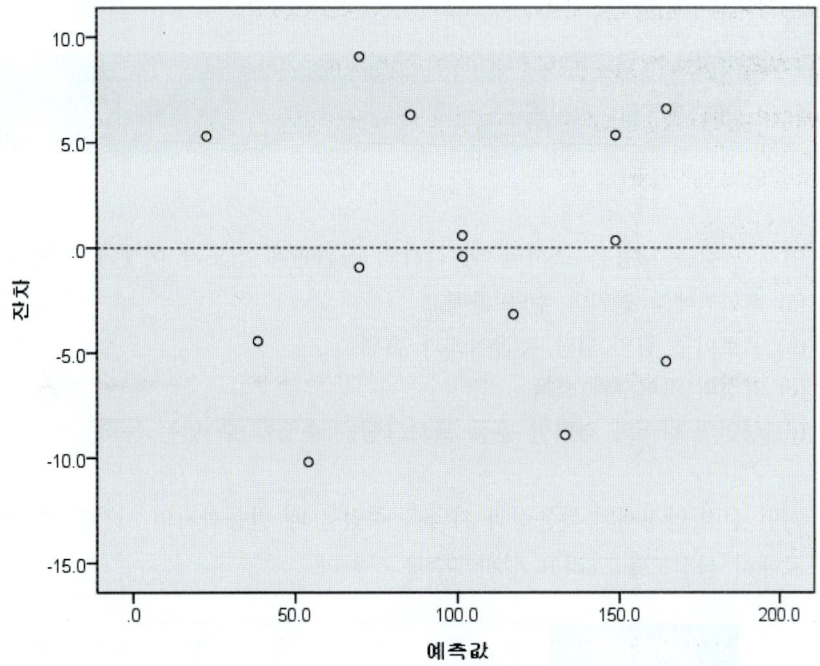

| 그림 10.21 | 잔차 도표

EXERCISES

연습문제

01 아래와 같은 내용을 조사할 때 각각의 상관관계 정도가 어떻게 될지를 말해 보라.

(a) 백화점에서 점원의 수와 판매고

(b) 프로야구 팀의 팀당 총급여액과 순위

(c) 가정의 자녀수와 소득

(d) 성인의 나이와 격렬한 운동 프로그램을 수행할 수 있는 능력

02 어떤 신경 안정제의 복용량과 자극을 주었을 때 반응까지의 시간을 조사하였다. 이 자료에서 산점도를 그리고 상관계수를 구하라.

사용량(mg)	1	2	3	4	5	6	7	8
반응시간(초)	2.4	1.9	1.8	1.1	1.5	2.3	2.7	3.4

03 입시 준비생 8명에게 심리검사를 하여 다음의 점수를 얻었다. 산점도를 그리고 상관관계가 있는지 검정하라.

분노	7	6	15	6	15	13	6	15
생기	27	28	23	20	27	18	22	22

04 다음은 어느 학과 여학생의 키와 몸무게에 관한 데이터이다. 상관관계를 알아보기 위한 아래의 물음에 답하라.

키	160	164	167	155	164	153	162	168	163
몸무게	55	63	62	52	59	52	52	61	66

(a) 유의수준 5%에 대한 기각역을 설정하라.

(b) 검정통계량의 값을 구하고 검정의 결과를 설명하라.

05 다음은 통계학 강의를 수강하는 학생들의 중간고사와 기말고사 성적 중에서 일부를 추출하여 기록한 것이다.

중간고사	71	81	75	91	71	79	61	77	96	56	85	18	70	77
기말고사	65	80	82	86	83	57	57	65	100	33	68	56	40	87

(a) 산점도를 그리고 특이점이 있으면 기술하라.
(b) 표본상관계수를 계산하고 상관관계 정도를 설명하라.
(c) 특이점을 제외한 데이터에 대한 표본상관계수를 계산하여 비교해 보라.

06 각성제의 사용이 사람의 청각에 영향를 끼치는 것으로 의심되어진다. 다음의 실험 데이터는 각성제의 사용량과 각성제를 투여 받은 피실험자가 청각신호에 반응하는 데 걸리는 시간을 측정한 결과이다. 각성제의 사용량과 피실험자의 청각신호 사이에 상관관계가 있다고 할 수 있는지 유의수준 0.05로 검정하라.

사용량 (mg)	1.5	3	4.5	7	9	12	13	14
반응시간(초)	3.4	2.6	2.2	1.8	1.2	2.2	2.9	3.8

07 추정된 회귀직선이 두 변수의 표본평균 $(\overline{x}, \overline{y})$점을 통과함을 보여라.

08 잔차는 다음과 같은 성질이 있음을 정규방정식을 이용하여 보여라.

(a) $\sum_{i=1}^{n} e_i = 0$　　(b) $\sum_{i=1}^{n} x_i e_i = 0$　　(c) $\sum_{i=1}^{n} \hat{y} e_i = 0$

09 회귀제곱합 SSR은 다음과 같이 표시될 수 있음을 보여라.

$$SSR = \hat{\beta}_1^2 S_{xx}$$

10 회귀선의 기울기와 절편의 분산이 다음과 같음을 보여라.

(a) $Var(\hat{\beta}_0) = \left[\frac{1}{n} + \frac{(x-\overline{x})^2}{S_{xx}}\right]\sigma^2$　　(b) $Var(\hat{\beta}_1) = \frac{\sigma^2}{S_{xx}}$

11 어떤 토목회사에서 필요한 인력을 충원하기 위하여 입찰에 참여하는 수와 입찰을 준비하는 시간(1인 기준)을 조사하여 다음과 같은 결과를 얻었다.

입찰의 수	6	3	9	7	4	8	2	6
소요시간	161	72	220	163	107	212	61	154

(a) 산점도를 그리고 상관계수를 계산하여 상관관계 정도를 설명하라.
(b) 독립변수와 종속변수는 무엇인가?
(c) 분산분석표를 작성하고 결정계수의 값을 구하라.
(d) (a)에서 계산한 상관계수를 제곱하여 위의 결정계수와 비교하라.

12 어떤 대학교에서 입학할 때 사용한 학생들의 수능점수와 대학에서 취득한 학생들의 평균평점과의 관계를 알아보기 위하여 임의로 선정된 12명의 학생에 대해 1, 2학년 때의 평균평점과 입학 때의 수능성적을 조사하여 아래의 결과를 얻었다.

수능점수	320	356	368	341	335	321	348	382	376	340	358	325
평균평점	2.8	3.1	3.3	3.0	2.9	3.1	3.6	3.8	3.5	2.2	3.9	3.2

(a) 산점도를 그리고 상관계수를 계산하라.
(b) 상관계수가 0이 아닌지 유의수준 0.05로 검정하라.
(c) 적합된 회귀선을 구하고 이 회귀선의 설명력이 어느 정도인지를 말하라.
(d) 수능성적이 360이 되는 학생들의 대학 1, 2학년 동안의 평균평점은 얼마라고 예상할 수 있으며 이 경우의 표준오차는 얼마인가?

13 의류를 취급하는 어떤 회사의 직매장 중에서 각 지역별로 한 곳을 임의로 선정하여 지난 일 년 동안에 광고로 지출된 금액(단위 100만원)과 판매량(단위 1000벌)을 조사하여 다음의 결과를 얻었다.

	서울	부산	대구	인천	광주	대전
광고비	19	12	8.2	7.9	5.2	4.2
판매량	524	427	361	421	260	223

(a) 적합된 회귀식을 구하고, 설명력이 어느 정도인가를 말하라.
(b) 광고비를 백만 원 더 지출하면 몇 벌의 의류를 더 팔 것으로 예상할 수 있는가?

(c) 절편에 대한 95% 신뢰구간을 구하라. 이 경우에 절편의 의미는 무엇인가?

(d) 광고비를 1,000만원을 쓰는 직매장의 평균 판매량을 얼마라 할 수 있는가? 95% 신뢰구간을 구하라.

14 많은 대학생들은 CLEP (College Level Examination Program)에서 분야별로 개발된 시험에 합격하여야 학위증을 받게 된다. 학생들은 CQT (College Qualification Tests)에서의 점수에 근거하여 CLEP에서의 점수를 예측할 수 있다면 도움이 될 것이다. 다음의 자료는 CQT에서 받은 총 점수 x에 대한 CLEP의 수학 분야에서 얻은 점수 y를 나타내고 있다.

x	170	147	166	125	182	133	146	125	136	179
y	698	518	725	485	745	538	485	325	471	798
x	174	128	152	157	174	185	171	102	150	192
y	645	578	625	558	698	745	611	458	538	778

(a) 적합된 회귀직선을 구하라.

(b) CQT에서 150점을 받은 학생의 CLEP의 수학 분야에서 받을 개별반응 예측 점수에 대한 95% 신뢰구간을 구하라.

(c) CQT에서 175점을 받은 학생은 CLEP에서 몇 점을 받을 것으로 예측되는가?

(d) 결정계수는 얼마인가? 그리고 그 의미를 설명하라.

15 밀가루의 수분 흡수율과 여러 가지 특성과의 관계를 알아보고자 하는 실험이 있다. 다음 표는 밀가루의 수분 흡수율 (y: 단위 %), 단백질 함유율 (x_1: 단위 %)과 끈적거림의 정도 (x_2: 단위 Farrand)를 나타낸 자료이다.

x_1	x_2	y	x_1	x_2	y	x_1	x_2	y	x_1	x_2	y
8.5	2	30.9	8.9	3	32.7	10.6	3	36.7	10.2	20	41.9
9.8	22	40.9	10.8	20	42.9	11.6	31	46.3	12.0	32	47.6
12.5	31	47.2	10.9	28	44.0	12.2	36	47.7	11.9	28	43.9
11.3	30	46.8	13.0	27	46.2	12.9	24	47.0	12.0	25	46.8
12.9	28	45.9	13.1	28	48.8	11.4	32	46.2	13.2	28	47.8
11.6	35	49.2	12.1	34	48.3	11.3	35	48.6	11.1	40	50.2
11.5	45	49.6	11.6	50	53.2	11.7	55	54.3	11.7	57	55.8

(a) x_1과 y 그리고 x_2와 y의 산점도를 그리고 상관계수를 계산하여 선형관계가 있는지를 확인하라.
(b) 적합된 중선형회귀선을 구하라.
(c) 분산분석표를 보고 유의성 검정의 결과를 말하고, 각각의 회귀계수가 0인지에 대한 t 검정의 결과를 설명하라.
(d) 종속변수에 더 많은 영향을 주는 것은 어느 변수인가? 이유를 설명하라.
(e) 독립변수 각각에 대해 단순선형회귀분석을 할 때, 결정계수의 크기를 비교하여 어느 모형의 설명력이 더 높은지를 설명하라.
(f) 적합된 중선형회귀식을 이용하여 잔차값을 출력시키고, 잔차분석을 하라.

16 어떤 공장에서 물의 소비량을 조사하기 위하여 매월 물소비량(단위: 1,000톤), 평균 온도(단위: ℃), 작업량(단위: 1,000톤)에 관한 자료를 얻었다.

물소비량	평균 온도	작업량
2.8	10	51
3.9	24	82
3.9	25	80
4.1	28	88
3.2	15	63
3.1	13	60
3.5	20	70
3.6	22	73
3.0	12	55
3.3	17	68

(a) 각 독립변수에 대한 단순회귀분석을 수행하여 설명력을 비교하고 적합된 중회귀선을 구하라.
(b) 세 변수에 대한 상관계수행렬을 구하고 위에서 구한 결정계수와 어떤 관계가 있는지를 알아보아라.
(c) 중선형회귀로 적합할 때와 단순회귀로 적합할 때 설명력의 차이는 얼마가 되는가?

17 아래의 표는 통계학을 수강하는 학생들 중에서 임의로 20명을 추출하여 중간시험, 기말시험, 리포트 점수 그리고 최종시험 점수를 기록한 것이다.

중간	기말	리포터	최종
87	25	2.9	70
95	84	3.3	90
91	52	3.5	83
85	60	3.7	93
56	76	2.8	43
81	28	3.1	75
85	67	3.1	63
96	83	3.0	78
79	60	3.7	98
96	69	3.7	99

중간	기말	리포터	최종
93	60	3.2	54
92	69	3.1	63
100	86	3.6	96
80	67	3.5	69
100	96	3.8	91
69	51	2.8	30
80	75	3.6	74
74	70	3.1	48
79	66	2.9	87
95	83	3.3	57

(a) 세 독립변수가 모두 포함된 모형의 적합식을 구하고, 어느 변수가 최종 점수에 가장 많은 영향을 미치는지를 설명하라.

(b) 변수선택을 하였을 때 최종 모형을 구하고, 위 모형과의 결정계수 차이를 설명하라.

제 11 장

범주형 자료 분석

11.1 | 서론

범주형 데이터(categorical data)는 범주로만 분류될 수 있는 관측값을 말하며 이때 데이터 집합은 k개의 범주에 대한 도수로 구성된다. 직업의 만족도를 조사하는 문제에서 그들의 직업에 만족하는가, 그저 그런가, 만족하지 않는가로 사람들을 분류할 수 있고, 소득 문제에서 고소득, 중간소득, 저소득의 범주를 생각할 수 있으며, 강우량도 이와 유사한 범주로 분류될 수 있다. 범주형 데이터의 검정방법으로 카이제곱통계량을 사용한다. χ^2 통계량은 피어슨(Karl Pearson, 1857~1936)에 의해 처음으로 제안되었으며, 대표본에서 χ^2 통계량은 자유도가 $k-1$인 근사적 χ^2 분포를 따른다는 것을 밝혔다. 이 분포 때문에 통계량을 χ^2 으로 표시했다. 여러 가지 범주로 이루어진 자료에 대한 검정방법을 아래와 같이 나누어 분석해 보고자 한다.

11.2 | 적합도 검정

적합도 검정(test for goodness of fit)은 귀무가설에 의하여 주어지는 모형이 데이터에 적합한가를 검정하는 것이다. 일반적으로 적합성을 설명하자면, 크기 n인 확률표본이 k개의 범주 혹은 셀(cell)로 분류되었다고 하고, $n_1, n_2, \cdots, n_k$를 각 셀의 도수라 하자. 그리고 셀 확률을 $p_1, p_2, \ldots, p_k$로 쓰면 셀 확률을 결정하는 귀무가설은 다음과 같다.

적합성 검정에서의 귀무가설

$$H_0 : p_1 = p_{10}, \cdots, p_k = p_{k0}$$

여기서 $p_{10}, \cdots, p_{k0}$는 알고 있는 상수이고, $\sum_{i=1}^{k} p_{i0} = 1$이다.

적합도 검정은 관측된 셀 도수와 H_0하에서 기대되는 셀 도수 사이에 현격한 차이가 있는지 결정하는 것이다.

| 표 11.1 | 적합도 검정

칸	1	2	…	k	합 계
관측도수 (O)	n_1	n_2	…	n_k	n
H_0 하의 확률	p_{10}	p_{20}	…	p_{k0}	1
H_0 하의 기대도수 (E)	np_{10}	np_{20}	…	np_{k0}	n

관측도수와 기대도수 사이의 총 편차에 대한 유용한 측도는 다음과 같다.

$$\chi^2 = \sum_{i=1}^{k} \frac{(n_i - np_{i0})^2}{np_{i0}} = \sum_{\text{칸}} \frac{(O-E)^2}{E}$$

여기서 O와 E는 관측도수와 기대도수를 표시한다. 각 셀에서의 편차는 관측도수와 기대도수의 차의 제곱을 기대도수로 나눔으로써 측정된다. χ^2 통계량은 모든 셀에 대해 편차의 제곱을 합한 것이다. 따라서 총 편차가 크다는 것은 데이터와 귀무가설 사이의 불일치를 암시함으로 기각역은 χ^2분포의 오른쪽 꼬리영역이 된다.

적합도에 대한 χ^2 검정(대표본인 경우)

귀무가설 : $H_0 : p_1 = p_{10}, \ldots, p_k = p_{k0}$

검정통계량 : $\chi^2 = \sum_{i=1}^{k} \frac{(n_i - np_{i0})^2}{np_{i0}} = \sum_{\text{칸}} \frac{(O-E)^2}{E}$

기각역 : $\chi^2 \geq \chi^2_{\alpha}(n-1)$

피어슨의 χ^2검정은 대표본에서만 유효한 근사검정이다. 일반적으로 각 셀의 기대도수가 적어도 5 이상이 되면 위의 검정이 유효하다. 기대도수가 5 이상인 셀이 80% 이상 되지 않으면 소표본으로 여겨서 Fisher's Exact 검정이 더 유의한 것으로 알려져 있다(이에 대한 것은 이 책의 수준을 넘어선다).

예제 11.1

공정한 주사위를 던졌을 때 주사위 눈의 확률은 이론적으로 각각 $\frac{1}{6}$로 나타난다. 실제로 공정한 주사위를 60번 던졌다. 그 결과는 표 11.2와 같았다. 이 데이터는 주사위 눈의 이론적인 확률과 적합하다고 할 수 있는가를 유의수준 0.05에서 검정하라.

| 표 11.2 | 주사위 던지기

눈의 수	1	2	3	4	5	6	합계
관측도수	7	12	10	12	8	11	60

풀이 주사위 눈들의 확률이 $\frac{1}{6}$이라고 하였으므로, 이 문제는 다음의 귀무가설을 검정하는 것이 된다.

$$H_0:\ p_1 = \frac{1}{6},\quad p_2 = \frac{1}{6},\quad p_3 = \frac{1}{6},\quad p_4 = \frac{1}{6},\quad p_5 = \frac{1}{6},\quad p_6 = \frac{1}{6}$$

| 표 11.3 | 표 11.2의 데이터에 대한 χ^2 적합도 검정

셀	1	2	3	4	5	6	합계
관측도수(O)	7	12	10	12	8	11	
H_0하의 확률	$\frac{1}{6}$	$\frac{1}{6}$	$\frac{1}{6}$	$\frac{1}{6}$	$\frac{1}{6}$	$\frac{1}{6}$	
기대도수(E)	10	10	10	10	10	10	
$\frac{(O-E)^2}{E}$	0.9	0.4	0.0	0.4	0.4	0.1	$\chi^2=2.2$ df = 5

자유도가 5인 χ^2분포의 상위 5%인 점은 $\chi^2_{0.05}(5)=11.07$이다. 관측된 χ^2 통계량의 값이 $\chi^2=2.2$로서 11.07보다 작으므로 귀무가설은 유의수준 $\alpha=0.05$에서 기각되지 못한다. 즉 표 11.2의 데이터는 주사위 눈들의 확률과 모순되지 않는다는 결론을 내릴 수 있다.

χ^2통계량은 관측도수와 H_0하에서의 기대도수 사이의 총 편차를 나타낸다. 예제에서는 범주가 오직 하나의 속성을 가지고 도수가 단일 확률표본으로 관측될 때 χ^2통계량이 적용됨을 보였다. 일반적인 확장에 대비하여 χ^2통계량의 두 가지 기본성질을 소개한다.

피어슨의 χ^2 통계량의 성질

(a) 가법성 : 만약 χ^2 통계량들이 각각 독립 표본에서 얻어졌다면 이들 통계량의 합도 역시 χ^2 통계량이 되며 그 자유도는 더해진 χ^2 통계량들의 자유도의 합이 된다.

(b) 모수추정으로 인한 자유도의 손실 : 만약 H_0가 셀 확률을 완전하게 결정하지 못할 때는 셀 기대도수를 얻기 위해 몇몇 모수를 추정해야 한다. 이때 χ^2 통계량의 자유도는 추정된 모수의 개수만큼 줄어든다.

11.3 | 동질성 검정

이 경우의 데이터는 이원분할표가 되는데 한 분류는 모집단에 대한 것이고 나머지 한 분류는 연구의 대상이 되는 반응에 관한 것이다. 결국 문제는 모집단들이 셀 확률에 대해 서로 같은가 즉 동질인가를 검정하는 것이다. 이렇게 하기 위해서는 각 범주에 속하는 관측도수의 비율이 모든 모집단에 대해 거의 같은지를 결정해야 한다. 다음 예제에서 분석을 해보자.

예제 11.2 어느 지방 자치단체장이 제안하는 법안에 관해 지역주민들의 의견을 묻고자 한다. 도시에서 200명, 교외에서 200명, 시골에서 100명의 지역주민들을 임의로 선택하여 그들이 단체장의 제안에 지지하는지, 반대하는지 물었다. 단체장의 제안에 관한 찬성여부는 세 지역간에 차이가 없는지를 검정하라.

| 표 11.4 | 세 지역의 주민 지지도

	단체장의 제안		합계
	지지한다	반대한다	
도시(A)	143	57	200
교외(B)	98	102	200
시골(C)	13	87	100
합계	254	246	500

풀이 "동질성" 혹은 "세 지역 주민의 지지도는 차이가 없다"는 귀무가설은 아래와 같이 표현된다.

$$H_0: \ p_{11} = p_{21} = p_{31}$$

"차이가 없다"는 귀무가설은 각각의 범주에서 도시(A)에 대한 확률과 교외(B)에 대한 확률 그리고 시골(C)에 대한 확률이 같다는 말로 위와 같이 나타낼 수 있다. 동질성 검정에서는 적합도 검정에서와는 달리 각 열에 있는 동일한 확률의 수치적인 값이 얼마인지는 지정하지 않는다.

미지의 모비율 혹은 확률은 표 11.5에 나타나 있으며, 이것으로부터 귀무가설을 보다 명확하게 알 수 있다.

| 표 11.5 | 모비율 혹은 확률

	단체장의 제안		합계
	지지한다	반대한다	
도시(A)	p_{11}	p_{12}	1
교외(B)	p_{21}	p_{22}	1
시골(C)	p_{31}	p_{32}	1

H_0하에서 공동 확률을 p_1, p_2로 나타내기로 한다면, 각 열에서의 기대도수는 표본크기에 이들 확률을 곱하여 얻을 수 있다. 특히 첫 번째 행의 기대도수는 각각 $200p_1$, $200p_2$가 되며 두 번째 행의 기대도수는 $200p_1$, $200p_2$가 된다. 세 번째 행의 기대도수는 $100p_1$, $100p_2$가 된다. 그러나 H_0하에서도 p_i $(i = 1, 2)$는 결정되지 않는다. 그러므로 기대도수를 구하기 위해서는 먼저 이들 모수를 추정하지 않으면 안 된다. 표 11.4에서 열의 합계 254와 246은 크기가 500인 결합표본에서 세 반응 범주의 도수이다. 그러므로 H_0하에서 각 확률의 추정값은 다음과 같이 구할 수 있다.

$$\hat{p}_1 = \frac{254}{500}, \qquad \hat{p}_2 = \frac{246}{500}$$

이들 추정값을 이용하면 첫 번째 행의 기대도수는 다음과 같다.

$$\frac{200\times 254}{500}, \quad \frac{200\times 246}{500}$$

그리고, 두 번째 행과 세 번째 행에 대한 기대도수도 같은 방법으로 계산된다. 일반적으로 셀의 기대도수는 다음과 같이 계산된다.

$$\text{셀의 기대도수} = \frac{\text{행의 합계} \times \text{열의 합계}}{\text{총합계}}$$

표 11.6에 관측도수(O)와 기대도수(E)를 나타내었다. 괄호 안에 수치가 기대도수이다.

|표 11.6| 표 11.4의 데이터에 대한 관측도수와 기대도수

	단체장의 제안	
	지지한다	반대한다
도시(A)	143(101.6)	57(98.4)
교외(B)	98(101.6)	102(98.4)
시골(C)	13(50.8)	87(49.2)

표 11.7에는 각각의 칸에 대해 편차측도 $(O-E)^2/E$를 계산하였다.

|표 11.7| 편차측도표 $(O-E)^2/E$

	단체장의 제안	
	지지한다	반대한다
도시(A)	16.87	17.42
교외(B)	0.13	0.13
시골(C)	28.13	29.04
	$\chi^2 = 91.72$	

자유도를 결정하기 위해서는 2절에서 언급한 χ^2통계량의 성질을 이용해야 한다. 여기서 χ^2은 자유도가 $(2-1)=1$인 세 개의 독립모집단으로 부터의 표본으로 계산되었다. 각 모집단의 자유도가 1이 되는 것은 그들이 각각 두 개의 범주를 포함하고 있기 때문이다. 그러므로 χ^2의 자유도는 각 모집단 자유도의 합 $1+1+1=3$에서 추정된 모수의 수를 뺀 것이 된다. 그런데 두 개의 모수 p_1과 p_2는

$p_1+p_2=1$인 관계를 만족해야 하므로 실제로 결정되지 않은 모수는 1개이다. 즉, 추정된 모수의 개수는 1개이다. 그러므로 χ^2통계량의 자유도는 2가 된다. 자유도가 2인 χ^2분포의 상위 5%인 점은 5.99이다. 그런데 관측된 χ^2의 값은 91.72로 5.99보다 크다. 여기서 91.72의 값은 위의 각 셀의 χ^2통계량 값을 합한 것으로 그 공식은 뒤에 나온다. 그러므로 귀무가설이 유의수준 $\alpha=0.05$에서 기각된다. 실제로 $\alpha=0.025$에서도 기각된다. 즉, 세 지역 주민들의 지지도에는 유의적 차이가 있음을 데이터가 암시하고 있다. 실제로 지지한다의 범주에서 도시에 대한 상대도수는 $\frac{143}{200}$인 71.5%이고 교외에 대해서는 $\frac{98}{200}$인 49%이고, 시골에 대해서는 $\frac{13}{100}$인 13%이다. 이들의 편차가 상당히 크기 때문에 궁극적으로 기각된 것 같다. 결국 데이터는 도시 주민들의 지지도가 더 높다는 것을 나타낸다고 할 수 있다.

일반적으로 r개의 모집단으로부터의 독립표본을 c개의 반응범주로 분류할 때 나타나는 $r\times c$ 분할표에 대한 χ^2검정을 알아보자. 셀의 기대도수가 (행의 합계×열의 합계)/(총합계)에 의해서 계산되는 것은 이미 알고 있다. 또한 r개의 열이 각각 $(c-1)$의 자유도를 가지므로 그 합은 $r(c-1)$이다. 결국 $r\times c$ 분할표에서 χ^2통계량의 자유도는 $(c-1)$개의 모수들이 추정되어야 하므로 다음과 같다.

$$\begin{aligned}\chi^2\text{의 자유도} &= r(c-1)-(c-1)\\ &= (r-1)(c-1)\\ &= (\text{행의 수}-1)\times(\text{열의 수}-1)\end{aligned}$$

동질성 검정

귀무가설 : H_0 : $p_{1i}=p_{2i}=\cdots=p_{ri},\quad i=1,\ 2,\ \cdots,\ c$

검정통계량 : $\chi^2=\sum\frac{(O-E)^2}{E}$

여기서 O=관측된 셀 도수, E=기대도수이다.

자유도 : (행의 수−1)×(열의 수−1)= $(r-1)(c-1)$

기각역 : $\chi^2\geq\chi^2_\alpha((c-1)(r-1))$

예제 11.3

직업에 따라 흡연 비율이 서로 차이가 있는지 알아보기 위하여 성직자, 교육자, 자영업 그리고 공무원을 대상으로 확률표본을 추출하여 조사하였다. 4개의 직업에서 흡연자의 비율이 같은지를 검정하라.

| 표 11.8 | 직업에 따른 흡연자의 분할표

	흡연자	비흡연자	표본크기
성직자	30	270	300
교육자	53	197	250
자영업	94	256	350
공무원	60	240	300
합 계	237	963	1200

풀이 성직자, 교육자, 자영업, 그리고 공무원 집단의 흡연자 비율을 각각 p_1, p_2, p_3, p_4로 나타내면 위의 예제는 4개의 이항모집단에서 서로 독립인 확률표본을 이용하여 다음의 귀무가설을 검정하는 문제가 된다.

$$H_0: \ p_1 = p_2 = p_3 = p_4$$

| 표 11.9 | 표 11.8의 데이터에 대한 $(O-E)^2/E$의 값

	흡연자	비흡연자
성직자	14.44	3.55
교육자	0.27	0.07
자영업	8.95	2.20
공무원	0.01	0.00

$\chi^2 = 29.49$

χ^2의 자유도$=(4-1)(2-1)=3$

표 11.9에 각 칸의 편차측도 $(O-E)^2/E$와 χ^2 값이 나타나 있으며, 자유도가 3인 χ^2분포의 상위 5%인 점은 7.81이므로 $\chi^2=29.49$보다 작다. 그러므로 귀무가설은 $\alpha=0.05$에서 기각된다. 실제로 $\alpha=0.01$에서도 기각된다. 이것은 p-값이 0.01보다도 작음을 뜻한다.

χ^2의 값이 크게 나타나는 이유는 주로 첫 번째 행에 원인이 있음을 짐작할 수

있다. 이것은 성직자 집단(A)에서 흡연자의 상대도수가 다른 집단에 비하여 상대적으로 매우 작기 때문이다.

예제 11.4

2×2 분할표

두 그룹에 대해 어떤 제품에 대한 반응의 차이를 알아보기 위하여 각각 100명씩 조사를 하였다. 표 11.10에는 반응 여부를 조사한 데이터이다. 이 데이터가 첫 번째 그룹과 두 번째 그룹간에 제품의 반응이 다르다는 것을 암시하는가?

| 표 11.10 | 두 그룹간 제품의 반응

	반응		합계
	예	아니오	
그룹 1	75(72.5)	25(27.5)	100
그룹 2	70(72.5)	30(27.5)	100
합 계	145	55	200

풀이 그룹 1과 그룹 2에서 반응이 있을 확률을 각각 p_1과 p_2라 하자. 그러면 검정하고자 하는 가설은 $H_0:\ p_1 = p_2,\ H_1:\ p_1 \neq p_2$이다. χ^2검정을 하기 위해 기대도수를 계산하여 표 11.10의 괄호 안에 표시하였다. 검정통계량 χ^2의 값을 계산하면 다음과 같다.

$$\begin{aligned}\chi^2 &= 0.0862 + 0.0862 + 0.2273 + 0.2273 \\ &= 0.627\end{aligned}$$

자유도가 1인 χ^2분포의 상위 5%인 점은 3.84이다. 관측값 $\chi^2 = 0.627$이 3.84보다 작기 때문에 귀무가설을 $\alpha = 0.05$에서 기각하지 못한다. 즉, 첫 번째 그룹과 두 번째 그룹에 대해 제품의 반응에는 통계적으로 유의적 차이가 있다고 할 수 없다.

▪ 2×2 분할표의 다른 분석법

예제 11.4에서와 같이 한 주변이 고정된 2×2 분할표는 필연적으로 두 개의 모집단(즉,

두 개의 범주)에서의 독립된 확률표본으로 표시된다.

| 표 11.11 | 둘로 양분된 모집단에서의 독립표본

	성공의 수	실패의 수	표본크기
모집단 1	X	$n_1 - X$	n_1
모집단 2	Y	$n_2 - Y$	n_2

여기서 두 개의 범주를 "성공"과 "실패"로 나타냈고, X와 Y를 모집단 1과 모집단 2로부터 크기가 각각 n_1과 n_2인 독립확률표본에서 성공의 횟수라 하였다.

모집단 1과 모집단 2에서 성공할 확률을 각각 p_1과 p_2라 하면, 관심 있는 문제는 귀무가설 H_0: $p_1 = p_2$를 검정하는 것이다. p_1과 p_2의 추정값은 $\hat{p}_1 = \dfrac{X}{n_1}$이고 $\hat{p}_2 = \dfrac{Y}{n_2}$이다.

표본크기가 클 때 가설 H_0: $p_1 = p_2$을 검정하기 위한 검정통계량은 다음과 같이 근사적으로 표준정규분포를 따른다.

$$Z = \frac{\hat{p}_1 - \hat{p}_2}{se(\hat{p}_1 - \hat{p}_2)} \approx N(0,1)$$

만약 H_0하에서의 공통 확률을 p라 하면 $\hat{p}_1 - \hat{p}_2$의 표준오차는 다음과 같다.

$$se(\hat{p}_1 - \hat{p}_2) = \sqrt{p(1-p)}\sqrt{\frac{1}{n_1} + \frac{1}{n_2}}$$

대표본에서의 두 모비율 검정

검정통계량 : $Z = \dfrac{\hat{p}_1 - \hat{p}_2}{\sqrt{\hat{p}(1-\hat{p})}\sqrt{\dfrac{1}{n_1} + \dfrac{1}{n_2}}}$, $\hat{p} = \dfrac{X+Y}{n_1 + n_2}$

대립가설과 기각역 :

대립가설	기각역
H_1: $p_1 > p_2$	R: $Z \ge z_\alpha$
H_1: $p_1 < p_2$	R: $Z \le -z_\alpha$
H_1: $p_1 \ne p_2$	R: $\lvert Z \rvert \ge z_{\alpha/2}$

검정통계량 Z가 비록 피어슨의 χ^2통계량과 매우 다른 형태를 가지고 있지만 2×2 분할표에서는 정확하게 다음의 관계를 갖는다.

$$Z^2 = \chi^2$$

대립가설이 양측일 때는 두 검정이 동일하나 대립가설이 $H_1: \ p_1 > p_2$와 같이 단측일 때는 Z 검정이 보다 바람직하다.

예제 11.5 예제 11.4를 Z 검정을 이용하라.

풀이

$$\hat{p}_1 = \frac{75}{100} = 0.75, \qquad \hat{p}_2 = \frac{70}{100} = 0.70$$

이므로, 합동추정값 $\hat{p} = \dfrac{75+70}{100+100} = 0.725$을 공통확률 p의 추정값으로 이용하면,

$$\begin{aligned} Z &= \frac{\hat{p}_1 - \hat{p}_2}{\sqrt{\hat{p}(1-\hat{p})}\sqrt{\dfrac{1}{n_1} + \dfrac{1}{n_2}}} \\ &= \frac{0.05}{\sqrt{(0.725)(0.275)}\sqrt{\dfrac{1}{100} + \dfrac{1}{100}}} \\ &= 0.7918 \end{aligned}$$

이다. $|Z|$이 $z_{0.025} = 1.96$보다 작으므로, $\alpha = 0.05$에서 귀무가설이 기각되지 않는다. 여기서 $Z^2 = (0.7918)^2 = 0.627$이고, 이것은 예제 11.4에서 계산된 $\chi^2 = 0.627$과 일치한다.

$\hat{p}_1 - \hat{p}_2$은 대표본에서 근사적으로 정규분포를 따르므로, 비율의 차 $p_1 - p_2$의 신뢰구간을 다음과 같이 구할 수 있다.

$p_1 - p_2$의 대표본 신뢰구간

표본크기 n_1과 n_2가 적당히 클 때, $p_1 - p_2$의 근사적인 $100(1-\alpha)\%$ 신뢰구간은 다음과 같다.

$$(\hat{p}_1 - \hat{p}_2) \pm z_{\alpha/2}\sqrt{\frac{\hat{p}_1(1-\hat{p}_1)}{n_1} + \frac{\hat{p}_2(1-\hat{p}_2)}{n_2}}$$

예를 들면, 예제 11.4의 데이터로부터

$$\hat{p}_1 = \frac{75}{100} = 0.75,\ \hat{p}_2 = \frac{70}{100} = 0.70,$$

$$\hat{p}_1 - \hat{p}_2 = 0.05$$

이고,

$$\sqrt{\frac{\hat{p}_1(1-\hat{p}_1)}{n_1} + \frac{\hat{p}_2(1-\hat{p}_2)}{n_2}} = \sqrt{\frac{0.75 \times 0.25}{100} + \frac{0.70 \times 0.30}{100}} = 0.063$$

이므로 $p_1 - p_2$의 근사적인 95% 신뢰구간은 $0.05 \pm 1.96 \times 0.063 = 0.05 \pm 0.123$, 즉 $(-0.073,\ 0.173)$이다.

11.4 | 독립성 검정

확률표본에서 두 가지 특성이 관측될 때, 데이터는 그 특성에 따라 동시에 분류될 수 있다. 예를 들어, 수학 성적과 영어 성적이 관계가 있는지 알아보기 위해 학생 300명을 조사한다면, 수학과 영어 두 성적에 따라 동시에 분류될 수 있다. 이럴 경우는 각 주변합이 항상 고정되지 않고 변하게 된다. 이러한 이원분류에서 가장 관심 있는 것은 수학과 영어 성적 예에서 알 수 있듯이 두 특성이 독립인지 아닌지에 관한 것이다. 여기서는 이러한 독립성 검정에 대해 살펴보자.

예제 11.6 다음의 3×3 분할표를 살펴보자. 임의로 선정된 400명에게 정치적 이념과 그들의 나이에 관한 설문조사를 하였다. 나이와 정치적 이념이 관계가 있는지 검정하라.

| 표 11.12 | 정치적 이념과 나이에 대한 분할표

	나이			합계
	20~35	36~50	50 이상	
보수주의(A)	20	40	20	80
온건주의(B)	80	85	45	210
자유주의(C)	40	25	45	110
합계	140	150	110	400

풀이 셀 도수를 표본크기 400으로 나눔으로써 상대도수를 구할 수 있다.

| 표 11.13 | 셀에 대한 관측값의 비율

	나이			합계
	20~35	36~50	50 이상	
보수주의(A)	0.050	0.100	0.050	0.200
온건주의(B)	0.200	0.2125	0.1125	0.525
자유주의(C)	0.100	0.0625	0.1125	0.275
합계	0.350	0.375	0.275	1.00

표 11.13에서 행의 주변합 0.200, 0.525, 0.275는 보수주의, 온건주의, 자유주의의 표본비율이다. 마찬가지로 열의 주변합은 나이에 대한 세 가지 범주의 표본비율이다.

표 11.12에 일반적으로 각 셀의 확률을 기호를 이용해 나타내 보자.

| 표 11.14 | 정치적 이념과 나이에 대한 분할표의 셀 확률

	나이			합계
	20~35	36~50	50 이상	
보수주의(A)	p_{A1}	p_{A2}	p_{A3}	p_A
온건주의(B)	p_{B1}	p_{B2}	p_{B3}	p_B
자유주의(C)	p_{C1}	p_{C2}	p_{C3}	p_C
합계	p_1	p_2	p_3	1.00

여기에서 첨자 A와 B와 C는 보수주의 A, 온건주의 B, 자유주의 C를 나타내고 1, 2, 3은 나이의 범주 "20~35", "36~50", "50 이상"을 각각 나타낸다. 예를 들면,

$$\text{셀 확률} : p_{A1} = P(\text{보수주의면서 나이는 20~35세 사이})$$

$$\text{행의 주변확률} : p_A = P(\text{보수주의})$$

$$\text{열의 주변확률} : p_1 = P(\text{나이가 20~35세})$$

여기서는 정치적 이념과 나이의 두 변수가 독립인지에 관심이 있다. 즉, 두 변수가 독립이란

$$p_{A1} = p_A p_1, \; p_{A2} = p_A p_2, \; p_{A3} = p_A p_3$$

$$p_{B1} = p_B p_1, \; p_{B2} = p_B p_2, \; p_{B3} = p_B p_3$$

$$p_{C1} = p_C p_1, \; p_{C2} = p_C p_2, \; p_{C3} = p_C p_3$$

이 성립함을 뜻한다.

독립성을 검정하기 위해서는 먼저 기대도수를 결정해야 한다.

$$H_0 : \text{두 특성이 독립이다.}$$

라는 귀무가설하에서는 각 셀의 기대도수는

$$400 p_A p_1, \; 400 p_A p_2, \; 400 p_A p_3$$

$$400 p_B p_1, \; 400 p_B p_2, \; 400 p_B p_3$$

$$400 p_C p_1, \; 400 p_C p_2, \; 400 p_C p_3$$

이다. 이들 셀 확률은 미지의 주변확률로 표시되어 있다. 그러므로 이러한 미지의 확률들을 데이터로부터 추정해야 한다. 표 11.13에 의해 각 주변확률을 다음과 같이 추정할 수 있다.

$$\hat{p}_A = \frac{80}{400}, \; \hat{p}_B = \frac{210}{400}, \; \hat{p}_C = \frac{110}{400}$$

$$\hat{p}_1 = \frac{140}{400}, \; \hat{p}_2 = \frac{150}{400}, \; \hat{p}_3 = \frac{110}{400}$$

이것을 이용하면 표 11.14의 셀에 대한 기대도수는 다음의 식으로 계산된다.

$$\frac{\text{행의 합계} \times \text{열의 합계}}{\text{총합계}}$$

예를 들면, 첫 번째 셀에 대한 기대도수는

$$400\hat{p}_A\hat{p}_1 = 400 \times \frac{80}{400} \times \frac{140}{400}$$

$$= \frac{80 \times 140}{400} = 28$$

이다. 표 11.15에 관측된 셀 도수와 대응되는 셀의 기대도수를 표시하였다. 괄호 속이 기대도수이다.

| 표 11. 15 | 표 11.12에 대한 셀의 관측 및 기대도수

	나이		
	20~35	36~50	50 이상
보수주의(A)	20(28)	40(30)	20(22)
온건주의(B)	80(73.5)	85(78.75)	45(57.75)
자유주의(C)	40(38.5)	25(41.25)	45(30.25)

| 표 11. 16 | $(O-E)^2/E$의 값

	나이		
	20~35	36~50	50 이상
보수주의(A)	2.286	3.333	0.182
온건주의(B)	0.575	0.496	2.815
자유주의(C)	0.058	6.402	7.192
			$\chi^2 = 23.339$

유의수준 $\alpha = 0.05$에서 자유도가 4인 χ^2분포의 상위 5%인 점은 9.49이다. 관측된 χ^2의 값 23.339가 9.49보다 훨씬 크므로 독립이라는 귀무가설은 $\alpha = 0.05$에서 기각된다. 실제로 이 가설은 $\alpha = 0.01$에서도 기각된다.

표 11.16을 자세히 보면 (A, 1), (A, 2), (B, 3), (C, 2)와 (C, 3) 셀의 값이 상당히 큼을 알 수 있으며, 결국 χ^2의 값이 크게 된 것도 이들 때문이라는 것을 알 수 있다.

일반적인 경우로 확장해 보자. 즉, r개의 범주와 c개의 범주로 각각 나누어지는 두 특성이 독립인지를 검정하는 문제에서도 각 셀의 기대도수와 검정통계량을 계산하는 방법은 동일하다. 이러한 결과를 요약 정리하면 다음과 같다.

독립성 검정

귀무가설 H_0	: 각 셀 확률이 대응되는 두 주변확률의 곱이다. (행과 열이 서로 독립이다)
검정통계량	: $\chi^2 = \sum \frac{(O-E)^2}{E}$ 여기서 O=관측된 셀 도수, E=기대도수이다.
자유도	: (행의 수−1)×(열의 수−1)= $(r-1)(c-1)$
기각역	: $\chi^2 \geq \chi^2_\alpha((c-1)(r-1))$

χ^2통계량의 자유도는 $(r-1)(c-1)$로 $rc-1$에서 추정된 모수의 개수를 뺀 것이다. 행의 주변확률에서 $(r-1)$개의 모수가 추정되어야 하고, 열의 주변확률에서 $(c-1)$개가 추정되어야 하므로 추정되어야할 총 모수의 수는 $(r-1)+(c-1)$이다. 따라서 χ^2의 자유도는 $(rc-1)-(r-1)-(c-1)=(r-1)(c-1)$이다. 이것은 동질성 검정에서 χ^2 통계량의 자유도와 같다.

11.5 | SPSS를 이용한 실습

예제 11.7 SPSS를 이용하여 예제 11.1의 주사위의 눈이 나타날 확률이 이론적인 확률과 적합한지를 검정하라.

풀이 주사위 눈의 자료를 개별적으로 입력하지 않고, 빈도표로 요약된 자료를 입력하는 방법은 다음과 같다.

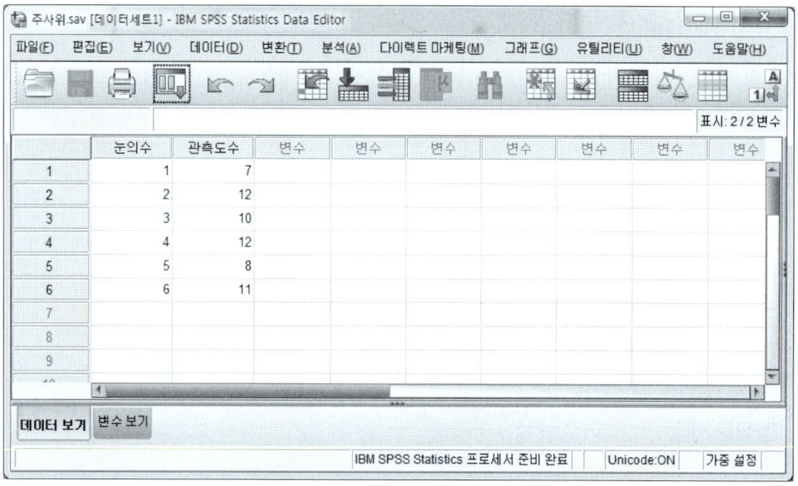

| 그림 11. 1 | 주사위 눈 자료 입력

실행순서

먼저 위와 같이 자료를 입력한 후 아래의 순서대로 실행하여 그림 11.2와 같은 대화상자가 나타나면, 빈도변수에 관측도수를 선택하여 실행한다.

> 데이터 (D) ▶
> 가중 케이스 (W)

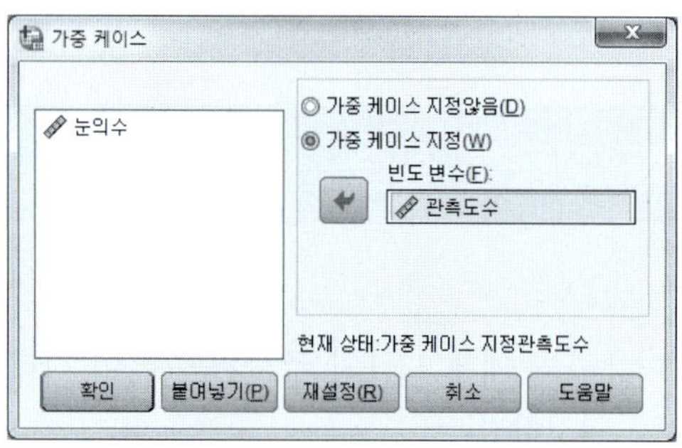

| 그림 11. 2 | 가중케이스

위의 절차는 모두 자료를 입력하기 위한 단계이다. 적합도 검정을 하기 위해서는 다음과 같은 순서대로 실행한다.

분석(A) ▶
비모수검정(N) ▶
레거시 대화상자 ▶
카이제곱(C)

그림 11.3과 같이 대화상자가 나타나면 검정변수에 눈의 수를 선택하고 주사위의 눈들의 확률이 다 같으므로 기댓값에 모든 범주가 동일로 체크하고 확인을 누른다.

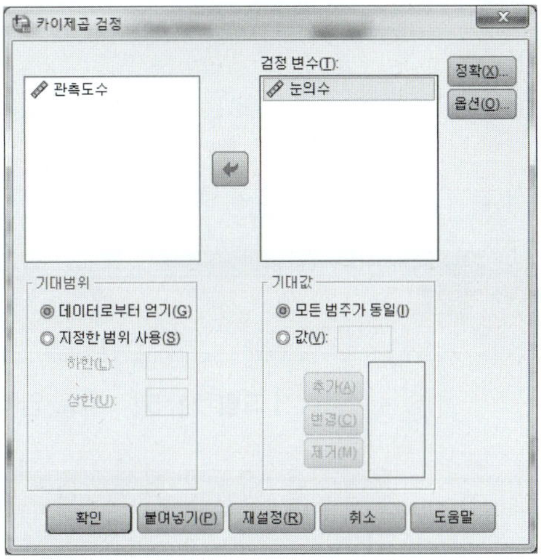

| 그림 11.3 | 적합도 검정 대화상자

그림 11.4의 결과를 살펴보면, χ^2 통계량의 값이 $\chi^2=2.2$이고 p-값은 0.821로 유의수준 0.05에서 귀무가설을 기각하지 못한다. 결국 주사위 눈들이 나타날 확률이 이론적인 확률과 모순되지 않는다는 결론을 내릴 수 있다.

눈의수

	관측빈도	기대빈도	잔차
1	7	10.0	-3.0
2	12	10.0	2.0
3	10	10.0	.0
4	12	10.0	2.0
5	8	10.0	-2.0
6	11	10.0	1.0
전체	60		

검정 통계량

	눈의수
카이제곱	2.200[a]
자유도	5
근사 유의확률	.821

a. 0개의 셀 (0.0%)은(는) 5보다 작은 기대빈도를 가집니다. 기대 빈도 셀 값 중 최소값은 10.0입니다.

| 그림 11.4 | 결과

예제 11.8 SPSS를 이용하여 예제 11.6의 정치적 이념이 나이에 따라 차이가 있는지를 검정하라.

풀이

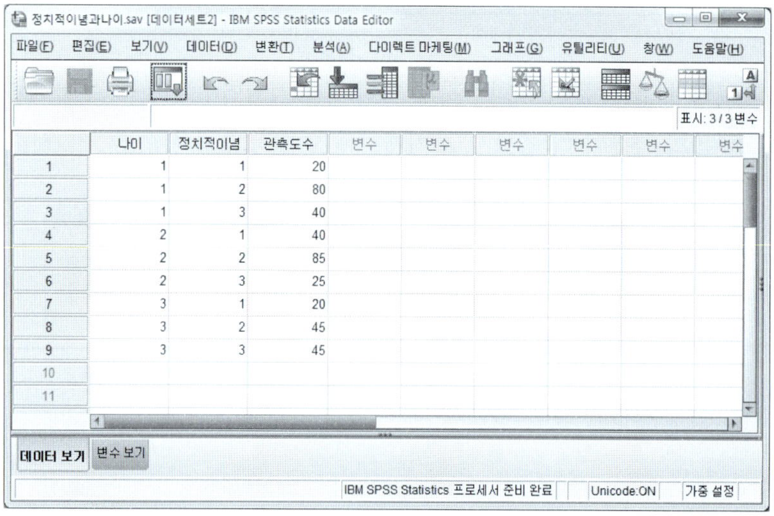

| 그림 11.5 | 자료 입력

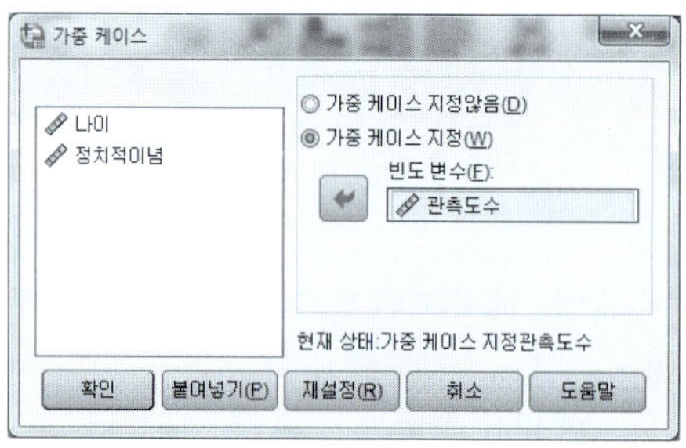

| 그림 11.6 | 가중케이스

예제 11.7과 마찬가지로 예제 11.6의 자료를 그림 11.5와 같이 입력한 후, 가중케이스 지정을 선택하여 빈도변수에 관측도수를 선택한다. 그리고 다음과 같은 순서대로 실행한다.

> 분석(A) ▶
> 　　기술통계량(E) ▶
> 　　　　교차분석(C)

다음과 같은 대화상자가 나타나면 행과 열에 각각 정치적 이념과 나이 변수를 입력한다.

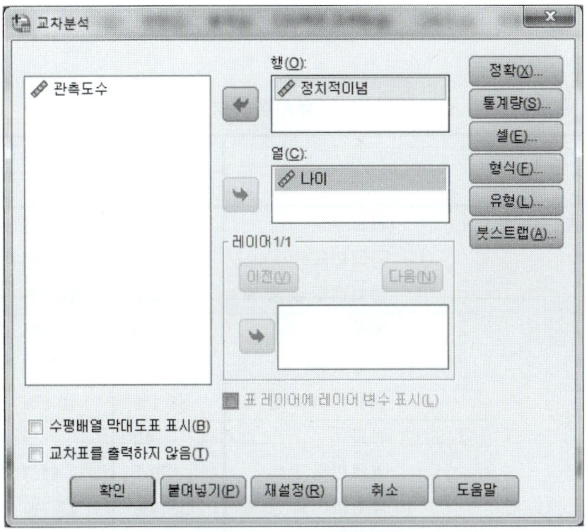

| 그림 11.7 | 교차분석

"통계량(S)…"을 클릭하여 그림 11.8과 같이 카이제곱(H)을 선택한다. "셀(E)…"을 클릭하여 그림 11.9와 같이 지정한다.

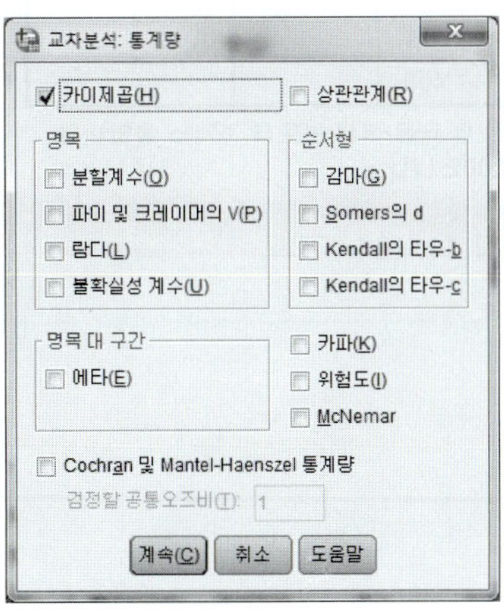

| 그림 11.8 | 통계량

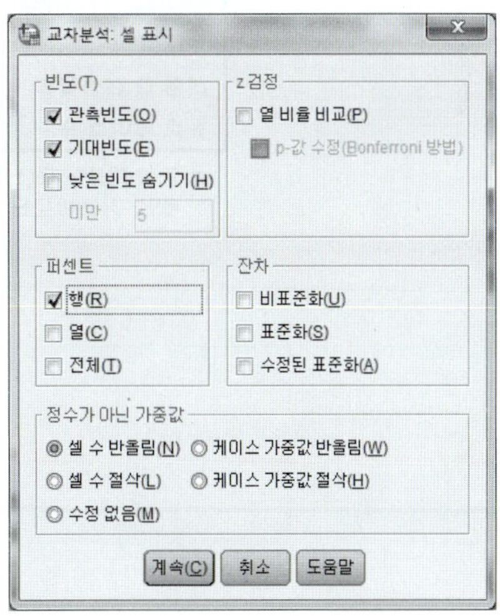

| 그림 11.9 | 셀 출력

정치적 이념과 나이에 대한 교차표는 그림 11.10과 같이 구할 수 있다. 이때, 카이제곱값은 23.339이다. 점근 유의확률이 0.000으로 유의수준 0.05보다 매우 작으므로 귀무가설을 기각한다. 따라서 정치적 이념과 나이간에 연관성이 있다고 할 수 있다.

정치적이념 * 나이 교차표

			나이			전체
			1	2	3	
정치적이념	1	빈도	20	40	20	80
		기대빈도	28.0	30.0	22.0	80.0
		정치적이념 중 %	25.0%	50.0%	25.0%	100.0%
	2	빈도	80	85	45	210
		기대빈도	73.5	78.8	57.8	210.0
		정치적이념 중 %	38.1%	40.5%	21.4%	100.0%
	3	빈도	40	25	45	110
		기대빈도	38.5	41.3	30.3	110.0
		정치적이념 중 %	36.4%	22.7%	40.9%	100.0%
전체		빈도	140	150	110	400
		기대빈도	140.0	150.0	110.0	400.0
		정치적이념 중 %	35.0%	37.5%	27.5%	100.0%

카이제곱 검정

	값	자유도	근사 유의확률 (양측검정)
Pearson 카이제곱	23.339[a]	4	.000
우도비	23.598	4	.000
선형 대 선형결합	.451	1	.502
유효 케이스 수	400		

a. 0 셀 (0.0%)은(는) 5보다 작은 기대 빈도를 가지는 셀입니다. 최소 기대빈도는 22.00입니다.

| 그림 11. 10 | 결과

EXERCISES

연습문제

01 멘델의 유전법칙에 의하면 네 가지 완두콩 모양이 나타날 비율은 9 : 3 : 3 : 1이라고 한다. 다음과 같은 완두콩 수확을 얻었다고 할 때, 완두콩 모양의 비율이 멘델의 유전법칙과 일치한다고 할 수 있는가? 유의수준 0.05에서 검정하라.

완두콩 모양	1	2	3	4
수확량	169	59	61	21

02 어떤 설문조사에서 50대 남자 100명에게 현재의 결혼상태를 물어 다음의 결과를 얻었다.

결혼상태	결혼	사별	이혼	별거	독신	합계
관측빈도	55	12	18	7	8	100

이 경우 50대 남성의 결혼상태가 사별, 이혼, 별거, 독신보다 결혼이 6배라고 할 수 있는가? 유의수준 0.05에서 검정하라.

03 난수 발생기의 성능을 조사하기 위해, 600개의 정수를 발생시켰을 때 나타나는 정수의 도수를 측정하였다. 난수란 0, 1, ⋯, 9가 같은 확률로 나타남을 뜻한다. 관측된 도수에서 난수 발생기의 편의(bias) 즉, 몇몇 특정 숫자가 다른 숫자보다 많이 나타남을 의심할만한 증거를 찾을 수 있는가? 유의수준 0.05에서 χ^2 검정하라.

정수	0	1	2	3	4	5	6	7	8	9	합계
도수	68	57	68	66	43	54	54	69	61	60	600

04 다음은 미국 플로리다주 고속도로 안전국과 자동차국에 의해 수집된 기록이다. 변수들은 안전벨트 착용여부와 사망여부로 분류되었다. 안전벨트 착용여부와 사망은 독립인지 검정하고자 한다.

안전장치	사상	
	사망	부상
사용 안함	1575	161,227
안전벨트	620	411,121

(a) 가설을 설정하라.

(b) $\alpha = 0.05$에서 가설을 검정하라.

05 다음 자료는 여성의 유방암 자가 진단횟수와 나이에 관해 조사한 결과이다. 나이와 유방암 자가 진단횟수가 독립인지를 유의수준 0.05에서 검정하라.

나이	유방암 자가 진단 횟수		
	한 달에 한 번	일주일에 한 번	전혀 안 한다.
40세 이하	90	80	50
40세 ~ 60세	160	204	161
60세 이상	105	200	171

06 남학생과 여학생의 과목 선호도가 다르다고 할 수 있는지 알아보고자 한다. 다음 표는 남학생과 여학생 250명씩을 각각 조사하여 국어, 영어, 수학 과목의 선호도를 조사한 결과이다.

	국어	영어	수학	합계
남학생	75	95	80	250
여학생	84	106	60	250

(a) 가설을 설정하라.

(b) $\alpha = 0.05$에서 가설을 검정하라.

07 다음은 15세와 16세 어린이들의 이성교제 경험이 성별에 따라 차이가 있는지 알아보고자 남성 250명과 여성 250명을 각각 조사하여 다음 표를 얻었다. 유의수준 0.05에서 검정하라.

인 종	이성교제	
	예	아니오
남 성	178	72
여 성	202	48

08 연습문제 4번에서 p_1과 p_2를 각각 안전벨트 착용 여부에 따른 사망자의 모비율이라 하자.

(a) Z 검정을 이용하여 H_0: $p_1 = p_2$, H_1: $p_1 \neq p_2$를 유의수준 0.05에서 검정하라.

(b) $p_1 - p_2$의 95% 신뢰구간을 구하라.

09 연습문제 7번에서 p_1과 p_2를 성별에 따른 이성교제 경험의 모비율이라 하자.

(a) Z 검정을 이용하여 H_0: $p_1 = p_2$, H_1: $p_1 \neq p_2$를 유의수준 0.05에서 검정하라.

(b) $p_1 - p_2$의 90% 신뢰구간을 구하라.

10 데이터가 다음과 같이 주어졌다.

$$n_1 = 150,\ \hat{p_1} = \frac{75}{150} = 0.5,\ n_2 = 200,\ \hat{p}_2 = \frac{140}{200} = 0.7$$

(a) $p_1 - p_2$의 95% 신뢰구간을 구하라.

(b) Z 검정을 이용하여 H_0: $p_1 = p_2$, H_1: $p_1 \neq p_2$를 유의수준 0.05에서 검정하라.

11 직업 A와 직업 B에서 각각 여성 100명씩을 표본으로 택하여 "당신은 결혼하였습니까?"라는 질문을 하여 다음의 자료를 얻었다.

	A	B
예	54	37
아니오	46	63

(a) 두 직업간에 결혼의 비율이 같다는 가설을 검정하라. $\alpha = 0.05$를 이용하라.

(b) $p_A - p_B$에 대한 95% 신뢰구간을 구하라.

12 어떤 학교에서 제안된 규율의 수정안에 대한 학생들의 태도를 알아보기 위하여 설문조사팀에서 370명의 학생을 확률표본으로 선정하여 투표를 하였다. 제안된 수정안에 대한 태도와 성별이 독립이라고 할 수 있는가?

	찬성	기권	반대	합계
남	97	82	30	209
여	50	77	34	161
합계	147	159	64	370

13 어떤 고등학교에서 특별 강의내용에 대한 평가를 실시하였다. 다음의 조사 결과를 보고 강의내용 평가가 학년에 따라 다른지 유의수준 0.05에서 검정하라.

학년 \ 평가	나쁘다	보통이다	좋다	뛰어나다
1학년	15	13	162	25
2학년	13	40	130	17
3학년	13	57	97	30

14 새로 개발된 농작물의 성장에 토양이 미치는 영향을 알아보기 위하여, 세 가지 형태의 토양에 농작물을 심었다. 성장의 정도에 따라 세 범주로 분류하여 다음 표를 얻었다. 토양의 형태에 따라 성장이 다르다고 할 수 있는가?

성장	토양형태		
	점토	모래	양토
열악	17	10	17
보통	34	17	24
양호	19	33	29
합계	70	60	70

제 12 장

비모수통계학의 기초

12.1 | 서론

비모수 통계적추론(nonparametric statistical Inference)은 모집단의 분포를 정규분포 또는 모수에 의해 결정되는 특정한 분포로 가정하지 않고 추론하는 통계적 방법이다. 비모수적 방법은 매우 광범위하고, 다양한 모집단의 분포에 적용할 수 있기 때문에 여러 분야에 널리 이용된다. 이 방법은 관측값 자체를 사용하지 않고, 관측값이 갖는 부호, 순위, 또는 범주도수 등과 같은 표본자료의 정보만 이용한다. 관측값 그 자체를 이용하지 아니하므로, 통계적 가설문제를 취급할 때 정보의 손실로 효율이 감소하리라 생각되지만, 실제로 효율은 낮은 반면에 상당히 안전한 방법으로 입증되어 있다.

비모수 통계적추론에서는 모집단에 대한 가정을 다음과 같이 한다, 즉 "모집단의 분포함수가 연속이다" 혹은 "모집단의 분포함수가 연속이고 대칭이다". 비모수 통계적 검정에서 검정통계량의 분포는 모집단의 분포와 관계 없이 결정될 수 있기 때문에 이와 같은 검정을 분포무관검정(distribution-free test)이라 한다.

비모수적 추론에서의 관측값은 어떤 내용에 대한 관심의 정도, 기호의 정도, 객관적으로 일정한 수 값으로 나타낼 수 없어서 대응되는 정도를 임의로 표시하여 정하는 경우, 또한 1에서 5까지의 5등급 중에서 하나를 선택하는 질문에서 점수가 높으면 보다 더 높게 평가한다는 것 이외는 특별한 의미가 없다. 이런 형태의 자료에서는 단지 수의 순위에만 의미가 주어지고, 두 수의 차이에는 특별한 의미가 없기 때문에 이를 순위자료라 한다. 관측값의 순서 또는 순위에 관한 정보만을 이용하는 비모수 통계적추론은 관측값 그 자체 보다 관측값이 갖고 있는 순위로 처리하는 데 아주 적합한 방법이다. 비모수적 방법에서는 관측값에 근거한 부호나 순위를 사용한다.

12.2 | 순위합검정

■ **윌콕슨 순위합검정**

지금까지 두 모집단을 비교하기 위해서는 모집단을 정규분포로 가정한 모수적 방법으로 t 검정, Z 검정 등을 이용했다. 여기서는 두 모집단이 연속분포라는 가정 하에 두 모집단을 비교하기 위한 비모수적 방법으로 윌콕슨(Wilcoxon)이 제시한 윌콕슨 순위합검정(Wilcoxon rank sum test)을 소개한다.

두 처리 X와 Y를 비교하기 위해, 두 모집단의 연속분포함수를 각각 $F(x)$와 $G(x) = F(x-\Delta)$라 하고, 각 모집단에서 크기가 각각 m과 n인 확률표본을 추출한다. 두 모집단에서 추출한 표본들은 서로 독립인 확률표본이다. 여기서는 분포함수가 연속이라는 사실만 가정하고, 분포의 특정한 모양에 대한 가정은 하지 않는다. 즉,

$$X_1,\ X_2,\ \cdots,\ X_m \text{은 } F(x)\text{에서 추출하고,}$$
$$Y_1,\ Y_2,\ \cdots,\ Y_n \text{은 } G(x) = F(x-\Delta)\text{에서 추출한}$$

서로 독립인 확률표본이다. 여기서 $n \le m$이라 가정한다. 만약 $m < n$이면, X와 Y를 바꾸어 생각하면 된다.

만약 $\Delta = 0$이면 X와 Y의 분포가 같음을 의미하고, $\Delta > 0$이면 Y의 중심위치가 X의 중심위치보다 오른쪽(큰 값)으로 이동되어 있음을 의미한다. 그러므로 검정하고자 하는 가설은 두 모집단 분포가 연속이라는 가정하에 두 모집단 분포가 동일한지의 여부이다. 즉,

$$H_0 : \text{두 모집단 분포가 동일하다}(\Delta = 0).$$

예를 들어, 다음과 같은 대립가설을 생각해 보자.

$$H_1 : Y\text{의 분포가 } X\text{의 분포의 오른쪽에 이동되어 있다}(\Delta > 0).$$

이 가설을 검정하기 위해, m개의 X표본과 n개의 Y표본을 섞은 혼합표본 $m+n$개에서 Y표본의 순위를 살펴보자. 만약 대립가설이 참이라면 Y 표본의 순위들이 X 표본의 순위들보다 크게 되는 경향이 있을 것이다. 따라서 $j = 1,\ 2,\ \cdots,\ n$에 대해

$$R_j \equiv X\text{와 } Y\text{의 혼합표본 } m+n\text{개에서 } Y_j\text{의 순위라고 하면,}$$

윌콕슨 순위합통계량은 다음과 같이 정의된다.

$$W \equiv \sum_{j=1}^{n} R_j.$$

대립가설이 참이라면 W의 값이 크게 될 것이므로 위에서 생각한 가설검정의 기각역은

$$W \geq c$$

형태가 될 것이다. 이 기각역의 경계값 c를 구하기 위해서는 귀무가설 하에서 W의 분포를 구해야 한다. 예를 들어 $m=3$이고 $n=2$일 때, 귀무가설 하에서 W의 분포를 구해 보자. 귀무가설이 참일 때, X와 Y가 같은 분포를 따르므로

$$X_1,\ X_2,\ X_3,\ Y_1,\ Y_2$$

는 분포 $F(x)$를 갖는 모집단에서 크기가 5인 확률표본으로 간주된다.

$m=3$개의 X와 $n=2$개의 Y의 가능한 모든 배열들은 동일한 확률로 발생하고 가능한 배열의 개수는 10가지이므로 각 배열이 발생할 확률은 귀무가설 하에서 $\frac{1}{10}=0.1$이다. 이들 10가지 배열에 대한 W의 값과 확률은 다음 표 12.1과 같다.

| 표 12. 1 | 표본크기 $m=3$, $n=2$에 대한 처리 Y의 순위

번호	배열	순위 합 W(Y 순위합)	확률
1	*YYXXX*	3	0.1
2	*YXYXX*	4	0.1
3	*YXXYX*	5	0.1
4	*YXXXY*	6	0.1
5	*XYYXX*	5	0.1
6	*XYXYX*	6	0.1
7	*XYXXY*	7	0.1
8	*XXYYX*	7	0.1
9	*XXYXY*	8	0.1
10	*XXXYY*	9	0.1

따라서 귀무가설이 참일 때, W의 분포는 다음 표 12.2와 같다.

| 표 12.2 | $m=3$이고 $n=2$일 때, 귀무가설 하에서 순위합 W의 분포

W 값	3	4	5	6	7	8	9	계
$P(W=w)$	0.1	0.1	0.2	0.2	0.2	0.1	0.1	1.0

표 12.2와 같이 순위합 W의 분포는 모집단의 분포 $F(x)$와 무관하게 주어진다. 따라서 윌콕슨 순위합 검정통계량 W에 기초한 검정은 분포무관검정법이 된다.

표 12.2로부터 가설 $H_0 : \Delta = 0$, $H_1 : \Delta > 0$을 검정하기 위해 유의수준 0.1에서의 기각역은 $R : W \geq 9$임을 알 수 있다.

예제 12.1 식물의 성장에 도움이 되는 영양제를 개발하는 회사에서 새로 개발된 식물 영양제가 기존의 영양제보다 효과가 더 좋은지를 조사하기 위해 같은 종의 식물 5 그루 중 3 그루는 기존의 영양제를 2 그루는 새로 개발된 영양제를 투여하여 일정기간 성숙한 후 식물의 키를 재어 다음의 자료를 얻었다.

	식물의 키(단위: cm)		
처리 Y(새로운 영양제)	3.1	3.9	
처리 X(기존의 영양제)	3.5	2.6	2.3

이 자료로부터 기존의 영양제보다 새로 개발된 영양제가 식물의 성장에 더 효과가 있다고 볼 수 있는가?

풀이 검정하고자 하는 가설이

H_0 : X와 Y의 분포가 동일하다($\Delta = 0$)

H_1 : Y의 분포가 X 분포의 오른쪽(큰 값)으로 이동되어 있다($\Delta > 0$)

이다. 이제 두 표본을 혼합하여 작은 값부터 순서로 나열한다.

혼합표본	2.3	2.6	3.1	3.5	3.9
순위	1	2	3	4	5
처리	X	X	Y	X	Y

검정통계량으로 사용되는 Y의 순위합을 계산해 보면, $W=3+5=8$이고 처리 Y의 순위들이 크면 대립가설이 참임을 의미하므로, 검정통계량 W가 큰 값이면

즉, $W \geq c$이면 귀무가설을 기각한다. c값을 결정하기 위해 표 12.2나 부록 B의 표 6을 이용하면 $P[W \geq 8] = 0.1 + 0.1 = 0.2$이므로, 유의수준 $\alpha = 0.1$을 사용하면, $W = 8$은 기각하기에는 자료가 충분하지 않다는 결론을 내린다. 유의수준 0.1로 새로 개발된 영양제가 기존의 영양제보다 식물의 성장에 더 효과적이라고 볼 수 없다.

다음은 일반적인 경우에 대한 윌콕슨 순위합검정을 소개한다.

$X_1, \cdots, X_m$과 $Y_1, \cdots, Y_n$을 각각 연속인 두 모집단 분포함수 $F(x)$와 $G(x) = F(x - \Delta)$로부터 독립적으로 추출된 확률표본이라 하자. 여기서 $n \leq m$이라 가정한다. 앞서 설명한 내용을 일반적으로 확장시켜 요약하면 다음의 검정규칙을 얻을 수 있다.

윌콕슨 순위합검정

귀무가설(H_0) : 모든 x에 대해 $F(x) = G(x)$이다($\Delta = 0$).

검정통계량 : W = 혼합표본에서 Y 표본의 순위합

대립가설과 기각역 :

대립가설	기각역	p-값
$H_1 : \Delta > 0$	$R : W \geq c$	$P_0[W \geq w]$
$H_1 : \Delta < 0$	$R : W \leq c^*$	$P_0[W \leq w]$
$H_1 : \Delta \neq 0$	$R : W \leq d^*$ 또는 $W \geq d$	위의 두 확률 중 작은 값의 2배

위 표에서 c, c^*, d, d^*의 값들은 유의수준에 의해 결정된다. 이 값들은 부록 B의 표 6에서 $p \leq \alpha$를 만족하는 값들 중에서 α에 가장 가까운 x 또는 x^* 값을 찾으면 된다. p-값에서 w는 윌콕슨 검정통계량 W의 관측값이다.

부록 B의 표 6 이용법

윌콕슨 순위합 검정통계량은

$$W = \text{혼합표본에서 } Y \text{ 표본(크기가 작은 표본)의 순위합}$$

이다. 두 표본의 크기가 같은 경우는 두 표본 중 어느 표본의 순위합이나 검정통계량으로 사용할 수 있다. 부록 B의 표 6은 상단 꼬리부분의 확률과 하단 꼬리부분의 확률을 나타낸 것이다.

예를 들어, $n = 4$이고 $m = 7$이라면, 표 6에 의해

$$P[W \geq 33] = 0.055 = P[W \leq 15]$$

임을 의미한다. 귀무가설 하에서 윌콕슨 순위합 검정통계량 W는 평균에 관해 좌우대칭이므로, 평균으로부터 같은 거리만큼 떨어진 값 중 작은 값의 왼쪽꼬리 부분의 확률과 큰 값의 오른쪽 꼬리부분의 확률이 같기 때문에 표 6과 같이 나타낼 수가 있다. 표 6에는 다양한 n과 m에 대해 오른쪽 꼬리부분의 확률과 왼쪽 꼬리부분의 확률이 주어져 있다.

예제 12.2

두 종류의 건전지 수명을 비교하기 위해 건전지 1과 건전지 2로부터 각각 7개와 5개의 건전지를 추출하여 수명시간을 조사하여 다음 자료를 얻었다. 이 자료로부터 건전지 1이 건전지 2보다 수명이 더 길다고 할 수 있는가? 유의수준 약 0.05로 검정하라.

	시간						
건전지 1	88	93	87	91	95	98	97
건전지 2	90	83	80	85	84		

풀이 검정하고자 하는 가설은 다음과 같다.

H_0 : 건전지 1과 2의 수명시간은 동일하다.

H_1 : 건전지 2가 건전지 1보다 수명이 짧다.

순위합검정을 적용하기 위하여 혼합표본의 순위를 나타내면 다음과 같다.

혼합표본	80	83	84	85	87	88	90	91	93	95	97	98
순위	1	2	3	4	5	6	7	8	9	10	11	12
건전지	2	2	2	2	1	1	2	1	1	1	1	1

순위합 검정통계량의 관측값은 위 표로부터

$$W = 1 + 2 + 3 + 4 + 7 = 17$$

이다. $n = 5$이고 $m = 7$이므로 부록 B의 표 6에서 $P[W \leq 21] = 0.037$이고 $P[W \leq 22] = 0.053$임을 알 수 있다. 따라서 유의수준 0.053에 대한 기각역은 $W \leq 22$이다. 검정통계량 17은 기각역에 포함되므로 귀무가설이 기각된다.

대표본 정규근사

표본의 크기가 큰 경우, 귀무가설이 참일 때 윌콕슨 순위합 검정통계량 W는 근사적으로 정규분포를 따르므로, 표준정규분포표를 이용하여 검정할 수 있다. 즉, W를 크기가 n인 표본의 순위합이라 하고, n과 m이 크다고 가정하자.

귀무가설이 참일 때,

$$E(W) = \frac{n(n+m+1)}{2}$$

$$Var(W) = \frac{nm(n+m+1)}{12}$$

이므로

$$Z = \frac{W - n(n+m+1)/2}{\sqrt{nm(n+m+1)/12}}$$

는 근사적으로 표준정규분포를 따른다.

예제 12.3 정규근사를 이용할 때와 정확한 윌콕슨 순위합 분포를 이용할 때의 오차의 정도를 알아보기 위해 $n = 10$과 $m = 10$인 경우를 생각해 보자.
유의수준 0.05에서 두 방법을 비교하라.

풀이 유의수준 0.05에서 상단 단측가설의 기각역을 정규근사를 이용해 구하면

$$Z = \frac{W - 10(21)/2}{\sqrt{10^2(21)/12}} = \frac{W - 105}{13.227} \geq 1.645$$

를 만족하는 $W \geq 126.76$이다.

부록 B의 표 6에서 $P[W \geq 126] = 0.062$이고 $P[W \geq 127] = 0.053$이므로,

유의수준 0.05와 큰 차이가 나지 않는다. 이런 오차는 표본의 크기가 증가할수록 점점 감소한다.

혼합표본에서 같은 값이 있을 때의 순위결정

혼합표본에서 관측값이 서로 다른 경우에는 순위를 결정하는 데 어려움이 없다. 그러나 모집단 분포가 연속임을 가정했지만 주어지는 관측값이 근삿값으로 측정되는 등의 이유로 혼합표본에서 동일한 관측값이 나타날 수 있다. 이런 경우에는 해당되는 관측값들의 평균 순위를 부여한다. 예를 들면,

표본 1	4	7	7
표본 2	3	3	7

이 주어졌다면 관측값 3과 7은 같은 값을 가지므로 관측값 3은 해당되는 순위 1과 2의 평균인 $\frac{1+2}{2}=1.5$의 순위를 부여하고, 관측값 7은 해당되는 순위 4, 5, 6의 평균인 $\frac{4+5+6}{3}=5$의 순위를 부여한다.

같은 값이 있는 경우 평균순위를 부여하고 표 6을 이용해 순위합검정을 하면 이 검정은 정확한 검정이라기 보다는 근사적인 검정이 된다. 대표본일 경우 정규근사를 이용할 때도 앞에서 소개한 분산을 이용하기 보다는 다음과 같은 분산을 이용해야 한다. 즉, 귀무가설이 참일 때,

$$Var(W)=\frac{nm(n+m+1)}{12}\left[1-\frac{\sum_{i=1}^{k}(t_i^3-t_i)}{(n+m)[(n+m)^2-1]}\right]$$

이다. 여기서 $k=$같은 값을 갖는 그룹의 개수

$t_i=$같은 값을 갖는 i번째 그룹에 속하는 관측값의 개수

이다. 위의 예제에서 $k=2$이며, $t_1=2$이고 $t_2=3$이다.

12.3 | 부호검정과 부호순위검정

12.3.1 부호검정

부호검정(sign test)은 모평균에 관한 t 검정의 비모수적 대안으로 이용되는데 t 검정에서는 모집단이 정규분포라는 가정이 필요했으나 여기서는 모집단이 연속이라는 가정만 필요하다. 먼저 θ를 모집단의 중앙값이라 하자. 귀무가설 $H_0 : \theta = \theta_0$을 검정하기 위해 다음과 같은 부호검정을 소개한다. 여기서 θ_0는 알고 있는 값이다. 중앙값이 θ인 연속 모집단에서 크기가 n인 확률표본 $X_1, \cdots, X_n$을 추출하여 통계량 T를 θ_0보다 큰 관측값들의 개수라 하자. 즉

$$T = \sum_{i=1}^{n} \psi_i$$

이다. 여기서

$$\psi_i = \begin{cases} 1, & X_i > \theta_0 \\ 0, & X_i < \theta_0 \end{cases}$$

이다. 따라서 통계량 T는 $X_i - \theta_0$의 부호가 양인 관측값들의 개수이다.

귀무가설 $H_0 : \theta = \theta_0$가 참일 때, $P[X > \theta_0] = P[X - \theta_0 > 0] = 0.5$이므로 $X - \theta_0$의 부호가 양이 될 확률은 $p_0 = 0.5$이다. 만일 대립가설 $H_1 : \theta = \theta_1 > \theta_0$이 참이라면

$$P[X > \theta_0] > P[X > \theta_1] = 1/2$$

이다. 물론 귀무가설 하에서 검정통계량 T는 시행횟수 n과 성공률 p_0을 갖는 이항분포를 따른다. 즉 $T \sim B(n, p_0)$이다, 여기서 $p_0 = 1/2$이다. 따라서 검정통계량 T에 근거한 $H_0 : \theta = \theta_0$, $H_1 : \theta > \theta_0$의 검정은 가설 $H_0 : p = 1/2$, $H_1 : p > 1/2$의 모비율에 관한 검정으로 생각할 수 있다. 따라서 다음의 검정규칙을 얻을 수 있다. 특히 θ_0와 같은 관측값이 존재할 경우 그 관측값은 버리고 표본크기는 그 개수만큼 줄여서 검정을 한다.

θ가 연속분포의 모집단 중앙값일 때, 다음의 검정규칙이 성립된다.

부호검정

귀무가설(H_0): $\theta = \theta_0$

검정통계량 : $T = \theta_0$보다 큰 관측값들의 개수

유의수준 α에서의 기각역과 p-값은 대립가설에 따라 다음과 같다.

대립가설	기각역	p-값
$H_1 : \theta > \theta_0$	$R : T \geq b(\alpha,\ n,\ 1/2)$	$P[B(n,\ 1/2) \geq t]$
$H_1 : \theta < \theta_0$	$R : T \leq b(1-\alpha,\ n,\ 1/2) - 1$	$P[B(n,\ 1/2) \leq t]$
$H_1 : \theta \neq \theta_0$	$R : T \geq b(\alpha/2,\ n,\ 1/2)$ 또는 $T \leq b(1-\alpha/2,\ n,\ 1/2) - 1$	위의 두 확률 중 작은 값의 2배

여기서 $b(\alpha, n, 1/2)$은 표본크기가 n이고 성공확률이 $\frac{1}{2}$인 이항분포 $B(n,\ 1/2)$의 제 $100(1-\alpha)$ 백분위수이고 t는 검정통계량 T의 관측값이며 α는 유의수준이다. 즉, 귀무가설 $H_0 : \theta = \theta_0$이 참일 때

$$\alpha = P[\,T \geq b(\alpha, n, 1/2)\,]$$

을 만족하는 값으로 부록 B의 표 1에서 찾을 수 있다.

또한 귀무가설 $H_0 : \theta = \theta_0$가 참일 때, 부호검정 통계량 T는 평균 $n/2$에 관해 대칭인 분포를 갖는다. 따라서

$$b(\alpha,\ n, 1\ /2) - n/2 = n/2 - [b(1-\alpha,\ n,\ 1/2) - 1]$$

이므로

$$b(1-\alpha,\ n,\ 1/2) = n + 1 - b(\alpha,\ n,\ 1/2)$$

이다.

귀무가설 $H_0 : \theta = \theta_0$가 참일 때, 부호검정 통계량 T의 평균과 분산은 다음과 같다.

$$E(T) = \frac{n}{2},\quad Var(T) = \frac{n}{4}$$

표본크기 n이 큰 경우는 부호검정 통계량 T의 표준화 식

$$Z = \frac{T - n/2}{\sqrt{n/4}}$$

은 근사적으로 표준정규분포를 따른다는 사실을 이용하여 부호검정을 할 수 있다.

예제 12.4 다음 자료는 어떤 섬유제품의 장력을 측정한 값이다.

163	165	160	189	161	171	158	151	169	162
163	139	172	165	148	166	172	163	187	173

$H_0 : \theta = 160,\ H_1 : \theta > 160$을 유의수준 0.05로 부호검정을 이용하라.

풀이 $X - 160 = 0$인 관측값을 제외하면 표본의 크기는 $n = 19$가 되며, 160보다 큰 관측값의 개수는 $T = 15$이다. 부록 B의 표 1에 의하면

$$\begin{aligned} p\text{-값} &= P[B(19,\ 1/2) \geq 15] \\ &= 1 - P[B(19,\ 1/2) \leq 14] \\ &= 1 - 0.990 \\ &= 0.001 \end{aligned}$$

이므로 귀무가설을 기각한다.

부호검정 방법은 쌍으로 구성된 이 표본 데이터에도 이용될 수 있다. 쌍으로 이루진 관측값들의 차이가 양이면 부호가 양인 경우로 생각한다. 즉 $(X_i,\ Y_i),\ i = 1, \cdots, n$의 확률표본에서 $Z_i = X_i - Y_i,\ i = 1, \cdots, n$의 부호를 생각하여 위와 같은 방법으로 부호검정을 할 수 있다 (연습문제 참조).

12.3.2 윌콕슨 부호순위검정

앞에서 소개한 부호검정은 실행하기는 쉽지만 단순히 관측값과 θ_0값 차이의 부호만 이용하기 때문에 정보의 손실이 크다. 즉, θ_0보다 크기만 하면 관측값의 크기에는 영향을 받지 않고 동일하게 취급된다. 이러한 정보의 손실을 줄일 수 있는 방법이 **윌콕슨 부호순위검**

정 (Wilcoxon signed rank test)이다.

윌콕슨 부호순위검정을 알아보기 위해, 중앙값 θ에 관해 대칭인 연속 모집단에서 추출한 확률표본을 $X_1, \cdots, X_n$이라 하자.

귀무가설 $H_0 : \theta = \theta_0$를 검정하기 위해,

$$Z_i \equiv X_i - \theta_0, \qquad i = 1, \cdots, n$$

를 구하고 Z_i, $i = 1, ..., n$의 절댓값 $|Z_i|$들의 순위를 R_i^+라하면, 윌콕슨 부호순위 검정통계량 T^+는 다음과 같이 정의된다.

$$T^+ = Z_i > 0\text{인 } R_i^+\text{의 합}$$

이 검정통계량을 이용하여 유의수준 α인 부호순위검정의 검정규칙을 얻을 수 있다.

부호순위검정

귀무가설(H_0) : $\theta = \theta_0$

검정통계량 : $T^+ = Z_i > 0$인 R_i^+의 합

유의수준 α에서의 기각역과 p-값은 대립가설에 따라 다음과 같다.

대립가설	기각역	p-값
$H_1 : \theta > \theta_0$	$R : T^+ \geq c_1$	$P_0[T^+ \geq t^+]$
$H_1 : \theta < \theta_0$	$R : T^+ \leq c_1{}^*$	$P_0[T^+ \leq t^+]$
$H_1 : \theta \neq \theta_0$	$R : T^+ \geq d_1$ 또는 $T^+ \leq d_1{}^*$	위의 두 확률 중 작은 값의 2배

위 표에서 $c_1, c_1{}^*, d_1, d_1{}^*$의 값들은 유의수준에 의해 결정되며, 이 값들은 부록 B의 표 7에서 찾을 수 있다. p-값에서 t^+는 부호순위 검정통계량 T^+의 관측값이다.

한편 표본크기가 클 경우에는 정규근사를 이용하여 검정한다. 귀무가설이 참일 때,

$$E(T^+) = \frac{n(n+1)}{4}, \quad Var(T^+) = \frac{n(n+1)(2n+1)}{24}$$

이므로

$$Z = \frac{T^+ - n(n+1)/4}{\sqrt{n(n+1)(2n+1)/24}}$$

는 표준정규분포에 근사한다.

또한 표본 중에 Z_i의 값이 0인 관측값은 표본에서 제외시키고 표본의 크기를 그 개수만큼 줄인다. 또한 $|Z_i|$이 0이 아니면서 같은 값을 갖는 경우에는 순위를 구할 때 평균 순위를 사용하고, 대표본에서 정규근사를 이용할 경우 분산을 다음과 같이 수정하여 사용한다.

$$Var(T^+) = \frac{1}{24}\left[n(n+1)(2n+1) - \frac{1}{2}\sum_{i=1}^{k}(t_i^3 - t_i)\right],$$

여기서 k = 같은 값을 갖는 그룹의 개수

t_i = 같은 값을 갖는 i번째 그룹에 속하는 관측값의 개수

이다.

예제 12.5 한 회사에서 제작한 자동차는 기름 1리터당 주행거리가 15 km라 주장하고 있다. 소비자단체에서는 이 주장이 타당하지 않다고 생각되어 주행거리가 15 km 미만임을 입증하려고 한다. 이를 위해 12대의 자동차를 임의로 추출하여 1리터당 주행거리를 측정한 결과 다음과 같다. 소비자단체의 주장이 옳다고 할 수 있는지 윌콕슨 부호순위검정을 이용하라.

15.4 13.3 12.5 14.2 10.8 16.1 14.8 15.1 13.8 15.5 13.5 14.0

풀이 검정하고자 하는 가설은

$$H_0 : \theta = 15, \ \ H_1 : \theta < 15$$

이다.

관측값 X	15.4	13.3	12.5	14.2	10.8	16.1	14.8	15.1	13.8	15.5	13.5	14.0
$Z = X - 15$	0.4	−1.7	−2.5	−0.8	−4.2	1.1	−0.2	0.1	−1.2	0.5	−1.5	−1.0
$\|Z\|$	0.4	1.7	2.5	0.8	4.2	1.1	0.2	0.1	1.2	0.5	1.5	1.0
순위 R_i^+	3	10	11	5	12	7	2	1	8	4	9	6

위의 표로부터 부호순위 검정통계량의 관측값은 $T^+ = 3+7+1+4 = 15$이다. 이 경우의 기각역은 $T^+ \le c_1^*$이므로 부록 B의 표 7에서 $n = 12$일 때,

$$P[T^+ \le 17] = 0.046,\ P[T^+ \le 18] = 0.055$$

이므로, $\alpha = 0.046$에서 기각역은 $R : T^+ \le 17$이다. $T^+ = 15$이므로 귀무가설을 기각한다. 유의확률은

$$p\text{-값} = P[T^+ \le 15] = 0.032$$

이므로, 유의수준 0.05에서 귀무가설을 기각한다.

12.3.3 대응비교

8장에서 대응표본의 추론에 대해 소개했다. 여기서는 쌍으로 얻어진 대응표본을 이용하여 두 모집단의 위치모수의 차에 관한 대응비교에 대해 소개하고자 한다.

n개의 쌍으로 된 관측값을 $(X_1,\ Y_1), \cdots, (X_n,\ Y_n)$이라 하고 각 쌍에서 두 관측값의 차를 $D_i \equiv Y_i - X_i,\ i = 1, \cdots, n$이라 하면, 두 모집단 분포의 이동모수에 대한 가설 $H_0 : \Delta = 0$은 D분포의 중앙값 θ에 대한 가설 $H_0 : \theta = 0$이므로 D_i들에 앞에서 소개한 윌콕슨 부호검정과 부호순위검정을 적용하여 대응비교를 할 수 있다.

예제 12.6

고급 휘발유를 생산하는 정유회사에서 현재 시중에 사용되고 있는 휘발유와 새로 생산한 고급 휘발유를 비교하기 위해 자동차 주행거리를 시험하였다. 12대의 소, 중, 대형차를 임의로 추출하여 각 차에 시중의 휘발유와 새로 생산된 고급 휘발유를 주유하여 주행거리를 조사한 결과 다음과 같다. 새로 생산된 고급 휘발유를 사용한 결과 주행거리가 향상되었다고 볼 수 있는지 유의수준 0.05에서 검정하라.

차 번호	고급 휘발유(Y)	시중 휘발유(X)	차이 $D=Y-X$
1	264	243	21
2	103	98	5
3	158	169	−11
4	165	172	−7
5	325	305	20
6	83	79	4
7	221	224	−3
8	301	286	15
9	129	131	−2
10	126	116	10
11	273	255	18
12	94	86	8

풀이 검정하고자 하는 가설은

H_0 : 두 종류 휘발유의 주행거리는 차이가 없다.

H_1 : 고급 휘발유의 주행거리가 향상되었다.

차이 $D=Y-X$를 살펴보면, $n=12$개의 표본에서 양의 부호가 8개이므로 부호검정 통계량의 관측값은 $T=8$이다. T값이 클 때 귀무가설을 기각한다. 부록 B의 표 1에서 $n=12$, $p=0.5$일 때, p-값은

$$
\begin{aligned}
P[T \geq 8] &= 1 - P[T \leq 7] \\
&= 1 - 0.806 \\
&= 0.194
\end{aligned}
$$

이므로 유의수준 0.05로 귀무가설을 기각할 수가 없다. 그러므로 새로 생산된 고급휘발유가 주행거리를 향상시킨다고 확신할 수가 없다.

예제 12.7 한 대형마트에서 400명에게 두 종류의 우유 X와 Y를 맛보게 한 후 자기가 좋아하는 것을 선택하도록 하였다. 그들 중 214명이 우유 X를 선택하였다고 할 때, 우유 X가 더 인기 있다고 할 수 있는가?

풀이 검정하고자 하는 가설은 다음과 같다.

$H_0 : X$와 Y의 맛에 차이가 없다.

$H_1 : X$의 맛이 Y의 맛보다 더 좋다.

표본크기가 크기 때문에 대표본 근사를 이용하면

$$Z = \frac{T - n/2}{\sqrt{n/4}} = \frac{214 - 200}{\sqrt{100}} = 1.4$$

이다. 표준정규분포표에 의해 p-값은 $P[Z \geq 1.4] = 0.0808$이므로, 유의수준 0.05에서 귀무가설을 기각하지 못한다. 그러므로 우유 X의 맛이 우유 Y의 맛보다 좋다고 확신할 수 있는 근거가 불충분하다.

이제 부호순위검정을 이용한 대응비교의 예를 살펴보자. D_i의 절댓값 $|D_i|$의 순위를 R_i^+라하면, 윌콕슨 부호순위 검정통계량은

$$T^+ = D_i > 0\text{인 } R_i^+\text{의 합}$$

이 된다. 이제 예제 12.6을 부호순위검정을 이용해 검정해 보자.

예제 12.8 예제 12.6의 자동차 주행거리에서 부호순위 검정통계량을 구해보면 $T^+ = 62$이고 $n = 12$이므로, 부록 B의 표 7에서 유의확률이 $P[T^+ \geq 62] = 0.039$이다. 부호검정을 이용한 예제 12.6에서는 귀무가설을 기각하지 못했으나 부호순위검정을 이용하니 p-값이 0.039이므로 유의수준 0.05에서 귀무가설을 기각할 수 있다.

한편 정규근사를 이용한 검정통계량의 값은

$$Z = \frac{62 - 12(13)/4}{\sqrt{12(13)(25)/24}} = 1.80$$

이다. 따라서 정규근사를 이용한 p-값은 $P[Z \geq 1.80] = 0.0359$이므로 $P[T^+ \geq 62] = 0.039$값과 근사하다.

다음은 대표본 정규근사를 이용하여 부호순위검정을 시행해 보자.

예제 12.9 두 종류의 청량음료를 16명의 시음전문가에게 교대로 맛을 보게 한 다음, 각각 점수를 부여하도록 했다. 두 청량음료의 맛에 심각한 차이가 있는지 윌콕슨 부호순위검정을 유의수준 0.05로 실시하라.

	점수															
X	70	85	73	75	65	80	71	80	51	72	76	79	59	84	56	57
Y	65	41	45	80	84	71	52	42	78	62	38	80	54	87	38	43

풀이 H_0: 두 청량음료의 맛에 차이가 없다.

H_1: 두 청량음료의 맛에 차이가 있다.

이 가설을 검정하기 위해 차의 절댓값에 대한 순위를 구해보면

	점수															
X	70	85	73	75	65	80	71	80	51	72	76	79	59	84	56	57
Y	65	41	45	80	84	71	52	42	78	62	38	80	54	87	38	43
D	5	44	28	−5	−19	9	19	38	−27	10	38	−1	5	−3	18	14
$\lvert D\rvert$	5	44	28	5	19	9	19	38	27	10	38	1	5	3	18	14
순위	4	16	13	4	10.5	6	10.5	14.5	12	7	14.5	1	4	2	9	8

이므로, 검정통계량의 값은 $T^+ = 106.5$이고 $|D|$값이 동점을 이루는 경우가 5가 3번, 19가 2번, 38이 2번이다. 따라서 $k=3$이고 $t_1=3,\ t_2=2,\ t_3=2$이므로

$$E(T^+) = 16(17)/4 = 68$$

$$Var(T^+) = [16(17)(32+1) - (0.5)(27-3) + (8-2) + (8-2)]/24 = 373.25$$

이다.

$$Z = \frac{106.5 - 68}{19.320} = 1.99$$

이고, 기각역은 $R : |Z| \geq z_{0.025} = 1.96$이므로 귀무가설을 기각한다.

12.4 | 스피어맨 순위상관계수

데이터가 주어진 경우 상관계수의 추정량으로 가장 널리 이용되는 것은 제2장과 10장에서 소개한 다음과 같은 피어슨의 표본상관계수(Pearson's sample correlation coefficient)이다.

$$r = \frac{\sum_{i=1}^{n}(X_i - \overline{X})(Y_i - \overline{Y})}{\sqrt{\sum_{i=1}^{n}(X_i - \overline{X})^2 \sum_{i=1}^{n}(Y_i - \overline{Y})^2}}$$

$(X_1, Y_1), \cdots, (X_n, Y_n)$이 이변량 정규분포에서의 확률표본이면 t 분포를 이용해 모상관계수에 대한 검정을 할 수 있다. 그러나 수치적인 데이터가 아닌 경우 r의 관측값은 계산할 수 없다. 따라서 순위가 가능한 모든 데이터에 적용할 수 있는 비모수적 방법을 소개하고자 한다.

피어슨의 표본상관계수 외에 모든 순서가 가능한 데이터에 이용할 수 있는 상관측도를 소개하기 위해 n개의 쌍 $(X_1, Y_1), \cdots, (X_n, Y_n)$이 서로 독립이며 동일한 연속분포를 따를 때, $X_1, \cdots, X_n$과 $Y_1, \cdots, Y_n$ 각각의 순위를 다음과 같이 정한다.

쌍의 번호	1	2	3	…	n
X의 순위	R_1	R_2	R_3	…	R_n
Y의 순위	S_1	S_2	S_3	…	S_n

즉, $X_1, \cdots, X_n$에서 X_i의 순위를 R_i라 하고 $Y_1, \cdots, Y_n$에서 Y_i의 순위를 S_i라 한다. 먼저 각 순위들에 대한 몇 가지 성질을 알아보자.

$$\overline{R} = \frac{1}{n}(1+2+3+\cdots+n) = \frac{1}{2}(n+1)$$

$$\sum_{i=1}^{n}(R_i - \overline{R})^2 = \frac{1}{12}n(n^2-1)$$

임을 보일 수 있다. 같은 방법으로

$$\overline{S} = \frac{1}{n}(1+2+3+\cdots+n) = \frac{1}{2}(n+1)$$

$$\sum_{i=1}^{n}(S_i - \overline{S})^2 = \frac{1}{12}n(n^2-1)$$

이다.

스피어맨(Spearman)은 피어슨 표본상관계수 r에서 관측값 대신에 그들의 순위를 대입한 순위상관계수를 다음과 같이 정의하였다.

$$r_{sp} = \frac{\sum_{i=1}^{n}(R_i - \overline{R})(S_i - \overline{S})}{\sqrt{\sum_{i=1}^{n}(R_i - \overline{R})^2 \sum_{i=1}^{n}(S_i - \overline{S})^2}}$$

$$= \frac{12\sum_{i=1}^{n}\left(R_i - \frac{n+1}{2}\right)\left(S_i - \frac{n+1}{2}\right)}{n(n^2-1)}$$

$$= 1 - \frac{6}{n(n^2-1)}\sum_{i=1}^{n}(R_i - S_i)^2$$

r_{sp}를 **스피어맨의 순위상관계수**(Spearman's rank correlation coefficient)라 한다.

순위상관계수는 두 변수 X와 Y 사이의 관계가 선형일 필요가 없으며 단지 증가, 감소의 관계만을 의미한다. 물론 순위상관계수는 -1과 $+1$ 사이의 값을 가지며, r_{sp}가 $+1$에 가깝다는 것은 X의 값이 커질수록 짝지어진 Y의 값도 점점 커지는 경향이 있음을 의미한다.

예제 12.10 수리영역 점수와 내신성적의 관계정도를 알아보기 위하여 6명의 응시자를 조사한 결과 다음과 같았다. 스피어맨의 순위상관계수를 구하라.

내신성적 순위	5	2	3	1	6	4
수리영역 점수	77	62	59	58	86	68

풀이 내신성적 순위를 R이라 하고, 수리영역 점수의 순위를 S라 하자.

내신성적 R_i	5	2	3	1	6	4
수리영역 S_i	5	3	2	1	6	4
$R_i - S_i$	0	1	1	0	0	0

위의 표로부터 스피어맨의 순위상관계수는

$$
\begin{aligned}
r_{sp} &= 1 - \frac{6}{6(6^2-1)}(1^2+1^2) \\
&= 0.943
\end{aligned}
$$

이다.

이제 스피어맨의 순위상관계수를 이용한 독립성 검정에 대해 알아보자.

귀무가설 $H_0 : \rho = 0$ (X와 Y는 서로 독립이다)을 검정하기 위하여 검정통계량으로 스피어맨의 순위상관계수를 이용한다. 만일 대립가설이

(1) $H_1 : \rho > 0$ (양의 상관)일 때

$r_{sp} \geq r_s(\alpha, n)$이면 귀무가설을 기각

(2) $H_1 : \rho < 0$ (음의 상관)일 때

$r_{sp} \leq -r_s(\alpha, n)$이면 귀무가설을 기각

(3) $H_1 : \rho \neq 0$ (독립이 아니다)일 때

$|r_{sp}| \geq r_s(\alpha/2, n)$이면 귀무가설을 기각한다.

여기서 $r_s(\alpha, n)$값은 부록 B의 표 8에 주어져 있으며 귀무가설이 참일 때

$$\alpha = P[r_{sp} \geq r_s(\alpha, n)]$$

을 만족하는 값이다.

귀무가설이 참일 때 대표본에서 $\sqrt{n-1}\, r_{sp}$는 근사적으로 표준정규분포를 따름을 보일

수 있고, $\dfrac{\sqrt{n-2}\ r_{sp}}{\sqrt{1-r_{sp}^2}}$ 는 근사적으로 자유도 $n-2$인 t 분포를 따름을 보일 수 있다. 이 사실을 이용하여 대표본에서의 독립성 검정을 다음과 같이 할 수 있다.

H_0: X와 Y는 서로 독립이다.

H_1: 양의 상관이 있다.

기각역 : $\sqrt{n-1}\ r_{sp} \geq z_\alpha$ 또는 $\dfrac{\sqrt{n-2}\ r_{sp}}{\sqrt{1-r_{sp}^2}} \geq t_\alpha(n-2)$

양측검정에 대한 기각역도 쉽게 구할 수 있다.

예제 12.11 대학 평점과 토익성적의 관계를 알아보기 위해 50명의 대학생들을 조사한 결과 순위상관계수가 0.541이였다. 대학 평점이 좋으면 토익성적이 좋다고 할 수 있는지 유의수준 0.05에서 검정하라.

풀이 $\sqrt{n-1}\ r_{sp} = \sqrt{49}(0.541) = 3.787$이고 $n = 50$으로 표본크기가 크기 때문에 정규근사를 이용해 검정하면 기각역이 $\sqrt{n-1}\ r_{sp} \geq z_{0.05} = 1.645$이므로 귀무가설을 기각한다. 그러므로 대학 평점이 좋으면 토익성적이 좋다고 할 수 있다.

12.5 | SPSS를 이용한 실습

예제 12.12 예제 12.2를 SPSS를 이용하여 검정하라.

풀이 가설검정을 위해 그림 12.1과 같이 자료를 입력한다.

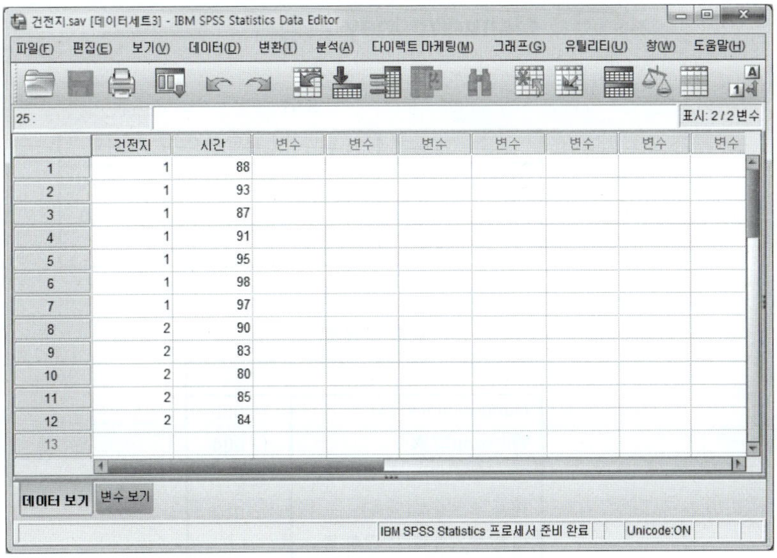

| 그림 12.1 | 자료 입력

자료 입력 후 다음과 같은 순서로 실행을 하면 그림 12.2의 2-독립 표본 비모수검정의 대화상자가 나타난다. 검정변수에 "시간"을 집단변수에 "건전지"를 선택하고 확인을 누르면 그림 12.3의 결과를 얻을 수 있다.

> 비모수 검정(N) ▶
> 레거시 대화상자 ▶
> 2-독립 표본

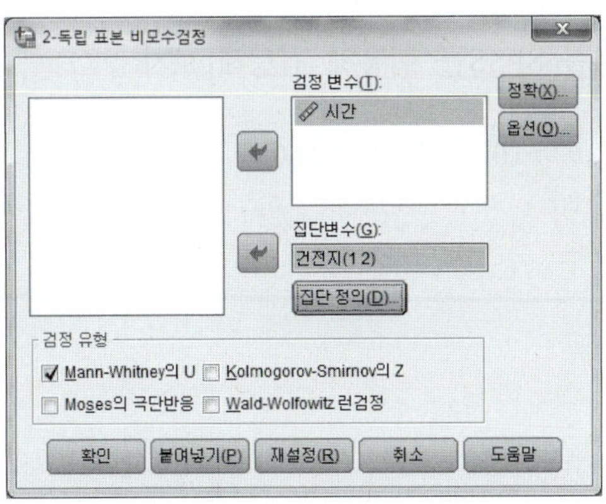

| 그림 12.2 | 2-독립 표본 비모수 검정

Mann-Whitney 검정

순위

	건전지	N	평균 순위	순위합
시간	1	7	8.71	61.00
	2	5	3.40	17.00
	전체	12		

검정 통계량[a]

	시간
Mann-Whitney의 U	2.000
Wilcoxon의 W	17.000
Z	-2.517
근사 유의확률(양측)	.012
정확 유의확률[2*(단측 유의확률)]	.010[b]

a. 집단변수: 건전지

b. 동순위에 대해 수정된 사항이 없습니다.

| 그림 12.3 | 결과

위의 결과를 살펴보면 검정통계량 W가 17이고 유의확률(양측)이 0.012이다. 여기서 단측가설검정으로 유의확률(단측)은 $\frac{0.012}{2}=0.006$이므로 유의수준 0.05에서 귀무가설을 기각하게 된다. 따라서 건전지 2가 건전지 1보다 수명이 짧다는 것을 알 수 있다.

예제 12.13 예제 12.4를 SPSS를 이용해 검정해 보자.

풀이 $H_0 : \theta = 160$, $H_1 : \theta > 160$을 검정하기 위해 자료를 그림 12.4와 같이 입력한다.

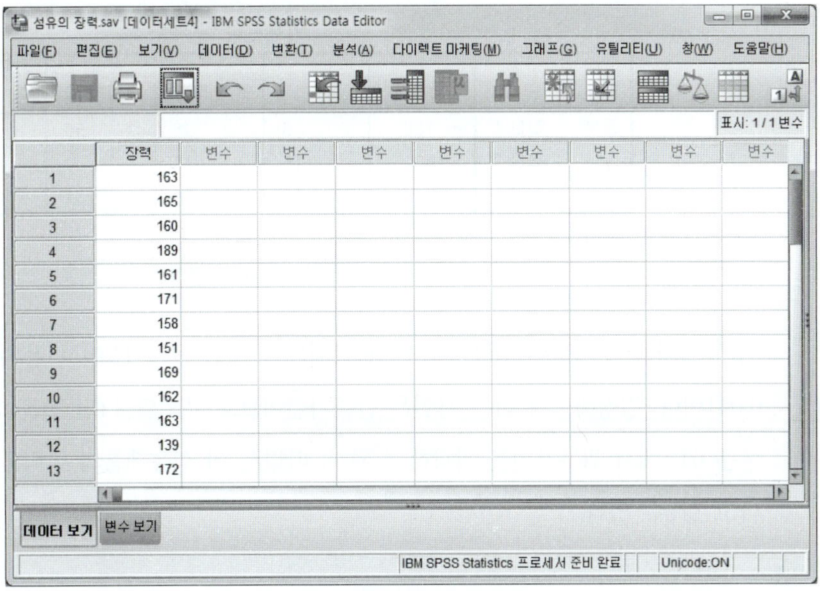

| 그림 12.4 | 자료입력

비모수 검정(N) ▶

레거시 대화상자 ▶

이항(B)

자료 입력 후 위의 순서대로 실행하면 그림 12.5와 같은 변수선택 화면이 나타난다. 검정변수에 "장력"을 선택하고 절단점에 160을 입력하여 확인을 누르면 그림 12.6과 같은 결과가 나타난다.

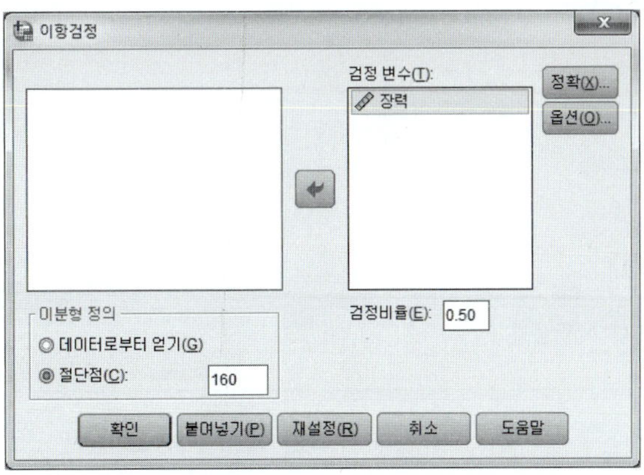

| 그림 12.5 | 이항검정

이항검정

		범주	N	관측 비율	검정 비율	정확 유의확률 (양측)
장력	집단 1	<= 160	5	.25	.50	.041
	집단 2	> 160	15	.75		
	전체		20	1.00		

| 그림 12.6 | 결과

위의 결과를 살펴보면 160보다 큰 관측치의 개수는 $T = 15$이고 유의확률(양측)이 0.041이다. 검정하고자 하는 가설은 단측가설이므로 유의확률(단측)은 0.0205로 유의수준 0.05에서 귀무가설을 기각하게 된다. 따라서 이 섬유제품의 장력은 160 보다 크다고 할 수 있다.

예제 12.14 예제 12.6을 SPSS를 이용해 검정해 보자.

풀이 가설을 검정하기 위해 그림 12.7과 같이 자료를 입력한다.

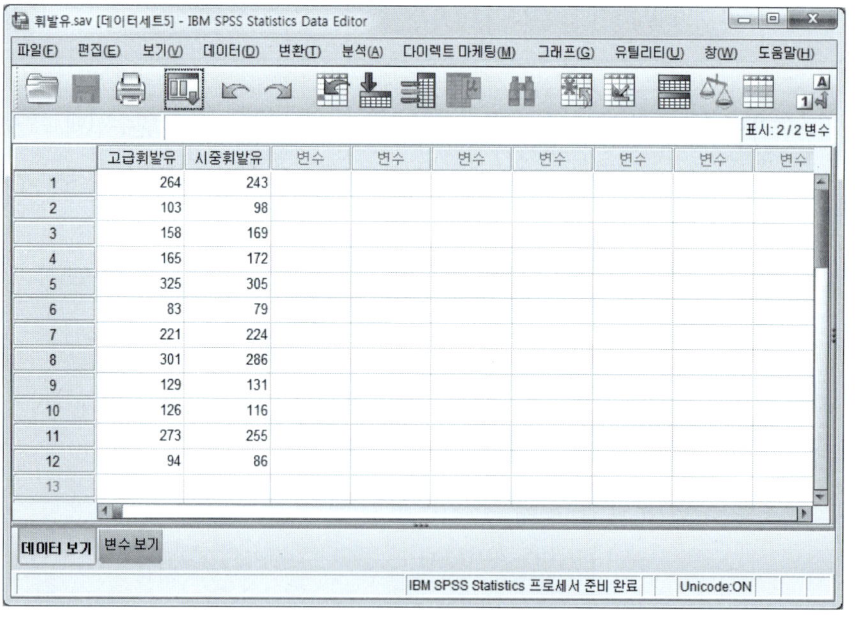

| 그림 12.7 | 자료 입력

비모수 검정(N) ▶
레거시 대화 상자 ▶
2-대응표본 검정(L)

자료 입력 후 위의 순서대로 실행하면, 그림 12.8과 같은 변수선택 화면이 나타난다. 검정변수에 "고급휘발유"와 "시중휘발유"를 선택하고 검정 유형으로 부호를 선택하여 확인을 누르면 그림 12.9의 결과를 얻을 수 있다.

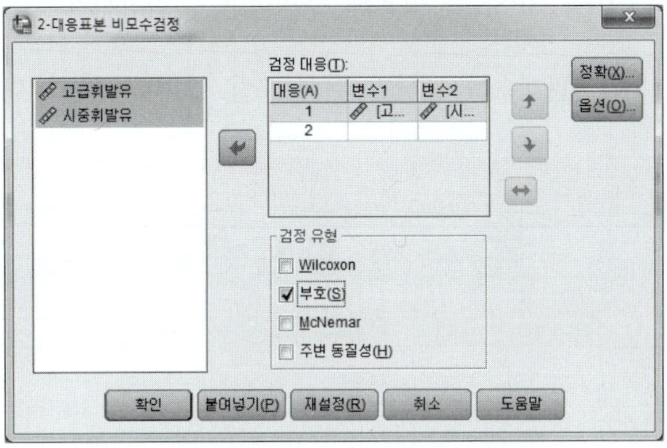

| 그림 12.8 | 2-대응표본 검정

빈도

		N
시중휘발유 - 고급휘발유	음수차이[a]	8
	양수차이[b]	4
	등순위[c]	0
	전체	12

a. 시중휘발유 < 고급휘발유

b. 시중휘발유 > 고급휘발유

c. 시중휘발유 = 고급휘발유

검정 통계량[a]

	시중휘발유 - 고급휘발유
정확 유의확률(양측)	.388[b]

a. 부호검정

b. 이항분포를 사용함.

| 그림 12.9 | 결과

위의 결과를 살펴보면 고급 휘발유가 시중 휘발유보다 주행거리가 더 긴 개수가 8개로 나타나고, 유의확률(양측)은 0.388이다. 검정하고자 하는 가설은 단측가설이므로 유의확률(단측)은 0.194로 유의수준 0.05에서 귀무가설을 기각하지 못하게 된다. 따라서 고급 휘발유가 시중 휘발유보다 주행거리를 향상시킨다고 할 수 없다.

예제 12.15 예제 12.10을 SPSS를 이용해 스피어맨 순위상관계수를 구해 보자.

풀이 순위상관계수를 구하기 위해 그림 12.10과 같이 자료를 입력한다.

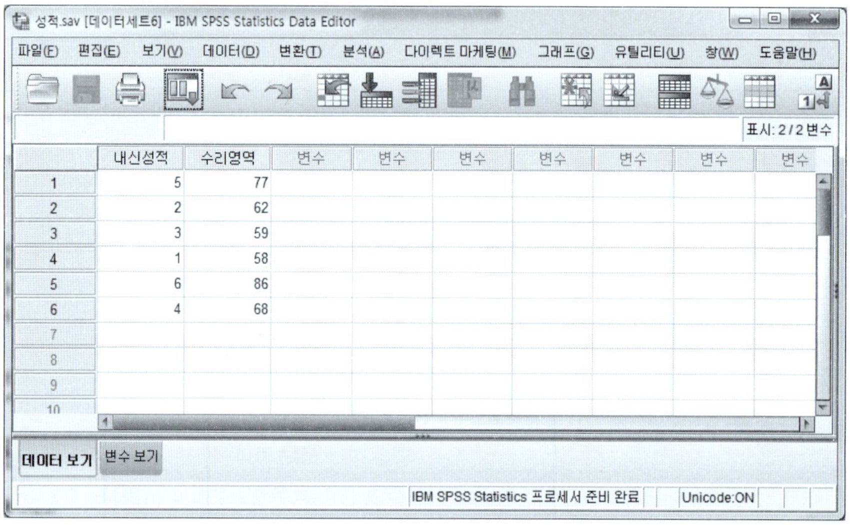

| 그림 12.10 | 자료 입력

> 상관분석(C) ▶
> 이변량 상관(B)

위의 순서대로 선택하면 그림 12.11과 같은 이변량 상관계수 대화상자가 나타난다. 변수에 “내신성적”과 “수리영역”를 선택하고 상관계수로 Spearman을 선택하여 확인을 누르면 그림 12.12의 결과를 얻을 수 있다.

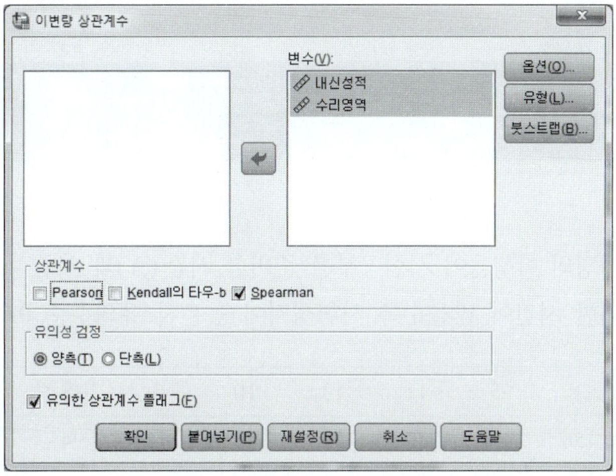

| 그림 12. 11 | 이변량 상관계수

상관관계

			내신성적	수리영역
Spearman의 rho	내신성적	상관계수	1.000	.943**
		유의확률 (양측)	.	.005
		N	6	6
	수리영역	상관계수	.943**	1.000
		유의확률 (양측)	.005	.
		N	6	6

**. 상관관계가 0.01 수준에서 유의합니다(양측).

| 그림 12. 12 | 결과

내신성적과 수리영역의 연관성을 나타내는 수치 중 비모수 상관계수로 스피어만의 상관계수 $r_{sp} = 0.943$를 얻을 수가 있다.

EXERCISES

연습문제

01 다음은 10명의 학생들이 시험공부를 준비한 시간(X)과 시험성적(Y)의 결과이다. 시험을 준비한 시간이 많을수록 시험성적이 높은지 유의수준 0.05로 검정하라.

X	8	5	11	13	10	5	18	15	2	8
Y	56	44	79	72	70	54	94	85	33	65

02 다음은 48주가 된 남자아이 9명의 키(X)와 머리둘레(Y)를 측정한 결과이다. 두 변수 사이에는 양의 상관관계가 있는지 순위상관계수를 이용하여 유의수준 0.05로 검정하라.

키(X)	77.3	73.0	73.9	71.7	79.6	75.4	77.6	72.0	76.4
머리둘레(Y)	47.5	46.9	45.9	46.3	47.5	47.4	47.1	47.3	48.2

03 일란성 쌍둥이 12쌍에게 그들의 진취성을 측정하기 위해 심리검사를 하였다. 다음 데이터는 진취성의 측정값이다. 쌍둥이 형제간의 진취성에는 양의 상관이 있는지 유의수준 0.05로 검정하라.

쌍	1	2	3	4	5	6	7	8	9	10	11	12
첫째(X)	86	71	77	68	91	72	77	77	70	71	88	87
둘째(Y)	88	77	76	64	96	72	90	90	65	80	81	72

04 최근 신혼부부 12쌍의 확률표본으로부터 그들의 키를 측정한 자료이다(단위: 인치).

신랑	80	70	73	72	62	65	74	71	63	64	68	67
신부	72	60	76	62	63	46	68	71	61	65	66	67

(a) 스피어맨 순위상관계수를 구하라.

(b) 신랑과 신부의 키 사이에 양의 연관성이 있는지 순위상관계수를 이용해 유의수준 0.05에서 검정하라.

05 두 식이요법 X와 Y에 차이가 있는지 알아보기 위해 증세가 비슷한 10명의 환자를 5명씩 임의로 두 집단으로 나누어, 각각 X와 Y 두 식이요법을 실시하였다. 몇 주 동안 식이요법을 실시한 후에 체중의 증가를 조사한 결과가 다음과 같다. 유의수준 5%로 윌콕슨 순위합검정을 실시하라.

요법 X	5.7	7.3	7.6	6.0	6.5
요법 Y	4.9	7.4	5.3	4.6	6.2

(a) 귀무가설과 대립가설을 설정하라.
(b) 윌콕슨 순위합검정 통계량과 그 값을 구하라.
(c) 결론을 내려라.

06 두 종류 (X와 Y)의 주스 맛을 20명에게 보게 한 다음 맛을 0부터 100까지의 점수로 나타내게 하여 다음 자료를 얻었다. 유의수준 0.05로 부호순위검정의 정규근사를 이용하여 두 종류 주스의 맛에 차이가 있는지를 검정하라.

X	70	85	73	75	65	50	80	71	80	51	72	76	79	65	59	72	84	90	56	57
Y	65	41	45	80	84	50	71	52	42	78	62	38	80	65	54	67	87	90	38	43

07 한 병원에서 수술 후에 봉합방법으로 테이프를 사용하는 것이 실로 꿰매는 것보다 더 효과적인가를 알아보기 위해 10마리의 실험용 쥐 각각에 2가지 방법을 실시한 다음 5일 후에 장력을 측정한 결과 다음의 자료를 얻었다. 대응비교에서 윌콕슨 부호순위검정을 이용하여 유의수준 약 5%로 검정하라.

테이프	93	112	85	79	96	97	110	89	92	85
실	83	92	87	56	90	89	86	72	87	82

08 새로 개발된 식이요법 Y가 기존 식이요법 X보다 더 효과적인지 검정하기 위해 체중과 건강상태가 비슷한 실험용 쥐 13마리에 실험을 하였다. 13마리를 임의로 6마리와 7마리의 두 집단으로 나누어 한 달 동안 각각 X와 Y 방법을 적용한 후 체중증가를 조사하여 다음의 자료를 얻었다. 유의수준 약 5%로 윌콕슨 순위합검정을 이용하여 검정하라.

X	2.38	4.19	1.39	3.73	2.86	1.21	
Y	4.67	6.38	3.89	4.67	3.58	4.96	3.98

09 다음 자료는 40일 동안 산업용 공장에서 배출한 패기물의 유해성분 산화물의 양 (단위: 톤)이다.

17 15 20 29 19 18 22 25 27 9 24 20 17 6 24 14 15 23 24 26
19 23 28 19 16 22 24 17 20 13 19 10 23 18 31 13 20 17 24 14

$H_0: \theta = 21.5$, $H_1: \theta < 21.5$를 부호검정의 정규근사를 이용해 유의수준 0.01로 검정하라.

10 다음은 어느 가솔린의 옥탄가를 15번 측정하였다. 주어진 가솔린 옥탄가의 중앙값이 98.5인지 부호순위검정을 이용하여 유의수준 0.05로 검정하라.

97.5 95.2 97.3 96.0 96.8 100.3 97.4 97.4 93.2
99.1 96.1 97.6 98.2 98.5 94.9

(a) 귀무가설과 대립가설을 설정하라.
(b) 부호순위검정 통계량의 값을 구하라.
(c) 결론을 내려라.

11 남자 5명의 담배를 끊기 전과 끊고 난 5달 후의 몸무게를 측정한 결과 다음과 같다 (단위 : kg). 담배를 끊으면 몸무게가 증가하는지 유의수준 0.05로 부호순위검정을 하라.

	1	2	3	4	5
전	66	80	69	52	75
후	71	82	68	56	73

12 다음은 X회사 타이어와 Y회사 타이어를 각각 10개씩 임의로 선택하여 10대의 자동차 뒷바퀴에 각 회사의 타이어를 1개씩 장착하여 타이어가 일정수준 마모된 운행거리(단위: 100마일)를 측정한 자료이다. X회사 타이어가 Y회사 타이어보다 운행거리가 더 길다고 할 수 있는가? 유의수준 0.05에서 검정하라.

자동차	1	2	3	4	5	6	7	8	9	10
X	23	20	26	25	48	26	25	24	15	20
Y	20	30	16	33	23	24	8	21	13	18

(a) 귀무가설과 대립가설을 설정하라.
(b) 이표본 부호검정을 하라.
(c) 윌콕슨 부호순위검정을 하라.

부록

부록 A | SPSS 소개

SPSS (Stratistical Package for the Social Sciences)는 사회과학분야의 데이터 분석을 위한 컴퓨터 프로그램으로 1968년에 처음 개발되었으며 여러 차례 기존의 미비한 점을 보완 수정하고, 새로운 기능을 추가하여 지금은 사회과학분야 뿐만 아니라 모든 분야에서 사용되고 있는 통계패키지이다.

1. SPSS 프로그램 사용법

SPSS는 여러 개의 독립적인 창으로 구분되어 있으며 데이터 편집기, 뷰어, 명령문 편집기의 경우 각 자료는 따로 저장해야 한다. 자료의 경우 파일명.sav, 결과물의 경우 파일명.spo, 명령문은 파일명.sps로 저장된다. 따라서 자료와 결과물은 각각 저장하여 보관하여야 한다.

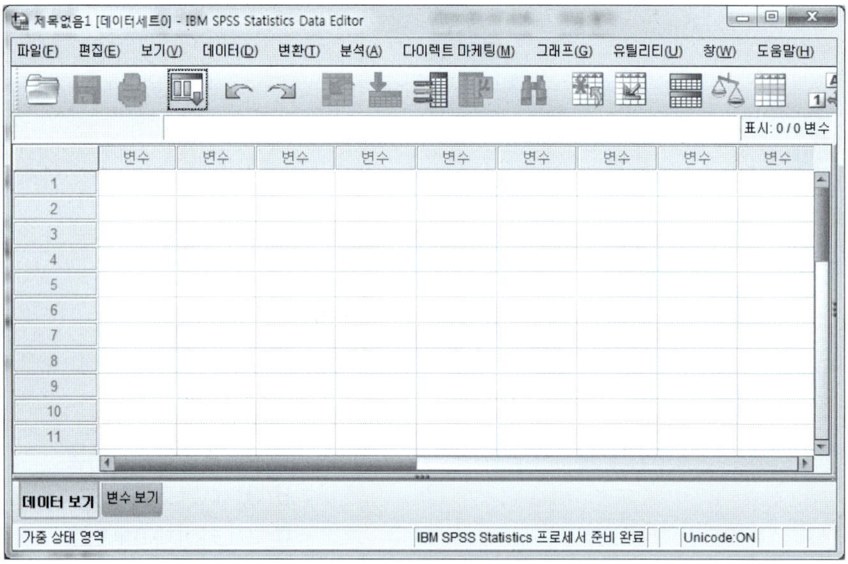

| 그림 1 | SPSS 초기화면

그림 1은 SPSS를 실행시켰을 때 처음 나타나는 화면으로 데이터 편집기 (Data Editor)라고 한다. 데이터 편집기에서 새로운 자료를 입력하고 변수이름을 작성하거나, 기존의 자료를 삭제, 수정, 추가할 수 있다. 동시에 2개의 자료를 사용하기 위해서는 별도의 SPSS를

실행하여 다른 데이터 편집기를 사용해야 한다. 데이터 편집기는 데이터 보기와 변수보기 두 부분으로 구성되어 있다. 그림 2와 그림 3은 자료가 입력된 데이터 보기와 변수보기 화면이다.

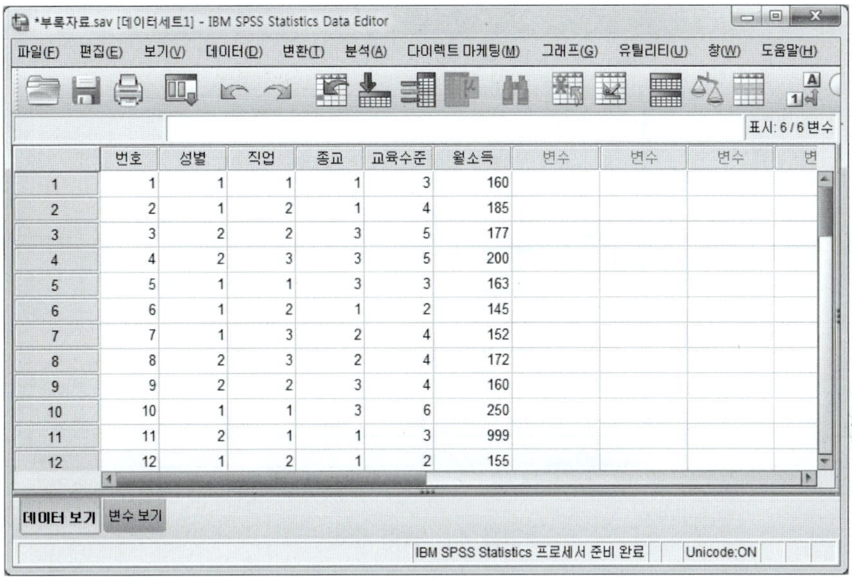

	번호	성별	직업	종교	교육수준	월소득	변수	변수	변수	변
1	1	1	1	1	3	160				
2	2	1	2	1	4	185				
3	3	2	2	3	5	177				
4	4	2	3	3	5	200				
5	5	1	1	3	3	163				
6	6	1	2	1	2	145				
7	7	1	3	2	4	152				
8	8	2	3	2	4	172				
9	9	2	2	3	4	160				
10	10	1	1	3	6	250				
11	11	2	1	1	3	999				
12	12	1	2	1	2	155				

| 그림 2 | 데이터 보기

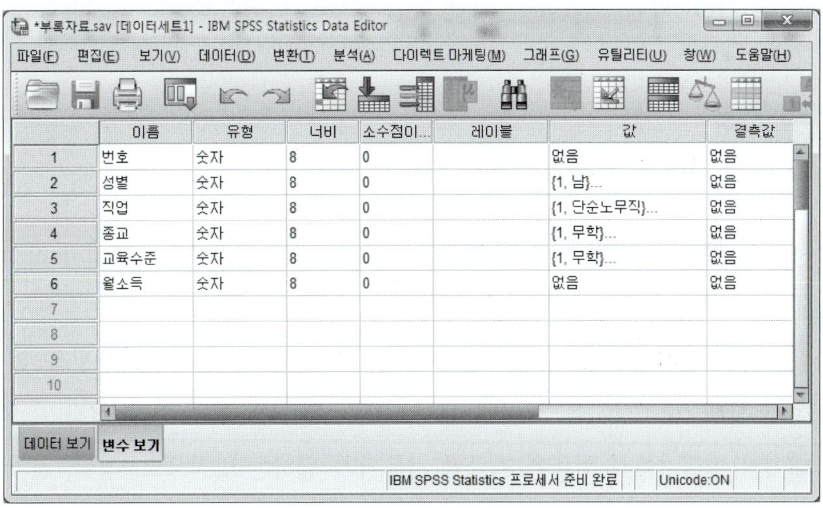

	이름	유형	너비	소수점이...	레이블	값	결측값
1	번호	숫자	8	0		없음	없음
2	성별	숫자	8	0		{1, 남}...	없음
3	직업	숫자	8	0		{1, 단순노무직}...	없음
4	종교	숫자	8	0		{1, 무학}...	없음
5	교육수준	숫자	8	0		{1, 무학}...	없음
6	월소득	숫자	8	0		없음	없음
7							
8							
9							
10							

| 그림 3 | 변수 보기

SPSS 뷰어(Viewer)는 SPSS 수행결과가 나타나는 창으로 모든 결과물의 목록을 나타내는 목록(Outline) 창과 실제 도표와 그림 등의 결과물을 포함하는 내용(Content) 창으로 구성된다.

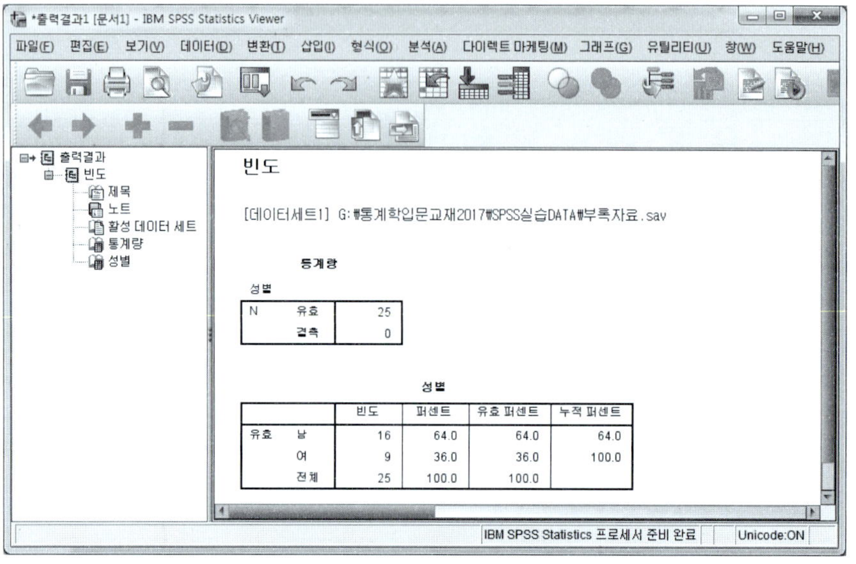

| 그림 4 | 출력 결과

그 외 뷰어에서 도표를 편집할 때 사용하는 창으로 SPSS 도표편집기(Chart Editor)와 SPSS 명령문을 작성, 편집 및 수행을 위한 창인 명령문 편집기(Syntax Editor) 등이 있다.

2. SPSS 기능

SPSS의 데이터 편집기 메뉴의 내용은 다음과 같다.

파일 새로운 자료를 입력, 기존의 입력된 자료나 다른 응용프로그램에서 작성된 자료를 변환하여 불러오거나 저장

편집 데이터 편집기, 뷰어, 명령문 편집기 등에서 작성된 자료와 명령문을 편집, 복사

보기 현재 상태, 도구상자를 화면에 표시, 글꼴, 변수값 설명 보기 변경

데이터 데이터 편집기에서 입력된 자료를 사용자가 원하는 방식으로, 정렬, 전치, 변환시킴으로써 자료를 관리

변환 데이터 편집기에서 이미 입력된 자료와 변수들을 새로운 값과 수식을 가지는 자료와 변수로 변환

분석 각종 통계분석 방법 제공

그래프 막대, 원도표, 히스토그램 등의 그래프 작성

유틸리티 파일이나 변수의 정보를 표시

3. 데이터 입력

SPSS를 이용하여 통계분석을 하고자 한다면 원하는 자료를 데이터 편집기에 직접 입력하거나 다양한 형태의 기존의 자료를 데이터 편집기에 읽어 들여야 한다. 여기서는 SPSS 프로그램에 직접 입력하는 방법을 소개하고자 한다.

예제 1 설문지에 응답한 자료를 입력하여 보자.

< 설 문 지 >

1. 귀하의 성별은 무엇입니까?

   ① 남 ② 여

2. 귀하는 어떤 일에 종사하십니까?

   ① 근로자 ② 사무직 ③ 전문직 ④ 기타

3. 귀하의 최종 학력은 무엇입니까?

   ① 무학 ② 초졸 ③ 중졸 ④ 고졸 ⑤ 대졸 ⑥ 대학원졸

4. 귀하의 한 달 평균 월소득은 얼마입니까? (　　　　　)만원

| 표 1 | 설문지 응답자료

ID	성 별	직 업	교육 수준	월소득
1	1	1	3	160
2	1	2	4	185
3	2	2	5	177
4	2	3	5	200
5	1	1	3	163
6	1	2	2	145
7	1	3	4	152
8	2	3	4	172

| 표 1 | 설문지 응답자료 (계속)

ID	성 별	직 업	교육 수준	월 급
9	2	2	4	160
10	1	1	6	250
11	2	1	3	999
12	1	2	2	155
13	1	3	1	130
14	1	3	5	200
15	1	4	4	160
16	2	1	2	138
17	1	1	5	188
18	2	2	5	150
19	1	2	3	135
20	1	3	4	160
21	1	3	4	145
22	1	3	3	138
23	2	3	6	230
24	2	2	5	130
25	1	3	6	300

표 1은 위의 설문조사에 응답한 25명 응답자들의 자료를 표로 작성한 것이다. 변수보기에서 각각의 변수이름과 변수값에 대한 설명을 그림 5와 같이 작성한다. 이때 소수점 자리도 모두 0으로 수정하면 그림 6과 같이 자료를 입력하기 위한 준비단계가 완료된다. 수집된 각 자료를 모두 입력하면 그림 7과 같이 자료 입력이 완료된다. 이후 원하는 분석을 실시하면 된다.

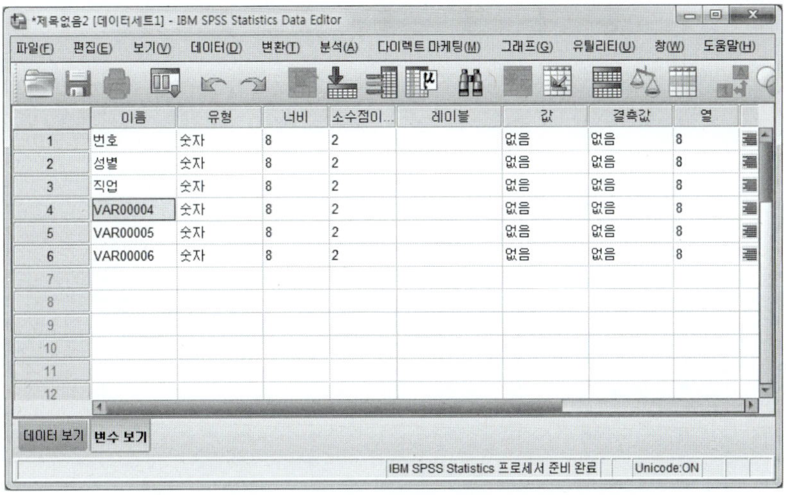

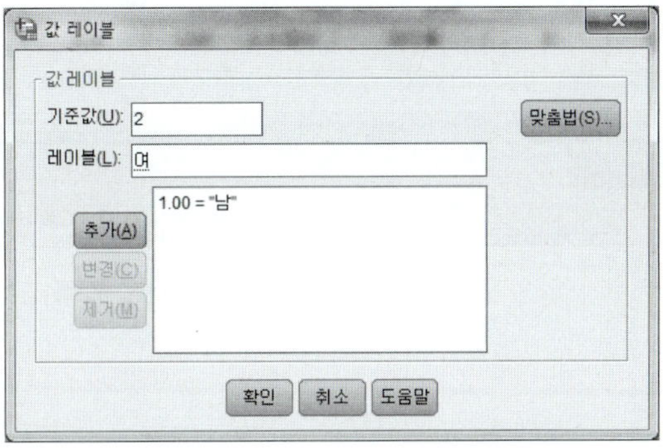

| 그림 5 | 변수이름, 변수값 작성

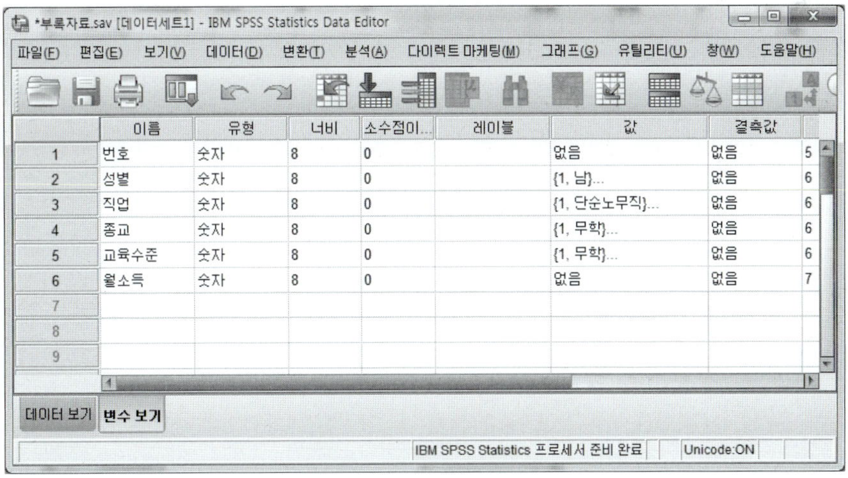

| 그림 6 | 완료된 변수 보기

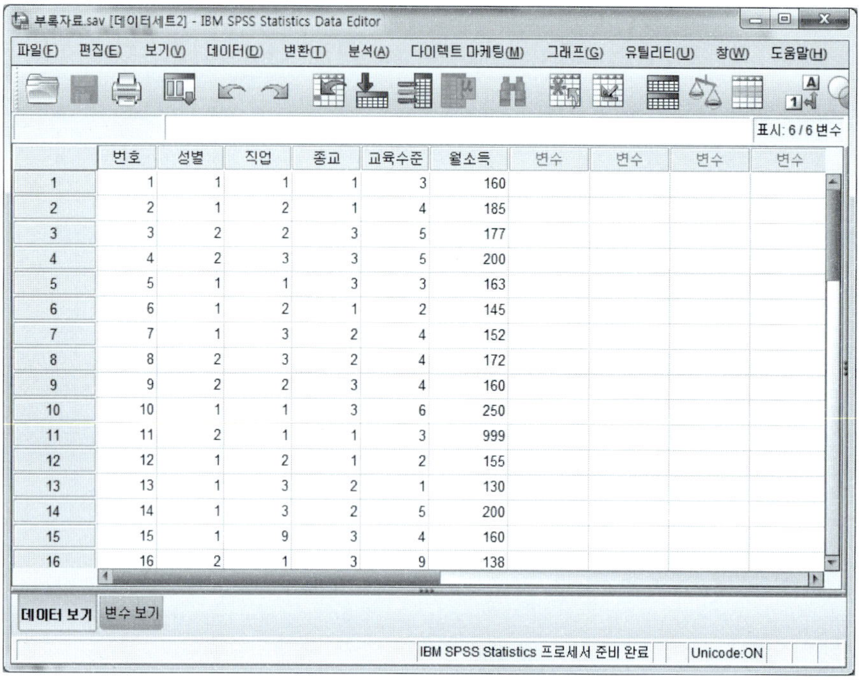

	번호	성별	직업	종교	교육수준	월소득	변수	변수	변수	변수
1	1	1	1	1	3	160				
2	2	1	2	1	4	185				
3	3	2	2	3	5	177				
4	4	2	3	3	5	200				
5	5	1	1	3	3	163				
6	6	1	2	1	2	145				
7	7	1	3	2	4	152				
8	8	2	3	2	4	172				
9	9	2	2	3	4	160				
10	10	1	1	3	6	250				
11	11	2	1	1	3	999				
12	12	1	2	1	2	155				
13	13	1	3	2	1	130				
14	14	1	3	2	5	200				
15	15	1	9	3	4	160				
16	16	2	1	3	9	138				

| 그림 7 | 설문 자료 입력

부록 B

|표 1| 누적이항확률(이항분포의 누적확률)

$$P[X \le c] = \sum_{x=0}^{c} \binom{n}{x} p^x (1-p)^{n-x}$$

		p										
	c	.05	.10	.20	.30	.40	.50	.60	.70	.80	.90	.95
$n=1$	0	.950	.900	.800	.700	.600	.500	.400	.300	.200	.100	.050
$n=2$	0	.902	.810	.640	.490	.360	.250	.160	.090	.040	.010	.002
	1	.997	.990	.960	.910	.840	.750	.640	.560	.360	.190	.097
$n=3$	0	.857	.729	.512	.343	.216	.125	.064	.027	.008	.001	.000
	1	.993	.972	.896	.784	.648	.500	.352	.216	.104	.028	.007
	2	1.000	.999	.992	.973	.936	.875	.784	.657	.488	.271	.143
$n=4$	0	.815	.656	.410	.240	.130	.063	.026	.008	.002	.000	.000
	1	.986	.948	.819	.652	.475	.313	.179	.084	.027	.004	.000
	2	1.000	.996	.973	.916	.821	.688	.525	.348	.181	.052	.014
	3	1.000	1.000	.998	.992	.974	.938	.870	.760	.590	.344	.185
$n=5$	0	.744	.590	.328	.168	.078	.031	.010	.002	.000	.000	.000
	1	.977	.919	.737	.528	.337	.188	.087	.031	.007	.000	.000
	2	.999	.991	.942	.837	.683	.500	.317	.163	.058	.009	.001
	3	1.000	1.000	.993	.969	.913	.813	.663	.472	.263	.081	.023
	4	1.000	1.000	1.000	.998	.990	.969	.922	.832	.672	.410	.226
$n=6$	0	.735	.531	.262	.118	.047	.016	.004	.001	.000	.000	.000
	1	.967	.886	.655	.420	.233	.109	.041	.011	.002	.000	.000
	2	.998	.984	.901	.744	.544	.344	.179	.070	.017	.001	.000
	3	1.000	.999	.983	.930	.821	.656	.456	.256	.099	.016	.002
	4	1.000	1.000	.998	.989	.959	.891	.767	.580	.345	.114	.033
	5	1.000	1.000	1.000	.999	.996	.984	.953	.882	.738	.469	.265
$n=7$	0	.698	.478	.210	.082	.028	.008	.002	.000	.000	.000	.000
	1	.956	.850	.577	.329	.159	.063	.019	.004	.000	.000	.000
	2	.996	.974	.852	.647	.420	.227	.096	.029	.005	.000	.000
	3	1.000	.997	.967	.874	.710	.500	.290	.126	.033	.003	.000
	4	1.000	1.000	.995	.971	.904	.773	.580	.353	.148	.026	.004
	5	1.000	1.000	1.000	.996	.981	.938	.841	.671	.423	.150	.044
	6	1.000	1.000	1.000	1.000	.998	.992	.972	.918	.790	.522	.302

| 표 1 | 누적이항확률 (계속)

		p										
	c	.05	.10	.20	.30	.40	.50	.60	.70	.80	.90	.95
$n=8$	0	.663	.430	.168	.058	.017	.004	.001	.000	.000	.000	.000
	1	.943	.813	.503	.255	.106	.035	.009	.001	.000	.000	.000
	2	.994	.962	.797	.552	.315	.145	.050	.011	.001	.000	.000
	3	1.000	.995	.944	.806	.594	.363	.174	.058	.010	.000	.000
	4	1.000	1.000	.990	.942	.826	.637	.406	.194	.056	.005	.000
	5	1.000	1.000	.999	.989	.950	.855	.685	.448	.203	.038	.006
	6	1.000	1.000	1.000	.999	.991	.965	.894	.745	.497	.187	.057
	7	1.000	1.000	1.000	1.000	.999	.996	.983	.942	.832	.570	.337
$n=9$	0	.630	.387	.134	.040	.010	.002	.000	.000	.000	.000	.000
	1	.929	.775	.436	.196	.071	.020	.004	.000	.000	.000	.000
	2	.992	.947	.738	.463	.232	.090	.025	.004	.000	.000	.000
	3	.999	.992	.914	.730	.483	.254	.099	.025	.003	.000	.000
	4	1.000	.999	.980	.901	.733	.500	.267	.099	.020	.001	.000
	5	1.000	1.000	.997	.975	.901	.746	.517	.270	.086	.008	.001
	6	1.000	1.000	1.000	.996	.975	.910	.768	.537	.262	.053	.008
	7	1.000	1.000	1.000	1.000	.996	.980	.929	.804	.564	.225	.071
	8	1.000	1.000	1.000	1.000	1.000	.998	.990	.960	.866	.613	.370
$n=10$	0	.599	.349	.107	.028	.006	.001	.000	.000	.000	.000	.000
	1	.914	.736	.376	.149	.046	.011	.002	.000	.000	.000	.000
	2	.988	.930	.678	.383	.167	.055	.012	.002	.000	.000	.000
	3	.999	.987	.879	.650	.382	.172	.055	.011	.001	.000	.000
	4	1.000	.998	.967	.850	.633	.377	.166	.047	.006	.000	.000
	5	1.000	1.000	.994	.953	.834	.623	.367	.150	.033	.002	.000
	6	1.000	1.000	.999	.989	.945	.828	.618	.350	.121	.013	.001
	7	1.000	1.000	1.000	.998	.988	.945	.833	.617	.322	.070	.012
	8	1.000	1.000	1.000	1.000	.998	.989	.954	.851	.624	.264	.086
	9	1.000	1.000	1.000	1.000	1.000	.999	.994	.972	.893	.651	.401
$n=11$	0	.569	.314	.086	.020	.004	.000	.000	.000	.000	.000	.000
	1	.898	.697	.322	.113	.030	.006	.001	.000	.000	.000	.000
	2	.985	.910	.617	.313	.119	.033	.006	.001	.000	.000	.000
	3	.998	.981	.839	.570	.296	.113	.029	.004	.000	.000	.000
	4	1.000	.997	.950	.790	.533	.274	.099	.022	.002	.000	.000
	5	1.000	1.000	.988	.922	.753	.500	.247	.078	.012	.000	.000
	6	1.000	1.000	.998	.978	.901	.726	.467	.210	.050	.003	.000
	7	1.000	1.000	1.000	.996	.971	.887	.704	.430	.161	.019	.002
	8	1.000	1.000	1.000	.999	.994	.967	.881	.687	.383	.090	.015
	9	1.000	1.000	1.000	1.000	.999	.994	.970	.887	.678	.303	.102
	10	1.000	1.000	1.000	1.000	1.000	1.000	.996	.980	.914	.686	.431

| 표 1 | 누적이항확률 (계속)

		p										
		.05	.10	.20	.30	.40	.50	.60	.70	.80	.90	.95
	c											
$n=12$	0	.540	.282	.069	.014	.002	.000	.000	.000	.000	.000	.000
	1	.882	.659	.275	.085	.020	.003	.000	.000	.000	.000	.000
	2	.980	.889	.558	.253	.083	.019	.003	.000	.000	.000	.000
	3	.998	.974	.795	.493	.225	.073	.015	.002	.000	.000	.000
	4	1.000	.996	.927	.724	.438	.194	.057	.009	.001	.000	.000
	5	1.000	.999	.981	.882	.665	.387	.158	.039	.004	.000	.000
	6	1.000	1.000	.996	.961	.842	.613	.335	.118	.019	.001	.000
	7	1.000	1.000	.999	.991	.943	.806	.562	.276	.073	.004	.000
	8	1.000	1.000	1.000	.998	.985	.927	.775	.507	.205	.026	.002
	9	1.000	1.000	1.000	1.000	.997	.981	.917	.747	.442	.111	.020
	10	1.000	1.000	1.000	1.000	1.000	.977	.980	.915	.725	.341	.118
	11	1.000	1.000	1.000	1.000	1.000	1.000	.998	.986	.931	.718	.460
$n=13$	0	.513	.254	.055	.010	.001	.000	.000	.000	.000	.000	.000
	1	.865	.621	.234	.064	.013	.002	.000	.000	.000	.000	.000
	2	.975	.866	.502	.202	.058	.011	.001	.000	.000	.000	.000
	3	.997	.966	.747	.421	.169	.046	.008	.001	.000	.000	.000
	4	1.000	.994	.901	.654	.353	.133	.032	.004	.000	.000	.000
	5	1.000	.999	.970	.835	.574	.291	.098	.018	.001	.000	.000
	6	1.000	1.000	.993	.938	.771	.500	.229	.062	.007	.000	.000
	7	1.000	1.000	.999	.982	.902	.709	.426	.165	.030	.001	.000
	8	1.000	1.000	1.000	.996	.968	.867	.647	.346	.099	.006	.000
	9	1.000	1.000	1.000	.999	.992	.954	.831	.579	.253	.034	.003
	10	1.000	1.000	1.000	1.000	.999	.989	.942	.798	.498	.134	.025
	11	1.000	1.000	1.000	1.000	1.000	.998	.987	.936	.766	.379	.135
	12	1.000	1.000	1.000	1.000	1.000	1.000	.999	.990	.945	.746	.487
$n=14$	0	.488	.229	.044	.007	.001	.000	.000	.000	.000	.000	.000
	1	.847	.585	.198	.047	.008	.001	.000	.000	.000	.000	.000
	2	.970	.842	.448	.161	.040	.006	.001	.000	.000	.000	.000
	3	.996	.956	.698	.355	.124	.029	.004	.000	.000	.000	.000
	4	1.000	.991	.870	.584	.279	.090	.018	.002	.000	.000	.000
	5	1.000	.999	.956	.781	.486	.212	.058	.008	.000	.000	.000
	6	1.000	1.000	.988	.907	.692	.395	.150	.031	.002	.000	.000
	7	1.000	1.000	.998	.969	.850	.605	.308	.093	.012	.000	.000
	8	1.000	1.000	1.000	.992	.942	.788	.514	.219	.044	.001	.000
	9	1.000	1.000	1.000	.998	.982	.910	.721	.416	.130	.009	.000
	10	1.000	1.000	1.000	1.000	.996	.971	.876	.645	.302	.044	.004
	11	1.000	1.000	1.000	1.000	.999	.994	.960	.839	.552	.158	.030
	12	1.000	1.000	1.000	1.000	1.000	.999	.992	.953	.802	.415	.153
	13	1.000	1.000	1.000	1.000	1.000	1.000	.999	.993	.956	.771	.512

| 표 1 | 누적이항확률 (계속)

		p										
		.05	.10	.20	.30	.40	.50	.60	.70	.80	.90	.95
	c											
$n=15$	0	.463	.206	.035	.005	.000	.000	.000	.000	.000	.000	.000
	1	.829	.549	.167	.035	.005	.000	.000	.000	.000	.000	.000
	2	.964	.816	.398	.127	.027	.004	.000	.000	.000	.000	.000
	3	.995	.944	.648	.297	.091	.018	.002	.000	.000	.000	.000
	4	.999	.987	.836	.515	.217	.059	.009	.001	.000	.000	.000
	5	1.000	.998	.936	.722	.403	.151	.034	.004	.000	.000	.000
	6	1.000	1.000	.982	.869	.610	.304	.095	.015	.001	.000	.000
	7	1.000	1.000	.996	.950	.787	.500	.213	.050	.004	.000	.000
	8	1.000	1.000	.999	.985	.905	.696	.390	.131	.018	.000	.000
	9	1.000	1.000	1.000	.996	.966	.849	.597	.278	.061	.002	.000
	10	1.000	1.000	1.000	.999	.991	.941	.783	.485	.164	.013	.001
	11	1.000	1.000	1.000	1.000	.998	.982	.909	.703	.352	.056	.005
	12	1.000	1.000	1.000	1.000	1.000	.996	.973	.873	.602	.184	.036
	13	1.000	1.000	1.000	1.000	1.000	1.000	.995	.965	.833	.451	.171
	14	1.000	1.000	1.000	1.000	1.000	1.000	1.000	.995	.965	.794	.537
$n=16$	0	.440	.185	.028	.003	.000	.000	.000	.000	.000	.000	.000
	1	.811	.515	.141	.026	.003	.000	.000	.000	.000	.000	.000
	2	.957	.789	.352	.099	.018	.002	.000	.000	.000	.000	.000
	3	.993	.932	.598	.246	.065	.011	.001	.000	.000	.000	.000
	4	.999	.983	.798	.450	.167	.038	.005	.000	.000	.000	.000
	5	1.000	.997	.918	.660	.329	.0105	.019	.002	.000	.000	.000
	6	1.000	.999	.973	.825	.527	.227	.058	.007	.000	.000	.000
	7	1.000	1.000	.993	.926	.716	.402	.142	.026	.001	.000	.000
	8	1.000	1.000	.999	.974	.858	.598	.284	.074	.007	.000	.000
	9	1.000	1.000	1.000	.993	.942	.773	.473	.175	.027	.001	.000
	10	1.000	1.000	1.000	.998	.981	.895	.671	.340	.082	.003	.000
	11	1.000	1.000	1.000	1.000	.995	.962	.833	.550	.202	.017	.001
	12	1.000	1.000	1.000	1.000	.999	.989	.935	.754	.402	.068	.007
	13	1.000	1.000	1.000	1.000	1.000	.998	.982	.901	.648	.211	.043
	14	1.000	1.000	1.000	1.000	1.000	1.000	.997	.974	.859	.485	.189
	15	1.000	1.000	1.000	1.000	1.000	1.000	1.000	.997	.972	.815	.560

| 표 1 | 누적이항확률 (계속)

		p										
		.05	.10	.20	.30	.40	.50	.60	.70	.80	.90	.95
	c											
$n=17$	0	.418	.167	.023	.002	.000	.000	.000	.000	.000	.000	.000
	1	.792	.482	.118	.019	.002	.000	.000	.000	.000	.000	.000
	2	.950	.762	.310	.077	.012	.001	.000	.000	.000	.000	.000
	3	.991	.917	.549	.202	.046	.006	.000	.000	.000	.000	.000
	4	.999	.978	.758	.389	.126	.025	.003	.000	.000	.000	.000
	5	1.000	.995	.894	.597	.264	.072	.011	.001	.000	.000	.000
	6	1.000	.999	.962	.775	.448	.166	.035	.003	.000	.000	.000
	7	1.000	1.000	.989	.895	.641	.315	.092	.013	.000	.000	.000
	8	1.000	1.000	.997	.960	.801	.500	.199	.040	.003	.000	.000
	9	1.000	1.000	1.000	.987	.908	.685	.359	.105	.011	.000	.000
	10	1.000	1.000	1.000	.997	.965	.834	.552	.225	.038	.001	.000
	11	1.000	1.000	1.000	.999	.989	.928	.736	.403	.106	.005	.000
	12	1.000	1.000	1.000	1.000	.997	.975	.874	.611	.242	.022	.001
	13	1.000	1.000	1.000	1.000	1.000	.994	.954	.798	.451	.083	.009
	14	1.000	1.000	1.000	1.000	1.000	.999	.988	.923	.690	.238	.050
	15	1.000	1.000	1.000	1.000	1.000	1.000	.998	.981	.882	.518	.208
	16	1.000	1.000	1.000	1.000	1.000	1.000	1.000	.998	.977	.833	.582
$n=18$	0	.397	.150	.018	.002	.000	.000	.000	.000	.000	.000	.000
	1	.774	.450	.099	.014	.001	.000	.000	.000	.000	.000	.000
	2	.942	.734	.271	.060	.008	.001	.000	.000	.000	.000	.000
	3	.989	.902	.501	.165	.033	.004	.000	.000	.000	.000	.000
	4	.998	.972	.716	.333	.094	.015	.001	.000	.000	.000	.000
	5	1.000	.994	.867	.534	.209	.048	.006	.000	.000	.000	.000
	6	1.000	.999	.949	.722	.374	.119	.020	.001	.000	.000	.000
	7	1.000	1.000	.984	.859	.563	.240	.058	.006	.000	.000	.000
	8	1.000	1.000	.996	.940	.737	.407	.135	.021	.001	.000	.000
	9	1.000	1.000	.999	.979	.865	.593	.263	.060	.004	.000	.000
	10	1.000	1.000	1.000	.994	.942	.760	.437	.141	.016	.000	.000
	11	1.000	1.000	1.000	.999	.980	.881	.626	.278	.051	.001	.000
	12	1.000	1.000	1.000	1.000	.994	.952	.791	.466	.133	.006	.000
	13	1.000	1.000	1.000	1.000	.999	.985	.906	.667	.284	.028	.002
	14	1.000	1.000	1.000	1.000	1.000	.996	.967	.835	.499	.098	.011
	15	1.000	1.000	1.000	1.000	1.000	.999	.992	.940	.729	.266	.058
	16	1.000	1.000	1.000	1.000	1.000	1.000	.999	.986	.901	.550	.226
	17	1.000	1.000	1.000	1.000	1.000	1.000	1.000	.998	.982	.850	.603

| 표 1 | 누적이항확률 (계속)

		p										
	c	.05	.10	.20	.30	.40	.50	.60	.70	.80	.90	.95
$n=19$	0	.377	.135	.014	.001	.000	.000	.000	.000	.000	.000	.000
	1	.755	.420	.083	.010	.001	.000	.000	.000	.000	.000	.000
	2	.933	.705	.237	.046	.005	.000	.000	.000	.000	.000	.000
	3	.987	.885	.455	.133	.023	.002	.000	.000	.000	.000	.000
	4	.998	.965	.673	.282	.070	.010	.001	.000	.000	.000	.000
	5	1.000	.991	.837	.474	.163	.032	.003	.000	.000	.000	.000
	6	1.000	.998	.932	.666	.308	.084	.012	.001	.000	.000	.000
	7	1.000	1.000	.977	.818	.488	.180	.035	.003	.000	.000	.000
	8	1.000	1.000	.993	.916	.667	.324	.088	.011	.000	.000	.000
	9	1.000	1.000	.998	.967	.814	.500	.186	.033	.002	.000	.000
	10	1.000	1.000	1.000	.989	.912	.676	.333	.084	.007	.000	.000
	11	1.000	1.000	1.000	.997	.865	.820	.512	.182	.023	.000	.000
	12	1.000	1.000	1.000	.999	.988	.916	.692	.334	.068	.002	.000
	13	1.000	1.000	1.000	1.000	.997	.968	.837	.526	.163	.009	.000
	14	1.000	1.000	1.000	1.000	.999	.990	.930	.718	.327	.035	.002
	15	1.000	1.000	1.000	1.000	1.000	.998	.977	.867	.545	.115	.013
	16	1.000	1.000	1.000	1.000	1.000	1.000	.995	.954	.763	.295	.067
	17	1.000	1.000	1.000	1.000	1.000	1.000	.999	.990	.917	.580	.245
	18	1.000	1.000	1.000	1.000	1.000	1.000	1.000	.999	.986	.865	.623
$n=20$	0	.358	.122	.012	.001	.000	.000	.000	.000	.000	.000	.000
	1	.736	.392	.069	.008	.001	.000	.000	.000	.000	.000	.000
	2	.925	.677	.206	.035	.004	.000	.000	.000	.000	.000	.000
	3	.984	.867	.411	.107	.016	.001	.000	.000	.000	.000	.000
	4	.997	.957	.630	.238	.051	.006	.000	.000	.000	.000	.000
	5	1.000	.989	.804	.416	.126	.021	.002	.000	.000	.000	.000
	6	1.000	.998	.913	.608	.250	.058	.006	.000	.000	.000	.000
	7	1.000	1.000	.968	.772	.416	.132	.021	.001	.000	.000	.000
	8	1.000	1.000	.990	.887	.596	.252	.057	.005	.000	.000	.000
	9	1.000	1.000	.997	.952	.755	.412	.128	.017	.001	.000	.000
	10	1.000	1.000	.999	.983	.872	.588	.245	.048	.003	.000	.000
	11	1.000	1.000	1.000	.995	.943	.748	.404	.113	.010	.000	.000
	12	1.000	1.000	1.000	.999	.979	.868	.584	.228	.032	.000	.000
	13	1.000	1.000	1.000	1.000	.994	.942	.750	.392	.087	.002	.000
	14	1.000	1.000	1.000	1.000	.998	.979	.874	.584	.196	.011	.000
	15	1.000	1.000	1.000	1.000	1.000	.994	.949	.762	.370	.043	.003
	16	1.000	1.000	1.000	1.000	1.000	.999	.984	.893	.589	.133	.016
	17	1.000	1.000	1.000	1.000	1.000	1.000	.996	.965	.794	.323	.075
	18	1.000	1.000	1.000	1.000	1.000	1.000	.999	.992	.931	.608	.264
	19	1.000	1.000	1.000	1.000	1.000	1.000	1.000	.999	.988	.878	.642

| 표 1 | 누적이항확률 (계속)

		p										
		.05	.10	.20	.30	.40	.50	.60	.70	.80	.90	.95
	c											
$n=25$	0	.277	.072	.004	.000	.000	.000	.000	.000	.000	.000	.000
	1	.642	.271	.027	.002	.000	.000	.000	.000	.000	.000	.000
	2	.873	.537	.098	.009	.000	.000	.000	.000	.000	.000	.000
	3	.966	.764	.234	.033	.002	.000	.000	.000	.000	.000	.000
	4	.993	.902	.421	.090	.009	.000	.000	.000	.000	.000	.000
	5	.999	.967	.617	.193	.029	.002	.000	.000	.000	.000	.000
	6	1.000	.991	.780	.341	.074	.007	.000	.000	.000	.000	.000
	7	1.000	.998	.891	.512	.154	.022	.001	.000	.000	.000	.000
	8	1.000	1.000	.953	.677	.274	.054	.004	.000	.000	.000	.000
	9	1.000	1.000	.983	.811	.425	.115	.013	.000	.000	.000	.000
	10	1.000	1.000	.994	.902	.586	.212	.034	.002	.000	.000	.000
	11	1.000	1.000	.998	.956	.732	.345	.078	.006	.000	.000	.000
	12	1.000	1.000	1.000	.983	.846	.500	.154	.017	.000	.000	.000
	13	1.000	1.000	1.000	.994	.922	.655	.268	.044	.000	.000	.000
	14	1.000	1.000	1.000	.998	.966	.788	.414	.098	.006	.000	.000
	15	1.000	1.000	1.000	1.000	.987	.885	.575	.189	.017	.000	.000
	16	1.000	1.000	1.000	1.000	.996	.946	.726	.323	.047	.000	.000
	17	1.000	1.000	1.000	1.000	.999	.978	.846	.488	.109	.002	.000
	18	1.000	1.000	1.000	1.000	1.000	.993	.926	.659	.220	.009	.000
	19	1.000	1.000	1.000	1.000	1.000	.998	.971	.807	.383	.033	.004
	20	1.000	1.000	1.000	1.000	1.000	1.000	.991	.910	.579	.098	.007
	21	1.000	1.000	1.000	1.000	1.000	1.000	.998	.967	.766	.236	.034
	22	1.000	1.000	1.000	1.000	1.000	1.000	1.000	.991	.902	.463	.127
	23	1.000	1.000	1.000	1.000	1.000	1.000	1.000	.998	.973	.729	.358
	24	1.000	1.000	1.000	1.000	1.000	1.000	1.000	1.000	.996	.928	.723

| 표 2 | 표준정규분포표

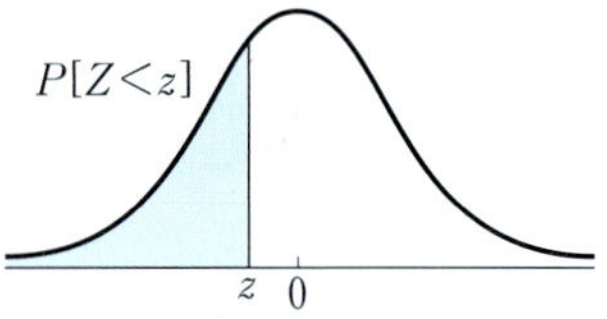

z	.00	.01	.02	.03	.04	.05	.06	.07	.08	.09
.0	.5000	.504	.5080	.5120	.5160	.5199	.5239	.5279	.5319	.5359
.1	.5398	.5438	.5478	.5517	.5557	.5596	.5636	.5675	.5714	.5753
.2	.5793	.5832	.5871	.5910	.5948	.5987	.6026	.6064	.6103	.6141
.3	.6179	.6217	.6255	.6293	.6331	.6368	.6406	.6443	.6480	.6517
.4	.6554	.6591	.6628	.6664	.6700	.6736	.6772	.6808	.6844	.6879
.5	.6915	.6950	.6985	.7019	.7054	.7088	.7123	.7157	.7190	.7224
.6	.7257	.7291	.7324	.7357	.7389	.7422	.7454	.7486	.7517	.7549
.7	.7580	.7611	.7642	.7673	.7703	.7734	.7764	.7794	.7823	.7852
.8	.7881	.7910	.7939	.7967	.7995	.8023	.8051	.8078	.8106	.8133
.9	.8159	.8186	.8212	.8238	.8264	.8289	.8315	.8340	.8365	.8389
1.0	.8413	.8438	.8461	.8485	.8508	.8531	.8554	.8577	.8599	.8621
1.1	.8643	.8665	.8686	.8708	.8729	.8749	.8770	.8790	.8810	.8830
1.2	.8849	.8869	.8888	.8907	.8925	.8944	.8962	.8980	.8997	.9015
1.3	.9032	.9049	.9066	.9082	.9099	.9115	.9131	.9147	.9162	.9177
1.4	.9192	.9207	.9222	.9236	.9251	.9265	.9279	.9292	.9306	.9319
1.5	.9332	.9345	.9357	.9370	.9382	.9394	.9406	.9418	.9429	.9441
1.6	.9452	.9463	.9474	.9484	.9495	.9505	.9515	.9525	.9535	.9545
1.7	.9554	.9564	.9573	.9582	.9591	.9599	.9608	.9616	.9625	.9633
1.8	.9641	.9649	.9656	.9664	.9671	.9678	.9686	.9693	.9699	.9706
1.9	.9713	.9719	.9726	.9732	.9738	.9744	.9750	.9756	.9761	.9767
2.0	.9772	.9778	.9783	.9788	.9793	.9798	.9803	.9809	.9812	.9817
2.1	.9821	.9826	.9830	.9834	.9838	.9842	.9846	.9850	.9854	.9857
2.2	.9861	.9864	.9868	.9871	.9875	.9878	.9881	.9884	.9887	.9890
2.3	.9893	.9896	.9898	.9901	.9904	.9906	.9909	.9911	.9913	.9916
2.4	.9918	.9920	.9922	.9925	.9927	.9929	.9931	.9932	.9934	.9936
2.5	.9938	.9940	.9941	.9943	.9945	.9946	.9948	.9949	.9951	.9952
2.6	.9953	.9955	.9956	.9957	.9959	.9960	.9961	.9962	.9963	.9964
2.7	.9965	.9966	.9967	.9968	.9969	.9970	.9971	.9972	.9973	.9974
2.8	.9974	.9975	.9976	.9977	.9977	.9978	.9979	.9979	.9980	.9981
2.9	.9981	.9982	.9982	.9983	.9984	.9984	.9985	.9985	.9986	.9986
3.0	.9987	.9987	.9987	.9988	.9988	.9989	.9989	.9989	.9990	.9990
3.1	.9990	.9991	.9991	.9991	.9992	.9992	.9992	.9992	.9993	.9993
3.2	.9993	.9993	.9994	.9994	.9994	.9994	.9994	.9995	.9995	.9995
3.3	.9995	.9995	.9995	.9996	.9996	.9996	.9996	.9996	.9996	.9997
3.4	.9997	.9997	.9997	.9997	.9997	.9997	.9997	.9997	.9997	.9998
3.5	.9998	.9998	.9998	.9998	.9998	.9998	.9998	.9998	.9998	.9998

| 표 3 | t 분포표—오른쪽 꼬리 확률

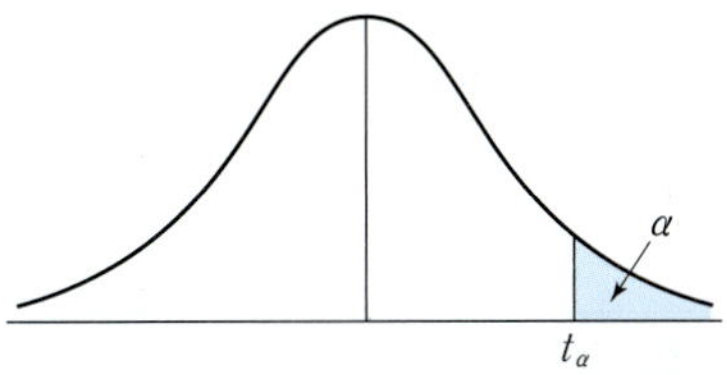

df \ α	0.25	0.20	0.15	0.10	0.05	0.025	0.02	0.01	0.00833	0.005	0.0025	0.001	0.0005
1	1.000	1.376	1.963	3.078	6.314	12.71	15.89	31.82	38.190	63.66	127.3	318.3	636.6
2	0.816	1.061	1.386	1.886	2.920	4.303	4.849	6.965	7.649	9.925	14.09	22.33	31.60
3	0.765	0.978	1.250	1.638	2.353	3.182	3.482	4.541	4.857	5.841	7.453	10.21	12.92
4	0.741	0.941	1.190	1.533	2.132	2.776	2.999	3.747	3.961	4.604	5.598	7.173	8.610
5	0.727	0.920	1.156	1.476	2.015	2.571	2.757	3.365	3.534	4.032	4.773	5.893	6.869
6	0.718	0.906	1.134	1.440	1.943	2.447	2.612	3.143	3.287	3.707	4.317	5.208	5.959
7	0.711	0.896	1.119	1.415	1.895	2.365	2.517	2.998	3.128	3.499	4.029	4.785	5.408
8	0.706	0.889	1.108	1.397	1.860	2.306	2.449	2.896	3.016	3.355	3.833	4.501	5.041
9	0.703	0.883	1.100	1.383	1.833	2.262	2.398	2.821	2.933	3.250	3.690	4.297	4.781
10	0.700	0.879	1.093	1.372	1.812	2.228	2.359	2.764	2.870	3.169	3.581	4.144	4.587
11	0.697	0.876	1.088	1.363	1.796	2.201	2.328	2.718	2.820	3.106	3.497	4.025	4.437
12	0.695	0.873	1.083	1.356	1.782	2.179	2.303	2.681	2.779	3.055	3.428	3.930	4.318
13	0.694	0.870	1.079	1.350	1.771	2.160	2.282	2.650	2.746	3.012	3.372	3.852	4.221
14	0.692	0.868	1.076	1.345	1.761	2.145	2.264	2.624	2.718	2.977	3.326	3.787	4.140
15	0.691	0.866	1.074	1.341	1.753	2.131	2.249	2.602	2.694	2.947	3.286	3.733	4.073
16	0.690	0.865	1.071	1.337	1.746	2.120	2.235	2.583	2.673	2.921	3.252	3.686	4.015
17	0.689	0.863	1.069	1.333	1.740	2.110	2.224	2.567	2.655	2.898	3.222	3.646	3.965
18	0.688	0.862	1.067	1.330	1.734	2.101	2.214	2.552	2.639	2.878	3.197	3.611	3.922
19	0.688	0.861	1.066	1.328	1.729	2.093	2.205	2.539	2.625	2.861	3.174	3.579	3.883
20	0.687	0.860	1.064	1.325	1.725	2.086	2.197	2.528	2.613	2.845	3.153	3.552	3.850
21	0.686	0.859	1.063	1.323	1.721	2.080	2.189	2.518	2.601	2.831	3.135	3.527	3.819
22	0.686	0.858	1.061	1.321	1.717	2.074	2.183	2.508	2.591	2.819	3.119	3.505	3.792
23	0.685	0.858	1.060	1.319	1.714	2.069	2.177	2.500	2.582	2.807	3.104	3.485	3.768
24	0.685	0.857	1.059	1.318	1.711	2.064	2.172	2.492	2.574	2.797	3.091	3.467	3.745
25	0.684	0.856	1.058	1.316	1.708	2.060	2.167	2.485	2.566	2.787	3.078	3.450	3.725
26	0.684	0.856	1.058	1.315	1.706	2.056	2.162	2.479	2.599	2.779	3.067	3.435	3.707
27	0.684	0.855	1.057	1.314	1.703	2.052	2.158	2.473	2.552	2.771	3.057	3.421	3.690
28	0.683	0.855	1.056	1.313	1.701	2.048	2.154	2.467	2.546	2.763	3.047	3.408	3.674
29	0.683	0.854	1.055	1.311	1.699	2.045	2.150	2.462	2.541	2.756	3.038	3.396	3.659
30	0.683	0.854	1.055	1.310	1.697	2.042	2.147	2.457	2.536	2.750	3.030	3.385	3.646
40	0.681	0.851	1.050	1.303	1.684	2.021	2.123	2.423	2.499	2.704	2.971	3.307	3.551
60	0.679	0.848	1.045	1.296	1.671	2.000	2.099	2.390	2.463	2.660	2.915	3.232	3.460
∞	0.674	0.841	1.036	1.282	1.645	1.960	2.054	2.326	2.394	2.576	2.807	3.091	3.291

| 표 4 | 카이제곱분포표—오른쪽 꼬리 확률

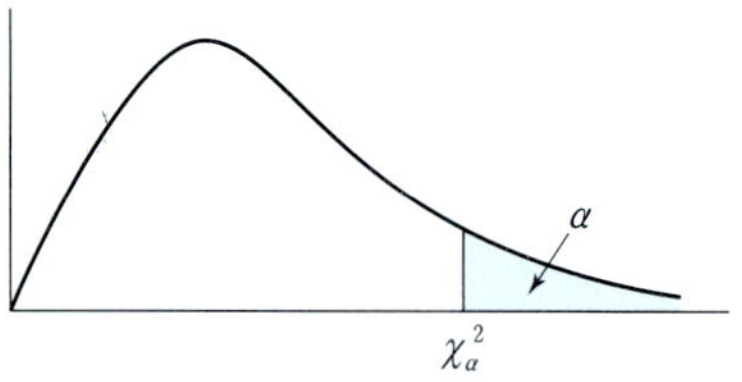

df \ α	0.9995	0.999	0.9975	0.995	0.990	0.975	0.950	0.900	0.750	0.500
1	0.00	0.00	0.00	0.00	0.00	0.00	0.00	0.02	0.10	0.45
2	0.00	0.00	0.01	0.01	0.02	0.05	0.10	0.21	0.58	1.39
3	0.02	0.02	0.04	0.07	0.11	0.22	0.35	0.58	1.21	2.37
4	0.06	0.09	0.14	0.21	0.30	0.48	0.71	1.06	1.92	3.36
5	0.16	0.21	0.31	0.41	0.55	0.83	1.15	1.61	2.67	4.35
6	0.30	0.38	0.53	0.68	0.87	1.24	1.64	2.20	3.45	5.35
7	0.48	0.60	0.79	0.99	1.24	1.69	2.17	2.83	4.25	6.35
8	0.71	0.86	1.10	1.34	1.65	2.18	2.73	3.49	5.07	7.34
9	0.97	1.15	1.45	1.73	2.09	2.70	3.33	4.17	5.90	8.34
10	1.26	1.48	1.83	2.16	2.56	3.25	3.94	4.87	6.74	9.34
11	1.59	1.83	2.23	2.60	3.05	3.82	4.57	5.58	7.58	10.34
12	1.93	2.21	2.66	3.07	3.57	4.40	5.23	6.30	8.44	11.34
13	2.31	2.62	3.11	3.57	4.11	5.01	5.89	7.04	9.30	12.34
14	2.70	3.04	3.58	4.07	4.66	5.63	6.57	7.79	10.17	13.34
15	3.11	3.48	4.07	4.60	5.23	6.26	7.26	8.55	11.04	14.34
16	3.54	3.94	4.57	5.14	5.81	6.91	7.96	9.31	11.91	15.34
17	3.98	4.42	5.09	5.70	6.41	7.56	8.67	10.09	12.79	16.34
18	4.44	4.90	5.62	6.26	7.01	8.23	9.39	10.86	13.68	17.34
19	4.91	5.41	6.17	6.84	7.63	8.91	10.12	11.65	14.56	18.34
20	5.40	5.92	6.72	7.43	8.26	9.59	10.85	12.44	15.45	19.34
21	5.90	6.45	7.29	8.03	8.90	10.28	11.59	13.24	16.34	20.34
22	6.40	6.98	7.86	8.64	9.54	10.98	12.34	14.04	17.24	21.34
23	6.92	7.53	8.45	9.26	10.20	11.69	13.09	14.85	18.14	22.34
24	7.45	8.08	9.04	9.89	10.86	12.40	13.85	15.66	19.04	23.34
25	7.99	8.65	9.65	10.52	11.52	13.12	14.61	16.47	19.94	24.34
26	8.54	9.22	10.26	11.16	12.20	13.84	15.38	17.29	20.84	25.34
27	9.09	9.80	10.87	11.81	12.88	14.57	16.15	18.11	21.75	26.34
28	9.66	10.39	11.50	12.46	13.56	15.31	16.93	18.94	22.66	27.34
29	10.23	10.99	12.13	13.12	14.26	16.05	17.71	19.77	23.57	28.34
30	10.80	11.59	12.76	13.79	14.95	16.79	18.49	20.60	24.48	29.34
40	16.91	17.92	19.42	20.71	22.16	24.43	26.51	29.05	33.66	39.34
50	23.46	24.67	26.46	27.99	29.71	32.36	34.76	37.69	42.94	49.33
60	30.34	31.74	33.79	35.53	37.48	40.48	43.19	46.46	52.29	59.33
80	44.79	46.52	49.04	51.17	53.54	57.15	60.39	64.28	71.14	79.33
100	59.90	61.92	64.86	67.33	70.06	74.22	77.93	82.36	90.13	99.33

| 표 4 | 카이제곱분포표 (계속)

df \ α	0.250	0.200	0.150	0.100	0.050	0.025	0.020	0.010	0.005	0.0025	0.001	0.0005
1	1.32	1.64	2.07	2.71	3.84	5.02	5.41	6.63	7.88	9.14	10.83	12.12
2	2.77	3.22	3.79	4.61	5.99	7.38	7.82	9.21	10.60	11.98	13.82	15.20
3	4.11	4.64	5.32	6.25	7.81	9.35	9.84	11.34	12.84	14.32	16.27	17.73
4	5.39	5.99	6.74	7.78	9.49	11.14	11.67	13.28	14.86	16.42	18.47	20.00
5	6.63	7.29	8.12	9.24	11.07	12.83	13.39	15.09	16.75	18.39	20.51	22.11
6	7.84	8.56	9.45	10.64	12.59	14.45	15.03	16.81	18.55	20.25	22.46	24.10
7	9.04	9.80	10.75	12.02	14.07	16.01	16.62	18.48	20.28	22.04	24.32	26.02
8	10.22	11.03	12.03	13.36	15.51	17.53	18.17	20.09	21.95	23.77	26.12	27.87
9	11.39	12.24	13.29	14.68	16.92	19.02	19.68	21.67	23.59	25.46	27.88	29.67
10	12.55	13.44	14.53	15.99	18.31	20.48	21.16	23.21	25.19	27.11	29.59	31.42
11	13.70	14.63	15.77	17.28	19.68	21.92	22.62	24.72	26.76	28.73	31.26	33.14
12	14.85	15.81	16.99	18.55	21.03	23.34	24.05	26.22	28.30	30.32	32.91	34.82
13	15.98	16.98	18.20	19.81	22.36	24.74	25.47	27.69	29.82	31.88	34.53	36.48
14	17.12	18.15	19.41	2.106	23.68	26.12	26.87	29.14	31.32	33.43	36.12	38.11
15	18.25	19.31	20.60	22.31	25.00	27.49	28.26	30.58	32.80	34.95	37.70	39.72
16	19.37	20.47	21.79	23.54	26.30	28.85	29.63	32.00	34.27	36.46	39.25	41.31
17	20.49	21.61	22.98	24.77	27.59	30.19	31.00	33.41	35.72	37.95	40.79	42.88
18	21.60	22.76	24.16	25.99	28.87	31.53	32.35	34.81	37.16	39.42	42.31	44.43
19	22.72	23.90	25.33	27.20	30.14	32.85	33.69	36.19	38.58	40.88	43.82	45.97
20	23.83	25.04	26.50	28.41	31.41	34.17	35.02	37.57	40.00	42.34	45.31	47.50
21	24.93	26.17	27.66	29.62	32.67	35.48	36.34	38.93	41.40	43.78	46.80	49.01
22	26.04	27.30	28.82	30.81	33.92	36.78	37.66	40.29	42.80	45.20	48.27	50.51
23	27.14	28.43	29.98	32.01	35.17	38.08	38.97	41.64	44.18	46.62	49.73	52.00
24	28.24	29.55	31.13	33.20	36.42	39.36	40.27	42.98	45.56	48.03	51.18	53.48
25	29.34	30.68	32.28	34.38	37.65	40.65	41.57	44.31	46.93	49.44	52.62	54.95
26	30.43	31.79	33.43	35.56	38.89	41.92	42.86	45.64	48.29	50.83	54.05	56.41
27	31.53	32.91	34.57	36.74	40.11	43.19	44.14	46.96	49.64	52.22	55.48	57.86
28	32.62	34.03	35.71	37.92	41.34	44.46	45.42	48.28	50.99	53.59	56.89	59.30
29	33.71	35.14	36.85	39.09	42.56	45.72	46.69	49.59	52.34	54.97	58.30	60.73
30	34.80	36.25	37.99	40.26	43.77	46.98	47.96	50.89	53.67	56.33	59.70	62.16
40	45.62	47.27	49.24	51.81	55.76	59.34	60.44	63.69	66.77	69.70	73.40	76.09
50	56.33	58.16	60.35	63.17	67.50	71.42	72.61	76.15	79.49	82.66	86.66	89.56
60	66.98	68.97	71.34	74.40	79.08	83.30	84.58	88.38	91.95	95.34	99.61	102.7
80	88.13	90.41	93.11	96.58	101.9	106.6	108.1	112.3	116.3	120.1	124.8	128.3
100	109.1	111.7	114.7	118.5	124.3	129.6	131.1	135.8	140.2	144.3	149.4	153.2

| 표 5 | F 분포표-오른쪽 꼬리 확률

$\alpha = 0.05$

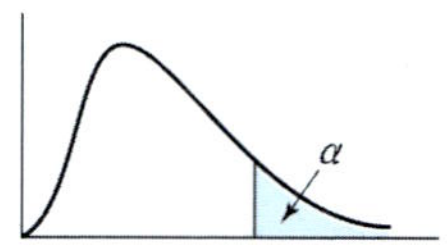

v_2 \ v_1	1	2	3	4	5	6	7	8	9	10	12	15	20	24	30	40	50
1	161.4476	199.5000	215.7073	224.5832	230.1619	233.9860	236.7684	238.8827	240.5433	241.8817	243.9060	245.9499	248.0131	249.0518	250.0951	251.1432	252.1957
2	18.5128	19.0000	19.1643	19.2468	19.2964	19.3295	19.3532	19.3710	19.3848	19.3959	19.4125	19.4291	19.4458	19.4541	19.4624	19.4707	19.4791
3	10.1280	9.5521	9.2766	9.1172	9.0135	8.9406	8.8867	8.8452	8.8123	8.7855	8.7446	8.7029	8.6602	8.6385	8.6166	8.5944	8.5720
4	7.7086	6.9443	6.5914	6.3882	6.2561	6.1631	6.0942	6.0410	5.9988	5.9644	5.9117	5.8578	5.8025	5.7744	5.7459	5.7170	5.6877
5	6.6079	5.7861	5.4095	5.1922	5.0503	4.9503	4.8759	4.8183	4.7725	4.7351	4.6777	4.6188	4.5581	4.5272	4.4957	4.4638	4.4314
6	5.9874	5.1433	4.7571	4.5337	4.3874	4.2839	4.2067	4.1468	4.0990	4.0600	3.9999	3.9381	3.8742	3.8415	3.8082	3.7743	3.7398
7	5.5914	4.7374	4.3468	4.1203	3.9715	3.8660	3.7870	3.7257	3.6767	3.6365	3.5747	3.5107	3.4445	3.4105	3.3758	3.3404	3.3043
8	5.3177	4.4590	4.0662	3.8379	3.6875	3.5806	3.5005	3.4381	3.3881	3.3472	3.2839	3.2184	3.1503	3.1152	3.0794	3.0428	3.0053
9	5.1174	4.2565	3.8625	3.6331	3.4817	3.3738	3.2927	3.2296	3.1789	3.1373	3.0729	3.0061	2.9365	2.9005	2.8637	2.8259	2.7872
10	4.9646	4.1028	3.7083	3.4780	3.3258	3.2172	3.1355	3.0717	3.0204	2.9782	2.9130	2.8450	2.7740	2.7372	2.6996	2.6609	2.6211
11	4.8443	3.9823	3.5874	3.3567	3.2039	3.0946	3.0123	2.9480	2.8962	2.8536	2.7876	2.7186	2.6464	2.6090	2.5705	2.5309	2.4901
12	4.7472	3.8853	3.4903	3.2592	3.1059	2.9961	2.9134	2.8486	2.7964	2.7534	2.6866	2.6169	2.5436	2.5055	2.4663	2.4259	2.3842
13	4.6672	3.8056	3.4105	3.1791	3.0254	2.9153	2.8321	2.7669	2.7144	2.6710	2.6037	2.5331	2.4589	2.4202	2.3803	2.3392	2.2966
14	4.6001	3.7389	3.3439	3.1122	2.9582	2.8477	2.7642	2.6987	2.6458	2.6022	2.5342	2.4630	2.3879	2.3487	2.3082	2.2664	2.2229
15	4.5431	3.6823	3.2874	3.0556	2.9013	2.7905	2.7066	2.6408	2.5876	2.5437	2.4753	2.4034	2.3275	2.2878	2.2468	2.2043	2.1601
16	4.4940	3.6337	3.2389	3.0069	2.8524	2.7413	2.6572	2.5911	2.5377	2.4935	2.4247	2.3522	2.2756	2.2354	2.1938	2.1507	2.1058
17	4.4513	3.5915	3.1968	2.9647	2.8100	2.6987	2.6143	2.5480	2.4943	2.4499	2.3807	2.3077	2.2304	2.1898	2.1477	2.1040	2.0584
18	4.4139	3.5546	3.1599	2.9277	2.7729	2.6613	2.5767	2.5102	2.4563	2.4117	2.3421	2.2686	2.1906	2.1497	2.1071	2.0629	2.0166
19	4.3807	3.5219	3.1274	2.8951	2.7401	2.6283	2.5435	2.4768	2.4227	2.3779	2.3080	2.2341	2.1555	2.1141	2.0712	2.0264	1.9795
20	4.3512	3.4928	3.0984	2.8661	2.7109	2.5990	2.5140	2.4471	2.3928	2.3479	2.2776	2.2033	2.1242	2.0825	2.0391	1.9938	1.9464
21	4.3248	3.4668	3.0725	2.8401	2.6848	2.5727	2.4876	2.4205	2.3660	2.3210	2.2504	2.1757	2.0960	2.0540	2.0102	1.9645	1.9165
22	4.3009	3.4434	3.0491	2.8167	2.6613	2.5491	2.4638	2.3965	2.3419	2.2967	2.2258	2.1508	2.0707	2.0283	1.9842	1.9380	1.8894
23	4.2793	3.4221	3.0280	2.7955	2.6400	2.5277	2.4422	2.3748	2.3201	2.2747	2.2036	2.1282	2.0476	2.0050	1.9605	1.9139	1.8648
24	4.2597	3.4028	3.0088	2.7763	2.6207	2.5082	2.4226	2.3551	2.3002	2.2547	2.1834	2.1077	2.0267	1.9838	1.9390	1.8920	1.8424
25	4.2417	3.3852	2.9912	2.7587	2.6030	2.4904	2.4047	2.3371	2.2821	2.2365	2.1649	2.0889	2.0075	1.9643	1.9192	1.8718	1.8217
26	4.2252	3.3690	2.9752	2.7426	2.5868	2.4741	2.3883	2.3205	2.2655	2.2197	2.1479	2.0716	1.9898	1.9464	1.9010	1.8533	1.8027
27	4.2100	3.3541	2.9604	2.7278	2.5719	2.4591	2.3732	2.3053	2.2501	2.2043	2.1323	2.0558	1.9736	1.9299	1.8842	1.8361	1.7851
28	4.1960	3.3404	2.9467	2.7141	2.5581	2.4453	2.3593	2.2913	2.2360	2.1900	2.1179	2.0411	1.9586	1.9147	1.8687	1.8203	1.7689
29	4.1830	3.3277	2.9340	2.7014	2.5454	2.4324	2.3463	2.2783	2.2229	2.1768	2.1045	2.0275	1.9446	1.9005	1.8543	1.8055	1.7537
30	4.1709	3.3158	2.9223	2.6896	2.5336	2.4205	2.3343	2.2662	2.2107	2.1646	2.0921	2.0148	1.9317	1.8874	1.8409	1.7918	1.7396
40	4.0847	3.2317	2.8387	2.6060	2.4495	2.3359	2.2490	2.1802	2.1240	2.0772	2.0035	1.9245	1.8389	1.7929	1.7444	1.6928	1.6373
60	4.0012	3.1504	2.7581	2.5252	2.3683	2.2541	2.1665	2.0970	2.0401	1.9926	1.9174	1.8364	1.7480	1.7001	1.6491	1.5943	1.5343
120	3.9201	3.0718	2.6802	2.4472	2.2899	2.1750	2.0868	2.0164	1.9588	1.9105	1.8337	1.7505	1.6587	1.6084	1.5543	1.4952	1.4290
∞	3.8415	2.9957	2.6049	2.3719	2.2141	2.0986	2.0096	1.9384	1.8799	1.8307	1.7522	1.6664	1.5705	1.5173	1.4591	1.3940	1.3180

| 표 5 | F 분포표-오른쪽 꼬리 확률 (계속)

$\alpha = 0.10$

v_2 \ v_1	1	2	3	4	5	6	7	8	9	10	12	15	20	24	30	40	50
1	39.86346	49.50000	53.59324	55.83296	57.24008	58.20442	58.90595	59.43898	59.85759	60.19498	60.70521	61.22034	61.74029	62.00205	62.26497	62.52905	62.79428
2	8.52632	9.00000	9.16179	9.24342	9.29263	9.32553	9.34908	9.36677	9.38054	9.39157	9.40813	9.42471	9.44131	9.44962	9.45793	9.46624	9.47456
3	5.53832	5.46238	5.39077	5.34264	5.30916	5.28473	5.26619	5.25167	5.24000	5.23041	5.21562	5.20031	5.18448	5.17636	5.16811	5.15972	5.15119
4	4.54477	4.32456	4.19086	4.10725	4.05058	4.00975	3.97897	3.95494	3.93567	3.91988	3.89553	3.87036	3.84434	3.83099	3.81742	3.80361	3.78957
5	4.06042	3.77972	3.61948	3.52020	3.45298	3.40451	3.36790	3.33928	3.31628	3.29740	3.26824	3.23801	3.20665	3.19052	3.17408	3.15732	3.14023
6	3.77595	3.46330	3.28876	3.18076	3.10751	3.05455	3.01446	2.98304	2.95774	2.93693	2.90472	2.87122	2.83634	2.81834	2.79996	2.78117	2.76195
7	3.58943	3.25744	3.07407	2.96053	2.88334	2.82739	2.78493	2.75158	2.72468	2.70251	2.66811	2.63223	2.59473	2.57533	2.55546	2.53510	2.51422
8	3.45792	3.11312	2.92380	2.80643	2.72645	2.66833	2.62413	2.58935	2.56124	2.53804	2.50196	2.46422	2.42464	2.40410	2.38302	2.36136	2.33910
9	3.36030	3.00645	2.81286	2.69268	2.61061	2.55086	2.50531	2.46941	2.44034	2.41632	2.37888	2.33962	2.29832	2.27683	2.25472	2.23196	2.20849
10	3.28502	2.92447	2.72767	2.60534	2.52164	2.46058	2.41397	2.37715	2.34731	2.32260	2.28405	2.24351	2.20074	2.17843	2.15543	2.13169	2.10716
11	3.22520	2.85951	2.66023	2.53619	2.45118	2.38907	2.34157	2.30400	2.27350	2.24823	2.20873	2.16709	2.12305	2.10001	2.07621	2.05161	2.02612
12	3.17655	2.80680	2.60552	2.48010	2.39402	2.33102	2.28278	2.24457	2.21352	2.18776	2.14744	2.10485	2.05968	2.03599	2.01149	1.98610	1.95973
13	3.13621	2.76317	2.56027	2.43371	2.34672	2.28298	2.23410	2.19535	2.16382	2.13763	2.09659	2.05316	2.00698	1.98272	1.95757	1.93147	1.90429
14	3.10221	2.72647	2.52222	2.39469	2.30694	2.24256	2.19313	2.15390	2.12195	2.09540	2.05371	2.00953	1.96245	1.93766	1.91193	1.88516	1.85723
15	3.07319	2.69517	2.48979	2.36143	2.27302	2.20808	2.15818	2.11853	2.08621	2.05932	2.01707	1.97222	1.92431	1.89904	1.87277	1.84539	1.81676
16	3.04811	2.66817	2.46181	2.33274	2.24376	2.17833	2.12800	2.08798	2.05533	2.02815	1.98539	1.93992	1.89127	1.86556	1.83879	1.81084	1.78156
17	3.02623	2.64464	2.43743	2.30775	2.21825	2.15239	2.10169	2.06134	2.02839	2.00094	1.95772	1.91169	1.86236	1.83624	1.80901	1.78053	1.75063
18	3.00698	2.62395	2.41601	2.28577	2.19583	2.12958	2.07854	2.03789	2.00467	1.97698	1.93334	1.88681	1.83685	1.81035	1.78269	1.75371	1.72322
19	2.98990	2.60561	2.39702	2.26630	2.17596	2.10936	2.05802	2.01710	1.98364	1.95573	1.91170	1.86471	1.81416	1.78731	1.75924	1.72979	1.69876
20	2.97465	2.58925	2.38009	2.24893	2.15823	2.09132	2.03970	1.99853	1.96485	1.93674	1.89236	1.84494	1.79384	1.76667	1.73822	1.70833	1.67678
21	2.96096	2.57457	2.36489	2.23334	2.14231	2.07512	2.02325	1.98186	1.94797	1.91967	1.87497	1.82715	1.77555	1.74807	1.71927	1.68896	1.65691
22	2.94858	2.56131	2.35117	2.21927	2.12794	2.06050	2.00840	1.96680	1.93273	1.90425	1.85925	1.81106	1.75899	1.73122	1.70208	1.67138	1.63885
23	2.93736	2.54929	2.33873	2.20651	2.11491	2.04723	1.99492	1.95312	1.91888	1.89025	1.84497	1.79643	1.74392	1.71588	1.68643	1.65535	1.62237
24	2.92712	2.53833	2.32739	2.19488	2.10303	2.03513	1.98263	1.94066	1.90625	1.87748	1.83194	1.78308	1.73015	1.70185	1.67210	1.64067	1.60726
25	2.91774	2.52831	2.31702	2.18424	2.09216	2.02406	1.97138	1.92925	1.89469	1.86578	1.82000	1.77083	1.71752	1.68898	1.65895	1.62718	1.59335
26	2.90913	2.51910	2.30749	2.17447	2.08218	2.01389	1.96104	1.91876	1.88407	1.85503	1.80902	1.75957	1.70589	1.67712	1.64682	1.61472	1.58050
27	2.90119	2.51061	2.29871	2.16546	2.07298	2.00452	1.95151	1.90909	1.87427	1.84511	1.79889	1.74917	1.69514	1.66616	1.63560	1.60320	1.56859
28	2.89385	2.50276	2.29060	2.15714	2.06447	1.99585	1.94270	1.90014	1.86520	1.83593	1.78951	1.73954	1.68519	1.65600	1.62519	1.59250	1.55753
29	2.88703	2.49548	2.28307	2.14941	2.05658	1.98781	1.93452	1.89184	1.85679	1.82741	1.78081	1.73060	1.67593	1.64655	1.61551	1.58253	1.54721
30	2.88069	2.48872	2.27607	2.14223	2.04925	1.98033	1.92692	1.88412	1.84896	1.81949	1.77270	1.72227	1.66731	1.63774	1.60648	1.57323	1.53757
40	2.83535	2.44037	2.22609	2.09095	1.99682	1.92688	1.87252	1.82886	1.79290	1.76269	1.71456	1.66241	1.60515	1.57411	1.54108	1.50562	1.46716
60	2.79107	2.39325	2.17741	2.04099	1.94571	1.87472	1.81939	1.77483	1.73802	1.70701	1.65743	1.60337	1.54349	1.51072	1.47554	1.43734	1.39520
120	2.74781	2.34734	2.12999	1.99230	1.89587	1.82381	1.76748	1.72196	1.68425	1.65238	1.60120	1.54500	1.48207	1.44723	1.40938	1.36760	1.32034
∞	2.70554	2.30259	2.08380	1.94486	1.84727	1.77411	1.71672	1.67020	1.63152	1.59872	1.54578	1.48714	1.42060	1.38318	1.34187	1.29513	1.23995

| 표 6 | 윌콕슨 순위합 통계량 분포표

$$p = P[W \geq x] = P[W \leq x^*]$$

$n=2$

$m=3$			$m=4$			$m=5$			$m=6$		
x	p	x^*	x	p	x^*	x	p	x^*	x	p	x^*
8	.200	4	10	.133	4	11	.190	5	13	.143	5
9	.100	3	11	.067	3	12	.095	4	14	.071	4
10	0	2	12	0	2	13	.048	3	15	.036	3
						14	0	2	16	0	2

$m=7$			$m=8$			$m=9$			$m=10$		
x	p	x^*	x	p	x^*	x	p	x^*	x	p	x^*
15	.111	5	16	.133	6	18	.109	6	19	.136	7
16	.056	4	17	.089	5	19	.073	5	20	.091	6
17	.028	3	18	.044	4	20	.036	4	21	.061	5
18	0	2	19	.022	3	21	.018	3	22	.030	4
			20	0	2	22	0	2	23	.015	3

$n=3$

$m=3$			$m=4$			$m=5$			$m=6$		
x	p	x^*	x	p	x^*	x	p	x^*	x	p	x^*
13	.200	8	16	.114	8	18	.125	9	20	.131	10
14	.100	7	17	.057	7	19	.071	8	21	.083	9
15	.050	6	18	.029	6	20	.036	7	22	.048	8
16	0	5	19	0	5	21	.018	6	23	.024	7
						22	0	5	24	.012	6
									25	0	5

$m=7$			$m=8$			$m=9$			$m=10$		
x	p	x^*	x	p	x^*	x	p	x^*	x	p	x^*
22	.133	11	24	.139	12	27	.105	12	29	.108	13
23	.092	10	25	.097	11	28	.073	11	30	.080	12
24	.058	9	26	.067	10	29	.050	10	31	.056	11
25	.033	8	27	.042	9	30	.032	9	32	.038	10
26	.017	7	28	.024	8	31	.018	8	33	.024	9
27	.008	6	29	.012	7	32	.009	7	34	.014	8
28	0	5	30	.006	6				35	.007	7
			31	0	5						

|표 6| 윌콕슨 순위합 통계량 분포표(계속)

$n=4$

$m=4$			$m=5$			$m=6$			$m=7$		
x	p	x^*	x	p	x^*	x	p	x^*	x	p	x^*
22	.171	14	25	.143	15	28	.129	16	31	.115	17
23	.100	13	26	.059	14	29	.086	15	32	.082	16
24	.057	12	27	.056	13	30	.057	14	33	.055	15
25	.029	11	28	.032	12	31	.033	13	34	.036	14
26	.014	10	29	.016	11	32	.019	12	35	.021	13
27	0	9	30	.008	10	33	.010	11	36	.012	12
			31	0	9				37	.006	11

$m=8$			$m=9$			$m=10$		
x	p	x^*	x	p	x^*	x	p	x^*
34	.107	18	36	.130	20	39	.120	21
35	.077	17	37	.099	19	40	.094	20
36	.055	16	38	.074	18	41	.071	19
37	.036	15	39	.053	17	42	.053	18
38	.024	14	40	.038	16	43	.038	17
39	.014	13	41	.025	15	44	.027	16
40	.008	12	42	.017	14	45	.018	15
			43	.010	13	46	.012	14
						47	.007	13

$n=5$

$m=5$			$m=6$			$m=7$			$m=8$		
x	p	x^*	x	p	x^*	x	p	x^*	x	p	x^*
34	.111	21	37	.123	23	41	.101	24	44	.111	26
35	.075	20	38	.089	22	42	.074	23	45	.085	25
36	.048	19	39	.063	21	43	.053	22	46	.064	24
37	.028	18	40	.041	20	44	.037	21	47	.047	23
38	.016	17	41	.026	19	45	.024	20	48	.033	22
39	.008	16	42	.015	18	46	.015	19	49	.023	21
			43	.009	17	47	.009	18	50	.015	20
									51	.009	19

$m=9$			$m=10$		
x	p	x^*	x	p	x^*
47	.120	28	51	.103	29
48	.095	27	52	.082	28
49	.073	26	53	.065	27
50	.056	25	54	.050	26
51	.041	24	55	.038	25
52	.030	23	56	.028	24
53	.021	22	57	.020	23
54	.014	21	58	.014	22
55	.009	20	59	.010	21

| 표 6 | 윌콕슨 순위합 통계량 분포표 (계속)

$n=6$

$m=6$			$m=7$			$m=8$			$m=9$		
x	p	x^*	x	p	x^*	x	p	x^*	x	p	x^*
47	.120	31	51	.117	33	55	.114	35	59	.112	37
48	.090	30	52	.090	32	56	.091	34	60	.091	36
49	.066	29	53	.069	31	57	.071	33	61	.072	35
50	.047	28	54	.051	30	58	.054	32	62	.057	34
51	.032	27	55	.037	29	59	.041	31	63	.044	33
52	.021	26	56	.026	28	60	.030	30	64	.033	32
53	.013	25	57	.017	27	61	.021	29	65	.025	31
54	.008	24	58	.011	26	62	.015	28	66	.018	30
			59	.007	25	63	.010	27	67	.013	29
									68	.009	28

$n=6$

$m=10$		
x	p	x^*
63	.110	39
64	.090	38
65	.074	37
66	.059	36
67	.047	35
68	.036	34
69	.028	33
70	.021	32
71	.016	31
72	.011	30
73	.008	29

$n=7$

$m=7$			$m=8$			$m=9$			$m=10$		
x	p	x^*	x	p	x^*	x	p	x^*	x	p	x^*
63	.104	42	67	.116	45	72	.105	47	76	.115	50
64	.082	41	68	.095	44	73	.087	46	77	.097	49
65	.064	40	69	.076	43	74	.071	45	78	.081	48
66	.049	39	70	.060	42	75	.057	44	79	.067	47
67	.036	38	71	.047	41	76	.045	43	80	.054	46
68	.027	37	72	.036	40	77	.036	42	81	.044	45
69	.019	36	73	.027	39	78	.027	41	82	.035	44
70	.013	35	74	.020	38	79	.021	40	83	.028	43
71	.009	34	75	.014	37	80	.016	39	84	.022	42
			76	.010	36	81	.011	38	85	.017	41
						82	.008	37	86	.012	40
									87	.009	39

| 표 6 | 윌콕슨 순위합 통계량 분포표 (계속)

$n=8$

$m=8$			$m=9$			$m=10$		
x	p	x^*	x	p	x^*	x	p	x^*
80	.117	56	86	.100	58	91	.102	61
81	.097	55	87	.084	57	92	.086	60
82	.080	54	88	.069	5	93	.073	59
83	.065	53	89	.057	55	94	.061	58
84	.052	52	90	.046	54	95	.051	57
85	.041	51	91	.037	53	96	.042	56
86	.032	50	92	.030	52	97	.034	55
87	.025	49	93	.023	51	98	.027	54
88	.019	48	94	.018	50	99	.022	53
89	.014	47	95	.014	49	100	.017	52
90	.010	46	96	.010	48	101	.013	51
						102	.010	50

$n=9$

$n=9$			$n=10$		
x	p	x^*	x	p	x^*
100	.111	71	106	.106	74
101	.095	70	107	.091	73
102	.081	69	108	.078	72
103	.068	68	109	.067	71
104	.057	67	110	.056	70
105	.047	66	111	.047	69
106	.039	65	112	.039	68
107	.031	64	113	.033	67
108	.025	63	114	.027	66
109	.020	62	115	.022	65
110	.016	61	116	.017	64
111	.012	60	117	.014	63
112	.009	59	118	.011	62
			119	.009	61

$n=10$

$n=10$		
x	p	x^*
122	.109	88
123	.095	87
124	.083	86
125	.072	85
126	.062	84
127	.053	83
128	.045	82
129	.038	81
130	.032	80
131	.026	79
132	.022	78
133	.018	77
134	.014	76
135	.012	75
136	.009	74

| 표 7 | 윌콕슨 부호순위 통계량 분포표

$$p = P[T^+ \geq x] = P[T^+ \leq x^*]$$

$n=3$

x	p	x^*
5	.25	1
6	.125	0
7	0	

$n=4$

x	p	x^*
8	.188	2
9	.125	1
10	.062	0
11	0	

$n=5$

x	p	x^*
12	.156	3
13	.094	2
14	.062	1
15	.031	0
16	0	

$n=6$

x	p	x^*
17	.109	4
18	.078	3
19	.047	2
20	.031	1
21	.016	0
22	0	

$n=7$

x	p	x^*
22	.109	6
23	.078	5
24	.055	4
25	.039	3
26	.023	2
27	.016	1
28	.008	0

$n=8$

x	p	x^*
27	.125	9
28	.098	8
29	.074	7
30	.055	6
31	.039	5
32	.027	4
33	.020	3
34	.012	2
35	.008	1

$n=9$

x	p	x^**
34	.102	11
35	.082	10
36	.064	9
37	.049	8
38	.037	7
39	.027	6
40	.020	5
41	.014	4
42	.010	3

$n=10$

x	p	x^*
40	.116	15
41	.097	14
42	.080	13
43	.065	12
44	.053	11
45	.042	10
46	.032	9
47	.024	8
48	.019	7
49	.014	6
50	.010	5

$n=11$

x	p	x^*
	.103	18
	.087	17
	.074	16
	.062	15
	.051	14
	.042	13
	.034	12
	.027	11
	.021	10
	.016	9
	.012	8
	.009	7

$n=12$

x	p	x^*
56	.102	22
57	.088	21
58	.076	20
59	.065	19
60	.055	18
61	.046	17
62	.039	16
63	.032	15
64	.026	14
65	.021	13
66	.017	12
67	.013	11
68	.010	10

$n=13$

x	p	x^*
64	.108	27
65	.095	26
66	.084	25
67	.073	24
68	.064	23
69	.055	22
70	.047	21
71	.040	20
72	.034	19
73	.029	18
74	.024	17
75	.020	16
76	.016	15
77	.013	14
78	.011	13
79	.009	12

$n=14$

x	p	x^*
73	.108	32
74	.097	31
75	.086	30
76	.077	29
77	.068	28
78	.059	27
79	.052	26
80	.045	25
81	.039	24
82	.034	23
83	.029	22
84	.025	21
85	.021	20
86	.018	19
87	.015	18
88	.012	17
89	.010	16

| 표 7 | 윌콕슨 부호순위 통계량 분포표 (계속)

$n=15$					
x	p	x^*	x	p	x^*
83	.104	37	92	.036	28
84	.094	36	93	.032	27
85	.084	35	94	.028	26
86	.076	34	95	.024	25
87	.068	33	96	.021	24
88	.060	32	97	.018	23
89	.053	31	98	.015	22
90	.047	30	99	.013	21
91	.042	29	100	.011	20
			101	.009	19

| 표 8 | 스피어맨의 순위상관계수(r_{sp}) 분포표 : $r_s(\alpha, n)$

$P_0[r_{sp} \ge r_s(\alpha, n)] = \alpha$를 만족하는 $r_s(\alpha, n)$값

n	.001	.005	α .010	.025	.050	.100
4					.8000	.8000
5			.9000	.9000	.8000	.7000
6		.9429	.8857	.8286	.7714	.6000
7	.9643	.8929	.8571	.7450	.6786	.5357
8	.9286	.8571	.8095	.7143	.6190	.5000
9	.9000	.8167	.7667	.6833	.5833	.4667
10	.8667	.7818	.7333	.6364	.5515	.4424
11	.8364	.7545	.7000	.6091	.5273	.4182
12	.8182	.7273	.6713	.5804	.4965	.3986
13	.7912	.6978	.6429	.5549	.4780	.3791
14	.7670	.6747	.6220	.5341	.4593	.3626
15	.7464	.6536	.6000	.5179	.4429	.3500
16	.7265	.6324	.5824	.5000	.4265	.3382
17	.7083	.6152	.5637	.4853	.4118	.3260
18	.6904	.5975	.5480	.4716	.3994	.3148
19	.6737	.5825	.5333	.4579	.3895	.3070
20	.6586	.5684	.5203	.4451	.3789	.2977
21	.6455	.5545	.5078	.4351	.3688	.2909
22	.6318	.5426	.4963	.4241	.3597	.2829
23	.6186	.5306	.4852	.4150	.3518	.2767
24	.6070	.5200	.4748	.4061	.3435	.2704
25	.5962	.5100	.4654	.3977	.3362	.2646
26	.5856	.5002	.4564	.3894	.3299	.2588
27	.5757	.4915	.4481	.3822	.3236	.2540
28	.5660	.4828	.4401	.3749	.3175	.2490
29	.5567	.4744	.4320	.3685	.3113	.2443
30	.5479	.4665	.4251	.3620	.3059	.2400

연습문제 해답

2장

1

띠	도수	상대도수
돼 지	3	0.15
쥐	13	0.65
소	4	0.2
합계	20	1

2

혈액형	도수	상대도수
A	18	0.45
B	5	0.125
AB	2	0.05
O	15	0.375
합계	40	1

3 (a)

강낭콩의 수	도수	상대도수
2	4	0.07
3	20	0.33
4	16	0.27
5	16	0.27
6	3	0.05
7	1	0.02
합계	60	1

(b) 생략

4

사고 유형	도수	상대도수
물체가 떨어져서 생긴 사고	170	0.37
불에 의한 사고	123	0.27
폭발사고	99	0.22
기타	65	0.14
합계	457	1

5

6 (a)

쥐의 몸무게	도수	상대도수
151-160	1	0.02
141-150	0	0.00
131-140	1	0.02
121-130	9	0.15
111-120	25	0.42
101-110	18	0.3
91-100	5	0.08
81-90	1	0.02
합계	60	1

(b) 생략

7 생략

8 (a) 평균 : 6, 중앙값 : 6 (b) 평균 : 17.5, 중앙값 : 17.5 (c) 평균 : -0.375, 중앙값 : -0.5

9 평균 : 14.4, 중앙값 : 14

10 (a) 평균 : 316.57, 중앙값 : 223

(b) 중앙값, 자료에서 특별이 큰 값(833)이 존재하므로, 이에 영향을 받지 않는 중앙값이 더 적합하다.

11 (a) 평균 : 34.325, 중앙값 : 34.5 (b) Q_1 : 33, Q_3 : 36

12 (a) 중앙값 : 68.5 Q_1 : 61.5, Q_3 : 77.5

(b) 제10백분위수 : 55, 제90백분위수 : 92.5

13 (a) 갑 (b) 을

14 (a) 편차 : −4, −2, 4, 2, 편차의 합 : 0 (b) 분산 : 13.333, 표준편차 : 3.65

15 (a) 편차 : 0.87, 2.57, −0.43, −0.93, −0.83, −1.23, 편차의 합 : 0

(b) 분산 : 2.123, 표준편차 : $\sqrt{2.123} = 1.45694$.

16 (a) 분산 : 3, 표준편차 : 1.732 (b) 분산 : 2, 표준편차 : 1.414 (c) 분산 : 0.571, 표준편차 : 0.7559

17 (a) 표준편차 : 1.58 (b) 표준편차 : 3.62 (c) 표준편차 : 2.67

18 사분위범위 : 4

19 (a) $\bar{x} = 113.3$, $s = 11.32$

(b) $\bar{x} \pm s$ 내에 있는 관측값의 비율은 $49/60 = 81.67\%$ 이다.

$\bar{x} \pm 2s$ 내에 있는 관측값의 비율은 $57/60 = 95\%$ 이다.

$\bar{x} \pm 3s$ 내에 있는 관측값의 비율은 $59/60 = 98.33\%$ 이다.

(c) 생략

20 (a)

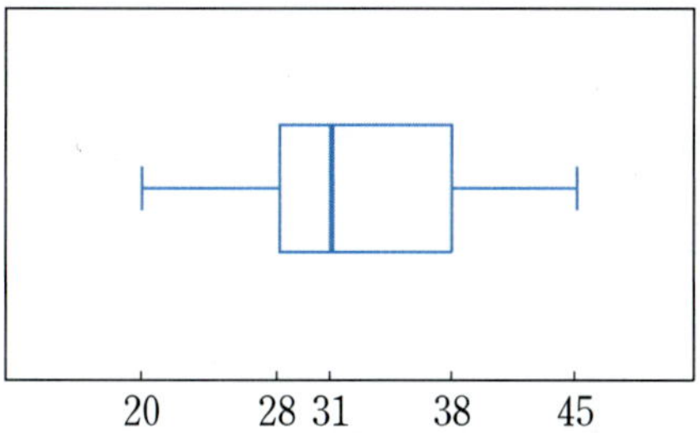

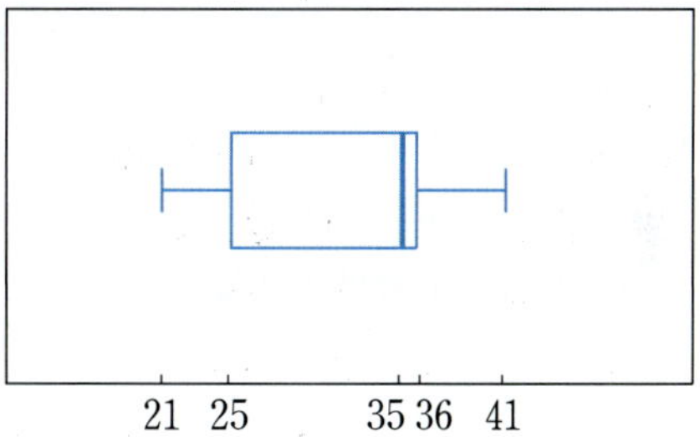

(b) 생략

21

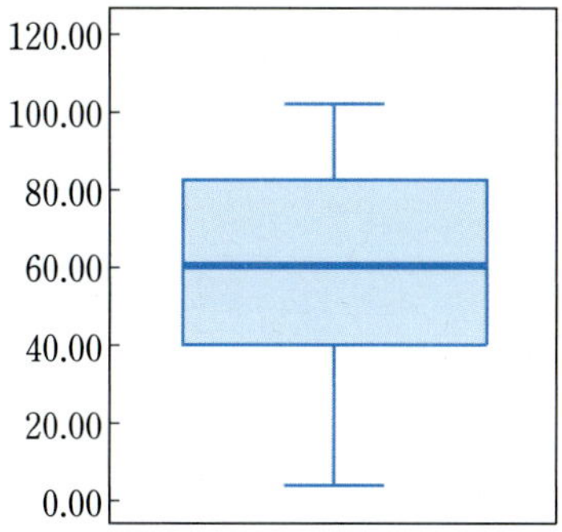

22 (a)

전공	도수	상대도수
B	17	0.35
C	6	0.12
E	17	0.35
P	9	0.18
합계	49	1

(b)

학년	도수	상대도수
1	8	0.16
2	11	0.22
3	17	0.35
4	13	0.27
합계	49	1

(c) 생략

23 (a)

나이구간	신부의 수	상대도수
15미만	0	0
15-20	46	0.016
20-25	474	0.165
25-30	1,608	0.560
30-35	580	0.202
35-40	99	0.034
40-45	34	0.012
45-50	15	0.005
50-55	4	0.001
55-65	7	0.002
65 이상	5	0.002
합계	2,872	1

(b) 생략

(c) 25세 이전에 결혼한 신부의 비율은 0.181, 30세 이후에 결혼한 신부의 비율은 0.259

24 (a) 중앙값 : 74.5 (b) $Q_1 = 60$, $Q_3 = 81$

(c) 80점 미만인 학생의 비율 : 0.70

90점 이상인 학생의 비율 : 0.125

25 (a) 평균 : 7, 분산 : 2.5, 표준편차 : 1.58 (b) 평균 : 34.75, 분산 : 2.92, 표준편차 : 1.71

(c) 평균 : 1.814, 분산 : 1.731, 표준편차 : 1.316

26 (a) $\bar{x} = 81.781$, $s = 7.25$

(b) $\bar{x} = 75.647$, $s = 4.898$

(c) 중앙값 : 81, $Q_1 = 77$, $Q_3 = 85$

(d) 중앙값 : 76, $Q_1 = 72$, $Q_3 = 80$

27 (a) $\bar{x} = 9.941$, $s = 3.363$

(b) 중앙값 : 10

(c) 범위 : 12

28 (a)

계급구간	도수	상대도수
160-200	8	0.22
200-240	12	0.33
240-280	5	0.14
280-320	8	0.22
320-360	3	0.08
합계	36	1.00

(b) 생략

29 (a) $\overline{x} = 244.25$, $s = 50.20$

(b) 중앙값 : 233.5, $Q_1 = 202.5$, $Q_2 = 233.5$, $Q_3 = 284$

(c) 범위 : 194, 사분위 범위 : 81.5

30 (a) $\overline{x} - s = 194.05$, $\overline{x} + s = 294.45$, $\overline{x} - 2s = 143.85$, $\overline{x} + 2s = 344.65$,

$\overline{x} - 3s = 93.65$, $\overline{x} + 3s = 394.85$

(b)

구간		관측비율(%)
$\overline{x} - s$, $\overline{x} + s$	194.05 ~ 294.45	0.72
$\overline{x} - 2s$, $\overline{x} + 2s$	143.85 ~ 344.65	0.94
$\overline{x} - 3s$, $\overline{x} + 3s$	93.65 ~ 394.85	1

(c) 생략

31

구간	비율(%)
33.6 미만	0.16
33.6 ~ 51.0	0.68
24.9 ~ 59.7	0.95
16.2 ~ 68.4	0.99

32 (a) $\overline{x} = 4.98$, $s = 0.46$ (b) 중앙값 : 4.8, $Q_1 = 4.6$, $Q_2 = 4.8$, $Q_3 = 5.4$ (c) 90백분위수 : 5.5

(d)

33 (a) $\overline{x} - s = 4.52$, $\overline{x} + s = 5.44$, $\overline{x} - 2s = 4.06$, $\overline{x} + 2s = 5.9$, $\overline{x} - 3s = 3.6$, $\overline{x} + 3s = 6.36$

(b)

구간		관측비율(%)
$\overline{x} - s$, $\overline{x} + s$	4.52 ~ 5.44	0.66
$\overline{x} - 2s$, $\overline{x} + 2s$	4.06 ~ 5.9	1
$\overline{x} - 3s$, $\overline{x} + 3s$	3.6 ~ 6.36	1

(c) 생략

34 (a) $z=0.22$ (b) 471

35 (a) 생략

36 4.8

37

	찬성	무관심	반대	합계
정규직	0.185	0.2	0.615	1
임시직	0.169	0.311	0.520	1
파트타임	0.25	0.46	0.29	1

38 (a)

부모	어린이		주변합
	비만	비만아님	
둘 다 비만 아님	10	19	29
한쪽 만 비만	16	17	33
둘 다 비만	24	8	32

(b)

부모	어린이	
	비만	비만아님
둘 다 비만 아님	0.34	0.66
한쪽 만 비만	0.48	0.52
둘 다 비만	0.75	0.25

39 생략

40

	교통규칙위반		전체
	없음	있음	
당뇨	0.8	0.2	1.0
심장병	0.787	0.213	1.0
건강	0.765	0.235	1.0

41

	우울증 있음	우울증 없음	합계
알코올 중독	35(0.35)	5(0.05)	40(0.4)
알코올 중독 아님	10(0.1)	50(0.5)	60(0.6)
합계	45(0.45)	55(0.55)	100(1.0)

42 생략

43 (a) 생략

(b)

연령	정당		
	공화당	민주당	
20～40대	0.28	0.72	1
50대 이상	0.66	0.34	1

(c) 생략

44 (a) 생략

(b)

엔진 종류	변속기 종류		
	수동	자동	
디젤	0.4	0.6	1
휘발유	0.25	0.75	1

(c)

엔진 종류	변속기 종류	
	수동	자동
디젤	0.44	0.29
휘발유	0.56	0.71
합계	1	1

(d) 생략

45 (a)

	여자
사무직	0.67
노동	0.14
서비스업	0.18
농업	0.01
합계	1

(b)

	남자	여자	
사무직	0.48	0.52	1
노동	0.83	0.17	1
서비스업	0.43	0.57	1
농업	0.85	0.15	1

(b)

46

성장정도	토양형태		
	진흙	모래	중간흙
나쁨	0.22	0.14	0.22
보통	0.52	0.24	0.34
좋음	0.26	0.62	0.44
합계	1	1	1

47

	감염	비감염	합계
백신	10(0.02)	490(0.98)	500
포도당	55(0.11)	445(0.89)	500

48 생략

49 생략

3장

1 (a)-(ⅱ), (b)-(ⅲ), (c)-(ⅰ)

2 (a) {aa, aA, Aa, AA} (b) $P(\{aa\}) = P(\{aA\}) = P(\{Aa\}) = P(\{AA\}) = \frac{1}{4}$ (c) $\frac{1}{4}$

3 $P(A^c) = 0.55$

$P(A \cap B) = 0.1$

$P(A \cup B) = 0.85$

$P(B \cap C) = 0$

4 P{1이 적어도 한 번은 나온다}$= \frac{11}{36}$

5 (a) $P(A) = 0.4,\ P(B) = 0.35,\ P(B \cap C) = 0.23,\ P(A \cap B \cap C) = 0.08$

(b) (ⅰ) $A^c \cap B^c$: 가벼운 증상이고 40세 이상이다. $P(A^c \cap B^c) = 0.35$

(ⅱ) $A^c \cup B^c$: 가벼운 증상이거나 40세 이상이다. $P(A^c \cup B^c) = 0.9$

(ⅲ) $A^c \cap B \cap C^c$: 가벼운 증상이고 40세 미만이며, 부모가 당뇨병이 아니다.

$P(A^c \cap B \cap C^c) = 0.1$

6 (a) $P(B|A) = 0.0099$

(b) A와 B는 독립이 아니다.

7 $P(A|B) = 0.5$

A와 B는 독립이다.

8 (a) $P(A^c) = \frac{1}{2},\ P(A \cap B) = \frac{3}{16},\ P(A \cup B) = \frac{9}{16}$

(b) $P(A^c \cap B) = \frac{1}{16}$

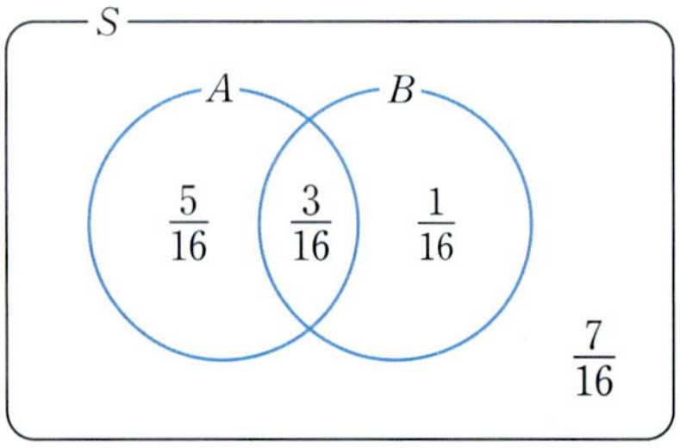

9 경우 1과 경우 2에서 두 사건 A와 B가 독립이다.

10 9명

11 A : 목격자가 사고를 낸 택시가 청색이라고 증언하는 사건

B : 당일 현장에서 뺑소니친 택시가 청색인 사건

(a) $P(A) = 0.29$ (b) $P(B|A) = \frac{12}{29}$

12 3명의 이름을 A, B, C라고 하자. 각자의 이름표도 동일하게 A, B, C로 표기하면,

(a) A−B−C가 선택하는 이름표에 대한 표본공간 : {ABC, ACB, BAC, BCA, CAB, CBA}

(b) $\frac{1}{6}$ (c) $\frac{1}{3}$

13 F : 전자 검사기가 결함이 있는 물건으로 가려내는 사건

F^c : 결함이 있는 물건으로 가려내지 못하는 사건

(a) 표본공간 : $\{FFF,\ FFF^c,\ FF^cF,\ F^cFF,\ FF^cF^c,\ F^cFF^c,\ F^cF^cF,\ F^cF^cF^c\}$

$P(\{FFF\}) = 0.343$

$P(\{FFF^c\}) = P(\{FF^cF\}) = P(\{F^cFF\}) = 0.147$

$P(\{FF^cF^c\}) = P(\{F^cFF^c\}) = P(\{F^cF^cF\}) = 0.063$

$P(\{F^cF^cF^c\}) = 0.027$

(b) E : 전자 검사기가 세 개의 샘플 중 두 개를 결함이 있는 물건으로 가려내는 사건, $P(E) = 0.441$

14 (a) $\{FF,\ FD,\ FN,\ DF,\ DD,\ DN,\ NF,\ ND,\ NN\}$

(b) $P(FF) = 0.16,\ P(FD) = P(FN) = P(DF) = P(NF) = 0.12,$

$P(DD) = P(DN) = P(ND) = P(NN) = 0.09$

(c) 0.64 (d) 0.49

15

	B_2	G_2	
B_1	$\frac{7}{25}$	$\frac{6}{25}$	$\frac{13}{25}$
G_1	$\frac{6}{25}$	$\frac{6}{25}$	$\frac{12}{25}$
	$\frac{13}{25}$	$\frac{12}{25}$	1.00

16 (a) $\frac{20}{21}$ (b) $\frac{40}{41}$

17 (a) $\frac{3}{5}$ (b) $\frac{139}{252}$

18 $\frac{4}{9}$

19 $\frac{9}{23}$

20 (a) $\frac{3}{4}$ (b) 0.64

21 $\frac{7}{9}$

22 0.57

23 $\frac{9}{11}$

24 (a) $\frac{21}{50}$ (b) $\frac{2}{21}$

4장

1

x	0	1	2	3	합계
$f(x)$	1/8	3/8	3/8	1/8	1

2 (a)

x	1	2	3	4	5	합계
$f(x)$	$\frac{16}{31}$	$\frac{8}{31}$	$\frac{4}{31}$	$\frac{2}{31}$	$\frac{1}{31}$	1

(b) 생략

3 (a) 0.40 (b) 0.25

(c) 2명의 환자를 더 검사할 수 있도록 기계를 늘려야 한다.

4 (a) $c=0.2$ (b) 1.1 (c) 0.89

5 (a) 300만원 (b) 100만원

6 (a) $X=0$, 1만, 2만, 20만, 100만

(b)

x	0	1만	2만	20만	100만	합계
$f(x)$	$\frac{4676}{5000}$	$\frac{225}{5000}$	$\frac{95}{5000}$	$\frac{3}{5000}$	$\frac{1}{5000}$	1

(c) 1,150원 (d) 0.9352

7 (a) 생략

(b)

x	0	1	2	3	4	합계
$f(x)$	0.2401	0.4116	0.2646	0.0756	0.0081	1

(c) 1.2

8 (a)

y	0	10만	20만	30만	40만	합계
$f(y)$	0.2401	0.4116	0.2646	0.0756	0.0081	1

(b) 생략

9

x	1	1.5	2	2.5	3	3.5	4	4.5	5	5.5	6	합계
$f(x)$	$\frac{1}{36}$	$\frac{2}{36}$	$\frac{3}{36}$	$\frac{4}{36}$	$\frac{5}{36}$	$\frac{6}{36}$	$\frac{5}{36}$	$\frac{4}{36}$	$\frac{3}{36}$	$\frac{2}{36}$	$\frac{1}{36}$	1

10 (a) 0.64 (b) 0.8명

11 0.04

12 0.0375

13 ① 학생이 추측만으로 답을 하는 경우 : 0.001

② 각 문제에서 정답이 아닌 보기 3개를 제외하고 나머지 두 보기에서 추측으로 답을 하는 경우 : 0.172

14 (a) 0.328 (b) 0.033 (c) 4명

15 (a) $\frac{100}{729}$ (b) $\frac{9}{4}$

16 (a) 0.09 (b) $(0.1)(0.9)^{x-1}$

(c) 10번

17 (a) 방법 1 : 이항분포, 방법 2 : 기하분포

(b) 0.401, 0.5987

(c) 방법 2가 바람직하다.

18 $\frac{1}{2}$

19 (a) 0.2 (b) 0.3 (c) 0.3

20 (a) 0.9049 (b) 0.1151 (c) 0.2275 (d) 0.7597

21 (a) 2.2 (b) 50점 (c) $-1.8 < Z < 0.7$ (d) $46 < X < 70$

22 (a) 0.0004

(b) (27.5분, 32.5분)

23 (a) 0.0162, (b) 비율은 감소하였다

24 (a) 약 19.49% (b) 650.6점

25 0.4013

26 (a) 0.5120 (b) 0.0672

27 늦어도 약 12시 8분에 출발해야 한다.

28 (a) 0.0287 (b) 412일로 정해야 한다.

29 (a) 0.8069 (b) n은 약 402이다.

30 (a) 0.0885 (b) 0.4941

31 (a) 0.1056 (b) 0

32 (a) 0.3228 (b) 0.0003

5장

1 통계량 : 표본표준편차, 표본사분범위, 표본평균

모수 : 모집단의 제 1 사분위수, 모집단 중앙값

2 (a)

(x_1, x_2)	(3,3)	(3,4)	(3,5)	(4,3)	(4,4)	(4,5)	(5,3)	(5,4)	(5,5)
$\bar{x}$	3	3.5	4	3.5	4	4.5	4	4.5	5

(b)

$\bar{x}$의 값	확률
3	1/9
3.5	2/9
4	3/9
4.5	2/9
5	1/9

3 (a)

(x_1, x_2)	(4,4)	(4,5)	(4,6)	(5,4)	(5,5)	(5,6)	(6,4)	(6,5)	(6,6)
$\bar{x}$	4	4.5	5	4.5	5	5.5	5	5.5	6
s^2	0	0.5	2	0.5	0	0.5	2	0.5	0

(b)

$\bar{x}$의 값	확률
4	1/9
4.5	2/9
5	3/9
5.5	2/9
6	1/9

(c)

s^2의 값	확률
0	1/3
0.5	1/3
2	1/3

4 확률분포가 되지 않는다.

5 $n=4$인 경우. $E(\overline{X})=100$, $sd(\overline{X})=4$

$n=5$인 경우, $E(\overline{X})=100$, $sd(\overline{X})=3.578$

6 $n=36$: $sd(\overline{X})=1.67$

$n=64$: $sd(\overline{X})=1.25$

$n=81$: $sd(\overline{X})=1.11$

7 $E(\overline{X})=4$, $sd(\overline{X})=\frac{1}{3}$

8 (a) $E(\overline{X})=20$ (b) $sd(\overline{X})=0.667$

(c) 정규모집단에서의 표본을 추출하였기 때문에, $\overline{X}$는 정규분포이다.

9 (a) $\overline{X}$는 정확히 정규분포를 따른다. (b) 0.9215

10 (a) 정규분포 (b) 0.000

11 n이 커질수록 정규분포에 잘 근사하다.

12 (a)

x	1	3	5	9
	$\frac{1}{4}$	$\frac{1}{4}$	$\frac{1}{4}$	$\frac{1}{4}$

$\mu = 4.5$, $\sigma = 2.958$

(b)

(x_1, x_2)	(1,1)	(1,3)	(1,5)	(1,9)	(3,1)	(3,3)	(3,5)	(3,9)
$\overline{x}$	1	2	3	5	2	3	4	6
$P[\overline{X} = \overline{x}]$	$\frac{1}{16}$	$\frac{1}{16}$	$\frac{1}{16}$	$\frac{1}{16}$	$\frac{1}{16}$	$\frac{1}{16}$	$\frac{1}{16}$	$\frac{1}{16}$
(x_1, x_2)	(5,1)	(5,3)	(5,5)	(5,9)	(9,1)	(9,3)	(9,5)	(9,9)
$\overline{x}$	3	4	5	7	5	6	7	9
$P[\overline{X} = \overline{x}]$	$\frac{1}{16}$	$\frac{1}{16}$	$\frac{1}{16}$	$\frac{1}{16}$	$\frac{1}{16}$	$\frac{1}{16}$	$\frac{1}{16}$	$\frac{1}{16}$

(c)

$\overline{x}$의 값	확률
1	1/16
2	2/16
3	3/16
4	2/16
5	3/16
6	2/16
7	2/16
9	1/16

(d) $E(\overline{X}) = 4.5$, $\sqrt{Var(\overline{X})} = 2.092$

13 (a)

(x_1, x_2)	(1,1)	(1,3)	(1,5)	(1,9)	(3,1)	(3,3)	(3,5)	(3,9)
R	0	2	4	8	2	0	2	6
(x_1, x_2)	(5,1)	(5,3)	(5,5)	(5,9)	(9,1)	(9,3)	(9,5)	(9,9)
R	4	2	0	4	8	6	4	0

(b)

R	확률
0	4/16
2	4/16
4	4/16
6	2/16
8	2/16

14 (a) 평균 = 500, 표준편차 = 7.5 (b) 평균 = 500, 표준편차 = 5

15 (a) $n=4$ (b) $n=9$ (c) $n=400$

16 (a) $E(\overline{X})=70$, $sd(\overline{X})=1.75$ (b) 정규분포 (c) 0.9543

17 (a) 0.2735 (b) 0.5163

18 (a) $\overline{X}\sim N(15.3,\ 1.3^2)$ (b) 0.0055 (c) 약 20%

19 (a) 0.9756 (b) 0.0004

20 (a) $E(\overline{X})=21$, $sd(\overline{X})=0.9$ (b) 정규분포

21 (a) 0.9818 (b) (195.84, 204.16)

22 (a) 0.7698 (b) $k=2.742$

23 생략

24 생략

6장

1 (a) $\hat{\mu}=15$, $2\frac{s}{\sqrt{n}}=0.925$ (b) $\hat{\mu}=9$, $2\frac{s}{\sqrt{n}}=0.391$ (c) $\hat{\mu}=16.333$, $2\frac{s}{\sqrt{n}}=0.476$

2 (a) $\hat{p}=0.45$, $se(\hat{p})=0.0497$ (b) $\hat{p}=0.365$, $se(\hat{p})=0.0124$

(c) $\hat{p}=0.897$, $se(\hat{p})=0.011$

3 (a) 2 (b) 4

4 (a) 1.372 (b) −2.492 (c) 1.812 (d) 1.363

5 (a) 1.753 (b) 2.539

6 (a) 15.99 (b) 10.86 (c) 18.31 (d) 3.94

7 (a) 25.00 (b) 8.26

8 (a) (14.24, 15.76) (b) (8.678, 9.322) (c) (15.942, 16.725)

9 (a) (0.353, 0.547) (b) (0.341, 0.389) (c) (0.875, 0.919)

10 (a) (3.777, 5.023), (0.359, 2.527), (0.599, 1.590)

(b) (30.617, 33.583), (9.283, 27.648), (3.047, 5.258)

11 (a) $\hat{\sigma}=3.359$ (b) (2.165, 7.390) (c) (4.686, 54.610)

12 (a) $n=76$ (b) $n=871$ (c) $n=1037$

13 (a) $\hat{\mu}=3.371$ (b) (3.089, 3.653)

14 (a) $\hat{\mu}=48$ (b) (46.971, 49.029)

15 (a) $\hat{\mu}=25$, $\frac{s}{\sqrt{n}}=0.776$

(b) 90% 신뢰구간 (23.723, 26.277)

99% 신뢰구간 (23.002, 26.998)

(c) 신뢰수준이 높을수록 신뢰구간의 길이가 길어진다. 90% 신뢰구간의 길이(2.554)보다 99% 신뢰구간의 길이(3.996)가 길다.

16 (a) $\hat{p}=0.57$, 95.4% 오차한계 : 0.0313

(b) $(0.539,\ 0.601)$

17 (a) $\hat{\mu}=\bar{x}=2.438,\ se(\hat{\mu})=0.477$ (b) $(1.534,\ 3.341)$

18 (a) $(156{,}493.87,\ 159{,}506.13)$ (b) $n=641$

19 (a) $(22.77,\ 53.23)$ (b) $(37.46,\ 45.14)$

20 $(0.147,\ 0.209)$

21 (a) $\hat{p}=0.152$ (b) 0.026 (c) $(0.126,\ 0.178)$

22 $n=601$명

23 $(3.579,\ 5.421)$

24 $n=68$

25 $(43.358,\ 52.642)$

26 (a) $n=2017$명 (b) $n=2401$명

27 $(0.0086,\ 0.0298)$

28 $(1.217,\ 2.505)$

7장

1 $H_0:\mu\le 5,\quad H_1:\mu>5$

2 (a) 제 2종 오류 (b) $\alpha=0.01$에서는 알 수 없고, $\alpha=0.1$에서는 귀무가설을 기각할 수 있다.

3 (a) $H_0:\mu\le 10,\quad H_1:\mu>10$(b) $H_0:p\le 0.1,\quad H_1:p>0.1$ (c) $H_0:p\ge 0.001,\quad H_1:p<0.001$

(d) $H_0:\mu\le 540,\quad H_1:\mu>540$

4 (a) $H_0:\mu\ge 1500,\ H_1:\mu<1500,\ R:Z_0\le -z_{0.05}=-1.645$ (b) 제 2종 오류

5 (a) $t_0=2.286$, H_0를 기각할 수 없다.

(b) $\chi_0^2=14.7$, H_0를 기각할 수 없다.

6 (a) 귀무가설을 기각할 수 없다.

(b) $t_0=1.312$ 유의수준 0.01에서 신생아의 평균체중이 3.2kg에 비해 변화되었다고 할 수 없다.

7 $H_0:\mu=50,\quad H_1:\mu\ne 50,\ z_0=-3.81$, 유의수준 0.01에서 H_0를 기각

8 (a) $H_0:\mu\ge 27,\ H_1:\mu<27$

(b) $z_0=-2.58,\ R:Z_0\le -1.645$이므로 유의수준 0.05에서 H_0를 기각

(c) 0.0049

9 (a) $H_0:p\le 0.5,\quad H_1:p>0.5$

(b) $z_0 = 4.427$, H_0를 기각

(c) 0.000

10 $z_0 = 10.411$, H_0를 기각

$p-$값≈ 0

11 (a) $H_0 : p \geq 0.1$, $H_1 : p < 0.1$, $z_0 =-0.667$, $R : Z_0 \leq -z_{0.05} = -1.645$, H_0를 기각할 수 없다.

(b) 0.2514, 유의수준을 0.2514 이상으로 정해야 한다.

12 $H_0 : \mu \geq 40$, $H_1 : \mu < 40$, $t_0 =-0.282$, H_0를 기각할 수 없다.

13 $H_0 : \mu \leq 0.5$, $H_1 : \mu > 0.5$, $z_0 = 2.864$, H_0를 기각. 즉, 평균기온이 작년보다 높아졌다고 할 수 있다.

14 (a) $H_0 : \mu = 400$, $H_1 : \mu \neq 400$

(b) $t_0 = 1.739$, H_0를 기각할 수 없다.

15 $\chi_0^2 = 10.287$, H_0를 기각할 수 없다.

16 (a) $H_0 : \mu \geq 100$, $H_1 : \mu < 100$, $t_0 =-2.714$, H_0를 기각

(b) 제 1종의 오류

17 $H_0 : \mu \geq 5.6$, $H_1 : \mu < 5.6$, $z_0 =-2.155$, H_0를 기각

18 $H_0 : p \geq 0.0074$, $H_1 : p < 0.0074$, $z_0 =-2.259$, H_0를 기각할 수 없다.

19 $H_0 : p \geq 0.2$, $H_1 : p < 0.2$, $z_0 =-2.683$, H_0를 기각

20 (a) $H_0 : \mu \leq 3.2$, $H_1 : \mu > 3.2$, $z_0 = 2.32$, H_0를 기각

(b) 0.0102

21 $H_0 : \mu \geq 50$, $H_1 : \mu < 50$, $t_0 =-1.806$, H_0를 기각

22 (a) $\chi_0^2 = 18.132$, H_0를 기각할 수 없다.

(b) $H_0 : \mu = 40$, $H_1 : \mu \neq 40$, $t_0 = 3.357$, H_0를 기각

23 $H_0 : \mu \geq 52$, $H_1 : \mu < 52$, $t_0 =-2.540$, H_0를 기각

24 $H_0 : \mu \leq 0$, $H_1 : \mu > 0$, $t_0 = 6.429$, H_0를 기각

25 (a) $H_0 : \mu \geq 24$, $H_1 : \mu < 24$, $z_0 =-2.710$, H_0를 기각

(b) $p-$값 $= 0.0034$이므로 유의수준 0.01에서도 귀무가설을 기각할 수 있다.

8장

1 (a) 독립표본에 의한 통계적 처리, 자료가 서로 독립적으로 얻어졌기 때문.

(b) $X_1, \cdots, X_{n_1} \sim N(\mu_1, \sigma^2)$에서의 확률표본

$Y_1, \cdots, Y_{n_2} \sim N(\mu_2, \sigma^2)$에서의 확률표본

두 표본은 서로 독립

신뢰구간 : $(-1.7577,\ 0.1577)$

(c) 선수 간에 기록 차이가 있다고 할 수 없다.

2 흡연자와 비흡연자의 폐 파괴 지수의 평균은 같다고 할 수 없다.

3 (a) (26.494, 33.506)

(b) $z_0 = 5.590$, H_0 기각.

(c) $z_0 = 5.590$, H_0 기각.

4 (a) $s_p^2 = 1.6665$ (b) $t = 3.162$

5 (a) (20854.34, 57145.66)

(b) $H_0 : \mu_2 - \mu_1 = 0, H_1 : \mu_2 - \mu_1 \neq 0$, $z_0 = 4.2126$, H_0기각

6 (547.53, 812.47)

7 $H_0 : \mu_A - \mu_B \leq 0$ $H_1 : \mu_A - \mu_B > 0$ $z_0 = 0.892$, H_0을 기각 할 수 없다.

8 $H_0 : \mu_1 - \mu_2 \leq 0$ $H_1 : \mu_1 - \mu_2 > 0$ $z_0 = 2.3609$, H_0 기각, 신뢰구간 : (4.245, 45.755)

9 $H_0 : \mu_D \geq 0$, $H_1 : \mu_D < 0$, $t_D = -4.24$, H_0 기각

10 $H_0 : \mu_D = 0$, $H_1 : \mu_D \neq 0$, $t_D = 6.023$, H_0 기각

11 $H_0 : \mu_1 - \mu_2 \leq 0$, $H_1 : \mu_1 - \mu_2 > 0$, $t = 0.053$, H_0을 기각하지 못한다.

12 $H_0 : \mu_D = 0$, $H_1 : \mu_D \neq 0$, $t_D = 4.612$, H_0 기각, 신뢰구간 : (0.319, 0.881)

13 $H_0 : \mu_D \leq 0$, $H_1 : \mu_D > 0$, $t_D = 1.784$, H_0을 기각하지 못한다.

14 $H_0 : \mu_D = 0$, $H_1 : \mu_D \neq 0$, $t_D = -0.003$, H_0을 기각하지 못한다.

15 (14.862, 17.138)

16 $H_0 : \mu_D \leq 0$, $H_1 : \mu_D > 0$, $t_D = 3.944$, H_0 기각. 따라서 새로운 약은 혈압강하에 효과가 있다고 할 수 있다.

17 $(-0.086,\ 3.486)$

9장

1 $H_0 : \mu_1 = \mu_2 = \mu_3$, $H_1 :$ not H_0

$F = 11.317$, H_0를 기각한다.

2 (a) 66 (b) 26

3

요인	제곱합	자유도	평균제곱	F
처리	178.958	2	89.479	28.91
오차	65	21	3.095	
합계	243.958	23		

4 (a) $H_0 : \mu_{A1} = \mu_{A2} = \mu_{A3}$, H_1 : not H_0

요인	제곱합	자유도	평균제곱	F	p-값
처리	0.495	2	0.248	36.395	0.000
잔차	0.122	18	0.007		
합계	0.618	20			

(b) 품종에 따라 인의 함량에 차이가 있다고 할 수 있다.

5 $H_0 : \mu_{A1} = \mu_{A2} = \mu_{A3}$, H_1 : not H_0

사료의 종류에 따라 체중 증가량에 차이가 있다고 할 수 있다.

6 $H_0 : \mu_{A1} = \mu_{A2} = \mu_{A3} = \mu_{A4}$, H_1 : not H_0

유의수준 0.05에서 살충제 종류에 따라 사과나무의 생산량에 차이가 있다고 할 수 있다.

7 (a)

요인	제곱합	자유도	평균제곱	F	p-값
처리	218.125	3	72.708	8.876	0.001
오차	163.833	20	8.192		
합계	381.958	23			

(b) 선생님에 따라 학생들의 적성성적에 차이가 있다고 할 수 있다.

8

요인	제곱합	자유도	평균제곱	F	p-값
A	0.667	2	0.333	0.029	0.971
B	2	2	1	0.088	0.917
오차	45.333	4	11.333		
합계	48	8			

기계종류나 인부차이에 따라 제품의 품질에 차이가 있다고 할 수 없다.

9

요인	제곱합	자유도	평균제곱	F	p-값
비료	155.167	2	77.583	2.847	0.135
농약의 종류	54.25	3	18.083	0.664	0.604
오차	163.5	6	27.25		
합계	372.917	11			

비료와 농약의 종류에 따라 농작물의 수확량에는 차이가 있다고 할 수 없다.

요인	제곱합	자유도	평균제곱	F
A	40	5	8	5.333
B	50	4	12.5	8.333
오차	30	20	1.5	
합계	120	29		

10 유의수준 0.05에서 A, B요인 모두 처리효과가 있다고 할 수 있다.

10장

1 (a) 양의 상관관계 (b) 양의 상관관계 (c) 양의 상관관계 (d) 음의 상관관계

2 0.520

3 (a) 생략

(b) $r=-0.151$, 상관관계가 있다고 할 수 없다.

4 (a) 기각역은 $t \geq 2.365$이다.

(b) $t=2.876$, 상관관계가 있다고 할 수 있다.

5 (a) 이상치가 존재, (18, 56)

(b) 0.568, 비교적 상관관계 정도가 낮다.

(c) 0.745, 상관관계 정도가 상당히 높아졌다.

6 $t=0.236$, H_0를 기각할 수 없다. 즉, 상관관계가 있다고 할 수 없다.

7 증명 생략

8 증명 생략

9 증명 생략

10 증명 생략

11 (a) $r=0.990$으로 강한 양의 상관관계를 가지고 있다.

(b) 독립변수 - 입찰의 수, 종속변수 - 소요시간

(c)

모 형	제곱합	자유도	평균제곱	F	p-값
선형회귀분석	24084.013	1	24084.013	284.745	.000
잔차	507.487	6	84.581		
합계	24591.500	7			

$R^2=0.979$

(d) $r^2=0.979$이므로 표본상관계수의 제곱은 결정계수와 같음을 알 수 있다.

12 (a) $r=0.594$

(b) p-값이 0.042이므로 유의수준 5%에서 귀무가설을 기각할 수 있다. 즉 수능점수와 평점 사이에는 상관관계가 있다고 할 수 있다.

(c) $\hat{y}=-1.424+0.013x$, $R^2=0.353$으로 낮은 설명력을 가진다.

(d) 3.256, $se(\hat{y}(360))=0.1346$

13 (a) $\hat{y}=191.127+18.925x$, $R^2=0.833$으로 높은 설명력을 가진다.

(b) 약 19벌

(c) (65.794, 316.461), 광고를 전혀하지 않더라도 예상되는 판매량

(d) 약 380벌, (321.61, 439.14)

14 (a) $\hat{y} = -97.038 + 4.513x$ (b) (439.23, 720.54) (c) 692.737

(d) $R^2 = 0.749$으로 약 75%의 설명력을 가진다.

15 (a) x_1, y의 상관계수 $r = 0.691$, x_2, y의 상관계수 $r = 0.947$

(b) $\hat{y} = 19.440 + 1.442x_1 + 0.336x_2$

(c) 유의수준 0.01에서 모두 유의하다고 할 수 있다.

(d) 밀단백질의 함유율(x_1)이 영향을 좀 더 많이 미친다. x_2의 계수보다 x_1의 계수가 높다.

(e) x_1일 때 $R^2 = 0.478$이고, x_2일 때 $R^2 = 0.896$이다. x_2일 때 설명력이 더 높다.

(f) 생략

16 (a) 온도와 물소비량의 설명력은 $R^2 = 0.988$로 매우 높게 나타났다.

작업량과 물소비량의 설명력은 $R^2 = 0.987$로 매우 높게 나타났다.

$\hat{y} = 1.563 + 0.037x_1 + 0.017x_2$

(b)

	물소비량	평균온도	작업량
물소비량	1		
평균온도	0.994	1	
작업량	0.994	0.988	1

상관계수를 제곱하면 결정계수이다.

(c) 중선형회귀인 경우 R^2 값이 0.994로 단순회귀 때보다 약간 높게 나타났다.

17 (a) $\hat{y} = -81.743 + 0.564x_1 - 0.138x_2 + 35.194x_3$, 리포트가 가장 많은 영향을 준다고 할 수 있다.

(b) $\hat{y} = -65.181 + 42.079x_3$

변수 모두 포함된 적합식과 변수가 제거된 적합식의 결정계수 차이는 겨우 7.1% 정도가 된다.

11장

1 $H_0 : p_1 : p_2 : p_3 : p_4 = \frac{9}{16} : \frac{3}{16} : \frac{3}{16} : \frac{1}{16}$

$\chi^2 = 0.457$로 유의수준 0.05에서 H_0를 기각 할 수 없다.

2 $H_0 : p_1 : p_2 : p_3 : p_4 : p_5 = \frac{6}{10} : \frac{1}{10} : \frac{1}{10} : \frac{1}{10} : \frac{1}{10}$

$\chi^2 = 8.517$로 유의수준 0.05에서 H_0를 기각 할 수 없다.

3 $H_0 : p_i = 0.1 \quad i = 0, 1, \cdots, 9$

$\chi^2 = 10.267$로 유의수준 0.05에서 H_0를 기각 할 수 없다.

4 (a) H_0 : 두 변수는 독립이다. H_1 : 두 변수는 독립이 아니다.

(b) χ^2 =2045.498로 유의수준 0.05에서 H_0를 기각 할 수 있다.

5 H_0 : 두 변수는 독립이다. H_1 : 두 변수는 독립이 아니다.

χ^2 =28.855로 유의수준 0.05에서 H_0를 기각 할 수 있다.

6 (a) $H_0 : p_{a1} = p_{b1},\quad p_{a2} = p_{b2},\quad p_{a3} = p_{b3}$

(b) χ^2 =3.968로 유의수준 0.05에서 H_0를 기각 할 수 없다.

7 $H_0 : p_{a1} = p_{b1},\quad p_{a2} = p_{b2}$

χ^2 =6.316로 유의수준 0.05에서 H_0를 기각 할 수 있다.

8 (a) $Z=45.523$으로 유의수준 0.05에서 H_0를 기각 할 수 있다.

(b) (0.0077, 0.0087)

9 (a) $Z=-2.513$으로 유의수준 0.05에서 H_0를 기각 할 수 있다.

(b) (−0.1704, −0.0216)

10 (a) (−0.3022, −0.0978)

(b) $Z=-3.803$으로 유의수준 0.05에서 H_0를 기각 할 수 있다.

11 (a) $Z=1.131$로 유의수준 0.05에서 H_0를 기각 할 수 없다.

(b) (−0.0582, 0.2181)

12 H_0 : 두 변수는 독립이다. H_1 : 두 변수는 독립이 아니다.

χ^2 =9.366으로 유의수준 0.05에서 H_0를 기각 할 수 있다.

13 H_0 : 두 변수는 독립이다. H_1 : 두 변수는 독립이 아니다.

χ^2 =45.627로 유의수준 0.05에서 H_0를 기각 할 수 있다.

14 H_0 : 두 변수는 독립이다. H_1 : 두 변수는 독립이 아니다.

χ^2 =11.147로 유의수준 0.05에서 H_0를 기각 할 수 있다.

12장

1 $H_0\ :\ \rho=0$

$H_1\ :\ \rho>0$

r_{sp} =0.982, 부록 표 8에서 $r_s(0.05, 10)=0.5515$이므로 H_0를 기각.

2 $H_0\ :\ \rho=0$

$H_1\ :\ \rho>0$

r_{sp} =0.603, 부록의 표 8에서 $r_s(0.05,9)=0.5833$이므로 H_0를 기각.

3 $H_0\ :\ \rho=0$

$H_1\ :\ \rho>0$

$r_{sp}=0.644$, 부록의 표 8에서 $r_s(0.01,\ 12)=0.6713$이므로 H_0를 기각할 수 없다.

4 (a) $r_{sp}=0.6224$

(b) 기각역이 $r_{sp}>r_s(0.05,12)=0.4965$이므로 H_0를 기각.

5 (a) H_0 : 두 식이요법에 차이가 없다

H_1 : 두 식이요법에 차이가 있다

(b) $W=21$

(c) 기각할 수 없다. 즉 두 식이요법에 차이가 있다고 할 근거가 충분하지 못하다.

6 $T^+=121$이고 $Z=(121-76.5)/21.09=2.11>1.96$이므로 H_0가 기각되어 두 주스의 맛에 차이가 있다.

7 $T^+=54$이고 $P[T^+\geq 54]<0.010$이므로 유의수준 5%로 H_0를 기각.

8 $W=25$이고 유의수준 5.1%에서 기각역 $R: W\leq 30$이므로 H_0를 기각

9 부호검정 통계량 $T=16$이고, 기각역은 $Z\leq -2.33$이다. $z=-1.26$이므로 H_0를 기각할 수 없다.

10 (a) $H_0:\theta=98.5,\ H_1:\theta\neq 98.5$

(b) $T^+=11$

(c) 부록 B의 표 7에서 $P[T^+\geq 84]=0.025=P[T^+\leq 21]$이므로 기각역은 $R: T^+\geq 84$ 또는 $T^+\leq 21$이다. 따라서 H_0를 기각.

11 $T^+=3.5$이므로 H_0를 기각할 수 없다.

12 (a) $H_0:\theta_X=\theta_Y,\ H_1:\theta_X>\theta_Y$

(b) $T=8$이고 p-값$=P[B(10,\ 1/2)\geq 8]=1-P[B(10,\ 1/2)\leq 7]=0.055$이므로 H_0를 기각할 수 없다.

(c) $T^+=41.5$로 H_0를 기각할 수 없다.

참고문헌

1. 강석복. (2017). 《통계적 추정과 가설검정 2판》, 경문사.
2. 강석복. (2014). 《확률의 입문》, 자유아카데미.
3. 강석복, 곽민정, 오창혁, 이제영, 이지연. (2016). 《통계학 - 원리와 방법》, 교우사.
4. 강석복, 권영담, 오창혁, 우정수, 이광호, 이제영, 이지연. (2000). 《기초통계학》, 형설출판사.
5. 김우철 외. (2006). 《일반통계학》, 영지문화사.
6. 김효석, 박해철. (2008). 《경상계열을 위한 통계학》, 형설출판사.
7. 박병철 역. (2004). 《확률의 함정》, 영림카디널.
8. 박성현. (2007). 《회귀분석》, 민영사.
9. 박성현, 조신섭, 김성수. (2004). 《한글 SPSS》, SPSS 아카데미.
10. 송문섭, 박창순, 이정진. (2012). 《비모수통계학개론》, 자유아카데미.
11. 원태연, 정성원. (2010). 《통계조사분석》, 한나래 아카데미.
12. 장석환. (2001). 《분산분석》, 영지문화사.
13. 정광모, 최용석. (2009). 《범주형 자료분석 개론》, 자유아카데미.
14. 한국통계학회 (1997). 《통계학 용어집》, 자유아카데미.
15. Brase, C. H., Brase, C. P. (2017). *Understandable Statistics*, 12th ed., Brooks/Cole pub Co..
16. Ghahramani, S. (2004). *Fundamentals of Probability, with Stochastic Processes*, 3rd ed., Prentice Hall.
17. Johnson, R. A. and Bhattacharyya, G. K. (2014). *Statistics-Principles and Methods*, 7th ed., John wiley & Sons, Inc.
18. Johnson, R. and Kuby, P. (2011). *Just the Essentials of Elementary Statistics*, 11th ed., Thomson Learning, Inc.
19. McClave, J. T., Benson, P. G., and Sincich, T. L. (2007). *A First Course in Business Statistics*, 8., Prentice Hall.
20. Mendenhall, W. (1993). *Beginning Statistics A to Z*, Duxbury.
21. Ross. S. M. (2017). *Introductory Statistics*, 4nd ed., Elsevier Inc.
22. Ross, S. M. (2014). *A First Course in Probability*, 9th ed., Pearson Education Limited.

찾아보기

제2판

통계학 입문

지은이 강석복 · 오창혁 · 이제영 · 이지연
펴낸이 조경희
펴낸곳 경문사
펴낸날 2018년 3월 5일 2판 1쇄
2025년 12월 31일 2판 4쇄
등 록 1979년 11월 9일 제1979-000023호
주 소 04057, 서울특별시 마포구 와우산로 174
전 화 (02)332-2004 팩스 (02)336-5193
이메일 kyungmoon@kyungmoon.com

값 30,000원

ISBN 979-11-6073-123-1

★ **경문사의 다양한 도서와 콘텐츠를 만나보세요!**

홈페이지	www.kyungmoon.com	페이스북	facebook.com/kyungmoonsa
포스트	post.naver.com/kyungmoonbooks	블로그	blog.naver.com/kyungmoonbooks
북이오	buk.io/@pa9309	인스타그램	instagram.com/kyungmoonsa

도서 중 **정오표** 및 **학습자료**가 있는 경우 홈페이지 내 해당 도서 상세 페이지의 **자료** 탭에 업로드됩니다.